# 破晓之钟

田渊栋◎著

电子工业出版社·

Publishing House of Electronics Industry

北京·BEIJING

图书在版编目（CIP）数据

破晓之钟 / 田渊栋著 . — 北京：电子工业出版社，2024.6
ISBN 978-7-121-47854-3

Ⅰ . ①破… Ⅱ . ①田… Ⅲ . ①智能技术 Ⅳ . ① TP18

中国国家版本馆 CIP 数据核字 (2024) 第 094365 号

责任编辑：张春雨
文字编辑：孙奇俏
印　　刷：三河市华成印务有限公司
装　　订：三河市华成印务有限公司
出版发行：电子工业出版社
　　　　　北京市海淀区万寿路 173 信箱　　　　　邮编：100036
开　　本：720×1000　1/16　　印张：26.75　　　字数：642 千字
版　　次：2024 年 6 月第 1 版
印　　次：2024 年 6 月第 1 次印刷
定　　价：89.00 元

凡所购买电子工业出版社图书有缺损问题，请向购买书店调换。若书店售缺，请与本社发行部联系，联系及邮购电话：（010）88254888，88258888。

质量投诉请发邮件至 zlts@phei.com.cn，盗版侵权举报请发邮件至 dbqq@phei.com.cn。

本书咨询联系方式：faq@phei.com.cn。

# 推荐语

在外星人入侵地球的世界末日之际，人类如何面对惊天危机？本书由我敬重的AI前沿研究者田渊栋老师创作，处处体现他对未来科学发展的预测、对科技伦理的思辨，以及对人类在绝境中保持坚忍的信心。

李沐，亚马逊资深首席科学家

科学家田渊栋借用科幻小说的形式，对人工智能、元宇宙、生物科技、纳米科技、机器人技术等一系列前沿科技做了深入浅出的科普。作家田渊栋则构建了一个戏剧性十足的故事，其细节之丰富、剧情之动人、描写之细腻，以及对于人性和社会的洞见之深入，一度让我忘记了作者是一位顶级AI科学家，直到这个故事理性而冷峻的结尾将我唤醒……建议大家务必腾出一整个周末或假期来阅读这本书，因为这本书会让你欲罢不能。我期待这个故事能早点儿被影视化，其精彩程度丝毫不逊色于《流浪地球》。

李根，量子位总编辑

作者不仅创作了一个紧张刺激的科幻冒险故事，也奉献了一部深刻探讨人性、社会和文明的小说。在他丰富的想象力和细腻的笔触之下，一个既奇特又真实的未来世界跃然纸上，让人在迷醉于人物与情节之余，不由地陷入对人类存在的意义和终极价值的思考。

何芸，AI TIME 负责人

文字是思维的载体。我原想以破壁人的视角去理解作者文字背后对科技、人性的思考，却深陷其中。在 AI 大热的今天，畅想 AI 技术与现代社会和未来世界的互动更有画面感。本书用故事推演的方式为 AI 与人类的关系、AI 的社会角色等命题提供了极具参考价值的启示，其中 AI 对社会结构的颠覆、对人类伦理道德甚至存在方式的冲击，正是当前 AI 研究亟须关注和思考的新课题。总之，这是一部非常值得细细品味的作品。

李亚洲，机器之心联合创始人、主编

《破晓之钟》是一部探讨人类文明与宇宙命运的科幻小说。它不仅是一部科幻小说，还是一部对人类未来、文明发展及宇宙真相的哲学探讨启示录。无论是对科幻文学爱好者而言，还是对热衷于深度思考人类命运的读者而言，《破晓之钟》都值得一读。

刘梦霏，游戏学者、"游戏的人"档案馆馆长

## 推荐序1

### 困境的意义

因采访结缘，我有幸提前拜读了田渊栋老师的新作，这是一部始于困境、终于突围的科幻小说。

故事始于末世压力，终于求仁得仁。其草灰蛇线的精神内核，恰与我心中人工智能所剩的皇冠议题暗合——意识是否会被 AI 控制？人类最终独剩的意义系统是什么？这两个问题在小说中不时能觅得踪影。因为作者的主业就是人工智能研究。

这部小说是关于意识的。基于鲜活、直接的构想，书里刻画的"临界状态"和"灵界"等，用一种具象的形式白描了诸多在科学世界中还很模糊的意识命题。而小说中构建的可以不停进化的智能，在如今的世界里正在真实呈现。

这部小说是关于意义的。对于这个在今天很容易被解构的话题，追问本身就带着抗争的意味。在"内卷"带来的消耗感之下，虚无主义和躺平主义成为越来越多年轻人的倾向，真实的科研工作者必须自己构建意义，从而支持自己的行动——比如，个体永生没有意义，但文明永生很有意义。这可能是田渊栋这部小说中一个设定的来源。

真实世界里的田渊栋，似乎一直在用自己构建的意义驱动自己的科研实践。他的长期研究主线可以被定义为"我们最终能理解模型到底是如何被训练出来的"，换句话说，是让人工智能成为可解释的。在黑盒模型、暴力美学、规模法则几乎成了相关人士言必谈之的信仰，以及资本、人才之引力源的今天，田渊栋的选择是一条少数人选的路，也是一次充满试错风险的旅行。

2024 年 3 月，我在硅谷和田渊栋共进晚餐，其间聊到"意识"这个 AI 的终极地带，田渊栋提供了一个我听过的最易懂的答案。

我问：在人与 AI 的结合中，谁的意识会占主导？

田渊栋答：**我觉得自我意识起源于人类大脑对自己的建模。** 从进化上来看，这很有必要。因为人要根据周围环境及自身状态来决定自己的行为。比如，看到一只老虎是要逃跑，还是要跟它搏斗？身体素质好，有称手的武器，再加上周围有帮手，可能会选择搏斗；但要是孤身一人或身上有伤，那肯定得逃跑。这可以用来说明，要有对自身的建模，才能有下一步的行动。做得好就活下来了，做不好就被自然界淘汰了。久而久之，**这个"自我"模型就会慢慢扩展，也会被慢慢细化。** 如果一件物品和人本身的联系足够紧密，那么自我模型在计算的时候就会自动把它纳入，这在武侠小说里就是所谓的"人剑合一"。**如果 AI 和人类完全融合，可能会形成一个整体意识，你分不清某个念头到底是 AI 产生的还是自己产生的，也不会有一方控制另一方的问题。** 现在，手机已经算是每个人的一个器官了，手机弹出一条信息，你据此决策，那么是手机控制了你吗？现在也有研究发现，人体肠道菌群会改变人的情绪，那么，是菌群控制了你吗？**所以，我们应该放弃"大脑是人类的控制器"的执念。我们身体的每一部分对我们的行为表现都有投票权，以后接入的 AI 只是也有一票而已。** 当然，现在的 AI 还只是工具。

以上仅是田渊栋关于 AI 科研工作众多思考中的一个片段，类似的片段当然还有很多。关于自我是什么、AI 是什么、人与 AI 的关系是什么，田渊栋在认知上有着难得的"稳固底盘"。虽然我曾采访过数以千计的 AI 从业者，但是有这种"稳固底盘"的并不多见。

回到这部小说，细数里面的各个片段，都和田渊栋的工作积累密不可分。小说往往是作者底层思想源代码的派生，这部小说中的博士生群像显然也有田渊栋和身边人日常生活的投影。

虽然这是一个理工科生占大多数的群像，但他们的情感浓度是足够的。置身方向判断十字路口的如临大敌感、坚持很久却不见希望的漫长等待感、反复检查却不知错在何处的无解崩溃感、猖狂想象力与小心翼翼印证的大开大合感……这是小说的人物体验，也是真实的科研写照。用田渊栋的话说，这是一种串联和注脚，也是对自己博士生活的总结。

我遇到的每一位科研工作者都经历过苦苦追寻或匹配节奏的过程。每当自己与世界重叠的瞬间来临，想象力便会连同渴望被无限放大，而与此同时，陷阱往往也星罗棋布——憧憬与不安永远如影随形。

我仍记得读田渊栋在知乎上所撰写的《求道之人，不问寒暑》时的共鸣感：

"做数学证明实在是一个非常可怕的任务，前一刻你以为自己胜券在握，后一刻却被刚发现的一个错误否定全盘，立即如坠冰窟，像天塌下来似的。刚刚还像孙猴子腾挪得舒爽了，觉得自己厉害无比，突然间发现一直在如来的五指山下兜圈子，从没有踏出一步。如此几次，才觉察自我的渺小、自然的恐怖。这种感觉，书上教不来，别人传达不到，唯有自己遇到了，方才悟得。而一旦悟得，就锋芒尽敛，再也没有傲慢的底气。"

科幻创作者可以活在百年之后，科技评论者可以活在五年之后，科研工作者和AI 工程师必须活在当下，把未来一步一个"齿轮"地变成现实。

这条道路在漫长的时间线上周而复始，置身困境的夜晚是一种再熟悉不过的画面。

值得一提的是，我看到书名的第一刻还有一些其他的感受。"破晓"和"钟"都是与时间息息相关的名词，不知是作者有意为之，还是一种本能的体现。章名中也有多个与时间相关的名词，如"落日""彻夜""黎明"，一个个时间切片串联起剧情，砌筑成了关于时间紧迫的隐喻和对不朽的执念。

星光生于长夜，长夜生生不息。还有什么比构建不朽更能撩拨人心的工作呢？

科研工作者对困境几乎是痴迷的。外在的困境是资源短缺，内在的困境是欲望不灭。正是内外双重困境构成了生而为人的意义命题和行动原力，从而有了突围之路的精彩。唯有抽丝剥茧众里寻他，才有刹那间的共鸣和万物肇始的野心。

今天，科技世界看似进入了一个动态分叉的连续光谱，却又轻易在高处相逢。在人类命运何去何从的大议题下，所有攀登心中"珠峰"的人都走向了同一个秘密王国，在这个王国中，人工智能、生命科学、能源技术等学科界限从未如此模糊，人们的关系如此错综交叉，相遇和分离的路径是那么千回百转，以至于一个人走着走着，就走到了另一个人的花园。

因此，我仍记得那顿饭给我带来的一种舒适感——我自以为独特的"脑回路"他也有过，我问出的问题他恰好能回答，更难得的是，他不习惯人云亦云，每一个答案背后都有着足够具体和能够落地的细节。

我在面对许许多多个田渊栋时，偶尔会感慨：人们竟有如此相似的经历但感受却如此不同，人们竟有如此不同的经历但感受却如此相同。正如电影《一代宗师》中的那句话："世间所有的相遇都是久别重逢。"一些颇为深刻的末世命题和一些狷狂粗粝的想象构思，又何尝不是命运一次次柔软的眷顾呢……

这是相遇的意义，也是阅读的意义。希望这部小说也带给你相似的体验。

张一甲

科技智库甲子光年创始人、CEO

2024 年 6 月 12 日晚于北京

# 反模式的探索

科技发展和星际战争一直是硬科幻永恒的主题。然而，这样的想象不免受到时代的局限。从阿西莫夫的《基地》到弗兰克的《沙丘》，再到卢卡斯的《星球大战》，太空歌剧尽管精彩纷呈，但往往基于以下假设。

◎ 缓慢的科技进步和微小的技术代差。

◎ 局势仍然被人类水平的智能所掌控。

这样的假设导致"星际战争照搬地球模式"，在宇宙空间中呈现出的就是大炮巨舰，在行星上呈现出的就是登陆作战。这个模式的潜力已经被无数科幻作品榨干，让人耳目一新的作品很难再出现。

事实上，如果放大到宇宙尺度，这两个假设其实都不合理。毕竟外星人没有任何理由将和我们的技术差距控制在 50 年以内，更没有任何理由在智能和战略上逊色于人类。《三体》之所以震撼人心，就是因为它完全突破了"微小的技术代差"这个假设。然而，它在战争的具体形式上仍无法完全摆脱大炮巨舰模式和人类水平智能掌控的局限。这也可以理解，对于任何创作者来说，幻想远超自己的智能如何运作，以及会有什么样的行为，都是一件非常反直觉的事。

今天，人工智能快速发展，其战略游戏水平已远超人类，而在编程、信息整合和文书工作等智能场景中，人工智能也呈现出达到甚至超越人类水平的趋势。正因如此，科幻作品的读者迫切需要让自己耳目一新的想象。现在，这样的作品问世了！

《破晓之钟》的作者是世界上推动 AI 围棋革命的几个人之一，现在活跃在 AI

研究的前沿领域。可以说，他是这个世界上为数不多的亲身经历过 super-human intelligence（超人智慧）的人。他所拥有的刻骨铭心的体验，我能感同身受——创造出一个智能体，并目睹其快速进步，仅需几个月甚至几天时间，就能在某些特定能力上实现对人类的超越。依托于这些独特的技术背景和人生经历，作者在这部作品中打破了所有的假设，从能量和信息的第一性原理出发，重新构想了在迅速发展的技术革命下，在远超人类的智能和创造力的主导下，星际战争将如何展开——

"在我们还懵懵懂懂的时候，这一场星际战争早已拉开序幕。

在每一立方纳米的空间里，早就开始，从未结束。"

让我们一起踏入这个由想象力开拓出的未来，跟随作者的脚步，探索那些我们从未思考过的可能性。

李达梁

AI 初创公司 Anthropic 研究员、谷歌大脑前员工

# 序

## 人工智能时代的科学幻想

每个时代都有独属于那个时代的幻想。

农业时代的人们，会幻想成为用弓箭射落太阳的英雄、用金锄头种菜的皇帝，以及炼丹求长生的仙人；工业和电气革命的号角吹响之后，人们对电灯、火车、飞机和轮船习以为常，并憧憬着带着这些简陋的装备去探索星空和宇宙；信息时代到来之后，人们才开始意识到，精密设计、按照固定程序运行的机器，具有在思维上辅助人甚至代替人的可能性。

伴随着人工智能（AI）领域在七十多年间的几次起落，每一次热潮带来的都是不一样的思考。在科幻世界里，我们囿于过去的经验和常识，想象着装备着大炮巨舰入侵太阳系的外星人，描绘着语音单调但有情感的机器人，断言 AI 只能做重复性工作却无法完成创造性工作，沉醉于人类与生俱来的"独一无二"。然而真实的世界会如此发展吗？自 2023 年起，深度学习和大模型的浪潮，终于超脱学院里形而上的争论，展示了它大规模改变现实世界的可能性，而改变的方式，可能和我们的想象完全不同。再用惯性思维去预测一个人工智能快速发展的将来，并描绘在这种物质基础之上的幻想故事，恐怕会错得离谱。

作为一个一线 AI 研究员，同千千万万的普通人一样，我在无数个宁静的夜晚，一直思考 AI 将带来思维格局上怎样的改变。做学术研究和写小说在某种程度上是共通的，都是找出一条条新的路径——乍看之下出乎意料，但每一步都遵循规律、可能实现。通过将多个"可能的一小步"连接起来，"不可能的一大步"便会诞生，从而扩展人类知识的边界。而两者的不同之处在于，严谨的学术研究要遵循大自然的铁律，而写小说则更具弹性，能拥抱更大、更宽广的想象空间。

在这部小说里，我想从第一性原理出发，借着故事情节的发展，去思考人类未来的可能性。在可预见的将来，重复性劳动，特别是重复性脑力劳动会被逐渐取代，趁手的工具将会变得极大丰富，只要运用得当，就能迸发出不可思议的生产力。在此背景下，很多事情都会发生变化，人的价值体系和价值评判方式，人和人之间的互动模式，人和人之间的相互关系，都将产生巨大的改变。

在这个新的时代中，每个个体的"独一无二"不再是与生俱来的，而是需要把握先机，以极大的勇气去开辟的。找到个人化道路，是每个人都要做的功课。这些功课做得好坏是没有标准的，因为评判它的老师尚不存在，遑论教材和指南。我们唯一能做的就只有发挥想象力罢了，在具体技术还不成熟之前，描绘出一些具体的例子。

这正是在这个新的时代背景下，"科学幻想"的意义所在。

这部小说也是对一个博士生的生活总结。成长的历程，细微的感悟，人生有很多有意思的瞬间，单独写下来不一定好，但要是将它们串联起来，配上合适的背景和机缘，就会变得很有趣。写下来，也算是为每一个独一无二的个体写下一段注脚吧。

# 目录

# 第1章 落日

CHAPTER 01

窗外，日头西沉。

昏黄的灯光下，罗英先教授放下手上的论文，看着轻轻走进门的博士生。

就算是随便瞥一眼，都能看出这位年轻人眼神疲惫。他木然地站在那里，不知所措，欲言又止，有些紧张地看着自己的导师。

罗教授叹了口气。有些人啊，五年了都不会改变。

"希云，坐，先坐下。"教授招呼道，"怎么今天这么拘谨？你是大师兄，要有点儿样子。"

风希云干笑了笑，拉了把椅子坐下。他双眼凹陷，表情有些僵硬，头发杂乱地梳着，中间稀疏得很，能轻易看到头皮的颜色。衬衫领子也没有理好，有一边缩进去了，衬衫上有些蓝灰色的斑点，下摆泛黄。

"嗯……你也知道我为什么叫你过来，你们现在进展如何，有没有办法复现原来发表的结果？"

"我们……我们仍然在努力，我们针对七八种可能的原因都做了细致的重复实验……"风希云博士坐在座位上，不安地抖着腿，斟酌着字句，沉默了快一分钟，随后吐出几个字，"但……还没有正面的结果……"

罗教授点点头："嗯，这也如我所料。对于这种情况，希云，我建议你们先撤稿。"

办公室里一下子安静了下来，呼吸声可闻。

"不……我们还有时间……"

罗教授用指关节敲了敲桌子，脆亮的声音打破平静："我这边已经收到了二十几封质疑的邮件了。最早的一封是四个月前发来的，最近还有几个学术界领头人问我，比如说安德森，你认识的，那个国家纳米实验室的主任，还有切尔，工业界当之无愧的老大，说他们的实验室都尝试过很多次了，得到的都是负面结果。"

"我，我知道……"风希云附和，"所有的邮件，我都是收件人之一。"

"你知道就好。"教授坐着，眼神渐渐变得严肃，"你发些灌水的文章充数，引不来大家的关注也就算了，但若是对外宣称发表了大成果，那么在获得巨大名声的同时，也会背负起巨大的责任。你知道吗？有些事情不是儿戏！特别是发在《自然》杂志上的文章！你这样拖下去不给那些质疑者一个交代，对整个实验室的声誉都会有影响！"

风希云猛地站起来,坚决摇头:"七年了,这是我的孩子,我绝对不能让它死掉!"

罗英先靠在皮椅上,看着他,悠悠说道:"你想想,你已经在复现结果上花了多少时间了,快五个月了吧。你也是有经验的人,心里也要有个数,那么久做不出来,就早点儿认怂,不要在一棵树上吊死。我和你说,现在撤稿,大改,重投其他的杂志,把结论变得简单一些,然后做实在了,毕业还来得及。实验做错了嘛,在所难免,虽说会影响些声誉,但你初出茅庐,大家都能理解。科研一步一步来就好,不用一口吃成个胖子。"

"我没有多少时间……我……"风希云欲言又止。

"你的眼界还要开阔些啊,以后要是选科研这条路走一辈子,开头七年真不算什么。我做博导二十多年,见过很多博士生的喜怒哀乐,大起大落,有的人开头做些容易的题目,顺风顺水,过一阵子碰到硬骨头不到三年就早早放弃;有的人开头极不顺利,但是七八年过后柳暗花明;有的人十年郁郁不得志,却能大器晚成,一飞冲天。人生际遇,各人不同,有时候,以退为进,从长计议,未必是坏事。"

风希云执拗地摇了摇头:"再给我一两个礼拜,我一定要做出来。"

罗教授身体前倾,眼睛盯着他:"希云,你怎么就那么固执呢?你想想别人,你那两个师弟师妹和你一起干,把时间都花在这上面,他们会怎么想?朱晓和需要有自己的研究方向,林拂羽快毕业了,需要到处去做求职演讲,他们的时间不一定够。不和你当面谈顾虑,未必表示他们内心没有意见。我不想因为你的问题,影响到组里其他人毕业。"

"他们一定会听我的。"风希云抛下这句话,站起来,头也不回地出了门。

罗英先看着关上的门,叹了口气。他回了几封邮件,缓缓站起来,揉了揉自己酸痛的背,好一会儿方才挺直腰板。快六十岁的人了,身体已大不如从前。

"唉,真是的,年轻人都想着一夜成名,黄袍加身,还不都是那些科普读物惹的祸,哪有那么多牛顿和爱因斯坦啊。"

他喃喃自语,墙上有一年多前博士班的合照,罗教授的目光,在一张张灿烂的笑脸上扫过。

林拂羽、朱晓和、何强、许飞、孟天峰、周奇海,还有……风希云。

在那么多学生里,能有几个努力又幸运的天才?

他转头看着窗外,落日正在地平线上跳动,余晖将整条街道映得一片通红。

# 第 2 章 困局

◆ . . . . . . . . . . . . . . ◆

CHAPTER 02

纳米机器人实验室，晚上八点。

"林小姐，能加一下联系方式吗？我这两天都在这里，有空咱们可以再出去吃顿饭。"

林拂羽用手梳理了头发，坐到了自己的座位上，瞥了一眼那位尾随她进了实验室的男人，抬起头勉强挤出些许微笑，开始翻起桌上厚厚的一叠论文，目光转向第一篇的标题："哦，我比较忙，最近要赶论文，没有空聊天。黄先生，如果以后有机会的话，我们再聊好吗？"

"林小姐，哦，拂……羽，我们今天聊得挺好的，你看我们在饭桌上聊到了电影和各种明星，你说的那个包包，我有的是渠道可以买到啊，而且还可以打八折！其实，其实，咱们很有共同语言。嗯，咱们也算是老熟人，多年前父辈在生意场上也有过往来……"

林拂羽好像没听见，自顾自地翻阅起论文来。

邻座那边，人兜帽下露出一张脸，他深深地打了个哈欠，睁着带红血丝的眼睛，伸出手敲了敲办公桌之间的小隔板："师姐，什么时候开会？我刚写完代码，正好有些结果，要不现在？"

林拂羽听到了，脸上现出莫大的惊喜，忙不迭地点点头："晓和，好啊，马上，马上。"

黄先生看到这急切的表情竟不是对他的，一张老脸耷拉着，气不打一处来。

他有些不甘地望向邻座这个叫朱晓和的人，看对方满脸方正地假笑着，流露出"喂老哥，你知道我是什么意思"的表情。

他显然知道今天不妙了，皱着眉尴尬开口："那不好意思，我先走了。林小姐，再会，再会啊。辛苦了，要多休息。哎呀，看你眼角纹比较深，女人的容貌可是非常重要的，天天做这些研究什么的，可真是浪费了大好年华……"

林拂羽抬起头，马尾辫往后一甩，瞋目白了他一眼。

那人强装笑脸，扫了一眼朱晓和桌上的物件，看到车钥匙。

"小子，开本田老破车还要和我抢……"

朱晓和听见了，眉头微微一皱，又见他一脸鄙夷，就悻悻地走了出去。

"师姐，你这是……第七个了？"朱晓和待他走远，小声问道，"怪不得你晚饭耗了那么久才回来，平日里把饭往嘴里一倒，哗啦哗啦五分钟就完事了。"

"是啊，真是麻烦死了。家里催得紧，又是哪个拐弯抹角的亲戚介绍的，说是不远万里特意坐飞机过来的，我碍着面子不得不去。然后这家伙非要开车拉我去一个三十公里外的破地方聊天吃饭，听他讲来这里如何游山玩水，如何一掷千金，顺便看看我这个苦哈哈的博士生在这里陪他演戏。"

"这种人真让人讨厌。要是换成我，肯定也没有什么兴趣。"

"是啊，都是麻烦事，前两天在罗老板面前排练演讲，结果每张幻灯片都有问题，还要一张张地改，哪有闲心相什么亲。"

"罗大仙又要你排练？咳，要求真严格。"

林拂羽正色道："唉，他也是为我好。这是找工作用的正经演讲，多改几遍肯定是没错的。他已经让我在演讲里少放点儿希云的东西了，看起来我们这篇文章挺麻烦。晓和你说，要是台下的第一个问题总是'我不相信你这个结果是对的'，或者是'你们那篇文章的结果现在还没人复现是怎么回事'，我还有什么脸面见人啊……对了，你说你有结果？能给我看看吗？"

朱晓和脸上的表情瞬间凝固了："啊？这个，我还在弄，其实刚才只是帮你解围……"

"啥？你不是真想开会？"林拂羽瞪大了眼睛。

朱晓和有种想撞墙的冲动："师姐，我那么明显的暗示，你竟然没看出来？"

"刚才我真是白兴奋了……那你找到代码的什么问题没有？"她黑着脸问道，"参数估计的代码是你写的，会不会没写好，碰上了那个什么局部极小值啊？在我旁听的优化课上，老师说过这个。只要是非线性函数，都会碰到这个问题。"

"没有……我，我反反复复查了几十遍了，饶了我吧，我眼睛都快瞎了。你让我去实验室放松一下吧，倒腾离心机也成。"

"你这个状态操作离心机，估计实验室得毁了。晓和，你外号不是叫'闪电晓'吗，连实验室那几台五年前的破电脑都能几分钟修好。这点儿事难不住你，是不是？"

师姐啊，这完全不是一回事好不好？如何跳出局部极小值的困境，这可是世界难题啊！朱晓和在心里大叫。

"实在不行，能重写一遍然后再跑一次吗？"林拂羽追问道。

"我重写了，还是，还是一样的。"朱晓和赔笑，看着林拂羽用打量犯罪嫌疑人的眼神，将自己从头到脚扫了一遍。

"师姐，你长得挺漂亮的，但是这样盯着人看就不好了，真的……"

"算了，上次我听你说，你妹妹写代码很厉害，你不还说她给一个游戏公司写代码吗？要是你搞不定，发给她看看？我听说有些机器学习的代码，出了错都不知道怎么错的，要是确实查不出问题来，也不能怪你，还是找科班出身的人看看比较好。"

"哦，她写代码是挺厉害的。不过师姐，她之前写的代码和参数估计完全不是一回事啊，隔行如隔山。再说她最近有点儿忙，你知道的，我那苏焰妹妹，外面接活一单又一单，各种兼职，活得可滋润呢，赚得比我这个博士多得多，哪会浪费时间帮我这个忙。"

朱晓和看着林拂羽失望的表情，抓起旁边的保温杯喝了一口水，又继续倒苦水："另外，我总觉得是科学实验这部分的问题啊，也就是……你们的问题。我刚来实验室，这一块还没太搞明白，也没有办法出主意。从参数估计的角度上来说，我们的数据偏少，估计出来的参数不太稳定，多跑几次，数据都不一样，要让它变得准确，至少得有十倍百倍以上的数据量啊。"

林拂羽叉着手："你当我们是章鱼吗？我和希云加起来也只有四只手，做不了那么多实验。只有一个月了啊，这两天又有质疑的邮件过来，你看到了吧，那个安德森，简直像条疯狗一样，把我们骂得狗血淋头。"

朱晓和点点头，那封措辞严厉、不留余地的信，所有的作者都看见了。

"听说那个安德森也就三十出头，给他逮着一个好题目，手底下七八个人，文章海量地发，居然已经当上一个国家实验室的主任了！现在虐我们就像虐菜一样。人和人的差距，真是比人和狗的差距都大。"朱晓和不无感慨。

"唉，就是不知道希云什么时候会过来。他今天怎么消失了？"林拂羽问，"我吃完晚饭过来就没见他人。晚上的会还开不开了？"

"师姐，一个多小时前我就看到他跑到楼上去了，好像是要等一个家里的电话。你也知道，他那破手机的免提关不掉，打起电话来，周围人都能听见里面在讲什么……我去找找吧。"

于是，朱晓和出了实验室的门，径直走出位于地下二层、几乎没有手机信号的实验室，顺着楼梯上了顶层，那里有个弧形玻璃穹顶的室内观星台。观星台里零落地放着沙发、茶几，还有几个立柜，里面堆满了各类书籍。

人坐在沙发上，低头品读锦绣文章，抬头望尽满天繁星，比待在地下实验室的感觉好多了。

只是大家都忙得很，想上来放个风都不容易，两三层的楼梯，仿佛成了无法逾越的天堑。

朱晓和一步步走上楼，似乎好久没有锻炼了，觉得心脏跳得快了些。

他看到观星台的另一头有一个人，正在背对着他打电话。他一眼就认出这个背影——风希云。

风希云拿着手机，声音高亢，语气不容置疑。

"我说过不行就是不行！我们刚刚有重大进展，还差一点点，真的只差一点点就可以成功了！我打算继续做下去，我可能毕业以后不去公司了，先去某个大学当访问研究员。"

他的手机免提坏了还没修好，观星台里没有别人，朱晓和站在另一头，能清楚地听见电话里传出来的声音：

"你博士都读了七年多，人也三十多岁了，那么多时间和精力花进去，总该有开花结果的时候吧？我们指望着你啊，这个工作机会你不要也得要，专业对口不对口有什么关系？写写代码有什么不好，虽然是苦力活儿，但比起那个什么访问研究员，钱可是赚得多多了。哎哟，瞧瞧人家多大方，你要是去了，你爸五年赚的钱，还没有你一年赚得多呢。"

"嗯，我知道了，我会再想想……"又说了几句，风希云挂了电话，看着天空发呆。三秒后，电话铃又响了，风希云看着电话号码，犹豫了三四秒，还是接了。

公鸭似的嗓音从手机里蹦出来：

"希云师兄好，我是周奇海。不好意思，现在才抽出时间来给你打电话！那个offer考虑得怎么样了啊？师弟我真是使出了洪荒之力，把你那几个课程项目吹到天上去了，才帮你在董事会上争取到这样的薪水！这钱呢，确实比科班出身的还差点儿，不过已经是最好的结果啦！你千万别和罗大仙说，他那些闲话我不想听。哎，你就给师弟我个面子，也能让你家里人高兴高兴！师兄你要不尽快给我个答复？我这边还有好些其他的候选人，你也知道，咱这小破公司招人，不像那些牛哄哄的大厂，是分秒必争的……"

风希云放下电话，在观星台里踱步了半分钟。玻璃窗外是深蓝色仿佛镶满钻石的夜空，玻璃窗中，映出观星台里满柜子的书，还有他自己。

他似是下了决心，拿起手机，深吸了一口气，答道："奇海，非常感谢你的帮忙，但我这边事情还没有忙完，你们……你们，嗯，要不，还是……另请……另请高明吧。"

"希云师兄啊，这……你这不是泄我气嘛，你要不再好好想想？我听说了，不就是一篇《自然》吗？等咱们公司发展壮大之后，也会办个世界一流的研究所，到时候请希云师兄当个总监，不，副总裁也可以啊！你想做什么就做什么，想发什么文章就发什么文章，我周奇海作为公司总裁全力支持！"

风希云摇头："奇海，不是我不信任你，但公司一向以生存为重，你这牛皮谁说得准？把我的前途押在这种承诺上，我不觉得这是好的选择……"

"好，好。我明白了，我太了解风师兄了，决定了的事情驷马难追，就服你这一言九鼎的劲儿，没白费我花的力气！抱歉师兄，我现在还有事，先挂了。开个公司真是让我头都炸了，昨天只睡了三小时，还霸道总裁呢，就是一个受气的小白脸！咱们回头把酒言欢，我得好好和你倒倒苦水，哈哈……"

风希云挂了电话，把周奇海的笑声掐掉了半截。观星台里一下子又安静了下来，他收起掉漆的手机，在那里站着，沉默许久，尔后先开口再回头："晓和，你来找我？"

朱晓和从走进观星台就一直站在那里，还在回味着刚才风希云与别人的对话。听到风希云突然间的招呼，吓得一哆嗦，只好干站着抓头："师兄实在对不起！我不是故意想要偷听……拂羽急着要找你开会，我就上来了，发现你正在接电话，又不好意思打扰你。"

"刚才我就听见你的脚步声了。"风希云走过来，神色平静，没有发火，"知道你在那里。"

见师兄没有怪罪的意思，朱晓和连连点头："风师兄拒了奇海那边的高薪offer，带着我们干，实在是太让人感动了！我们一定得拼命把它复现出来啊！"

风希云听着师弟的恭维，脸上却丝毫没有笑意，只随意地摆摆手："这事，你不要和拂羽说就行。"

说完，他独自径直走开，竟没有拉着师弟一起下楼。

朱晓和看着风希云有些佝偻的背影，突然间悟到了什么，竟有些呆住了。随后他才找了个楼梯，独自走下去。

远远望去，实验室里灯暗着，朱晓和知道师姐定是钻进内室折腾试剂去了。

咦，那个黄先生，竟然在门口等着。见到朱晓和，他眼神直了，像是找到了大救星。

"我……车钥匙可能掉在里面了。"他忙不迭地说道，"那个……不好意思啊，麻烦你开个门，找找，找找。"

"好，你别进来。现在已经过了晚上九点，我们这里比较严格。"

朱晓和边说边拿门卡刷开门，开灯后很容易就找到一副陌生的车钥匙。钥匙形状有点儿奇特，背面还印着一头牛。

朱晓和没见过这钥匙上印着的车牌子，不以为意，手一扬，车钥匙划过一道优美的弧线，飞过十多米的距离，正好落进黄先生的包里。

"你的包开口了。"他补了一句，看着对方忙不迭把拉链拉上，尴尬地道了声谢，匆匆离开。

窗外，星辰满天，有一颗不寻常的彗星，正从星空中穿行而过。

# 第3章 彻夜

◆ • • • • • • • • • • • • • ◆
CHAPTER 03

到底是什么地方错了？

朱晓和坐在座位上，枕着头，神游天外。

中了《自然》没几周，还没来得及开香槟庆祝，就已经有人抱怨结果无法复现。一开始他们以为自己实验做得差，是因为没有师兄、师姐的生花妙手，可等到各路大佬开始质疑，自己再重复了一遍时，竟发现也没办法复现结果了……

是大师兄的理论设计错了，还是二师姐的实验做错了？还是，我把代码写错了？

真是让人头疼啊，都好几个月了，一点儿效果都没有……之前我们究竟是怎么做出这个实验结果的？

"师兄！号外号外，特大新闻啊！刚才你有没有看到楼下停着一辆亮黄色的兰博基尼？最新款的那种！我盯着它看了好半天。你知道是哪个有钱的大老板光临我们这破实验室了吗？我们是不是要接大单子？我们的博士津贴是不是要涨？白花花的银子啊，哈哈。"

朱晓和揉了揉眼睛，看到一个活蹦乱跳的一年级师弟正站在他面前，手舞足蹈，一脸兴奋。

唉，果然是这个神经病。

"许飞，你在说什么？兰博基尼？你是说有辆豪车停在楼下？现在？"朱晓和刚才完全没有在听，现在只能凭记忆里的几个词猜测对方想说什么。

"现在已经开走了，我说的是刚才，大约半小时前吧。"

"哦。"朱晓和应付地点了点头，这个一年级师弟怎么总有各种各样奇妙的、令人惊叹的，或是令人难以理解的爽点，"我……真不知道啊。最近都忙着做实验，搞得天昏地暗。罗教授是不是请了什么人过来观摩我们的研究成果？不对，肯定不是，他事先也没有通知我们准备一下系统演示什么的。"

"这需要准备？"许飞好奇道，眼睛天真地一眨一眨，"咱们这可是研究高精尖科技的地方，给他们使劲吹一通，说'二十一世纪是纳米机器人的时代'，马上大家就得拜倒在王霸之气下，给我们塞钱。你看倒 A 高达里面那个月光蝶就是纳米机器人啊，可攻可守，弹指间可以灭掉一个星球，真是太猛啦！"

朱晓和苦笑，嘴角略微发抖："要有那么简单，咱们几个师兄、师姐都失业下岗好了，换你许飞上怎么样？我听希云说过一次，要是真的有大客户来观摩，罗教授会盯得很紧，一分差错都不能有，连上厕所用左边手纸还是右边手纸都要管，基本上就和军事戒严没什么两样。你还记得上次林师姐用错了演讲软件的版本，一行标题变成了两行，被骂成猪头的样子吗？客户没有十分的把握，怎么舍得给你撒钱呢？"

"是这样啊。"许飞一脸失望，"那这豪车是谁的啊……"

朱晓和对豪车的主人似乎毫无兴趣，继续道："就算涨津贴也没多少。咱们现在一个月两千出头，真有新项目，最多涨到两千五。总之，要赚钱就别来读博士，读博士是对伟大科研事业的奉献。"

"嗯嗯，朱师兄说的是，我们不能想着那点儿小钱。"许飞一脸崇拜，点头如捣蒜。

朱晓和笑了笑，偶尔也有自己做师兄指点江山的时候。

师弟还是不死心，出了大楼的大门馋着眼望了望，看看那辆亮黄色的豪车会不会去而复返。看他回来之后的失望表情，朱晓和自然知道结果。

过了几分钟，风希云回来了，朱晓和找到林拂羽，瞥了一眼正在一旁刷剧的许飞，开始讨论。

这一坐下来就是四小时，三人分析了实验里可能出现的问题，然后找出一大堆要试的方向，但还没有列出具体的行动事项，不知不觉时间已是晚上十二点半。风希云开始反应迟钝，今天的他看起来尤其憔悴，朱晓和也有点儿撑不住了。

"可是我们还没有想清楚接下来要做什么。"林拂羽皱着眉，明显是不满意进度，还在气力十足地说话，"离复现的最后期限只有三周多了，如果我们能在今晚睡觉之前再做点儿实验，然后把样品放置一晚上，明天一早就能看到是否有自组织的现象发生。这样我们就可以省下一天……"

朱晓和点点头，心里却在嘀咕。是的，确实可以省下一天，但按照这种混蛋逻辑，不睡觉连轴转，岂不是可以省下很多天？

那边许飞打了个哈欠，合上电脑，收拾东西准备走人。

电话又响了一声，风希云拿起手机看了一眼，先愣了一愣，然后和两人打了一声招呼，竟然飞奔向楼顶，这突如其来的举动把一旁的许飞吓得不轻。

他一边跑，一边接起电话："翠云姐，你说……"随后他的身影一闪就消失在楼道的拐弯处。

这一连串动作将几乎要睡着的朱晓和一下惊醒，但恍惚间人已不在，他也只能看着师兄的残影发呆。他忽然意识到今天开会效率之所以低下，除了是因为自己确实在犯困，更是因为风希云一直心不在焉——他白天打的电话，肯定还有后续。

林拂羽轻轻推了朱晓和一把："这希云今天是怎么了？你之前去找他的时候，他有什么异样？"

"没……没有……"

"你和我说实话。"林拂羽睁大眼睛看着他。

朱晓和舔舔嘴唇，斟酌地回答道："希云……嗯，他接到个电话，有个小公司的 CEO 给他发了 offer，希云师兄想了想，拒绝了，决定和我们继续把科研干到底。天啊，我实在是感动死了。"

他说话的时候看着许飞，心里飞速地想着接下来的托词——若是风希云质问起来，就说只是和许飞闲聊时提到，林拂羽在一旁不小心听到了而已。

"原来是这样。这还是挺难抉择的啊。"

朱晓和继续道："但这事师兄不让我说，你们能不能保密？特别是不要让罗大仙知道，不然他听说希云居然要想上一想再拒绝，估计又要鬼扯什么'科研是人类崇高的事业，赚钱等而下之'之类的胡话了，一扯就是几个小时，每次受这样的精神攻击，我都要晕上一两天。"

许飞讶异地回过头："朱师兄，你刚才和我说过这句话。"

朱晓和抓抓头，一脸无辜："我有吗？哦，可能是我没表达清楚，我的意思是读博赚不到钱，仅此而已。"

"那个小公司的 CEO 是不是叫周奇海？"林拂羽追问。

许飞在一旁插嘴："啊，是那个在我们组读博读到一半，退学去开公司的周奇海吗？"

朱晓和点头："是的。听他那公鸭嗓，不会有错。我记得他大半年前退学，那时我刚来，还见到他好几次，看他那肥样，我寻思要不要提醒他减肥，想想也没那么熟，还是算了。有一次这人还和罗大仙在办公室里闹起来了。不过，公司刚开半年就能想着招希云这样的人，他好厉害啊。"

林拂羽莞尔一笑："奇海的那张嘴是相当厉害，不过他这个公司并不是半年内光速搞出来的。他在外面兼职开公司好几年了，都不怎么来实验室。"

许飞右手食指向上一指，一脸兴奋地插嘴："是的是的，奇海那尊大肚罗汉，让罗大仙用白花花的银子每月供着，结果什么科研成果都吐不出来，别提有多讨厌了。"

朱晓和顿时想起周奇海那肥硕的身躯，走路时又着腿，浑身肥肉一抖一抖，笑着连拍许飞的肩膀："你还来读什么博士？写几个段子去网上直播，保证红。"

网红段子手听到这恭维，得意地大笑，劲头更足，又当场编排了几个关于周奇海的段子。见过情状的林拂羽想起那些往事，也在一旁抿着嘴，眼眉都弯着。许飞正聊到兴头上，突然想起明天一早还要和孟天峰开会，大叫糟糕。

"天峰师兄早上六点就起床，八点就要开会，真是个神仙，我跟着他做项目，倒霉透了。哎哟，糟了，还有个报告没弄完。"他满脸被人扫兴的表情，抛下一句话后，郁郁地回去休息了。

"哈，那不是许飞自己选的吗？"看他走了，林拂羽低声嘀咕："他自己说的，天峰的东西实在得很，一板一眼做完了，肯定能发文章，混个毕业最快了。"

"师姐你倒记着，我都忘了。他来了半年，各种八卦知道得比我还多，真是个人才啊。"

没了这个脑回路清奇的大话痨，实验室里忽然安静了许多。林拂羽忽然想起什么，追问道："对了晓和，希云接奇海电话的时候，你也在场？"

"哦，我上去的时候，他正接着电话。"朱晓和随口答道。

"好久……"林拂羽轻轻地叹了一声，神色变得非常复杂。

片刻之间，风希云从楼梯上下来，一只手扶着楼梯把手，另一只手拿着手机，那拿着手机的手还有些颤抖。

"两位，我得先回去了。我真的，真的有点儿累了……"他看着两人，眼眶有点儿红。

朱晓和与林拂羽相互看了一眼，都收敛了笑意。林拂羽理了下头发，问道："希云，你……怎么了？"

"没关系，我只是有点儿累。"

"师兄，你有什么话可以说，这里都是熟人。"林拂羽满眼关切："有什么事，大家一起帮忙。"

风希云沉默着，脸上闪过一丝想要说话的神色，然而还是默默地摇头："都是些自家的事，不烦你们操心，我这就回去处理了。放心，你希云师兄没有搞不定的事情。"

林拂羽想了想，说："好，都已经快凌晨一点了，你先回去休息吧，剩下的事情包在我们身上。"

风希云松了口气，收拾起桌上的东西，把实验笔记合上塞进包里，匆匆地走了。留下的林拂羽和朱晓和两人，又开了一小时会，终于列完工作表格。林拂羽去厕所抹了把脸清醒一下，立即开始动手干活，朱晓和在一旁打着下手。

等到一切就绪，林拂羽收拾东西，力气几乎耗尽。

"我觉得希云最近不太对劲。前一阵子他总说自己头痛，后来更是连把他约出来吃饭都很难了。之前他信心满满，可不是这样的……"她说，"你有和他聊过吗？"

"哦……我觉得他可能确实太累了吧，他家境其实不太好，奇海给的这个机会，对他来说，很难拒绝。"朱晓和点头，"这篇文章吧，我们还可以把责任推到他身上，但他身为一作，明显要背最重的锅。也许咱们再试试会有奇迹。师姐，我回头和我妹说说，或许……或许她会帮这个忙，你知道苏焰她有些时候心情好，会突然变得特别好说话。只要她答应下来，就没有办不成的事。"

"那就有劳你了。对了，你知道吗，就在刚才，还有个专家单独发了封信给我，问了一堆关于那篇《自然》论文的问题，说什么'你做的工作都是垃圾，你的导师是谁？'你说，这些教授号称领域专家，却天天以挖苦打击后辈为乐，心眼怎么都那么坏？我找工作，又少了个选择，唉……"

朱晓和看着师姐嘴角抽搐，觉得她快要哭出来了。

作为一个"打酱油"的博士二年级学生，朱晓和明白这件事对于风希云师兄和林拂羽师姐来说，是关系到学术声誉的头等大事，所以他们发了疯都要把这个实验结果复现出来。而对于自己来说，其实这篇《自然》论文撤不撤稿都无所谓，大不了他换个课题重来，甚至放弃读这个博士都可以，反正有退路。

明面上，他永远不会主动提"撤稿"，这不是他该说的话。

"师姐，没事的，说不定明天就会峰回路转呢。"

"唉，希望如此。对了，那个黄先生回来过？"

"他走的时候，把车钥匙丢在实验室了，所以不得不找人开门。"

"我在里面都听到了。"林拂羽说，"这个人啊，面对上位者尽拍马屁，对看不上眼的则傲慢得很。想不到，晓和你还干脆利落地帮了他的忙。"

朱晓和淡淡地笑了笑："一码归一码。"

"就知道你会这么说。"

两人走出实验室，外面的冷风让人直哆嗦。街道冷清，一个人也没有。

# 第4章 回家

◆ · · · · · · · · · · · · · ◆
CHAPTER 04

凌晨三点。

朱晓和终于回到了自己的公寓，放下背包，一屁股坐到床上，望着地板发呆。

也就这一会儿，他才能稍微休息一下。

他挑起桌上掉落的几根头发，拿手指捻弄着，疲惫地看着窗外。

两条高速公路静悄悄地，偶尔有一两辆车飞驰而过，发出的噪音隔着窗都能听见。

"下次换一个地方住。"他自言自语，"果然便宜没好货，这两百块钱真不能省。"

林拂羽真是个疯子，从早上八点干到凌晨两点，一天十八小时，一周七天。相比之下，外面工厂里的那些"996"算什么？那简直是在放假啊。她干活，自己就得陪着，把那些重复的实验做了一遍又一遍，还要严格设定稍微不同的条件，每次都不能出差错。这些该死的实验，真是做得想吐了！

朱晓和站起来走到冰箱前，却一时想不起来自己要做什么，四顾了几秒钟，才拍了下脑袋，想起自己是过来喝水的。

"唉，最近怎么干什么都不对劲，脑袋也不太好使了啊，明显没有一年前那么灵光了……"

单调、重复的工作真是可以毁掉一个人啊，才来一年多，接下来还有至少四年的时光……有时候朱晓和会怀念自己还在计算机系时的过往，至少遇到重复劳动都可以通过写个程序来解决。

可现实世界的很多问题，是不能通过写程序来解决的。

朱晓和有点儿懊恼，又夹杂着一丝后悔：大家都想着怎么跳出火坑，可自己居然要往火坑里跳。算了，既然已经上了船，现在自己唯一的期望，就是老板可以再招个把学弟、学妹，让他们代替自己去做这些枯燥无聊的重复性实验，然后自己好当个小老板指挥他们……

拿起手机，看了一下明天的日程，早晨居然还有一对一家教，得马上睡觉了。

朱晓和喝了几口水，半躺在沙发上，一阵强烈的困意上头，闭上眼睛几乎就要睡着了。迷迷糊糊之间，他一拍脑袋想起了一件要事，于是连忙翻出笔记本电脑，接上视频。

这件事绝不能忘记！

"来啦！"

耳机里传来苏焰脆生生的嗓音，视频里映现出她白皙秀气的脸，跳脱飞扬的神情。朱晓和涣散的精气神一下子好了不少，脸上的疲惫扫去了七八分，终于有点儿二十几岁的样子了。

"今天晚了啊，不好意思……实验室里实在太忙了……"

"没事，我早预料到了！哥那边那么晚了还按照约定打过来，妹妹好感动！呜呜呜！"

朱晓和对着屏幕，大脑愉悦地空白着，呵呵傻笑。

"对了，哥，我火了啊！快打开快打开！"

朱晓和连忙打开苏焰发过来的链接，里面是她三天前发的短视频，已经有一千多万次的播放量，上百万次点赞量，且数字还在不停增长……朱晓和看到这两个鲜红的数字，不由得精神一振。再看一边的排行榜，"美女秒杀编程大赛"热度排名第三，居然进了综合排名周榜前五！留言有上万条了！点赞量最多的是"小姐姐太厉害了！好崇拜！"这条留言。

"哇，焰，你……你干了什么？"

"前两天网上比赛，顺便直播飙一把手速而已嘛。"那边苏焰的语气有点儿得意，"唉，想着要直播就很难进入最佳状态了，平日里可比这要再快一点点，一点点呢。"

"真的吗？这是怎么个玩法？"朱晓和好奇地问，"你之前不是只接活儿，不玩这种比赛嘛！上次视频你还没提过这个呢。"

"一时兴起嘛。"苏焰在那头微笑，双手托着腮帮子，眼睛眨了眨，白色的墙衬着她，"哥，自己看。"

朱晓和点开视频。视频分成三栏，苏焰的自拍在左边，中间是她的双手，右边是屏幕上的代码。左上角的秒表启动后，她的双手在键盘上飞快跳跃，屏幕上的代码一块一块地蹦出来，十秒后，解答第一题的程序被送进比赛网站，并在十多秒后变绿一次通过；与此同时，她的双手仍然在疯狂舞动，就在二十秒的时间内，第二题还有第三题也已经大致写完，第二题直接被送进比赛网站，第三题，苏焰花了三秒时间写了一个测试用例，随后程序结果在屏幕上一闪而过，程序再一次被送进比赛网站，并直接通过……直到七题全部做完，秒表正好走完三分钟。

视频的最后三秒列出了比赛排行榜。苏焰七题全对，运行速度最快，解题用时最短，在排行榜上排第一，遥遥领先第二名。弹幕满屏，膝盖收了一箩筐。很多人沮丧地表示，自己这辈子再也不想学编程了。

"哦……"朱晓和看完，莫名地想起师兄、师姐没日没夜地做实验，布满血丝的眼睛盯着柱子，巴望着标记物一点点沉下来，几小时乃至一整天就这么过去，然后第二天重复同样的操作，第三天继续，就为了最后几毫克的产物。天长日久，与这些实验器具朝夕相处，它们似乎都变得可爱了起来，摸着的触感也有了些许的变化……

一种特别的感慨，突然就这么漫上来了。

他被自己的这种诡异感慨吓了一跳，下意识地翻来覆去地看了看自己的手，皮肤依旧细嫩，感觉依旧敏锐，手指依旧灵活。

"铁爪"依然在。

朱晓和莫名地松了口气，仿佛找回了些"人"的感觉。

"我服……话说你怎么想起来做这个视频的？"

苏焰嘟起了嘴："哼，还不是因为之前比赛的时候，主办方怀疑我作弊，不相信我能那么快做完，一定要求我去现场比赛，在观众的眼皮子底下把程序敲出来。要不是得在医院待着，我真想冲过去狠狠打他们的脸。为了自证清白，我就只好做了个视频展示一下手艺，想不到火了！"

朱晓和沉思着，但夜深了，脑袋不太活络："但我搞不明白，你是怎么按一个键跳出一大片代码的？"

苏焰斜眼看着他，有种窥视智商的意味："这还不简单，文本编辑器在我手里，随我摆弄，模板和快捷键定义好，他们净出这些简单题，都有模式可循，那当然来多少扫光多少，都不够我塞牙缝的。"

朱晓和皱眉："这不是作弊？"

"当然不是！把重复的任务交给计算机去做，是所有合格程序员的基本技能！同样的一件事情，绝不做两次！"

"好好好……"朱晓和马上认输，知道辩不过，"现在这么火，肯定有人找你吧？"

"那是，有各种人加我的联系方式，才两天就有十多家公司发信过来想洽谈合作，还有招全职的，招外包的，找我上节目、出书的，咨询键盘牌子的，更离谱的是还有让我代理化妆品的……还有些无所事事的宅男，天天早上嘘寒晚上问暖，除了劝我喝点儿热水、早点儿休息，都说不出点儿有意思的干货来，纯粹是浪费时间。要是哪个人能聊点儿新鲜玩意儿，本小姐还有点儿兴趣。"

"哈哈，就没有一两个谈得来的？你大部分时间都要坐轮椅，行动也不是很方便，哥现在远在万里之外，要是有个人愿意陪着你就好了……"

"知道啦，在网上我可是绝对自由的！话说回来，虽然这个视频还不错，但应该不至于火到圈外去啊。想来想去，也不知道是我战略性地打了美女牌，还是被哪个大 V 点了名？"

朱晓和瞧见自家妹妹睁着星星眼看着他。

"咱们真不认识什么网络大 V，所以毫无疑问，我妹肯定是凭无敌美颜实力上榜的啊！"

"所以弄到最后，要出圈，我只好靠脸吃饭吗？"

哐当！朱晓和意识到自己回答错了一道送命题。

"哎呀，错了错了，原谅一下你哥！焰大人是凭实力吃饭的！"

"Bingo！回答正确！"

看着苏焰一脸得意，隔着屏幕翘起的大拇指，朱晓和连连抓头："说真的，你哥最近真是变笨了不少，这句话都能说错，活该找不到女朋友。以后我要是辍学回家了，不要惊讶，失业了跪求尊贵的焰大人包养，我拍胸脯保证，一切杂务全包，焰大人在地图上随便指哪里，就算是喜马拉雅山，你哥也必定把轮椅推上去。"

"好了，就别说大话了。话说读博真有那么惨吗？这不才一年多嘛。"

朱晓和叹气："现在是最惨的时候，已经进组一年多了，不能再摸鱼了，又没有新来的人帮忙，成果还没有出来，压力山大，又撞上个没希望的项目。你看你哥的样子，是不是老了七八岁了？"

说起这个快成众矢之的的项目，朱晓和不由地愁眉苦脸："我那个大师兄真是坑死我了，本来信心满满以为他是个王者，结果是个青铜，弄得现在我都不敢出去见熟人了。一见人，别人就笑嘻嘻地打量着我，从上到下看得我脸上发烧、浑身发毛，只能低头远远避开。"

"哪有几个人一见面就问项目进度如何的，他们又不是你老板。再说了，他们说不定一事无成，比你更心虚。想开些，反正你有基础，大不了咱们不和这些死命压榨你的教授们玩耍了，刷题转码，又是一条好汉。就凭我哥不管啥复杂玩意儿都能折腾好的神奇本事，去哪儿饿不死啊。"

朱晓和哈哈大笑，一双眼睛眯成一条线："抬举我了，你哥这次可真的不行了。"

"那是你师兄师姐的问题，又不是你的错。对了，后天有个彗星凌日，就是彗星扫过日面，给地球留下个小阴影，然后太阳会变暗那么一丢丢哦，是不是很好玩儿？据说那颗彗星很大，是千年一遇的天象啊，可惜哥不能过来陪我一起看。唉，下午还要做例行检查，医生护士们都木木的，一点儿都不好聊。"

"那你找他们感兴趣的话题？"

"哼，我可忙得要死，没时间花这份心思。照顾我的小护士天天就讨论些八卦新闻，哪个明星又出轨了什么的，对天上发生啥事根本不闻不问。她们可不知道，太阳要是随便打个小喷嚏，咱们人类都得玩儿完。"

"哈哈，我出入医院多少次了，每个我遇到的坐轮椅的人，都把自己原本的宏图大愿丢掉了，只想回归正常人的生活，妹，哪有像你这样的？"

苏焰鼓起腮帮，一脸不悦："喂，哥，梦想可得远大，不然咱们和咸鱼有啥区别？好啦，本小姐先去练手了，两天后有个在线算法大赛，题目会难很多，听说有几个上古大神将要出现，我可不能让人笑话了，要发挥出应有的水平来，这几天就不要再骚扰我了，谢谢支持。"

朱晓和苦笑了笑，对苏焰装客气找抽的样子早就见怪不怪。他挂了视频通话，想了想，又发了一条消息"看彗星凌日小心眼睛"，看到回复"哥你管太多了"，才放心地躺下。

天快亮了，倦意铺天盖地漫上来，朱晓和在床上四仰八叉地一躺，来不及脱衣服就沉沉睡去。

在睡梦之中，他迷迷糊糊，仿佛听见一阵惊天动地的响声。

# 第 5 章 后浪

CHAPTER 05

早晨七点。

"嗯，我是孟天峰。你说你对我们组有兴趣？"

这位快四十岁的博士刚吃完早饭打开视频，一边跷着二郎腿，一边聊着。

对面是个男孩子，全神贯注地坐着，表情僵硬，显然面对孟天峰这张毫无表情的扑克脸，他相当紧张。

"是的，我，我……我叫顾令臣，刚……刚刚升高中一年级，但对你们的研究很感兴趣！"

他的语调高亢，语速超快，有好几次都快到让自己的喉咙卡住，不得不停顿几秒再说话。但是这些，都显示出这个半大孩子对纳米机器人非常感兴趣。他滔滔不绝地说了一通自己的梦想和对将来人生的规划之后，终于提到了那篇《自然》文章。

高一，十六岁。

后浪汹涌啊。孟天峰想着，脸上还是冷的。

"孟老师，我，不知道我说得对不对，但我……我觉那是突破啊，要是能做出来，那以后每家每户都可以在家里开自己的制造工厂，想做什么就做什么，根本不需要出去买东西了。那将是多大的变革啊！所以我非常非常兴奋，我能不能到你们这里来先实习……实习一下看看？风希云和林拂羽两位博士，他们……他们带不带实习生？我也很憧憬能发一篇《自然》……抱歉我给他们网页上的邮箱发了好几封邮件，可一直没有收到回复，也许是因为找他们的人太多了，所以，所以我就冒昧给您发信……非常感谢您能回复！"

孟天峰沉默了几秒，随后开口说："你对这篇文章的贡献概括得不错。他们两个正在忙后续工作，也许没有时间回复。好的科研工作，要经过大量的检验。我可以把你的信转过去，至于他们会不会回复，我不能保证。"

"嗯嗯，明白！"

"另外，你也要想清楚。好的科研工作，背后要付出极为辛苦的努力。你要到我们这里来的话，就要想清楚。具体点儿呢，就是一天工作十五六个小时，一周七天这种。要达到别人达不到的高度，那就只有付出等量甚至超量的努力。对希云他们那样的博士来说，无所谓工作和生活的平衡。工作和生活早已合二为一，所谓'研究是一种生活方式'，这和大部分朝九晚五，一周五天的普通工作，是完全不一样的。"

"我明白的。"出乎孟天峰的意料，对方似是早有准备，没被吓退，语速也慢了下来："这倒还好，我看哥哥姐姐们在高考前一年也是这样拼命的。所以啊，我一直在想——"

顾令臣停了三秒钟，然后郑重地说："与其拼命做一样的题很多年，我宁愿发一篇《自然》。"

孟天峰的脸色，终于有了些小小的变化。

"很有想法！但科研的失败率也是很高的，成功的只是极少数人，大部分人努力之后，仍然一无所得。这和做题是不一样的。做题是一分汗水一分收获，熟练之后不会有太大问题；科研的失败率是百分之九十以上，尤其是突破性进展，可遇不可求。你想想，一个学霸经常考零分是什么感受？每次大自然出的试卷，可能和你拼命复习的内容完全不一样，往错误的方向走，越是拼命，错得越多。你要是浪费了一两年，对你的前途，可是大大的不妙。"

"啊，是这样……孟老师说的是，我没有想到这一点……"听着长者的语重心长，男孩露出恍然大悟的表情，刚才的一腔热情也有稍许的冷却。

孟天峰点点头，话锋一转："当然，科研的题目也有难易之分。像我这边的课题就没有那么高大上，发不了《自然》；但另一方面，题目简单些，想清楚了就有很大概率能成，也比较接地气。你真想试试也不会太难。对你这样的高中生来说，一篇还不错的文章，已经足够用了。你考虑一下吧。"

在顾令臣迟疑地说出"让我再想想"之后，孟天峰挂掉了视频连线，躺在椅子上休息了一下。要花时间劝服那些对将来满怀憧憬的人，让他们明白光鲜背后的艰辛，名声背后的挣扎，实在是不容易。

他翻了翻日历，想了想接下来还有哪些会议，会和谁见面，要说哪些话，要做哪些准备和安排。另外，找工作的事情还没有着落，可能还得飞去各地联络一下。

看着屏幕上自己的演讲草稿，想着下家捉摸不定的研究品味，孟天峰的眉头有些皱。断断续续改了一个多月，还是各种不满意。精力也大不如前了，白天要是干了太多的活儿，晚上就睡不着。

有时候，他会后悔自己在三十三岁时做的读博决定，五年过去了，同龄朋友们都已经开始赚大钱了，有人还做了部门主管，或者像周奇海那样，自己开了家小公司当总裁。

要是能像朱晓和那样年轻且精力旺盛就好了，孟天峰倒是有点儿羡慕他。

至于那两个刚来的师弟嘛，当他们不存在也罢。罗老板今年各类事务繁忙，招人真是看走了眼，许飞这个人不干活儿，只会到处扯段子，另一个叫何强的，心高气傲，受不得一点儿批评，唉，难，真难。

七点五十八。

孟天峰咬着早饭的最后一口面包，打开摄像头，看见许飞带着两个大黑眼圈，无精打采地看着他。

得，晚上又不知去哪里鬼混了。

孟天峰看见他就有点儿来气，板脸皱眉，老板腔上来了："许飞，上周派给你的活儿干完了没？都一周了，你的结果呢？问你话呢？你还看什么手机？我们现在在开会！"

许飞在那里张着嘴，像定格了一样一动不动。孟天峰一度以为网络坏了导致视频卡顿，但不对啊，许飞身后，窗外的叶子还在随风飘。

这人怎么了？难道他昨天嗑什么药了？

孟天峰仔细盯着他看。许飞终于放下手机，手机在桌上滴溜溜地转，一半露在桌外，被他的手肘一碰，一下拍到地上。他机械性地抬起头，眼神茫然，脸上是惊恐万状的表情："希云，希云他出车祸了！"

# 第6章 伤逝

CHAPTER 06

接到罗教授的紧急电话，林拂羽和朱晓和吓得屁滚尿流，立即放下手上的所有工作，冲到医院去了。

孟天峰、许飞还有何强早就来了，坐在大厅的一角，眼神都有些惴惴不安。罗教授站在一边，说话时还微微喘着气，显然是刚刚赶到。

林拂羽和朱晓和出现在众人面前，教授见到他们，紧皱的眉头舒展了些。

护士出现了，向他们打了个招呼，拿着病历，脸上无喜无悲。

"情况怎么样了？"林拂羽抢先问道。

护士："哪位是家属？"

大家相互看着，沉默了一会儿，林拂羽先说："我们是他同一个实验室的师弟师妹……"

罗教授站起来接话："我是罗英先教授，你好。我希望为我不幸受伤的学生提供一切可能的帮助，请问他情况如何？"

"那好，罗教授请随我来。"

朱晓和等人只得在外面等着，看着罗英先进了病房。

护士将他带到了一间办公室，随后关上门。等候在办公室里的医生向罗教授打了声招呼，护士递给他一把椅子，让他坐下。

医生用幽深的双眼看着他，然后简要描述了一下目前的情况："病人送医比较及时，已经在手术室抢救了，但重要脏器大出血，有多器官衰竭迹象，目前不是很乐观，所以请做好准备……罗教授，你有他亲属的电话吗？"

罗英先听完，靠在椅子上，深深叹了一口气，那原本还有些神采的眼睛暗淡了下去。他想了想："你刚才说风希云是在高速上被撞的？可是行人不能上高速啊。"

一旁的护士翻了翻病历："嗯，高速下匝道，那里有个标记几乎被车轮磨没了的人行横道，是事故多发地点。事故发生在凌晨五点左右。对了，伤者在车祸现场还留下一个背包，目前寄存在警局里。"

凌晨正是司机最困的时候，路上又没什么人，要么风平浪静不出事，要么就是出大事。

"嗯，我知道了。"罗英先拿出手机，掏出眼镜戴上，查了一会儿，写下风希云的紧急联系人名字和电话，护士接过，然后送罗教授离开了办公室。教授迎面看到一众热切的眼神，突然变得有些步履蹒跚。

"我还有些事，先走了。"他摘下眼镜，眼镜边框划过有些斑白的鬓角，对抢上前来的林拂羽说道，"护士已经通知希云家属了，你们……自便吧。"

一众人等到天黑都没有消息，只得回去了。

第二天一早，朱晓和还有林拂羽又赶往医院，刚等了半小时，就在走廊里看到一众人从重症监护室里推出被白布盖上的躯体，一路送到太平间。有个女孩在后面大哭大叫。

两人远远跟着，沉默地站在那里。

朱晓和脑海里浮现出风希云的样子来，他曾是那么自信的一个人啊。"放心吧，林师妹还有朱师弟，我一定会复现这个实验的！我们的文章在《自然》杂志上发表了，没有人能夺走它！"就算面对众多大佬的质疑，他也绝不畏惧和退缩。

风希云的表情里透着火一般的热情，他的眼睛里一直闪着光——没有人怀疑他的学术能力，他的合作者们都对他赞不绝口，就连比林拂羽及朱晓和年长快十岁的孟天峰，见到他会热情地叫一声风师兄。

他是众人的偶像，对于痛苦而迷茫的博士们，他就是黑夜中的火光。

可最后，他一句话，一个字也没有留下。

一旁的林拂羽终于忍不住了，捂住嘴，泪水不停地往下掉。

那个女孩从走廊的尽头走了回来，晃晃悠悠地倒在走廊的长条椅上，靠在墙上抽泣，抹着眼泪，声音很小很小。朱晓和看了她一眼，她有点儿胖，嘟嘟脸，眉宇间有风希云的影子。

两人坐在走廊的另一边，躲在来往的人群之后，没有打扰她。朱晓和看见哭闹的孩子被家长抱着走过去，看见一个中年人推着轮椅，轮椅上坐着挂吊瓶的老人。过了五分钟，走廊变得清静了，他想站起来，却被林拂羽轻轻按住。林拂羽先站起来，走过去，轻轻蹲下，递给那个女孩一张纸巾。

女孩抬起头，看见林拂羽温暖的笑容。

"你好。"林拂羽耐心地看着她，红着眼睛，"我叫林拂羽。"

女孩叫风翠云，是风希云的堂姐，本来在附近的城市旅游，明天就回去了，接到噩耗之后就连夜改了机票过来。

"我婶婶身体不好，最近被查出得了一种罕见的绝症，每个月需要五万治疗费，现在已经是到处借钱的状态了，所以他家里都盼望他早点儿赚钱，现在好不容易找到一份体面的工作，眼看就要渡过难关……唉，叔叔还得陪着婶婶。他们要折腾着买票坐飞机过来，也得好几天了，这路上还不哭成泪人了？"

朱晓和听着，想到前天他在顶楼听到的对话，心里一惊。林拂羽则一言不发。

医生走过来，说了几句安慰的话，风翠云接过死亡通知书，抹了抹眼泪，也没细看上面的条款，就签了个潦草的名字。医生拿过来，看了一眼，开口想要询问，又止住了，拿起签完名的文件走远。

"你有地方住吗？"林拂羽问，"没有的话来我家。"

风翠云点点头。事出突然，她只来得及定一晚上的酒店。

三人从医院返回。林拂羽开车，朱晓和坐在副驾驶座上，让风翠云坐在后排。

中途罗教授打了个电话过来询问，林拂羽告知了目前的情况，罗教授听完，足足半分钟后才说："好，我知道了……拂羽还有晓和，你们辛苦了，那篇文章就暂时不用操心了，好好休息一阵吧。"

林拂羽沉默了几秒，仍然不依不饶："教授，可是上次我们已经答应过评委会，关于能否复现结果，三周后要给一个报告，现在还有时间再做几次实验……"

"别想那个报告了，撤稿吧。"电话里传来教授镇静的回答。

"可是这都做了七年了……人生有多少个七年？风师兄为了这个连命都丢掉了！"她的声音有些高，开始嘶哑起来。

罗教授没有回答，电话里听见他喝水和咳嗽的声音，语调从关切转为严厉，声音也越来越高，到最后几乎是在吼叫："拂羽啊，这篇文章要是再拖下去，对你的职业生涯会有负面影响。还好你并不像希云把所有时间都投进去了，你还有其他不错的工作，围绕着它们重新组织求职演讲，你仍然有很大机会。你要想清楚了，一篇挂在高处给大家评头论足，关键实验又不清不楚的文章，迟早会毁掉你的职业前途！它是一颗不定时爆炸的炸弹，会在若干年之后，变成任何人都可以利用的把柄，把你从某个职位晋升的关键关卡上拖下来，拖进万丈深渊，让你一辈子的努力，付诸东流！"

林拂羽握住方向盘，通红的脸一时僵住了。

"林拂羽，你，可知道轻重？"罗教授追加了一句。最后那两个字在封闭的车厢里颤抖。他的语气里，似乎透出了疲惫。

"嗯……好……谢谢，谢谢老师……"

车里安静了下来，似乎连空气都凝固了。朱晓和侧眼看到师姐的眼睛里闪过不甘、挣扎、绝望、认命，随后从眼角开始，流露出一种蔓延至整个脸庞的疲惫。

车穿过一片有密林的区域，太阳照得她的脸忽明忽暗，随后又恢复了正常。

前方红灯。整辆车突然间刹住，随后又慢慢启动。朱晓和还有风翠云都被急刹车吓得不轻，林拂羽如梦方醒，连连道歉。她握着方向盘的手在颤抖，不，她整个人都在发抖。

"师姐，休息一下吧！"朱晓和见情况不妙，连忙建议道。

林拂羽定了定神，车转向一条荒僻无人的小道，一路颠簸，一直开到尽头一片僻静的开阔地才停下。她松了一口气，把头靠在方向盘上，好一会儿才抬起来。

"谢谢。"她对着副驾驶座，挤出一个笑容。

朱晓和苦笑，抽出几张纸巾抹着脸，才三月份，他的额头上已经有汗。

风翠云忽然问道："我不是很明白。刚才，你们讨论的论文，是不是小希……是不是希云的文章？"

"哦，是的，我们都是作者，但希云是第一作者，就是说他是这篇文章的主要贡献者，他花了最多的时间在上面。"朱晓和回答。

"然后你们决定……将这篇文章撤稿？"风翠云问。

"嗯，是的。"

"小希，他……这七年，就只做了这一篇文章吗？"

"嗯，差不多吧……希云师兄选了个很难的题目，很难很难，非常非常难……"

"我听小希说过，说要让那些很小很小的小人儿能自己动起来，并且还能搜集周围的材料制造更多的小人儿。是这样吧？你说小希……他这七年发的论文值多少钱？是按字算，还是按页算？我是个小报的记者，不是很明白你们的规矩。"

朱晓和从前排回过头来，像看呆子一样看着她。

"嗯，翠云啊，我们这里不按字数算，只按科研成果算。"朱晓和看着她的表情，斟酌着回答。

"什么意思？要是没成果，那写再多也没用？"

"不好意思，是的。"

"所以如果他撤稿，就什么也没有了？"风翠云问道，她已经带着哭腔了。

"呃……"朱晓和抓着头，不知道如何安慰她，"干我们这一行只看结果……如果实验结果不能复现，那这篇文章就是错的，错的文章是不能发表的。我知道你对弟弟的死非常伤心，可是也请你理解我们科研狗的苦衷，要是坚持不撤稿，只会让希云的名字蒙羞啊。"

"所以说，这就是我从你们这里得到的答案。"风翠云盯着他说，"我不知道回去怎么交代。你们说他为科学献身了，好崇高啊，可是到头来，连个名字也没有！你们给他指了个大坑，让他跳下去做牛做马，然后过了几年冷冷地说他做错了，要从头再来，这是在拿他的前途和生命开玩笑吗？"

"不，不是这样的，你冷静一下，我们……"朱晓和急忙辩解。

"你让我怎么冷静？"风翠云激动起来，"小希他每天从早上九点工作到晚上十二点，一周七天，还有没有劳动法了？你们的导师是谁？我要告他精神虐待，所以小希才会神志恍惚，跑到高速路上被车撞了！不，在这样的环境下，抑郁自杀都有可能！"

"希云怎么可能自杀？他自杀，那我们这种天天愁眉苦脸的博士早就跳楼跳干净了。翠云，我知道你很难过，但博士普遍比较辛苦。"朱晓和回答道，"要是都只算苦劳不算产出，那就没办法进步了。"

风翠云大摇其头："你知道有一种毛病叫斯德哥尔摩综合征吗？讲的是一个人长期遭受迫害，不懂得为自己争取权益，却反而为加害者辩护。醒醒吧，我看你们这群博士都有这毛病。"

有人敲车窗。

车里的争吵停了下来。朱晓和抬头，有个身穿制服的人看着他，他连忙放下车窗。

"这里不能停车。"

"哦，好，我们……我们马上走。"

警官用锐利的目光扫过车里三人，终于走向前面那辆车，抽出一张罚单来贴上。

"师姐，要不我来开车？"朱晓和问，"等一会儿还要上高速。"

林拂羽自始至终都没有加入刚才的争吵，她把头靠在方向盘上，似乎一下子被抽走了魂魄。听到朱晓和的询问，她低声"嗯"了一下。朱晓和打开车门，下了车，伸了个懒腰，深吸一口清冷的风。这个早晨比天气预报预测得更冷，他只穿了件短袖，有点儿不够啊。

不远处，有一对情侣正在折腾一个大"炮筒"，两人脸对着脸，争执不下。

"我说你懂不懂啊？什么彗星凌日？在这看了半天什么也没看到。害得我早上七点就被你骗起来，在这冷风里站了一个多小时，你要冻死我啊！"

"我可是按照官方星图来定位的，彗星应该就在那里，为什么看不到呢？"

"这是什么理由啊，都是你的错！我下次一定会被你害惨的，我们分手吧！"

朱晓和没有兴趣听他们的争执，绕到车的另一边。

驾驶座上，林拂羽眼神涣散，手摸了几次才解开安全带，正准备起身，朱晓和瞥见手机屏幕上跳出一个红点。

是苏焰的消息。

朱晓和随手点开。

"哥，彗星不走了。"

# 第 7 章 彗星

◆ • • • • • • • • • • • • • • • ◆

CHAPTER 07

当天晚上。

朱晓和订了一张四人桌。许飞第一个到并且坐下了，接着是孟天峰。

"拂羽没来？"孟天峰问道。

"她今天有点儿被各种事情打懵了，还要照顾风翠云住下。唉，人生无常，就先不用打扰她了。对了，何强呢？"

"他刚被拒了稿，处于不想见人的状态，你也知道，他和评审们就是不对付。"

三人胡乱点了些东西，先各自感叹了一下风希云的遭遇和命运的不公，然后话题马上转到了彗星上面。

饭店仍然正常营业，门庭若市，欢笑声不绝于耳。大多数人并没有意识到"彗星凌日停着不走"这件事情和日常生活的关联。在大街上随便拉一个人，他连金星和其他行星都未必能分得清，更何况一颗小小的彗星。

然而博士们自然知道这可能意味着什么。

自从一早从苏焰那里得知了这个消息，朱晓和就立即开始查阅各种资料。

网上相关论坛已经炸开了锅，有人还建议紧急调用全球著名天文台的望远镜，撤掉一些当前的观测任务，留些档期瞄准那个可疑的角落。当然，对于这样的重大决定，总有质疑的声音，审批和具体操作也需要花时间，目前只能看到天文爱好者的观测结果。

"所以，到底是什么情况？我看了一些望远镜拍摄下来的视频，那个彗星在冒烟？我看滚滚烟尘从它的头部冒出来，飘进宇宙空间里，好大一片。"孟天峰问。

大家都知道他说的是什么。那个视频流传全网，被人疯狂转发。从视频中看，彗星头部有一团烟尘，正在不停地翻滚，并且逐渐变大，在一小时的拍摄时长内，几乎变成了原来的两倍大。

"是的，不过那是一些爱好者拍的，质量如何不好说。"朱晓和说，"说实话，我有种看小视频的感觉，根本看不清楚这里面到底发生了什么，我甚至怀疑这视频是不是真的，现在特摄水平可是很高的，甚至是 AI 生成的都有可能。"

另一边的孟天峰同样持怀疑态度："如果这些视频是真的，那这是不是让彗星的速度减慢，甚至停下来的原因？彗星凌日没有在预测的位置发生，正因如此？我的意思是，这并非大家想象的超自然事件？彗星本来就由水冰构成，因靠近太阳受热而产生这样的蒸发或者升华现象是非常普遍的，甚至有整个彗头解体成两个的例子。当然，我不是这方面的专家。不过历史上很多奇怪的事件，最后都能得到科学的解释。"

"孟师兄说的确实有理，但是靠头部释放物质的反冲力肯定是不够的。"许飞插嘴道，言语里面藏着些许兴奋，仿佛唯恐天下不乱，"彗星大部分仍然完好，按道理不应该产生这么大的轨道计算误差，那样牛顿的棺材板就要压不住了。"

"所以你的意思是，这颗彗星还存在其他的内部动力，不然无法做到这样的变轨和减速？但是苏焰查了一下这颗彗星过去的观测记录，它从海王星外飞来，和一块石头没有任何区别，不存在有动力的迹象。"

"所以……"许飞咳嗽了一声。

"许飞，说说你的观点。"

听到朱师兄点了自己的名，许飞满脸笑意，给自己灌了点儿酒，问朱晓和："你想听正常人的分析还是疯子的分析？"

"许飞，你就别卖关子了。"朱晓和笑着说，"你每天逛各种奇奇怪怪的小网站，知道的比我们多多了。我们天天忙得像狗一样，守着自己的一亩三分地重复劳作，想象力早就枯竭了。在疯狂这一点上，就只能靠你了。"

"你觉得……有外星人存在的可能性？"孟天峰问。

许飞的虚荣心得到了极大的满足，放下汤勺，仔细分析道："我们看了那么多科幻电影，看大片里各种惨烈厮杀，外星人为什么费那么大力气来占领地球？外星舰队着落在地球引力圈内，与地球人搏斗都需要携带和消耗大量的物资和能源，还需要让指挥官随舰设计具体的战略和战术，再由外星士兵们去完成，这费时费力，太不划算。更麻烦的是，该恒星系的原住民可能有千奇百怪的生命形态，要在短时间内完全理解对方，并且及时制定策略，是非常困难，甚至是不可能的。"

朱晓和点头："嗯，这话有点儿道理。"

"所以啊，外星人要是真来了，他们有那么高的智商，干吗做这种蠢事？什么大炮、巨舰、机器人，万一碰上个气态生命原住民，岂不是毫无用武之地？"

"那照你说，它们应该怎么做呢？"

许飞侃侃而谈："我们首先需要问的问题是，它们究竟为何而来？到了星际旅行这个份上，除了对其他文明感到好奇，外星人还缺什么呢？想来想去，最重要的莫过于争夺物资和能源，其中能源是重中之重。但如果它们需要的是能源，为什么不直接从能源的源头——恒星入手？"

孟天峰沉思，说："有趣，你继续。"

"基于戴森网或者说戴森云战略，使用巨量的小飞行器，把目标恒星层层包裹起来，截取它辐射发出的总能量。这样完全可以做到一举两得，既能补充自己的能源，又能通过挡住恒星光源，极大地限制该星系原住民的发展。更重要的是，这个战略与目标星系的具体生命形态无关，管你是单细胞还是多细胞，两栖动物还是哺乳动物，碳基还是硅基，喝的是水还是氨，只要生命活动依赖于恒星的能量输入，这个战略就可以奏效。"

朱晓和想了想，质疑道："但……听起来这工程实在过于浩大。外星人只送来一颗彗星，没有那么多物质可以把太阳全包起来，它现在离我们五千万千米，在金星的轨道上，要把阳光全挡住需要多大面积？我觉得从这堆烟尘里冒出一艘宇宙战舰都比这靠谱啊。"

许飞摇摇头："我们并不知道这颗彗星里面藏着多少东西，也许它内部是白矮星或者中子星物质，这样就肯定够了。比如说中子星，半径只有几千米，但质量和太阳相当。"

孟天峰皱眉："许飞，这就有点儿胡扯了。要是那样，因为引力的作用，行星轨道应该发生异常变化，地球上早就发生海啸了。"

"嗯……它可以携带一点点这样的物质，只要一点点，这样既不影响行星轨道，又足够制造戴森网。"

孟天峰带着一张严肃的脸看着许飞，继续质疑："那它为什么要如此顾及行星轨道的改变呢？为了照顾我们的感觉，特意设计好这样一块蛋糕送过来？如果诚如你所说，它们的目的主要是获取能源，那不管行星间如何天雷动地火都无所谓，只要恒星还在就行，根本不用这么小心翼翼吧？"

"嗯，这个嘛，行星结构的稳定对戴森网的持续运行至关重要，要是撞上来就不好了……"

朱晓和接话，彻底否定了许飞的假说："早晨苏焰查过，在这颗彗星飞临太阳的这几年里，八大行星和小行星带的轨道并没有什么可观测到的改变。最近这两天它在金星轨道附近，但金星的运行并没有受到任何影响。就算这颗彗星只携带了相当于水星大小和质量的所谓的中子星致密物质，它的引力也应当产生人类可观测的效应。"

许飞被问得一时语塞："也许是外星人有空间门？而这颗彗星不过是空间门的前哨站？等这些烟尘在太空中排列成奇怪的形状之后，我们就将看到一支庞大的宇宙舰队从虚空之中出现……"

孟天峰露出不以为然的神情，朱晓和哈哈大笑："要是真有这样的技术代差，当他们飞临地球上空之时，我第一个投降。"

许飞也知道这并不靠谱，只得自打圆场："随便说说，不用当真，哈哈。确实，物质不够是个大难题，那么小的体积，也许它不过是个信使或者探测器吧。"

三人吃完了饭，各回各家。笑过之后，朱晓和觉得整个人轻松了不少。

他一个人回到实验室大楼，风翠云背着个包，正等着他。

那是风希云的包。朱晓和注意到了，眼神停留了一秒，仿佛回忆起了些过往，随后掏出门卡开了门，看时间尚早，就让风翠云进来收拾自己弟弟的遗物。

风翠云看见实验室各种乱七八糟的东西堆叠，还有一股奇怪的味道，捂着鼻子犹豫了几秒才进去，在朱晓和的指点下跨过些杂物，来到办公桌前。桌子上论文垒得老高，朱晓和拍了拍这栋"高楼"，叹了口气问："这些是论文，全扔了？"

"那么多东西我也带不走。"风翠云的脸色有些憔悴，"我只带点儿他的个人物品回去吧，以后也好有个念想。"

朱晓和点点头，双手捧起最上面的一些论文，把它们搬到垃圾桶前。朱晓和随便瞥了一眼，最上面的正是那篇《自然》文章。

撤稿了，唉。

他拿起来看着，有些舍不得扔，文章上密密麻麻地全是修改意见，可见风希云在上面花了多少心血！

"翠云，你要不要带一篇他的论文回去。只有一篇论文的话，不会太重。"

"也好……"

朱晓和把论文拿回来，放在她面前，题目是《一种自组织自适应纳米机械的设计和分析》。

"就是这篇。"

"我是个文科生，看不懂它的摘要，你能帮我解释一下吗？我会努力记得些，我没什么别的长处，就是记性好点儿。"

朱晓和搬了把椅子坐下。

虽然许飞的异想天开被大家轻易否决，但彗星凌日后不动的异象摆在那里，种种担忧仍然笼罩在大家的心头，明天还要开会讨论。

另外罗大仙交代的各项任务都没完成，就算天塌下来，博士生也得干活。

朱晓和瞥了一眼手表，又看着坐在前面红着眼睛的风翠云，还是决定腾出点儿时间，细细解释。

"我们在这篇文章里，设计了一种很小很小的机器人，大概是头发丝直径的百分之一大小，它是球形的，可以在很小的尺度上移动，可以利用离子浓度差从外界摄取能量为自己的微电池充电，更有趣的是，很多同样的小机器人浸没在特定的溶液里，可以自动相互合作提取溶液中的成分，制造出自己的外壳。当然，因为各种需要控制的因素实在太多，这个实验最后没有复现出来，所以……撤稿了。"

"哦，我还是有点儿不明白。"风翠云用好奇的眼神看着他。

"哦，隔行如隔山，你不明白是正常的……我想想怎么解释才好……"朱晓和说到一半，忽然嘴角一抽，被自己突然冒出的念头吓住了。

彗星在金星轨道上突然停下来并且产生了大量烟尘，而彗星凌日之时，金星就在附近。如果许飞的狂想是正确的，如果风希云这篇论文其实并没有错，如果这些烟尘就是我们《自然》文章中的小机器人……

那这些"烟尘"的目的，就是在等金星过来，然后把它……

吃掉。

# 第8章 歼星花

CHAPTER 08

第二天，第一架国际天文台的望远镜，把镜头对准了那颗可疑的彗星。然后越来越多的望远镜加入，各种各样不同波段的视频逐渐被公开于网上。

在开始观测的几天里，人们通过望远镜看到了很多东西。一个传回来的视频很清楚地显示，彗星正向外挤出巨量的烟尘，尔后烟尘渐渐凝固，变成一片片黑色薄片。这些薄片根本测不出厚度，但竟能强烈吸收阳光，薄片和薄片之间相互连接，覆盖的面积正在逐渐变大。

金星于第三天开始进入这片新出现的尘埃云中，越来越多的望远镜指向了那里。

虽然从可见波段暂时看不出什么变化，但受过科学训练的人们，已经心里有数——这绝对不是自然现象。

一众人看完了望远镜传回来的高清视频之后，立即决定去超市里囤货以备不时之需。早晨九点，孟天峰的皮卡已经停到实验室楼下，林拂羽拉着刚来的风翠云正等着，许飞与朱晓和也已经赶到。

"翠云就交给你们了，我还有些重要会议要参加，就不一起去了。"林拂羽见大家都来了，简短地解释了一下，然后在匆忙的行走中拨通了电话，"喂，李叔吗，能不能帮我个忙？"

对话声越来越小，最后林拂羽消失在楼道的尽头，那里罗教授的身影一闪而过。

风翠云打量着几个对她而言全然陌生的人，一时间没有说话。

还是朱晓和站了出来，挥手打了招呼："上车吧。对了，拂羽要买啥？"

"阿羽她没和我说。"风翠云摇头。

"这个家伙。"朱晓和抓着头皮，"真是没计划，又要让人给她擦屁股。"

几个人都上了车，孟天峰开上了既定路线。窗外的闹市街道上，行人熙熙攘攘，嬉笑如常，而车内则弥漫着深沉的忧虑，没人说话。

"我说……"风翠云开了口，"小希的事情，不能这么算了。我要去校长那里投诉，讨个说法……你们谁能帮我？"

车里寂静无声。孟天峰专注地开着车，脸上毫无表情。

"阿晓，你能不能帮帮我？"

朱晓和抬头，迎上风翠云求助的目光。

"哦……"他犹豫了几秒,"我……行,明天一早我陪你去吧。"

许飞坐直了身体:"朱师兄。"

"我有义务。"朱晓和叹了口气,神情绷紧了些,转向风翠云,"明天早晨十点,不然行政区域不开门。"

皮卡迎着灿烂的阳光,驶上了高速,高空中万里无云。

"你们平时坐车就这样闷着不说话吗?好吓人啊。"

"有大事要发生,平时不是这样的。"许飞说,"哎呀,我这张乌鸦嘴。"

"究竟怎么了?你们都好冷血,同僚车祸去世了,眼都不眨一下!事情再大有小希的事大吗?"

风翠云这句话一出来,车里除了孟天峰,所有人都抬头看着她,阴冷的目光射来,把她吓得一激灵。

"有。"

"为……为什么?"

"会很冷。"许飞简短地回答,"非常非常冷。"

"可是今天挺暖和……"风翠云不解。

许飞继续:"会冻死。太阳会被遮住。我们得躲在地下,或者躲进海里。那里虽然保温,但也不一定安全。世界会大倒退。"

"有……有多冷?"

"空气都会液化凝结,地球会成为一个大雪球。能源不足,资源不足,争夺会很惨烈,会死很多人。"

"喂,我真不明白你们在说什么!现在街上一切如常,太阳不也正常升起来?"

"因为有非自然的东西,闯入了太阳系。我们还不知道那是什么。但看起来它会对我们非常不利。"

"我看过那个视频了,就一点儿烟尘而已嘛,有什么大惊小怪的……"

"翠云,你会明白的。"开着车的孟天峰终于开口,"我们只是,比别人看得远一点儿。"

风翠云语塞,她发现整辆车的人都在反对她。

"阿晓,你的意见呢?"风翠云又一次求助。

在这场关于未来的讨论中,朱晓和自始至终都没说话,然而他的眼神一样忧郁阴沉。他抬起头,对上风翠云的眼睛:"我后天傍晚的飞机回家,去和我妹妹团聚,世界末日要来了。"

"啊？"风翠云惊呼，车抖了一下。

"朱师兄？"许飞张大了嘴巴，"你……这就要走了？"

"嗯，我想了三天，这是慎重思考之后的决定。东西都已经整理完了。大家该忙啥忙啥，不用给我践行。"

# 第 9 章 告别

CHAPTER 09

"阿晓，我们现在交了申诉书了，他们多久会出调查结果？"

"通常情况下得一两个月吧，但接下来会发生什么不好说。我也没自己去交过。"

朱晓和正在整理桌上的物件，有些心不在焉地回答。

"阿晓，你果然是好脾气。"

"唉，以前吃亏吃得多了，犯不着在对自己没好处的事情上浪费时间，找下个地方赚钱就好。"

"阿晓，这你就不对啦！是非曲直要辩清楚才行！更何况我还是一个记者！"

"嗯，对，对的，对你来说，这事确实很重要。"

"喂喂，阿晓，你究竟有没有理解我啊？"

"我……我理解的。"朱晓和抓抓头，赔笑道。

"好，那我就在这里等上一个月，每天都盯着，看他们怎么交代。"风翠云气鼓鼓地，握着小拳头，士气高涨，"小希可不能白白死了。"

"嗯，随你便。对了翠云，这里还多了一件换季打折时买的羽绒服，质量上乘，你要不拿走？以后有用。"

"我感觉你们真是集体得了臆想症……我朋友圈里那么多人还计划着这个夏天要出去旅游呢，世界末日在哪里？连个影子都没有。"

风翠云嘟囔着，一副不可置信的表情。然而，她伸出手摸着羽绒服的质地，没过一会儿，就默默地将它拿在了手里。

"质量还不错。"

这理由让朱晓和有些哭笑不得。

"嗯，你拿着就好。这把车钥匙也留给你吧，我的车就停在外面，银灰色的，十多年的老车了，开着买东西还凑合。车的所有权证明书在最下面那个抽屉里，我已经签好字了，可以随便转让。要是你还愿意给钱，可以打到我的账户里面。"

说完，朱晓和背起一个大包，拉起行李箱，准备出门。

"你……你真的现在就要走？"风翠云问。看起来她被这坚决的阵势吓到了。

"还能有假啊？"朱晓和笑了笑，"接下来会发生什么，谁也不知道。苏焰她一直没办法站起来，我得去帮忙。趁现在恐慌还没有在大众中蔓延，机票还能买到，早点儿行动为好。"

"可昨天你分明说的是明天的航班，我记得很清楚……"

朱晓和摆摆手："我不希望他们送我。"

"我能问为什么吗？"风翠云追上去和他并排走。

"你真是个好奇宝宝……"朱晓和停了下来，有些无奈地看着这个几天前才认识的人。

"我不能问吗？"风翠云反问了一句，"大家都被你狠狠地摆了一道，我作为今天唯一一个有幸送你的人，替大家问出这个问题，责无旁贷。阿晓，你这一走，以后要再见就难了，那么多实验室里的师兄弟，想着你竟然不告而别，总有几个关系好的会伤心吧。"

她的喜怒哀乐都写在脸上，想知道什么就直接张口询问，讨厌什么就立即表达愤怒不满，简直天真得像个孩子。

一方面毫不掩饰自己的无知，可另一方面，她提的问题却直指人心，让人听了心里不由得一惊一痛。

朱晓和沉默许久，叹了口气："就算说出来，以你的个性，也不会懂。"

风翠云脸上露出失望："好啦好啦，那我不问总行了吧。"她顿了一下，"不谈这个了，阿羽最近超级忙，每天我起床的时候她已经走了，我睡觉的时候她还没回来。在这个人生地不熟的地方，都是阿晓你人前人后在帮着我，办这个办那个。我替小希……谢谢你。"

说完，风翠云突然眼圈一红，在大街上，哇哇地哭了起来。

———————————

出租车上。

朱晓和坐在后排，看着窗外倒退的街景发呆。

"小伙子坐哪个航班？都不让你女朋友送到机场啊，又没差几个钱。看她哭成什么样了。"

听着司机的询问，朱晓和尴尬一笑，抓了抓头，觉得自己既然解释不清楚，那就不用解释了："她……她还有事。"

回忆着刚才的道别，他有些怅然若失。实验室里有志向高远的狂人，有闷头干活儿的猛人，有按部就班的实在人，也有"躺平划水"的机灵鬼，唯独没有像风翠云那样的人，她是一个情感充沛的普通人。

看着她稀里哗啦一顿输出，他一时有些承受不住。

"唉。"朱晓和抹了抹眼睛，暂时不去想。

麻烦的事还有很多。

他打开手机，看见几十个苏焰的未接来电，还有大量未读消息。

"哥你又犯毛病了？说好凡事商量着来，不要一意孤行的！"

"你妹妹无所谓。生死由命，富贵在天。我已经凭空多出十多年的寿命了，人生已经很精彩了，知足啦。哥你知道吗，今天比赛结果刚刚公布，我又拿了金牌！真是的，一个能打的都没有。"

"我们这里是大城市，人很多很多，等到真正有一天严寒来临，不知道会出现什么样的惨状！你那边还好些，又靠海，又靠山，以前还有废弃的地下矿坑，以及好几个地下民用防空设施，人口密度也比较小，在那儿待着比较好，想都不用想的！"

"回来你住哪儿？医院住院部没有客房，外面一时半会儿找不到能租住的地方，拜托稍微转一下你的猪脑子好不好？"

"你平时的智商呢？我真是要被你气死啦！"

他一条条消息看过去，咬着牙，都没有理睬。

电话响了，是林拂羽。

朱晓和犹豫了几秒，想起临走时风翠云的话，还是接了。

"晓和，你去机场了？"她第一句话就问，"好啊，竟敢骗我们！"

听到师姐焦急责备的声音，朱晓和迟疑着，半天才吐出话来："是的，不好意思，我在去机场的路上……"

"喂喂，所以你就这样走了？"

"师姐，我来到这里，就是因为纳米机器人听起来很厉害，也许可以接好我妹妹损坏的脊柱神经，让她有一天能再站起来，这是再怎么写代码都做不到的……但，但如果这个目标实现不了，我想，我也没必要再待着了。"

"晓和，你听我说！我知道你的目标超级明确，行动也非常利落。但你别冲动啊，我和你说，我这两天陪同罗教授参加了很多会议，现在还不能透露会议的具体内容，但能确定的是，未来会有很多变数，有些可能对我们有利……"

朱晓和打断了她："感谢师姐一直以来对我的照顾，我是个超级现实的人，为一个不确定的研究押注，不是我的风格……"

电话里林拂羽的声音高了几分："傻瓜！那你岂不是自相矛盾。你不远万里来到这里，也不过就是为了一个无法提前预知的，万分之一的奇迹，不是吗？"

朱晓和握住手机，沉默了几秒。

"你说得没错……但我已经决定了。我们……我们合作很愉快。嗯，我要赶飞机了，再见。"

他没有听她的回答，径直挂断了电话。

一年多以来的一幕幕如电影般放映。

师姐虽然平日里不苟言笑，有点儿冒失，有时一根筋，有时执拗，有时没情商，似乎也有点儿笨，可她的一颗心终究是诚的。

不管是什么样的项目，林拂羽这个人，一定是坚持得最久的那个。

到了机场下车。司机帮忙拿下行李，端放在地。朱晓和凝望着晴朗的天空，握着行李箱拉杆，心里浮起一阵伤感。

奇迹。

奇迹。

来这里，就是为了一个奇迹。

他愣了几秒，脑中萦绕着这个词，有些呆住了。

"唉。大部分人，和奇迹无缘。"

朱晓和想到这里，心灰意冷，拉起行李箱，有些留恋地看了一眼天上的太阳。

它还在那里，浑圆浑圆的，放射着灿烂的光芒。

无忧无虑的田园时代就要结束了，这司空见惯的样子，是将来的人类所能见到的，最为美丽的景色了。

朱晓和苦笑了笑，一头冲入安检口。四周等候的人们依旧悠闲，有人在打电话，有人刷着不停更新的新闻，毫无世界末日的气氛。二十分钟后，他终于赶到了登机口，看见长长的队伍。另一边，身着制服的空乘人员正率先登机。

朱晓和看了一眼登机牌，排在队伍最后。有一个地勤人员向他们走过来，排着队的乘客们纷纷出示登机牌和证件，朱晓和低头去包里拿证件时，眼角的余光看到队伍后面的几个人，他们眼神直勾勾地盯着外面，一脸惊愕。

这是，怎么了？

他一愣，还没有反应过来，一声巨大的脆响突然间响彻整个大厅，转眼间，冲击气流奔涌而来，随着几声惊呼，朱晓和被冲倒在地。他本能地抱起身体护住头脸，猛身滚落在地，一连翻了几圈，撞上身后的立柱，一时间眼冒金星。

过了好一阵他才恢复意识，后背痛得让他几乎无法呼吸，刺骨的冷风吹进他的衣领。朱晓和连忙移动了一下双手双脚，感觉它们还能动，还有知觉，这才松了口气。下一时刻，他揉了揉额头，眼前的景象让他忘记了疼痛。

候机厅巨大的落地窗已然碎裂，满地狼藉，还有几块巨大的金属碎片散落四处，有一大块压倒了一片候机椅子。乘客们倒了一地，呻吟声、哭喊声此起彼伏，光滑的地面上已有红色血迹。

向外看去，一架民航飞机已在远处坠落于地，浓烟滚滚，火光冲天。

# 第 10 章 担忧

◆ · · · · · · · · · · · · · · · ◆

CHAPTER 10

像所有不受控制的癌细胞和病毒一样，天外来客从不关注人类如何看待它，一直呈指数级生长。

在仅仅一个月的时间里，金星被这个奇异的"生物"一点点蚕食掉。这颗地球的姊妹行星，它的光度因为尘埃云而逐渐变暗，它浓厚的大气仿佛正被一台功率恐怖的抽气机逐渐抽干，就连骇人的硫酸云雾都在传回地球的光谱中消失不见，然后是它的表面被那些黑色薄片覆盖。人们发现，这个星体像一颗刚采摘下来的苹果，随着时间的流逝一点儿一点儿地干瘪下去。

与此同时，黑色薄片在不停地复制生长，其面积正以指数级的速度扩增。一个月之后，人们已经可以借助日全食专用墨镜，通过肉眼隐约见到太阳一侧的可怕黑点，而这颗从人类诞生之时就陪伴左右，在无数神话传说中出现的启明星，则正在视野中消失不见。

之前许飞与朱晓和等人争论的问题，到此迎刃而解。

对于外星人入侵太阳系，物资的问题很简单，根本不用自己带。当技术强大到一定程度时，能源和物资都可以就地取材，只要有预先设想好的技术路线图和自组装能力，就可以先造出一定面积的恒星能源吸收阵列，然后将收集起来的物资和能源用于建造更大的吸收阵列，如此像滚雪球一样，阵列以指数级的速度越滚越大，最终形成戴森网这样的结构。

取用于国，因粮于敌，这正是最为经济有效的操作，而且这种办法，很早以前军事家们就已经想到并且实践过了。

从地球上看，太阳的光度并没有太大的变化，大约只衰减了万分之一，暂时没有影响到人们的日常生活。所以在一开始，普罗大众忽略了它，绝大多数人认为"金星被吃掉"这种耸人听闻的消息，是别有用心的人制造的谣言，并且嘲笑那些散布此种言论的人是傻瓜和疯子。一些相关的帖子被人删除。很多人指着晚上亮着的木星说，金星不是好端端地在这里吗？

与之相反，航班频频坠落的新闻，却率先登上头版头条。

在轨人造卫星拍下的图像表明，黑斑不仅挡住了阳光，还在最近派出了几个监测器来到地球高空轨道，监视着地球的一举一动。所有地球派出的飞行器，包括民航飞机、战斗机和导弹，只要升入平流层，就必然会遭到激光束的打击。按照测得的能量密度来看，也没有什么地球材料可以抵挡十秒以上而不融化。

它已经发现了地球，这个太阳系第三行星的存在。

唯一令人费解的是，这些探测器对在轨卫星和国际空间站视而不见，没有进行攻击。

然而这样巨大的发现，仍然没有在大众层面制造出"外星人已经来了"的恐慌气氛。民航纷纷停飞大部分航班以避免被击落的厄运，对于这个事实，所有人的第一反应是去搜寻可能参与暴乱的地球恐怖分子，或是信奉各式各样的阴谋论断。而大部分人很少乘坐飞机，仍然沿着日常的惯性生活，对民航停飞这件事没有任何警惕性。

所以到四月初的时候，社会秩序暂时还没有崩溃。

然而好景不长。

四月中旬，太阳上的黑斑开始增大到占据太阳大约二十分之一的面积，白日里清晰可见，阳光也有变红的迹象，气温逐渐下降。

因为太阳圆盘中间那一块黑斑越来越大，网上开始有人称它为"恶魔之眼"，这个名字在两小时内立即传遍了全世界。

终于，这四个字和抬头肉眼可见的铁证，成了压垮大众虚假安全感的最后一根稻草。

全民性的恐慌开始如多米诺骨牌一样蔓延，网上一片哀嚎和祈祷。大家都意识到这是外星人入侵，现阶段的人类毫无抵御能力，即将灭亡。人们终于开始疯狂囤积货物，超市被抢购一空。之后的几周里，那些还抱有侥幸心理的人全都陷入绝望。

整个地球进入紧急状态。

而当人们想要回到自己的家乡和亲人团聚的时候，却惊恐地发现，自己已经被锁死在地面上了。

在很短的时间之内，大量的方案被提出来。一个自然的想法是马上开始建立地下设施，先是建立离地面一百米的临时设施，然后向着地下继续深挖以建立更永久的聚居区。但向着地下挖掘的速度非常缓慢，等到十年之后完工，估计人们早就冻死了。更好的思路则是在海底建立聚居区。因为当海水表层被冻上之后，冰层非常隔热，深层海水温度下降较慢。在海水里建立比较大的聚居区也相对方便，由于有大陆架，人类可以一直从海滩上走下去，往下走得越深，就可以活得越久。随着温度的下降，可移动的聚居区也可以向着深海一直延伸下去。

另一个方案则是在核电站或者火山附近建立聚居区，大量的衰变热或是地热可以维持一定程度的温暖和电力供应，形成一个一千余人左右的小聚居区不成问题。至于核辐射，大家能过一天是一天，也不管这么多了。一些废弃的矿井坑道也成了重点考察对象。

实验室里，每周两次的定期聚餐仍然进行着。这本来是风希云、林拂羽、孟天峰、朱晓和等几个博士之间的学术聊天时间。但自从危机发生以来，所有人都焦躁不安，想要密切关注事态发展，交流对将来的预测，自愿加入的人越来越多，包括新来的但因为飞机停航无处可去的风翠云，现在聚餐的已经有七八人了。

然而真的聊起来，又往往聊无可聊，气氛很快走向沉闷，反而增加了所有人的不安。所幸实验室里仍然每天都有食物供应，不至于造成巨大的恐慌，但外界的物价已经开始飞涨。

这天，久违的朱晓和终于出现在大家面前，拿着餐盘坐下。

大家都露出惊喜的表情，纷纷向他打招呼，不安的气氛被稍微打破了些。

"医院真是无聊死了，还好没什么大碍。"朱晓和说道，"这下走不了啦。"

那边林拂羽举起杯，朝他微微一笑，显得相当高兴："欢迎回来。"然后她表情紧绷，话锋一转："你骗了我们所有人，之后怎么罚，我们讨论后再决定。"

"好好好，我认栽，认栽。"

之前在机场的惊魂历险将朱晓和送进了急诊室，他在床上躺了好几天才可以行走，又在家里休养了一周多才好。还好在关键时刻，朱晓和做出了护身的动作，重要器官和骨头都没有大碍，只是皮肤大面积擦伤而已。

相比之下，其他在候机大厅里的乘客就没有那么幸运了，死伤惨重。

另一边，许飞正在开展他的鸿篇大论，这一桌里，只有他一人还保持着某种程度上的高昂斗志："现在唯一的不确定性，在于这个外星来客的'意图'。它如果只想汲取太阳的一部分能量，那么也许还会有一部分太阳光到达地球，人类或许会过苦日子，但不会灭亡。可它如果想要把太阳全部包裹起来，一点儿阳光都不留给我们，那人类就完了……"

"它动用金星上的物质制造，会不会不够？"孟天峰想了想，问道。

饭桌上只有孟天峰和许飞会讨论技术问题，林拂羽偶尔加入，其他人的心思已经不在这上面了。

"若是采用地球上的现有材料，肯定不够。但外星人可能有更好的材料，如果它们的材料可以做到只有几微米厚，并且密度和水差不多的话，那算下来足够了……"

许飞滔滔不绝，看脸色甚至有些兴奋，平时他闲着没事就会研究这些不着边际的屠龙之技，现在终于派上用场了。朱晓和甚至怀疑他是不是站在外星人这一边。

"对了，飞神，您还有什么神奇的预言，都一起说了吧，咱们也能早做准备。飞神高瞻远瞩，我们给您打杂，打杂就好。"

"朱师兄，求你别编排我了。我这张臭嘴，一口毒奶，整个地球都要遭殃……说老实话，得知自己的随口胡诌竟然成真的时候，我连死了的心都有了！要是现在献祭，能换来过去那个安宁的世界，为了地球，为了全人类，我肯定第一个上。"

"哟，飞神终于做出他庄严的承诺了，地球有救了，人类有救了啊。刚才那几句话，展现了您一往无前的气势和精神！要是能上全球直播，效果一定很好，没录下来，可惜可惜！"

听到朱晓和的诙谐评论，在座的人都露出久违的笑容，心头的阴霾散去了不少。

"许飞，这可是你说的。"林拂羽插话，"改天如果有机会，你可不能推脱啊。"

"师姐别瞧不起我，我敢，我真敢。"许飞拍拍胸脯，就差急得跳起来，"只是英雄无用武之地罢了。"

"咱一言为定！"

在这略显轻松的气氛中，朱晓和微笑着离席，走入过道。有过多年陪伴妹妹的经验，朱晓和对于如何在一潭死水里制造乐子，颇有心得。

在过道的黑暗中，他的笑容消逝了，眉头拧紧。

天空被锁死之后，回家是没有希望了，苏焰却相当高兴，因为这遂了她不让自家哥哥回来的心意。

然而问题总是要解决的，怎么解决？

医护人员已经在讨论去地下防空洞或是避难所的名额了，这名额里，不太可能有半身瘫痪的病人。另一种可能性自然是把苏焰接过来，可是哪里找得到愿意超低空飞行的私人飞机？就算有，钱也是个大问题……

在过道里，朱晓和遇见了刚来的风翠云。风翠云看到他后露出灿烂的笑容。

"阿晓，我真是担心死了！看新闻，几块大飞机零件砸进候机室，好多人重伤，还有人当场就没气了啊。"

"感谢关心。我运气不错，受了点儿轻伤。现在全好了。"

"还好你回来了，不然这饭桌上真的很沉闷啊。孟师兄总是沉默寡言，阿羽又超忙，何强满嘴抱怨，许飞说话我都听不懂，越听越郁闷。还是阿晓厉害，几句话就能让大家开心起来，我从过道里都能听见。"

"哈哈，都是瞎开心，图个好气氛。"朱晓和的脸上挂着不太自然的笑意。

"嗯嗯……我听了也开心。你妹妹有你这个哥哥，真是好福气。"

两个人都沉默了。

风翠云先开口："我到处找人打听，他们就和我说，外星人很厉害，地球人什么希望都没了，等死吧。我看看天上，太阳都被挡住了，从升起来到落下去，一直是这样，一直是这样。

"好可怕，真的好可怕。我朋友圈里都已经没人说话了，我觉得好冷啊。前两天，群里说有人冻死了，就在自己的屋子里面，一躺下去，第二天就没再起来。屋子里一直断电，没人来修，也没人来救。

"阿晓，你说，我们接下来该怎么办啊？"

朱晓和抓着头，无言以对。

# 第 11 章 灵界

◆ • • • • • • ◆

CHAPTER 11

朱晓和回到餐厅，看到大家已经快要吃完了。

"我听说今天下午一点有人要在网上演讲，说是奇海科技的CEO，还放出话来说主题是'关系地球命运的一战'，大家要不要看？"何强插话道，"这个CEO，我听说他以前在我们实验室待过。"

"是周奇海吗？他会讲什么？"林拂羽好奇道。

"哼，他能讲什么？"

听见熟悉的声音，林拂羽回头，看见罗教授也来了，他脸色不太好看，刚才那句话就是他说的。

罗教授最近似乎非常忙碌，都见不到人，想不到今天竟然出现了。

林拂羽连忙赔笑，但笑容有点儿僵，显然是没有预料到罗英先会过来听学生间的聊天："罗教授，我们只是随便聊聊。"

"你们随便聊，我今天倒想看一看这个演讲，看看周奇海想说什么。"

学生们噤若寒蝉，谁都能看出来罗教授不太待见这个中途放弃学术理想去赚大钱的博士生。有人自觉地连上电脑，把演讲直播调了出来，投影到会议室的大屏幕上。

一点整，演讲开始。朱晓和一眼就认出了周奇海，这个身形肥胖，突牙油脸的家伙现在在屏幕上。他还记得，是周奇海给了风希云一个薪酬还算不错的工作机会。唉，希云师兄啊。

周奇海用他颇有特色的嗓音，开始了"表演"。

"大家好，我是'奇海科技'的CEO周奇海。恶魔之眼盘踞在我们上空，一点儿一点儿地蚕食阳光！目前的阳光只有原来的九成，我们曾赖以生存的地球现在到处寒气逼人！赤道地区开始下雪，而原本的亚热带和温带地区滴水成冰！照这样的速度，专家预计半年后阳光将只有原来的一半，一年后，太阳会完全消失，只余留日珥还散发出光，永恒的日食已经开始，人类的地上生涯也将结束。再这样下去，任何还留在地表的人都将被活活冻死，就算没有被冻死，也会被饿死。因为很遗憾，半年之后，百分之九十的植被将死亡，我们的小麦、水稻、玉米、黑麦，全都会死亡！我们没有吃的了！

"我们的政府已经尽了全力！全球海底掩体工程建设正在疯狂进行，这史无前例的工程凝聚了多少人的心血和汗水，全球人民高度团结，人类共同体的能量凸显出来，这是何等山呼海啸般的力量！我亲自去过工地，为它的规模，它的勃勃生机而感到震撼！

"但是，但是……就算将人类都送进地下和海底避难所，我们仍然没有解决基本的生存问题！我们没有粮食，没有足够的淡水，没有住房基础设施，没有能源！我们该如何养活自己？如果我们未能将所有人都送去地下，未能养活所有人，那谁有资格活着？谁有资格使用资源？这将是巨大次生人文灾难！这绝不是危言耸听！世界很多地区已经出现了骚乱事件。说实话，我去过那些地方，然后惊恐万状地回来。在那里，所有人的眼睛都是赤红的，他们可以没有钱，没有住的地方，但这次被剥夺的将是生命权，一次毫无透明度可言的抽奖将决定他们的生与死！再这样下去，暴动将不可避免！

"我们不忍人类离开灿烂的文明复归野蛮，不忍世界同胞自相残杀！为此，我们不得不启用秘密武器。使用我们奇海科技独家开发的'意识上传'技术，将自愿参与者的意识放入特制的记忆存储体。这些存储体可以通过网络接入'虚拟地球'系统并使用千年，在里面保留着人们的全部个性和意识，让人们可以学习新知识、新经验，自由地生活在其中，并且没有生物躯体的各种麻烦，相当于不老不死！这样的方案，能一举解决住房、淡水、粮食等问题！记忆存储体只需要电能就可以驱动，在没有电能的时候将陷入沉眠，对外界条件的容忍范围，下至零下两百摄氏度，上至零上一千摄氏度，这远非血肉之躯可比。它甚至在宇宙空间中也可以自由生存，能完美化解我们目前面临的危机！"

看着背景屏幕里花里胡哨的概念图，听着周奇海接下来讲述的三个案例，包括第一位匿名受试者"虚拟一号"的经历，在场的观众一阵惊呼，有人甚至站了起来，还有人小声问起朱晓和："我们……我们有这么牛的师兄吗？而且他还没博士毕业？！"

罗英先教授早已怒不可遏："不要听他胡扯！周奇海是个疯子！他在趁着这样的危机，制造恐慌从而牟取暴利！他没告诉你的是，那个所谓的意识上传手术会毁掉人们原本的大脑！他这是在赤裸裸地杀人，而且是合法的！"

对于导师露骨的鄙视，学生们并没有什么反驳意见。他们一个个坐下来，聚精会神地继续听下去。

是啊，除此之外还有什么办法？天气一天天冷下去，各大城市已经开始有人死亡，而且以后阳光越来越少，人只会越死越多！每个地下和海底聚居区能容纳多少人？一两万人已经相当多了，可还有几十亿人在等着……我们又不能期望恶魔之眼发善心……

最后十分钟，周奇海开启了他的招聘模式，呼吁全球所有的外科医生贡献自己的力量，完成这场对每个碳基生命个体而言"最终的手术"。演讲结束了，罗教授大摇其头，气呼呼地第一个走了，留下几个人在会议室里交头接耳，讨论里倒是讥讽的少，崇拜的多。孟天峰还持怀疑的态度，但有些对黑科技有特殊执念的像许飞那样的人，瞬间成了周奇海的铁杆粉丝。

"想不到这家伙居然搞出了这个……真是人不可貌相……"朱晓和感叹道。

"这个技术远远超过了现在的科技水平。我不觉得以他过去在实验室里展现出来的能力，能做到这一点。他大概率只是负责吹牛胡扯的那个，后面究竟是谁在主持，我一时也想不出来。"孟天峰提醒道，"拂羽，你认识的人多些，你知道吗？"

朱晓和有些惊讶，他扬了扬眉毛："师姐真的认识很多人吗？我看不出来啊。"

林拂羽坐在一边，脸色平静，出乎意料地没有发表任何评论，而是正在不动声色地发送消息。听到孟天峰的问话，她漫不经心地摇头。

网上已经炸了。

舆论哗然，骂战此起彼伏，短短几分钟内，周奇海已然被大家的口水淹死了好几百万次。大批人质疑这项技术的可行性，有人更是公开发出了死亡威胁，更有人揭露周奇海并没有在演讲时说实话：因为这项技术只有百分之七十的成功率，若是参与者不幸成为那百分之三十，等待他们的只有死亡——

对大脑信息的获取，是通过将身体先冷冻再切片来实现的，因此是破坏性的。

可是广告已经打出来了，越来越多的人打通了奇海科技的电话，好奇于他们的技术细节和成功案例。一些重度残障和患有绝症的人，是第一批吃螃蟹的人——因为他们在这个世界上，已然没有什么可以失去的了。

两天之后，在万众期待与谩骂下，奇海科技公开了去往"虚拟地球"的网上入口。人们开始跟里面的人聊天，或是语音，或是视频。

"从交谈的内容和互动的深度来说，肯定不是机器人或者人工智能假冒的。"有人评价道。网上开始流传一位妈妈在和她儿子聊天时痛哭流涕的照片——那位儿子本来已经重病缠身，不久于人世，现在却可以在"虚拟地球"里面随意奔跑，仿佛重获新生了。

终于，在不断变弱的阳光下，在严寒和粮食短缺的逼迫下，在求生欲望的驱使下，开始有正常人申请这个服务。大家渐渐接受了这种无可奈何的折中方案。奇海科技顾客盈门，销售电话被打爆，大批医生培训上岗，开始冒着严寒去各地开设网点，进行手术。

"虚拟地球"系统也渐渐有了一个更短、更通俗、更达意的名字——灵界。

# 第 12 章 任命

CHAPTER 12

在恶魔之眼被无数地球人无奈地接受之后，接下来的，就是甚嚣尘上的末日宣言。几周之内，对于人类末日的预测如雨后春笋般出现在网络的各个角落。

五十天？一百天？两百天？有人还预估了恶魔之眼登陆地球的时间表，并在网上大肆宣扬。朱晓和在无聊时点开了其中一个视频，看着那个疯狂的布道者张着嘴巴，仿佛半个屏幕都要被他吃下去了：

"一个月之后，外星登陆舰将从由恶魔之眼构成的星门里蜂拥而出，遮天蔽日！他们只需一周时间就可以登陆美洲，打垮世界上最强大的国家，再是亚洲，然后外星人会在这两个大洲建立前哨基地，用陆军推平其他的大洲，不放过任何一个人！

"我们没有任何希望，人类的悲剧早已注定！但我们将战斗，战斗，如我们的祖先那样一直战斗！我们将用最原始的方式与敌人搏斗，直到力竭战死的那一刻！在此之前，让我们彼此奉献出最后的温暖，相互慰藉，一起走向通往天堂之路……"

哦，原来是骗人的。

朱晓和打了个哈欠，拉黑了转发这种视频的"朋友"，然后一边咬着餐盘上里肉，一边切到下一条朋友圈新闻。

地面上的撤离行动已经零星开始了。由于地下避难所严重不足，每个聚居区可能只能容下一两万人，大部分人不得不通过抽签的方式来决定撤离的顺序，有几百个不同行业的队列，每人按照各自的能力去排不同的队列。每个队列有固定的配额，一周抽签一次，抽到的家庭可以去相应的地下或海底避难所，抽不到的人只能待在地表，等待下一次机会，或者等着愈加可怕的严寒将他们一点点吞噬。

被抽中的人，十中无一。

"你说，罗大仙用了什么手段？"餐桌的另一边，何强好奇地问孟天峰，"虽然情况在一天天变糟，但从彗星凌日以来，咱们实验室似乎一直有稳定充足的食物供应，我听说外面买吃的都要顶着冷风排长队，价格贵得要死，有时候还根本买不到。我看前两天还有几个其他实验室的人过来偷偷摸摸要蹭饭。你觉得我们该不该把他们赶走？"

"大仙路子还是广的，平时虽说很少看见他在实验室监工，不过以我的经验看，他基本在忙他该忙的事，从不摸鱼。不过，能在这里待着有吃的，条件是你得认真干活儿，现在是非常时期，这已经超越了普通工作的范畴，上升到了生存层面，你明白不？"孟天峰接话，一张扑克脸对着这个学弟，"你说有其他人混进来？这可不是什么好事。我马上问一下教授看他有什么想法。现在物资有限，该赶出去的就得赶出去。"

他一边说话，一边手上不停地把菜往盒子里装，以便晚上带回家。

"那是，那是。我一定认真干活儿。"

罗教授又来了，在周奇海发表那个演讲的一周之后。

啪！聚餐众人齐刷刷放下餐具，向罗教授行注目礼。

"教授！您来有什么指示？"许飞第一个说道，"今天的饭菜真好！感谢伟大的罗教授守护我们的生存！"

朱晓和腆着脸，恨不得找个地洞钻下去。他们今天早晨收到罗教授的邮件，说中午吃饭时有重要事项宣布，让每个人务必出席。于是许飞就策划了这一出，但这种直白到令人羞耻的话，也只有他可以说得出口。

不不，朱晓和自忖，如果饿个几天，自己可能也说得出口。

教授脸上并无笑容，看起来是吃惯了这一套。他身后有两个陌生人站在那里，教授问道，"风翠云在吗？她应该经常和你们在一起。"

朱晓和"咦"了一声，风翠云只是一个被困在这里的客人，教授找她，这是什么操作？

林拂羽应声回答："翠云她一直寄住在我家，昨天没睡好，现在还在补觉。要我现在去叫她吗？"

"如果你方便的话。这里有一位我的朋友，现在想要采访她。"罗教授让出半个身位，身后的其中一人向林拂羽点了点头。

林拂羽似乎从他的臂章上看出了什么，立即放下吃了一半的饭菜，匆匆走了。两个陌生人还有罗教授就在这里等着，大家拘谨了一阵，又开始吃饭。不到十分钟，林拂羽拉着睡眼惺忪的风翠云回来了。

好快，师姐刚才是飙车了？朱晓和有点儿吃惊。

风翠云怯生生地看着所有人，手足无措，不知道发生了什么。那人脱下了帽子，露出一头板刷似的金发，走上去和风翠云打了个招呼，伸出满是肌肉的手臂同她握手，"今日多有烦扰，我是金斯中校，我这次来是要采访你，关于风希云博士的事。"

风翠云吓了一吓，随后同意了，他们两个去了一个单独的房间。另一个陌生人仍然站着，罗教授终于郑重开口："另外，给大家宣布一个重大消息。"

大家都聚精会神地听着。

"实验室所有博士生不需要抽签，即可拿到本地地下避难所的最高级别住宿单元，其亲属也将分得住宿单元。另外，林拂羽……"

林拂羽举了手，站起来，表情并没有多大惊讶。

罗教授向她点点头，声音高亢地宣布："即日起，林拂羽成为'自组织纳米机器人'项目的负责人，享有研究经费自主权和独立人事权。林拂羽和风希云两位博士独立研究此项目多年，具有丰富的经验。林拂羽对此方向怀有强烈的学术理想，在风希云博士因车祸不幸离世后仍然坚持。经我们讨论，她适合成为此方向的负责人。"又把脸转向林拂羽："这位是寇厉明上校，你的上司。"

"感谢两位的厚爱！我一定好好干，不辜负你们的期望！"

寇上校身材不甚高，比实验室里的绝大多数博士都矮些，但他脸庞刚毅，眼神锐利，有一种不怒自威的气势。他走上前，和林拂羽重重地握了手，随后向着在场的博士们说道：

"各位博士，你们好，非常荣幸认识大家！值此重大危难之际，诸位的专业知识，是人类之倚仗；诸位的头脑，是人类之希望！各位博士可以自由选择加入林拂羽项目组，或者继续自己手头的研究。本地 823 号地下避难所将提供各类资源为此服务，我期待着大家对人类文明的贡献！"

话语简短有力，词句毫无多余。

众人一脸恍然，不由地相互对视了一眼，终于拍起手来，欢呼雀跃。

"感谢寇上校！"

"不用抽签啦！"

"还能带家属！"

"感谢罗教授的知遇之恩，大恩大德没齿难忘！"

看许飞那架势，就差没有朝着罗英先"陛下"三跪九叩，高呼万岁了。

朱晓和脑中闪过许多念头，转瞬间就明白了。

天文望远镜所看到的东西，包括所有频段的视频数据，都是公开放在网上的，大家在仔细观摩之后，自然会有人琢磨那些不停生成的黑色薄片究竟是什么，然后在搜索相关文献之后，将它和那篇被撤稿的《自然》论文连在一起，再联系到风希云出车祸身亡的新闻。

这产生的连带效应就是，本是默默无名的博士生，不幸因意外身亡的风希云，忽然间就成为伟大的科学先驱者和殉道者。对于先驱者而言，闪耀却无人欣赏的思想火花才是最重要的。实验结果无法复现？没关系，天上那个东西，就是外星人替我们做好的，最漂亮、最震撼的实验结果——

无数自组织、自复制的微小尘埃，吞掉了金星，盖住了太阳！

这是一个本不起眼的思路，所产生的可怕影响力。

本来作为千万个研究方案中的一个，它的成熟度和有效性还需要研究者们奋战很多很多年来一点点证明；但现在，它的成功，已经明明白白地放在了所有人的面前，抬头可见。任何一个有点儿眼光的决策者，必定会投入大量的资源，坚信必然到来的成功，期待突破性的结果。也许若干年后，地球反而会因为恶魔之眼的到来而因祸得福，产生前所未有的科技大跃进呢！

另一边，即便是早就期待着这个消息，但听到这个正式任命的一刻，林拂羽脸上还是露出抑制不住的笑容，在一旁的孟天峰立即开口祝贺，许飞挤在一旁，更是马屁不绝。

朱晓和看着师姐向这边看过来，对她自信满满的脸庞回以僵硬一笑，下意识地后退了一步。

──────────────

傍晚。

五月份本该是夏天的开始，窗外的景色却已经有深冬的意味，落叶飞舞，遍地结霜。

春天，是不会再来了。

虽然外面冷得可以当冰箱使用，但观星台内部仍然保持正常室温，空调系统暂时还可以运作。

朱晓和遥望落地窗外的白色地面，来回踱步。他拿着手机，仔细地听着电话里客服的回答。

"朱先生，您当然可以选择让苏小姐不进入灵界。但残疾人，尤其是苏小姐这样几乎半身瘫痪的，进入掩体需要大量的维护成本，这会让苏小姐在她所在的聚居区处于十分不利的地位，食物等基本生活品的短缺，劳动能力的缺乏，将会导致广泛针对苏小姐的歧视。人生而平等，这样的歧视不应当发生，但现实往往残酷。更加麻烦的是，您身在异地，还不能在她身边时刻陪伴守护。"

客服态度平和，用词文雅，声音也好听，朱晓和有一种被电视台记者采访的幻觉。也许，这名记者已经明智地跳船，傍上了奇海科技的大腿？

"如果选择进入灵界，这样在一次性的灵界手术之后，每月您只需支付一笔不高的月租费用，用于能源消耗和我们这里的客户支持，就可以让她摆脱轮椅，行动如常，并且和您日常通信。两相比较，我相信留给您的选择应当很明确了。

"手术费用只需十五万元。您若是放弃，前三个月的免费月租福利可就要给别人了。另外，我们现在手术排期爆满，在苏小姐那边的站点，最早的手术时间已经是下周五了。您也知道，天气在一天天变冷，恐慌也在蔓延，我们这里都是参考市场价，手术费随时可能变动，预计是会上涨的，要预约的话请从速。"

"好好，我知道了，让我再想想……"

朱晓和叹了口气，挂断了灵界客服的电话。

# 第 13 章 碎议

CHAPTER 13

"恭喜啊！"

朱晓和刚放下手机坐在沙发上陷入沉思，就被打断。他回头一看，果然是许飞，孟天峰也在一旁，手上拿着几张草稿纸。

"啊？"朱晓和一脸茫然。

许飞哈哈大笑，冲过来在他肩上重重一拍："喂喂，朱师兄啊，你就别装傻了。一人得道，那个啥升天来着？发达了别忘记朋友啊，你该不是觉得自己档次高了，故意不理我们吧？"

"许飞，你也有点儿过分了。"孟天峰提醒，随后转头向着朱晓和，意味深长地说道，"罗教授这样一安排，林拂羽现在已经算是我们这群人的半个上级了。在过去的一两年里，她手下有谁一直忙前忙后？也不过只有晓和你一个啊，接下来要扩充队伍大干一场，她一个人顾不过来，还不得倚仗你这个得力干将？"

孟天峰比他年长近十岁，又在读博之前工作过好多年，政治嗅觉敏锐。

朱晓和这才恍然大悟："孟师兄这话真是抬举我了，小弟多亏大家提携，怎会忘记你们？这个项目事关重大，我压力也很大，一定会好好做的。"

"哈哈，我又不是你顶头上司，你没必要冲我谦虚。晓和，说话可以硬气一点儿，你现在有后台了。"

"感谢孟师兄指点！对了，我现在有一件事挺纠结的，要不你们帮忙出个主意？最近操心自家妹妹的事情，真是不知道怎么办才好。"

朱晓和平日里处理日常琐事一向干净利落，甚至享有"闪电晓"的美名，但碰到这样的大事，却往往犹豫不决。

"嗯，你说。"孟天峰坐下来，把草稿纸放下。许飞也上来凑热闹。

朱晓和于是把苏焰的事情讲了一遍。虽然地下避难所已经有了着落，并且还负责博士家属的紧急签证申请和住房安置，但因为那些恶魔之眼监测器的缘故，全球范围内高度达到对流层的飞机都会被射落，因此所有民航飞机早已停飞，现在还能飞的只有高度不到平流层的私人飞机，还有一些有特别用途的军用飞机。朱晓和一家一家打电话去问，但回复都说一票难求，像苏焰这样半身瘫痪的特殊乘客更是麻烦，除非愿意出天价，而且这个价格每天都在疯狂上涨，因为钱正一天天变得越来越不值钱。

"你是如何安置亲属的？"朱晓和问孟天峰。

孟天峰说："我父母本来就在这儿探亲，原计划是在那次凌日事件的后一天就回去，不过我想了想，让他们退掉了机票。现在他们已经拿到了名额。"

"凌日是三月份的事情，你怎么知道他们会在两个月后给我们名额？要是不给怎么办？"朱晓和惊讶地看着他。

孟天峰回答："我看到那些黑色薄片不停增殖的视频之后，仔细想了想，觉得咱们组其实在搞相似的东西，也许有前途，上头会重视，就赌了一把大的。危急时刻，他们除了科学家还有谁可以信任？反正就算搞错了，都已经世界末日了，待在一起也好。"

果然是料敌机先……是啊，既然许飞能想到外星人的行动模式，孟天峰顺着他的思路，再加上网上随处可得的各类情报，稍做分析，当然能想到其他人的策略，也能规划下一步的动作。

他们干活的速度未必有"闪电晓"那样飞快，但到了该为自己打算的时候，脑子可都不慢。

朱晓和忽然觉得，自己只能想到立即去抢购食品和慌不择路地回家，是不是有些丢脸。当时被苏焰骂两句，也是活该的。

"言归正传，既然你妹妹不想过来，你也没有足够的钱去包私人飞机，这种情况下还是灵界比较靠谱吧？"

朱晓和叹道："是啊，我和她商量过了，她觉得不用为了一张私人飞机的机票搞得倾家荡产，灵界也挺好。现在局势急转直下，她已经在医院里有一顿没一顿了，人明显瘦了一圈，医院里人心都散了，大家都开始关心自己的命运。医生和护士当然是宝贵的资源，但病人明显不是啊，尤其是需要别人照顾的。可是就这样送去？我听说大脑被机器扫描之后就死了，而且还有百分之三十的失败率啊！这和亲手杀了她有什么区别？"

孟天峰摇摇头："可是你再拖着，等到医院崩溃，那就真是百分之百亲手杀死她了，这其中的轻重你得想想。我看那个灵界也还可以。我有个朋友，因为得了重病，身体状况非常糟糕，早早地报了名，运气不错，是百分之七十的那批，现在已经在里面待着了，算是第三四个用户，过得还行。"

"啊，真的吗？"朱晓和十分关心。

"嗯，是。这是前阵子他给我录的灵界活动的视频，在周奇海公开演讲之前，他就已经接受了手术并进入了灵界。你以前是程序员，看看这个视频，或许能瞧出些门道来。"

朱晓和接过孟天峰递过来的手机。录像来自灵界人的第一人称视角，简单地修改了市面上流行的第一人称射击游戏就拿来用了。他仔细看了几秒，就皱起了眉头："这……质量相当粗糙啊，房间内外的材质纹理都很单调，角色面部表情很僵硬，与环境的交互又慢又烦琐。更糟糕的是，肢体的定位很有问题，精确度非常差，连拿本书都要试好几次，更不用说起身走路了。等一下，怎么还有卡帧的情况发生？这要是当游戏发布肯定被骂惨了。和广告里说的完全不是一回事啊……奇海在搞什么？我看到他在公开演讲的时候，有个孩子能在里面尽情奔跑啊。"

孟天峰点头同意："其实我也不是很明白，这差距实在有点儿大。为了赚钱，或者高尚一点儿说，是为了救人吧，周奇海也是赶鸭子上架。我那位朋友死马当活马医，因此他的期望值十分低，能活着坐在灵界的虚拟房间里，以每分钟一页的速度阅读一些网络小说就足够了，并没有太多抱怨。唉，总比死了强。"

朱晓和当然理解，苏焰也早就同意去灵界。但他思前想后，让一个思维跳脱的女孩子从此以后被关进这样的牢笼，再也没办法像以前那样用灵巧双手敲出她想写的任何东西，她会不会恨死自己这个哥哥？

真是两难的选择。

"天峰，你觉得恶魔之眼会不会突然停止它的扩张，留一个平均温度为冰点上下，不至于让人类无法在地表行动的地球？要是这样，我何苦让苏焰去灵界？到时花了钱且背负一辈子的月租给奇海的公司免费打工，那比背了三十年的房贷还惨啊。"

"晓和，关心则乱，你平日里的智商都去哪儿了？你可不是这样一个没主意的人。瞎担心没用，我们正在算呢。许飞？"

许飞从沙发上一跃而起，顺手抄起桌上的几张草稿纸。

原来两人已经拟合了每日太阳光强的衰减曲线，得出结论，恶魔之眼符合完美的指数扩张，既不快也不慢，就好像它自顾自地扩张，完全没想要对付地球上的人类一样。和之前预想的一样，这个所谓的外星人入侵似乎完全没把地球及地球上自命不凡的智慧生命当回事，毕竟太阳系 99.86% 的质量都集中在太阳上，绕着太阳转的八大行星只是一些石头和气团，最大的用处是充当称手的材料。

在这个第三行星上，有几个细菌挥舞着鞭毛，宣称要和高等生物决一死战，结果迎来的不过是消毒洗手液的洗礼，消灭你，与你何干？

另一个好消息是，从现在被遮挡的部分，地球的气温变化和观测得到的光谱看来，那些黑色悬浮吸收板对太阳光的吸收率并非百分之百，可能会有一些能量逸散出来，以红外辐射的方式最终来到地球，给这个冰封的世界增加一些暖意。

这样算来，如果恶魔之眼把太阳全盖上了，那么最终稳定的地表温度估计在零下七十到零下五十摄氏度之间。

最后孟天峰总结道："这意味着，其一，继续在地面居住绝不可能了；其二，大气里的主要成分，氮气和氧气不会凝结成液体或是固体，要是那样人类就还得面临缺氧或是失压的危险境地，干冰会满地都是，但毕竟二氧化碳占大气含量的百分之一都不到，都掉地上了对大气压强的影响也不大；其三，温差还在可控范围之内，保温措施好的话，地下避难所里的热量不会很快流失。总之，我们还能活下去，只是有点儿惨。"

"我知道了，谢谢孟师兄。"朱晓和点点头。看恶魔之眼一直以来的表现，没有任何迹象它会因为地球上发生的任何事件停止扩张，既然如此，他明白自己要怎么做了。

当然，如果恶魔之眼能再派一个种子过来，像吃掉金星那样吃掉地球，那人类做什么都没用。与其讨论这个必死的情况，不如讨论最有可能的情况，给自己留点儿希望。目前看起来，这个"生物"似乎只想占一个好坑晒晒太阳，对我们这种小蚂蚁没太大兴趣。

但是话说回来，如果它对我们并没有想法，那为什么它会派这些监测器过来，并且打掉所有想要升空的人类飞行器？它来此的目的，究竟是什么？

朱晓和每每想及此处，就觉得思路迟滞，走不下去了。他只能把这个想法掐掉。

"那许飞你要怎么办？"

"哦，晓和，不用担心我，我家人自我小时候就都已经在这里了，同一城市呢。"许飞回答，"罗教授，我赞美你！"

他可能已经被罗教授洗脑了吧。

"那就好……对了，师姐呢？我听说她是单亲家庭。"

听到林拂羽的名字，孟天峰少有地露出戏谑的笑容，仿佛面前这个师弟是个纯粹的傻瓜："哈，你说林拂羽？"

"嗯。"朱晓和点头。

"喂，晓和你和拂羽合作了那么久，你是真的不知道，还是假装不知道？"

"我……我真的不知道。"

孟天峰用手抹了下脸，做了个不可思议的表情。

"不用担心她。她连楼下的那辆兰博基尼都没动心，你觉得她会有什么问题？"

# 第 14 章 立方

CHAPTER 14

"手术要开始了。"

五天后的周六上午，朱晓和仔细阅读完电脑上的文档，站起来，坐下去，又站起来，最后终于敲下鼠标，在"代行者协议"的最后，签下了自己的名字。

五十万元的费用在屏幕上显示出来，那五后面跟着的五个零在那一刹那刺痛了朱晓和的眼睛。下一时刻，它们瞬间变成了一个个位数——零。

等到朱晓和下定决心，再去打电话询问灵界客服，手术费用已经不由分说地从十五万元涨到了五十万元。非常时刻，人人自危，只能靠自己，而苏焰兼职赚到的钱，加上朱晓和账上存的钱远远不够。

所幸靠谱的师兄孟天峰联系上了日理万机的 CEO 周奇海，这个大老板听到这个消息，大骂为什么没有人告诉他自己师弟的遭遇，和下属吩咐了两句，就把手术费用免了。

当然，每月的灵界月租费还是需要交的。要是这都免了，朱晓和也没有脸面再去见周奇海了。

他在视频里看到苏焰被几个人推进手术室，一个医生和三个护士走了进来，都穿着脏兮兮的衣服，动作有点儿生硬，看起来都是刚刚培训上岗的新手。

朱晓和看得有点儿心虚。

苏焰半躺在床上，脸明显瘦了一圈，看见朱晓和，便冲他挥手浅浅一笑。医院里已经乱作一团，周围的医护人员越来越少，她靠着最后一箱水加十几包过期饼干，撑到了手术的那一天。

护士拿着手术同意函，从头到尾看了看，最后确认道："姓名苏雁，苏醒的苏，大雁的雁，出生日期，2000 年 5 月 8 日……"

"错了，是火焰的焰。"苏焰大声插嘴。

护士修改了一下。其他信息都确认无误，苏焰又看了一遍，手一挥在上面签了字。护士又拿来一整叠各类文件，一共五十七页，苏焰在上面麻利地签了十四遍自己的名字，然后把笔交还给护士。在一切检验无误之后，护士递给她一个小小的瓶子。

朱晓和看着这个瓶子，心跳快了些。

那边苏焰一秒都没有犹豫，一仰头就喝了下去。然后，她被推进一个巨大的筒状容器里面。朱晓和看到这一幕，忽然站起身来，对着麦克风说道："我有一点儿担心啊，听说灵界里面不论男女全都换成了最俊、最漂亮的脸，还有最好的身材，但这一切都需要钱……妹你要是有自卑感，不如我们不去了，现在马上把喝下去的吐出来，还来得及。"

"你妹是凭本事吃饭的。"耳机里传来苏焰在筒状容器里瓮声瓮气的回答，"没钱我就赚出来。"

视频中断了，代之以"手术中"的字样。朱晓和坐立不安，眼巴巴地看着墙上的钟在一秒秒地走，这手术一旦开始，就无法再停下来，因为那瓶子里装的，是让人长眠不醒的毒药，而所谓的"手术"，不过就是把大脑切下来放进液氮里冷冻，然后将它一层一层地切成几个纳米薄片再传输进灵界的标本制作程序而已。

罗英先说得没错，这就是赤裸裸的谋杀。

而且成功率只有百分之七十——如果失败了，这算不算是亲手杀了她？

朱晓和焦虑了三小时，在家里来回踱着步。终于，视频重新开启，朱晓和看到了销售人员的脸，她坐在手术室旁边的等候室里，手边有个魔方大小的立方体，在室内光线的照耀下泛着淡紫色的光芒，立方体的一个角上串着一块牌子，上面写着1529-2510。

销售人员拿起这个立方体，随着她的动作，朱晓和的心揪了一下。

"手术非常顺利。"

朱晓和一屁股坐在椅子上。

"运用我们公司的先进技术，现在苏小姐的所有记忆和意识，都储存在这个记忆立方体里面，只要将这个立方体放进'灵界寓所'并接上电源和网络，她的大脑就可以继续工作，您就可以见到她的音容笑貌。现在大家都叫它'灵界立方'，是不是很气派、很高大上的名字？另外，她的DNA信息也测序完毕，并被储存在灵界立方里，以后等到技术发展到可以再造一个生物学上的身体时，她就可以重塑金身，再度回到现实世界中来。"

朱晓和认真地听着。

"另外，您现在就是苏焰小姐这位灵界人的'代行者'了，每月的灵界寓所月租费为一万元，还有电费、网费及各类维护费用，总共一万三千元。目前因为系统上线比较匆忙，仍然存在大量不完善的地方，若是不能按时缴纳月租费，我们的工作人员就不得不让灵界立方断电下线。嗯，如果频繁断电重启，会增加灵界立方毁损的概率。"

销售人员甜美的声音听起来让人毛骨悚然。朱晓和"嗯"了几声。这几个月以来，物价飞涨了近十倍，所幸现在罗教授手下的所有博士都已是正式雇员，工资得以大幅度提高，每月有大约三万五千元进账，减去食宿开销，总算还能维持。

就算不能维持，也可以做兼职赚点儿钱。朱晓和想着，然后继续试探道："现在有没有专门运送灵界立方的运输工具？能不能把她……我指她这块立方，送到我这儿来？”

"目前并没有这样的服务。您可以将她安置在我们这边的灵界寓所，这里已经存有大概三千块立方，建造正规，散热良好。而且 1529 号聚居区是以核电站为中心建成的，前一阵子刚加过一批核燃料，从能源上来说可以用很多年。您尽可放心。"

"好，那就这样安置吧。"

朱晓和又问了几个问题，然后关闭了视频通话。他看着手机里传过来的这张灵界立方的照片，静静地看了几分钟。

没有后悔药……

他关上门，去洗手间洗了把脸，眼眶微红。

等到他出来，看见手机上竟出现了一条来自苏焰的消息："哥，我到灵界了，三维扫描系统做得不错啊，我的脸长得和原来几乎一模一样哦！还有，这里的人都好帅！"还有一张照片。

他打开照片，十五年以来第一次看见苏焰妹妹站立着的样子。她穿着吊带衫和热裤，扎着马尾辫，在灿烂的阳光下喜笑颜开，旁边被她手挽着的两人都眉清目秀，细皮嫩肉，胸口挂着"灵界接引者"的牌子，和电视言情剧里那些男主角长得很像。

朱晓和陪着她一起笑，捧着手机，傻笑，傻傻笑。

随后，他突然扑通一声，跪了下去。

浑身的力气一下子被抽干，他勉强按住沙发靠背才可以站立。

他很多次梦到过，自己如何突破重重科研难关，如何在濒临绝望之时做出开创性的成果，如何让它通过层层审批，如何亲手将药剂注入，让朱焰能渐渐站起来，迈步，然后自己终于能陪她去一个她从未去过的地方，看她开怀地笑……每个时刻，在梦中都让自己欣喜若狂。

所以，这原本需要远渡重洋，需要用一辈子为之努力的目标，就这样……就这样……

忽然间，泪止不住地流。

# 第 15 章 撤退

◆ · · · · · · · · · · · · · · · · · · ◆
CHAPTER 15

三周之后。七月上旬。

很多城市开始进入半军事化管理的紧急状态，如此才能压制此起彼伏的由物资短缺和严寒引起的暴乱。通过对集装箱进行改造，简易的海底避难所已经建起来了，以前的废旧矿井也已尽数开启，大量的临时房屋已构建完成。

官方的说法是，三个月之后，那些还没有抽到签的人都可以入住，并且供暖系统可以在外界零下二十度的情况下仍然保持室内温度正常——当然这些数字只能姑妄听之，用来给大家一些虚幻的希望而已。就目前的情况，能不能活到三个月之后都是个问题。

———————————

观星台。

"周师兄！终于连上您了！"朱晓和看到周奇海的脸，听到公鸭嗓，眼泪都快掉下来了，"感谢您的雪中送炭！这次能免掉手术费用，我和苏焰都非常非常感动……"

视频那边，周奇海笑得眼睛眯成了一条缝，显然是心情不错："没事啦，朱师弟何出此言，应该的。大家师兄弟一场。怎么样，本公司搞的这个灵界还行吧？"

朱晓和竖起大拇指："相当不错啊。苏焰最近在里面到处跑，过得很开心。之前还担心过系统卡顿和肢体定位不准，想不到完全没问题。贵司真是靠谱，太靠谱了！"

周奇海哈哈大笑，朱晓和的称赞算是搔到了他的痒处，他滔滔不绝起来，语调也高了几分："那是那是！之前给志愿者做实验的时候没钱没机器，只能上个最省资源的系统，那系统是老早以前找人兼职花了几个月做的，虽然内核很不错，但界面实在太寒碜。现在可不一样了，我们招了个大团队，专门负责把交互界面做成3A游戏的水准。此外，我们还有宏伟的计划，在每个地下避难所中都计划建一个配套的灵界寓所，还有专用的服务器，到时候速度快得飞起。"

原来交的这些月租费，还是有点儿用的。

"厉害啊，那灵界真的成了大家的乐园了。周师兄，您真是高瞻远瞩！大恩无以为报。唉，我，我这里也不能帮您做什么。"

周奇海微微一笑: "不用不用。我当时给风希云工作机会，又问他要什么了？还不是出于公心，想帮一帮大家。一年多前我退学时，罗大仙各种找我的麻烦，还好有你们几个帮忙，现在算扯平啦。听说林拂羽那妹子平步青云了？我看好你们，加油干啊！"

朱晓和没料到周奇海居然连最新的人事变动都知道，赶忙点头，"周师兄您的消息真是灵通！是，我们正在努力呢，昨天晚上还忙到很晚，早上就要出发搬去地下了……"

周奇海似乎对朱晓和如何努力没什么兴趣，话锋一转，打断了他: "科研那当然是很重要的。不过晓和啊，你要是不想干了，来我这儿写代码也行啊，我们的员工里面，也有好些代行者，他们可是免灵界月租费的哦。他们每天的工作，就是要让自己最重要的人，在灵界里面过得更好。"

哇，这，这个诱惑有点儿大啊……

朱晓和双眼瞪大，迟疑了五秒钟，才说: "嗯，好，我……我记得了。周师兄……真是时刻为我着想，我真不知道要怎么报答您才好……"

"不急不急，科研为重。"周奇海狡黠地一笑，推说自己还有点儿事，关了视频。

"唉……"朱晓和坐了下来，觉得自己心跳有点儿快。

不知为何，与地位平等的同学或同事相处，朱晓和很容易放松下来，但只要遇上地位远比自己高的人，他就会立即不知所措。

他心里有一本账，欠了谁的人情，必定要认真记录下来，日后想办法偿还。而这些人举手之劳给自己的礼遇，又是他这个卑微小卒一辈子都还不清的。所以朱晓和总对与高位者聊天这件事，心存一丝恐惧。

就连最近见到林师姐，他说起话来都有些舌头打结了。这不仅是因为她现在已成为组里的半个带头人，更因为自己从孟天峰那里隐约猜到了她的身世背景。

他再次想起了那句老话: 人和人之间的差距,怎么比人和狗之间的差距还大呢？

在观星台上向下俯瞰。大雪漫天，在并不清晰的视野中，他看见平地上的几条车辙。

时间到了。

朱晓和站起来环顾四周。观星台这个地方，在这一年多里，他来过很多次，曾和师姐一起来看星星，目睹过师兄艰难的选择，受到过师弟的恭维，也和别人讨论过人生。

要走了啊。以后，还会有回来的一天吗？

他心里升起一阵感慨，不知不觉就站了许久。有人上了楼，朱晓和回头看到风翠云那张圆脸，知道是她上来催了。

"朱……朱师兄，我们要出发了。"

她离得老远，毕恭毕敬地站着。

朱晓和点点头，虽然她还是有些唯唯诺诺，但眼睛里已经有了光。

来到大楼一层，那队军车的前几辆正停进临时车库里面，后面的都在外等着。卷帘门放下，留守的军官纷纷站直，向车上的人敬礼。朱晓和看过去，车上的军官剃了个板刷头，双手自然拢在胸前，宽阔的肩膀下隐隐露出壮硕的肌肉，他目光沉静，眼神扫过这里的每个博士生。

"博士们，未来就靠你们了！"军官说道，然后下车，走了过来："林拂羽博士，这次的搬运，可以用我们的装备。"

林拂羽上身挺直，也向他致敬回礼，两人握手："感谢你们的支持！金斯中校！"

师姐的军礼相当标准，看来一定是在背地里练过了。

"我们还有任务。"金斯向林拂羽打了个招呼，领着一堆人，开着一辆小车先走了，留下车队的司机们在那里。一个司机等他们走开，深深叹了口气，自顾自地说："你知道他们要去做什么吗？他们要去挨家挨户发镇静剂，以让居民在冻饿而死的时候，不用挣扎得那么痛苦！"

有几个人看了一眼司机，但没人接话，大家都在忙自己的事。

林拂羽指挥这指挥那，让大家把实验器材打包，把各种箱子搬上大货车，风希云在办公室里留下的遗物也被打成一包，塞进密不透风的器材缝隙里面。

朱晓和则负责所有试剂的清点和收集。因为现在的极端天气，地表的工业链断裂严重，很多试剂无法生产，成了绝版，用一点儿少一点儿，当然不能容许在运输途中有任何损失。这活儿非常细，即便是朱晓和这样执行力超强的人，在面对成千上万种不同的试剂时，都要把头挠秃。

还好有个风翠云在旁边。

两个来帮忙的邻组学弟拎着一篮子大小不同的各种瓶瓶罐罐出来，看样子马上就要装车，风翠云套着一件羽绒服，开着电脑做笔记，她扫了一眼，突然大叫"停下"，指了指里面的东西。

朱晓和走过来看了一眼。风翠云看着两个学弟充满疑惑的脸，拉着朱晓和，悄悄地说："这是叔丁基……锂，高度易燃危险品。"

朱晓和听到这四个字吓了一跳，仔细端详确认后，用有些锋利的眼神扫过这两个学弟："那东西碰什么都着，不烧成灰决不罢休。你们想不想尝尝味道？快把它拿出来单独保管！"

那两个几乎帮倒忙的家伙顿时被吓得连连道歉，屁滚尿流地回去返工了。

"我的天，差点儿出大事。"朱晓和看着两个人消失在过道的尽头，擦了擦额头，"你干得不错！"

"嗯……朱师兄觉得有用就好。我花了三周多点儿的时间，把几千种试剂的样子和名称，还有各自的注意事项都背下来了！"

"你的记忆力可真好，而且是在毫无基础的情况下。"朱晓和说，"博士班里恐怕没人能做到这一点，常用的就那么几种，没人会去特意关心那些与自身研究毫无关系且一碰就炸，或者一沾就倒的可怕玩意儿。"

"我……我就怕自己没用，被扔出去活活冻死。看外面的景象，真不敢想象这是七月份。"

"哎呀，不会的啦。"

"嗯，嗯。"

民航停飞，风翠云回不去了，只得跟着大家一起去地下避难所避难。

她原本只是个小报社的小记者，朝九晚五做做领导交代的事情，偶尔出去旅旅游，发点儿朋友圈。

自从恶魔之眼变得肉眼可见，这个世界已经变得和几个月前完全不同，她基于日常生活的判断力完全失去了作用，一下子被打蒙，什么都不知道，什么都不明白了。

这一两个月里，无论发生什么事，她都畏畏缩缩地跟在别人后面，直到最近林拂羽还有朱晓和商量着给她找了点儿事做，她才稍许振作了起来。

虽说罗英先借着这篇本应撤稿的《自然》论文被人热议的风头，和避难所的官员们谈了个非常好的协议，让所有博士生都"上了船"，但毕竟风希云已不在人世，风翠云也并非他的直系亲属，因此协议无法照顾到她。罗教授念着风希云为实验室做出的贡献，花了点儿力气让风翠云成了实验室里的临时工，总算弄到一笔暂时补助，给她分配了一间临时的小卧室。半年之后，她就只能通过自己的努力，获得收入了。

车库内壁的墙上，已经刷上了标语：

我工作，我有用。

那个物资丰饶的田园时代，已然一去不返。

两小时后，几辆货车满载了实验室的物资。博士们拿起各自的大包行李，上了一辆客车，肩靠肩坐着。朱晓和一个人留下，让客车先走，自己和货车司机打了声招呼，坐上了第一辆车的副驾驶座。

卷帘门打开，狂暴的风雪卷了进来，司机一踩油门，引擎发出巨大的轰鸣声，冲进百米外不见人的风雪之中。

客车在前，货车车队紧随其后。

客车上气氛沉闷，没人说话。风翠云茫然地坐在客车上，隔着小窗，看着夏日冰封、毫无生机的城市。林拂羽递给她一杯热茶。这几个月来，关于风希云的相同话题，让两人的关系变得近了些。风翠云双手捧着茶杯，道了声谢。

"明天还有采访，你都准备好了没？"林拂羽问。

"林师姐，没……没问题，背稿子是我的强项。"风翠云连忙回答道，"一个字都不会差的。"

"一字不差倒不用。"林拂羽笑了笑，"听众没有那么严格，你可以适当自由发挥一下。"

"好……下次我试试。"

林拂羽赞许地点头："我很期待。加油，前两次的视听效果已经超乎预期了，只要坚持下去，你一定会成为万众偶像的。"

风翠云的脸上，终于有了笑容。

天地间风雪飘摇，愁云惨淡。太阳已经有接近五分之一被黑色的圆盘覆盖，余下的阳光昏暗发红，没有一点儿热量，就算是正午，气温也只能勉强爬上冰点。路上只有零星行人，大家都穿着厚厚的衣服，面露绝望。

这个时候，本应该是盛夏的。

前面堵住了。车队无法前进。大家等了一阵，纷纷下来看是怎么回事。

救护车压着冰封的道路，停在一户人家门口。几个医护人员把一个人用担架抬出来，围观者们看见这个年轻人抱着奖杯，带着心满意足的笑容，沉沉睡去。然而他周围人，都带着一副阴沉的表情。

许飞惊呼道："啊，是那个橄榄球运动员，新人四分卫。我在电视直播的选秀大会上看见过他！据说大家都看好他，正指望着他成为球队的生力军，冲击冠军呢。"

朱晓和黯然地看着这一幕。是啊，一个四分卫去地下避难所有什么用？再没有橄榄球场让他证明自己，他二十几年以来的努力，他所有的骄傲，在那里一文不值。他又并非功成名就，可以用积累的名声做些别的事情……

人群散去了，车队重新向前，开了约半小时，前方就是地下避难所的入口。其前身是一处八十多年前修建的地下防空洞，本要用来防着敌人，但八十年之后，敌人却不是人类了。长长的隧道通向地下，从窗口看去，目之所及是一块又一块单调的砖石，填满了整个视野，却给人以莫名的安全感。

越往下开，气温回升，羽绒服的扣子，已经可以解开几个了。紧张的气氛也稍微舒缓了些。

终于在又开了一小时之后，他们到达了目的地。地下避难所位于一座山的山基里，虽然老旧，但各项设施齐备，通风完善，供暖充足，已经算是城市附近的上佳之选了。

朱晓和远远看到了检查关口，关口的牌子已经挂起来了——823号地下避难所。

引擎的声音渐渐弱了，车队停下。众人下车，拿出证件，被挨个验明正身，防止有未经许可的人员混进来。另有几个人身穿连体防护服，细细检查车上的货物。

朱晓和从副驾驶座上攀爬而下，呼吸着有些污浊的空气，被呛得咳嗽了两声。他望了眼停车场的穹顶，那里虽然高，但还是地下，他们还被山压着呢。唉，这一切来得太突然了。

他想起那个四分卫来了。脑中还可以清晰地回忆起半年前的疯狂人群，看着人群攀上交通灯，跳上车顶，披上旗帜，庆祝自己支持的球队获得冠军。这个人本可以去灵界重新开始，从此不愁吃穿，不用过苦日子，也不会受到严寒的侵袭，而且灵界立方号称有几千年的使用寿命，所以相当于是永生。

可这样的话，他就和千千万万普通人无异，荣耀不再，那他的价值何在？

朱晓和想着，自己如果是他，又会怎么选？

另一边，林拂羽清点着下车的人数，和过来检查的官员说话。那人虽然知道这是金斯中校的车队，随队的是中校亲派的司机，车牌也验证无误，但看着一车奇怪的货物和各种试剂，即便有清单列表，心里仍然发虚，坚持要等到中校本人过来签字才可放行。避难所现在是全人类的宝贵资产，出了问题，不知道会有多少人被无辜牵连。

于是大家就地解散，稍作休整。穹顶上整齐排列着的大量通风扇，将零上五度的暖风送进这个空间。

终于安全了。

# 第16章 盛名

CHAPTER 16

"等了快一小时了，要到吃晚饭的时间了。真是有点儿慢。"许飞伸了个懒腰，叹道，"搬个家真不容易啊。"

"已经不错了。"孟天峰从洗手间回来，"如果你现在在家里冻得瑟瑟发抖，不知道哪天才能抽到签，家里孩子哭着喊饿，那是一种什么样的绝望感？相比之下，一顿晚饭没吃，不用抱怨。"

许飞连连点头称是。

朱晓和走过来，看着孟天峰，认真地感谢道："前一阵子忙着筹划搬家，现在才来找你。孟师兄，周奇海那边，我真的太感谢。要不是你帮忙联系他让他免了手术费，苏焰真得在那里活活等死了……"说完，他紧紧地握住了孟天峰的手，又道："大恩不言谢，我不知道以后如何报答。"

看着朱晓和诚恳专注的态度，孟天峰明显有些受宠若惊，他心里已经把朱晓和当成半个上级了："啊，举手之劳而已，我也没有花时间去劝周奇海，他知道了这事，主动答应下来的。"

"那也是你起的头啊。对了，我听说你不会加入我们的项目组？"朱晓和问，"你还会做自己的东西吗？"

"嗯，是。拂羽这个项目，说实话有点儿太前沿，我这个人脑筋不太灵光，恐怕不太适合。"提及此事，孟天峰很确定地回答，看起来早就深思熟虑过了，也不介意把自己说得笨些，"现在我手上都是些路线比较清晰的项目，最近在忙地下水净化方案，还有地下空气过滤设计，地下城的粮食要怎么生产才更高效，这些也是可以好好研究的课题。"

"这样啊……"朱晓和略有些吃惊，"可这个项目现在很火，大家都对它满怀期望，而且答应了会投入大量资源……如果自组织纳米机器人能够成功，那天峰你说的这些事情，是不是都能迎刃而解？这样就不用特意设计一个个具体的方案了。"

"一个博士，要对事情有自己的判断。"孟天峰板着脸回答，"因为各种原因一时大火的项目很多。说实话，在视频里看到外星人这些眼花缭乱的高级操作，我乐观估计一下，我们至少和它有上百年的科技差距吧。我们自嗨一下搞个三五年，真能追得上？恐怕搞得一地鸡毛，连皮毛都学不到，反而把本钱搭进去了。"

朱晓和沉默，隐隐约约觉得他说得有理，也无言反驳，只得说道："这话要是传到林师姐耳朵里，估计她不会爱听。"

"所以晓和，你打算怎么办？"

"谢天谢地，焰能在灵界平平安安，已经远远超出我的预期了。项目这边，我就是个跟班，走一步算一步吧。"

孟天峰皱起了眉头。

"晓和，你别这样。"他拍了拍朱晓和的肩膀，又招呼了许飞，三人走入一处较为隐秘的角落。

"在什么位置，就要发挥什么样的影响力。"孟天峰低声却坚决地说道，"这叫'在其位谋其政'。晓和，你现在可比随便一个组员，地位要高不少。对你而言，谦虚退让可不一定是美德，要是在组里有点儿话语权，得多主动发表意见啊，适当改变研究路线，寻找最大成功率的方案。这些都是很重要的事情，不仅关系到你自己，也关系到整个组的命运。"

朱晓和眼神还是有些茫然，没明白孟天峰的意思。

"等一下，孟师兄，我不太明白，你……难道你是想让我和林师姐唱反调？"

"不不不，我没这个意思。"孟天峰连连摆手，"我的意思是……"

他的脸有些红，一时没想好应该如何解释，迟疑了几秒钟后，终于说出了下半句："嗯……拂羽她可以随便瞎折腾，就算是我们没拿到这些名额在这里等着冻死，我猜她都有办法找到关系躲到安全的地方。这点咱们远远比不了她，所以你要做好准备啊。"

"这……我只知道她家里条件还行，可有这么夸张吗？我没看到她身上的东西很贵重啊？"

"唉，晓和……"孟天峰叹了口气。

许飞在一旁连忙接话："朱师兄，虽然她的穿戴都很普通，也没有任何炫富的习惯。但你发现没有，之前追他的那些男的，经常披金戴银的，还有一个居然开了辆限量版兰博基尼来到咱们楼门口。你说有一两个头脑发热的富二代一时想不开追她也就算了，多了一定有问题。拂羽虽然算漂亮，但也不至于这么受欢迎，一定有别的原因。

"另一方面，我看过很多综艺节目，林师姐要是哪天突然想要出道了，勉强可以当个二线小明星吧，但肯定没到大明星级别。而且她居然对那些人一概不理，要是平民人家出身的，看着对方豪车接送还百般殷勤，就算明面上高冷，但背地里好歹会有点儿想法吧。"

朱晓和脑中闪过往事，他猛然意识到，这一年多以来，林拂羽从来没有在他面前评论过任何一个追求者，就好像他们是空气一样。

"哈，许飞你脑子里就这点儿事，只要是豪车接送，不管男女，你也就从了？"

许飞大声反唇相讥，"大哥，我是有节操的！"

朱晓和对这句话嗤之以鼻，继续怀疑道："话说回来，既然她是个白富美，为什么还跑过来读这个博士，把自己弄得这么累？你看她这拼命法，太猛了吧？"

孟天峰微微一笑，继续说道："白富美就不能读博士，不能拼命了？你这是偏见。她不炫富，有钱对她来说没意义，那她和任何一个想要读博的人就没什么区别。虽说她可以用点儿盘外招，但总的来说，同样要从头开始建立自己的学术声誉。其实换作以前，做学问都是贵族和有钱人的专属，有了田产和属地，可以靠租金不劳而获，这样才有闲心去折腾这些不知猴年马月才会出结果的玩意儿。都有钱的话，再比钱就没意思了，要比别的，这就是格调。要是搞出了谁都搞不出来的东西，那不比有钱更拉风？任别人有几亿、几十亿，自己达到的境界，别人穷尽一辈子都达不到。明白了吧？"

"原来如此……原来如此……"朱晓和恍然大悟。

"哎呀，我今天稍微有些多嘴了。晓和你就别把今天讨论的事告诉她了，省得她对我们在背后议论不满。以前听着估计没事，现在升官了就不好说了。嗯，刚才说的很多也是猜测，她那么拼到底是为啥，我虽然比你们年长几岁，但也不太明白。"

"那我肯定保密。"朱晓和拍胸脯保证。

孟天峰点点头，松了口气，那张古板的脸有些化开了："但不管怎样，有些人的起跑线，就是咱们一辈子的终点，人比人是比不过的。拂羽家世好，一出生就含着金汤匙，我们仰止；奇海有胆魄，拼老命搞那么大，咱们佩服。晓和你和我差不多，虽然没有雄厚的家族财力，但也不用天天想着要牺牲自己的职业前途来回馈家里。希云就惨了，你看到去年希云开着车去加油站加油的样子了吗？加完了还要拉住橡皮油管抖三抖，好把管里余下的油送进车里，唉……"

孟天峰停了停，仿佛有很多回忆冲进脑海里，让他一时哽住了。他低下头，用手擦了擦眼角。

林拂羽远远地走来，孟天峰看到了她，像是心虚了一般，连忙站直了，赔笑打着招呼："林姐好。"

许飞也在一旁点头哈腰："林主任辛苦了！"

朱晓和听着这崭新的称呼，连忙思考自己要怎么叫她才好。

林拂羽笑了笑："大家快上车吧，中校刚回来，他们放行了。"

朱晓和"嗯"了声，走了过去。那个刚才阻拦大家进关的官员，此刻正向他们殷勤地打招呼："哎呀，我真是三生有幸啊，欢迎诸位科学家来到 823 号地下避难所，你们是人类的希望！"

---

"823 号地下避难所占地九万平方米，有上中下三层，按照设计可以让十万人

入住。"向导一边介绍情况，一边领着众人走过一人宽的甬道，来到登记处登记，每个人都已被分配好了公寓房间，亮出证件，钥匙就到手了。

在迷宫般的窄小楼梯和走道里上上下下折腾了一番之后，朱晓和终于来到了自己的单人间。就算是"最好的条件"，他能分到的居住区条件也极其有限。卧室很小，客厅更是可以忽略不计，一边是床，转个身走几步就已经到了公寓房间的门口。毕竟，地下每多一寸空间，就意味着会产生额外的能量消耗，不仅因为地下挖掘代价高昂，更因为避难所建好后室温和空气质量的维护成本很高。

唯一的大杀器是可以洗热水澡，水的味道和触感有点儿奇怪，但堪堪可用。

累了一天，他躺在床上，浑身舒坦，看着天花板。

"我们要把手头所有的资源都花费在寻找新的能源上！"朱晓和还记得避难所里刚刚就职的奥德雷市长的入职演说，他一头银发，精神矍铄，听着他的演讲，朱晓和又感觉自己充满了力量，一种使命感油然而生。

是啊，算上全球所有大大小小的各类避难所，目前地下的总可用能源只有田园时代的千分之一，而已经在地下登记的有一亿多人。地球上六十分之一的人口，却只有千分之一的能源供应，人们应该如何生存下去？

地表还在苦熬等待着地下名额的人有多少？朱晓和不敢想象。

这些数字，也许过几年会被写进教科书里吧？资源不够，呼吸着这污浊的空气，吃着无法保证安全的食品，会短寿吗？自己能活过五十岁吗？自己这一辈子，是不是都离不开这避难所了呢？等资源耗尽又会如何？由于没有成体系的工业和农业，设备只能修修补补，地下温差发电是目前唯一的能源供给方式。人类的未来，如同走钢丝般脆弱——

一切都只有靠我们了……在这样有限的资源供给下，若我们选错了一步，会不会从此就无力回天了？

"连皮毛都学不到，反而把本钱搭进去了。"

朱晓和想起了孟天峰的话，越想越心惊。

这满怀期待的背后，是绝望的落水者们，最后的挣扎。

# 第 17 章 崇拜

### CHAPTER 17

实验室刚搬到地底的时候，各项进展相当顺利，一切非常美好。

罗大仙能说会道，将牛皮吹得很大，将偶然与外星科技撞上的科研方向说成高瞻远瞩的必然发展，高层的几个头头都非常信任他。于是要钱给钱，要人给人，要设备给设备，各项协议飞也似的签署。

林拂羽跟在罗教授后面，指点江山，踌躇满志。实验室的人一个个都争先恐后地叫她"林主任"。还有人放下手头的项目，想要过来干点杂活，好在将来的大成果上蹭个名字、露个脸。

朱晓和手脚利索，办事效率高，待人也算宽厚。他教刚来的新手也耐心得很，不管做什么，总在实验室众人的上游之列。他既有"闪电晓"的美誉，又算是林主任的嫡系师弟，自然也风光了不少。

科学研究本来就是一场在伸手不见五指的密室里摸象的游戏。为了让进展变得更快，安排一群人摸一头象是非常自然的。但外星人的到来，却给这个密室透进来一丝昏暗的光，让大家瞬间看清了什么样的摸象姿势是正确的，还有谁正在采取这样的姿势。

那些在昏暗中站得离真理最近的一群人，自然成为大家膜拜的偶像。

林拂羽大步流星地走进实验室，看着一个个睡眠不足的员工。他们都低着头，毕恭毕敬地向这个女上司汇报工作。以前做东西没出结果，大不了退学，自找出路，现在要是丢工作了，要么挨饿而死，要么就得去做开垦地下空间的体力活，这样想再出头就难了。

"为什么这个实验没做？"林拂羽听完报告，皱眉问道。

"林主任，我家里最近有些事，马上……马上会完成的……我今天晚上就连夜赶完……"那人脸色灰白地回答。

这三个月来，地下避难所的工作越来越难找，而想要进来的人却越来越多。虽说得到上头支持可以开放招人，但物资日趋紧张，招人比例仍然不得不维持在不超过万分之一的状态——万分之一这个概念，就是每天都有百来号人在研究所底楼的狭窄大厅里排着队想要谋一份工作，但是半年都不一定会招上一个人。

有那么多的后备军，林主任自然有恃无恐，干得不好的，就没有好脸色看。

然而，借着"东风"刚升上经理的朱晓和，一时半会儿并没有转换过来角色。

"真不理解，这个岗位几乎没有工资！怎么那么多人来抢？"何强看着邮箱里一天几百封的求职邮件，揉着眼睛，向朱晓和抱怨道，"简历实在太多了，我的眼睛受不了，不干了！"

朱晓和解释道："这些岗位确实只有很低的工资，但毕竟有指定的居住场所，还管饭，另有住宿补贴可拿。现在货币贬值的速度可是史上最快的。有好吃的、好住的，还有一定社会地位，比多少工钱都管用。"

"明白。"何强点点头，继续揉着眼睛。

朱晓和看着这架势，知道他是指望不上了，摆摆手："那……我来看看。"

何强如释重负，丝毫没有诚惶诚恐的样子，立即开始收拾桌上的东西。尽管被挤在一间小屋里大量办公人员用嫉妒与不甘的眼神斜视着，他还是拎着包大摇大摆地就往外走。

朱晓和看着他的背影，心里顿时有些五味杂陈，又不好意思地收回刚才说出的话。

"朱经理，今天家里有点儿事，我……"另一个下属立即凑过来说道。

"喂，你今天的任务必须完成。"朱晓和咬牙抛下一句话，看到林拂羽从过道走过来，向他招了招手，他连忙脚步匆匆地走过去。

两人走进了林主任的办公室，黑板上写满了计划和公式。

朱晓和看了一眼，端正地坐下。

"许飞刚才来过了。"林拂羽先开口。

朱晓和扬了扬眉毛，立即意识到林拂羽临时拉他来开会的目的。

"一个月过去了，你觉得何强干得如何？"她又问，"我记得他也是从天峰那边转来的。"

朱晓和露出一丝苦涩的笑意："还行，还不错。"

何强本来是跟着孟天峰做项目的，他觉得林拂羽这边的领导似乎更重视他，打起蹭热点的念头，就转了过来。朱晓和初为小头领，曾经小心翼翼地问过孟天峰的意见，但孟天峰似乎并不在意，随随便便就放他走了。

朱晓和现在明白了，孟天峰这简直就是甩掉了一个大包袱，估计他做梦都要笑醒。何强干活儿拖拖拉拉，却又偏偏受不了批评，认真地给他两句建设性的意见，他就甩手不干了，仿佛所有人都欠了他一般。

他几乎想要把何强开除，但当时是他自己兴奋地答应让这个人来，难道几周之后就又做出了开除的决定？下手的对象又是昔日在实验室的同僚，这样做不免要落一个"凶残冷酷朱无常，辣手绝情雷电晓"的名声，思来想去，还是先息事宁人，吃了亏往肚子里咽。

所以面对林主任的问题，他只能打个哈哈，反正"闪电晓"眼快手也快，自己先顶上去再说。如果被林主任发现自己招的人太不靠谱，问题就比较大了。

"对了，许飞他是不是看我们这边太火爆，想从天峰那里跳过来？但又不好意思明说。"朱晓和立即换了个话题。

"那你的意见是？"林拂羽皱着眉头问。

朱晓和心中暗喜，看来是说中了林主任的心思。他上身保持端正的坐姿，想了想："许飞思路开阔，经常想出各种奇奇怪怪的点子，我真的比不上……但是，要是真的让他换组，天峰一定不会开心吧。"

"我也这么想。暂时先别理他。对了，半小时之后我要和市长见面，需要准备一下。"

"哇，林主任，我们的项目受到重视，那很好啊！有什么材料需要我帮忙的吗？"

"哦，不用了，晓和，我自己可以弄好。"

"那在下不打扰了，正好还有其他事要忙。"

朱晓和起身走出了办公室，不由得暗自松了口气。

其实他并没有其他紧要的事要做，这么说只是为林主任着想，替她找个让下属立即离开办公室，然后自己可以好好工作的借口。

朱晓和来地底半个多月，自己身边的人都像变了个样。

地底严格的等级文化在这半个多月里迅速侵染了所有的人，纪律与秩序贯彻始终，原本实验室里轻松与平等的氛围荡然无存。

朱晓和可以清楚地感觉到，下属在自己面前总是诚惶诚恐，而自己进上级办公室一样也会被威严与压抑所笼罩。林拂羽本就是一个工作狂，平日里不太会开玩笑，说两句话就会兜转回工作上，过去，许飞和朱晓和的玩笑还能调节谈话的气氛，缓解大家的压力。但现在不一样了，朱晓和、林拂羽、许飞和孟天峰，他们各自的地位都发生了微妙的变化，没人再愿意调节气氛，因为那样不仅可能无法保持自身的威严，还可能被冠上"对上不敬"的罪名。

朱晓和出了门，在过道里游荡了一会儿，看见了一间大会议室里的风翠云。她身着正装，表情严肃，拿着话筒在一个字一个字地讲话，有几个摄像师拿着摄像机在围着她拍摄。

隔着落地玻璃墙，朱晓和都能感受到风翠云充满热情的认真的投入。

"……通过实验，通过思维，我们每天都在和冷酷无情的自然界交流。如果方向是错的，那任凭我们如何哀求，如何渴望，如何挥霍自己的青春，都不会透露它的奥秘，哪怕半点……

"……这种残酷极其可恨，在这种残酷面前，我们人类和蝼蚁无异。几十年有限的生命又有什么用？在宇宙面前，这不过只是毫无意义的一瞬间。

"但正因如此，我们也明白，等到它吐露心声的时候，每个字都是真的。

"为了这种真实，科学家们宁愿将自己的一生奉献进去。"

风翠云抹了抹眼角，停顿了几秒。

"过去是这样，现在的我们不管差距有多大，依然坚持如故。"

朱晓和听到了她的结尾演说词，看见她放下话筒，摄像师竖起了大拇指，开始收拾器械。

"阿晓！"风翠云看见了他，脸上肃穆的表情和淡淡的悲伤消失了，代之以笑容。

"看来你干得不错。"朱晓和回答，"前一阵子还有点儿紧张，现在变得自信了很多！"

"熟能生巧嘛。快看，又有好多人关注了，已经有十万名粉丝了！这才几周！"她挥舞着手机，脸露兴奋。

"翠云，你一天刷几次呀？其实你可以干点正事。"

"从来没有这种体验。真的，第一次，第一次！我兴奋得觉都睡不着！好多人都给我留言！"

与一众唯唯诺诺的正式员工相比，风翠云显得如此与众不同。她是签了固定时限合同的临时工，又处于众人关注的焦点之中，一时不愁自己的职位被人取代，因而面对朱晓和时竟然毫不拘谨。

风希云的悲情、小镇做题家的奋斗、与外星科技的暗合，都成为媒体炒作的目标。

在这个愁云惨淡的世界，任何一点点的希望都会被无限放大，直至疯狂的程度。

朱晓和扶着玻璃墙，若有所思。

# 第18章 兴趣

◆ · · · · · · · · · · · · ◆
CHAPTER 18

忙碌的工作结束了，朱晓和终于回到地下城的住所——一个只有四五平方米的小区域。

虽说是忙碌，但和之前读博士时动不动就通宵熬夜相比，简直就是一个天上，一个地下。

他终于能早睡早起，有充足的人手，只要制订好计划，让手下们忙碌就行。而且，每次回到家里，他都能看到苏焰在灵界四处奔跑的开心的笑容。相比在地面的时光，倒还是现在更加完美。

唯一令人头痛的是人与人之间的距离，已经在不知不觉中远了不少。

下属们看他的眼神中都透露出些许敬畏；许飞每次见到他，都把玩笑话收起来，换之以"假大空的马屁"。

林拂羽就不用提了。除了赞同上司的正确决定，接下艰巨任务，保证一定完成，朱晓和实在不知道该怎么和上司正确地聊天。

对于孟天峰，朱晓和更是觉得惋惜。

他想起孟天峰私下里教他要发表与林主任不同的意见，现在却不声不响地将何强这个包袱扔给自己。

想不到孟师兄本来那么好的一个人，在这种激烈的竞争环境中也会使出种种手腕。

朱晓和忽然觉得有些孤独。

算啦！

本来这个名叫"朱晓和"的人就只是一个人带着妹妹，独立地行走在这个世界上。遇到的人不管有多么亲切，也不过就是匆匆过客，打一声招呼，拍一下肩膀，就此挥手告别。

天与地在自己手里，亲手发掘，亲自开拓，承担了职责，赚了钱，然后挥一挥衣袖告别，去往下一个陌生的城市，简简单单，自己不欠别人，别人也不欠自己。

这样的生活不是自己想要的吗？

他回想起自己在社会底层摸爬滚打的过去，一下子释然了。

这三个月里，灵界发生了翻天覆地的变化，连接速度变快，内容也丰富了很多。在众多地底幸存程序员的努力下，在很多无偿志愿者的帮助下，灵界成了一个人们真正可以在里面一直生活和居住下去的虚拟社区。

朱晓和翻着过去的聊天记录，还有苏焰的各种照片和视频，回味着三个月里的快乐时光。

沉浸在这小小的幸福里，那些该死的世界难题还是先扔到一旁去吧。

"第一次组团出去旅游，马上就要出发了，好期待！有个叫顾令臣的小孩子，才十六岁，说话就像大人一样，朝着我们呼来唤去，管天管地。还好组里有个叫AK 的人，总是可以三言两语制住他，哈哈，这就是智商碾压的实例。"

"你看这是灵界最高的弗洛明山，我们一行人足足爬了十个小时才到山顶，天好蓝，风景好漂亮！听说接下来会开放东方副本，那里有更高、更漂亮的山。我很期待！话说那个不应该叫灵山吗？"

"组里又有人拖后腿，动作慢得吓死人，哼！早知道，不带他们去了……还是AK 脑子最灵活，没有他，我们差点要叫救援了，我可不想打救援电话，花掉哥辛苦挣来的血汗钱，叫一架虚拟直升机居然要两万块钱！他们想赚钱想疯了！我现在知道为什么要在旅游区定'物品守恒'的规矩了，这都是计算好来收智商税的！"

"这片大湖的对面就是一块巨大的岩石，那里有一个很大的山洞。我们的独木舟要往那边去了！右下角有个湖面的贴图错了，客服说下一个版本就会修好，谁写的代码呀？难看死了！我要是产品经理，一定把那个程序员给开了！"

"听说有个朋友把自己的号删除后自杀了！大家都去探望，客服居然说救不回来，太伤感了！说实在的，在灵界要吃有吃，要玩有玩，每个人都可以挑选自己的身材和长相，又能活得很久，在现实生活中，大家天天为这些烦恼奔波，去了灵界后，这些都唾手可得，想想也是挺无聊的事情——可是我觉得还有很多事情很有意思，能自由地奔跑就很开心了。嗯！交各种男朋友也很好玩。"

朱晓和也试用过虚拟现实头盔接入灵界和苏焰一起参加一些活动，过程中发现自己的反应速度远远及不上在灵界生活的人们，毕竟对他们来说，这就是真实的世界了。

他苦笑，知道灵界人和地底人终究是不能玩在一起的。就只能看着这些对话，以及各种照片和视频。看着她和朋友们一起去最高的山、最深的谷，看着她开怀地笑，他突然觉得，让她去灵界自由奔跑，或许是一个很好的选择。自己每天折腾各种让人头痛的事情，为此支付高额的月租，也心甘情愿。

大部分的代行者都是这样的吧。他在代行者聊天群里看到大家各种抱怨、哭穷，可是抱怨、哭穷之后，又开始晒在灵界拍摄的各种绝美照片了。

唉！人真是复杂的动物。

这时苏焰在一个海滩旅店边上和她一天前新交的男友打得火热，似乎对晓和哥哥的打扰有点儿不悦。

"哥，要不这次视频取消？我和山姆今天晚上还有活动。"在一张两人刚从海滩回来的照片里，苏焰大长腿、黑长发、身着三点式泳装，她旁边那个男的满身肌肉，两人各自拿着一袋东西，脸上都是笑容，两人背后是即将落入海平面的夕阳。

朱晓和有点儿失望地关掉电脑，四仰八叉地躺在床上，看着天花板发呆。

苏焰这新交的帅哥男友总感觉不是很靠谱，要多给她点建议，免得吃亏了。灵界的人都是可以改变容貌的，她太单纯，不会被外表骗了吧？自己现在手上还有点儿余钱，给她在灵界买辆车应该没什么问题，免得她老是蹭别人的车出去玩，然后就被勾搭上……不过她那么好强，恐怕宁愿自己挣钱，也不肯要……

想那么多干啥！或许我应该去找个女朋友……

过了一小时，朱晓和正在"刷"着搞笑段子，手机又响了，一看，还是苏焰："活动取消了。刚才山姆居然还和别的美女眉来眼去，哼，本小姐已经和他宣布分手了！"

果然神速啊，这比换衣服还快……朱晓和无奈地笑笑，打开了电脑，见到了抱着一只玩具熊的妹妹。

眨眼间，她已经回到自己的居所，伸出手，"啪"地一声脆响，窗外无垠的青蓝色海滩消去，下一瞬间，她出现在人迹罕至的原始森林里，风在粗壮高耸的红杉树周围穿梭，搅起一片片落叶。

她在湿漉漉的土地上背着手走着，在嫩绿的苔藓上踩出一个个脚印，见到朱晓和在一张没有厚度的屏幕上闪现身形，拍着手大笑："来啦，来啦！晓和哥哥最好了！妹要永远和哥在一起！"

"好好。你这肉麻话说得太勤，我都听腻味了。"隔着电脑，朱晓和坐在地底窄小的卧室里，苦笑着回答道，"不管如何，哥都不会抛弃你。你交男友可不能那么随便，要慎重，我看到今天代行者群里有个代行者居然为了几十万的赌资，把自己女朋友的灵界立方卖给了一个黑市商人。世界上，真是什么样的人都有！"

"是的！是的！我也听说了。这些灵界人贩子好可怕！那些人从一些付不起月租的人那里购入灵界立方，然后逼迫这些灵界人进入某个封闭的空间，以满足另一些灵界人的特殊需求，这些特殊需求在灵界这个怎么折腾都不会死人的地方，已经超出了现实人类最疯狂的想象……"

看苏焰兴奋的样子，朱晓和吞了一口口水，不是很明白她在想什么，难道这家伙想自己尝试一下吗？

他有点儿担心，现实中的人贩子还需要考虑被贩卖者是否会逃跑或者反抗，相比之下，只要代行者没了良心，灵界人贩子可要方便得多，线下交易一旦完成，灵界那边被卖的人，其自由行动的权限马上被收走……

"难道灵界客服不管这些吗？"朱晓和问。

苏焰摆正了姿势，开始认真地解释道："他们在管，但问题很多。其根本原因是因为代行者掌握了一部分灵界人本该有的独立权利。一方面，代行者不停地交月租才可以让灵界立方持续运转。另一方面，代行者既然付出了代价，自然会对灵界人有各种要求和限制条件，而这个体系在进行大规模建设的时候，灵界人往往是弱势的一方，容不得讨价还价……哥，你当时签字的时候没有认真看过条款吗？我可算是卖给你了呀……"

朱晓和抚额，恍然大悟，他从来没想过这一点。

"最要命的一条，就是代行者身份的转让可以不经过灵界人的同意。奇海科技不管从哪里收租——只要它能收到就行。因此，代行者的人品以及经济状况，就变得很重要了，很多时候，情感的纽带并不是那么牢固的，再加上地底的严苛环境与微薄收入……嗯，就是这样。"

朱晓和不禁觉得背脊发冷，他意识到，在灵界人表面上的享乐和肆意背后，他们的命运其实并不掌握在自己手中。

他沉吟道："所以这其中最大的问题，在于灵界人目前还没有一条能自力更生、为人类社会产生价值的渠道。这整个灵界系统虽然花哨，其本质和游戏并没有什么两样。"

"是的，总的来说，灵界的开发进度太慢了，还有无数 Bug，更不用说往里面加新功能。之前我还好心把一两个 Bug 反馈给了客服，他们却说这是系统核心Bug，在祖传代码的某个函数里面藏着的，目前动不了。唉！这是哪个人写的，本小姐要是能动手，一个顶他们一百个。"

朱晓和眨了眨眼："哈，我期待我妹成为灵界大富豪的那一天。"

苏焰拍手大笑："哈哈哈，咱们不聊这个伤感的话题啦。对啦，我看到希云博士有个追忆节目哦，主持节目里的那个姐姐说话声情并茂，好有感情，好有味道！他里面提到的《自然》中的那篇论文是你的吗？"

朱晓和打开了苏焰发来的新闻链接，检查无误后回答道："是，风希云是第一作者，也是我师兄，你哥的名字在第三作者的位置。可惜！几个月前他被车撞了，内脏大出血，送到医院后第二天就去世了，没有亲眼看见他的工作被外星人搬到太空上去用，也没机会告他们抄袭了。他可是我们组的学术明星！"

"居然能提前猜到外星人用什么科技，好厉害！太佩服了！但为啥那么多人质疑它？"苏焰好奇地问。

"哦，你可是问对人了。"朱晓和回答道，"主要是实验比较难重现结果，各种参数很多，只要稍差一点点，就达不到让纳米机器人利用外界环境自己制造自己的效果，而且这不像软件程序，每次做实验都有各种不可控的外界条件干扰，让复现实验结果难上加难……所以到现在我们也没有复现出来，真是头痛。"

"我顺便看了看，还挺好玩的。"苏焰问道，不知何时，她手上已经多出了一篇论文，正在翻着看。她自然地坐下，身后一张椅子凭空冒出来支撑住体重，随后以她为圆心，参天大树改换了形状，它们的树干掉落，堆叠在一起，变成了树屋的模样，把苏焰包围在了里面。

朱晓和看得目眩神迷，苏焰却对周遭的变化毫不惊讶，跷着二郎腿，左手一挥，已然有杯饮料在手。她咬住吸管，眼睛盯着这篇饱受争议的《自然》杂志的论文，皱着眉头，并自言自语地评论道："这篇文章好是好，只是每个参数都需要手工调，工作量也太大了吧，我肯定受不了，为什么不搞个机器学习模型自动调一调。不过这样就需要一个世界模拟器了，让我想想，好像很难做的样子，特别是分子动力学模拟这部分，恐怕没有大量计算资源是搞不定的……"

朱晓和惊异地看着她，不知道怎么接话："你的兴趣怎么转得如此之快……"

她撇起嘴："旅游玩厌啦，半年去了一百多个地方，看来看去就那样，没啥区别。队里那几个好玩的人都忙碌着，AK 他居然是教授，说要辅导学生，但没空；令臣也不知在搞些什么。你说一个人去探险吧，就算摔残了也总能恢复完好，一点不惊险刺激，那还有什么意思？奇海科技太没创意了！我要投诉！我们可是付了月租的，他们需要给我认真地想点好玩的！"

朱晓和苦笑，以后千万不要让她当产品经理，会把人整疯的……

苏焰撒手扔掉了文章，那几页写满文字的纸化成碎屑，在空气中消失了。她双手支着下巴，叼着吸管，一副生无可恋的表情，突然间，眼睛里就闪着令人不安的光芒："哥，我加入你们组，一起研究一下这个外星玩意儿，怎么样？"

# 第 19 章 笔记

CHAPTER 19

好景不长。

六个月过去了，即便加派人手和实验设备，风希云的结果也一直没能复现。沿着风希云的思路，加各种条件以催化自组织纳米机器人的方案都失败了。渐渐地，反对派的意见开始萌发，认为当时文章发表后出现广泛的质疑是很有道理的，各路大佬显然并不是吃干饭的。

终于，某位大佬公开撰写博客文章，反思现在的冒进策略：

"我们这个还在褪褓中的 0.7 级文明与来自外太空的 II 级文明的恶魔之眼相比，还差得很远很远。盲目模仿，就如同太平洋岛上的那几个原始野人看见二战交战国的飞机，就想要扎个翅膀扑腾上天那样，是不切实际的。

"是时候从半年前的狂热之中恢复理智了。我们可能高估了某些现有文章的贡献，虽然说大方向上有相似之处，但我们目前对自组织纳米机器人的尝试，和恶魔之眼所使用的成熟技术相比，其内在机制可能完全不同。对我们地球文明而言，这仍然是天顶星科技，没有几百年的积累，我们是达不到的。生存是我们的首要任务，而留给我们的时间并不多。"

虽然博客文章并非正式的科研论文，但至少代表着一种担忧。随着这篇博文的出炉及随之而来的讨论，高层人士的热情迅速消散。毕竟研究毫无进展，而近期目标却是越来越急迫，地球上众多地下避难所运转了半年，原本的储备物资纷纷告急，需要寻找更多的可再生、可持续的生存手段。相比之下，自组织纳米机器人方向花费巨大又毫无产出，如果连希望都没有了，那为什么还要继续呢？

林拂羽在巨大的期望和压力之下，又只会沿着风希云当初的思路及其简单的改进方案去做，没有开创太多新的方法，成效甚微。

正在焦头烂额的时候，孟天峰那边传来了好消息。他带领的团队研制了空气净化新装置，提高了地底空气百分之十的净化效率，受到了所有人的称赞，前几日已经开了庆功大会，不日就要批量生产并安装，还商议着要把这套装置卖给其他的避难所，换紧缺的物资回来。

时间一长，其他人看过来的目光都有些不一样了，半年前先是崇拜，再是好奇，接着是怀疑，又变成了轻视，最近已经有人抱怨他们浪费资源了。

唉！怎么办呢？

这一天，朱晓和下了班，没有直接回家，而是乘坐地下城内的地铁来到了 823

号地下避难所的另一头。

所谓的地铁，是由以前矿道的货运地铁改装而成的，乘客们站在露天呈倒梯形的送料车里，看着周围黑黑的岩壁飞驰而过。车厢上装有简陋的塑料顶棚，防止地下水的滴漏掉到某个人的脑袋上，也好让人知道安全高度是多少，省得抬头过高，被低矮的甬道削掉了脑袋。

风翠云被安排到避难所的另一头，朱晓和下了地铁，在避难所中层穿行，在迷宫般的建筑群里走了半小时方才走到。抬起头，他隐约能看见山体的巨大岩壁，在那里，有几辆施工车辆发出轰鸣，在一点点地拓宽人类在地底的疆土。

跨过街边的各种脏乱杂物，看到比自家要窄小一倍的房门，朱晓和迟疑了一下，才伸出手敲门。

风翠云站在那里，身上还套着那件从朱晓和那里拿来的羽绒服。

"朱经理，感谢……感谢您能过来！"

朱晓和钻进屋坐下。天花板很矮，身高一米六的风翠云可以勉强站直，而身高一米七八的朱晓和就要半弯着腰，一抬头就要撞上天花板，非常难受。

"不好意思，让您受罪了！这里实在是有点儿矮。"风翠云抱歉地说道，"免费的，也不能要求太高。再过一阵，约定半年的期限过了，就算花钱，在整个地下城里也不一定能找到这样的地方了。"

朱晓和注意到风翠云的称呼，从"阿晓"变成了"您"，她之前跳脱大胆的个性，现在竟然完全翻转过来了。

"没事儿，我们以前住的地方比这里还糟糕。"朱晓和回答。

"是吗？"风翠云有些惊讶，她随即回想起了什么，"我记得您说过，在远渡重洋来这里之前，一直照顾着您那个妹妹。"

"嗯，那时候像个流窜犯一样，挣了点钱，短租一两个月，然后换个地方打工租房。如此的生活持续了好多年。我什么地方都住过，比如，十几个人挤在一起的大通铺、蟑螂肆虐的地下室，还有那种只能上身半截躺着睡觉的小房间……哈哈，别睁大了眼睛盯着我看，那都是过去时了。"

"真是想不到，您竟是这样白手起家的，现在达到了这样的高度，还……还愿意静下心来做学问，好厉害！"风翠云感叹道。

"有些事情，自己努力能做到；有些事，通过寻常的努力，永远也做不到，就比如说让妹妹站立起来。所以我才到罗教授的实验室来，为了万分之一的可能性，想要尝试一下。既然罗教授愿意资助，我没有理由不试试。"

"嗯。"

"风希云的追忆节目无限期暂停了，你……没有意见吧？"朱晓和问。

"哦，没有……本来这就是按照需要制作的节目，如果上面决定停办，我也没有反对意见。"

"是啊，很可惜，其实你讲得很好，我每期都看。"

风翠云脸上一红："您每期都看吗？"

"嗯，充分了解你的工作成果并且提出建议，这也是我作为经理的职责之一。把这个节目关掉也好，揭一个人的伤疤好多次，以获得公众的同情与支持，这样的做法不能说光彩吧。"

"哦，没关系……和第一次的采访相比，我可以控制住自己的感情，也算获得了很好的锻炼，能有这个机会，我很幸运。"

"对了，半年时间快到了，你的工作有着落了吗？这里只能住半年，期限……应该快到了。"

"还没有……实验室里还需要我帮忙吗？脏活累活我都能干。"

朱晓和想了想，摇摇头。

风翠云叹气："唉，我记的那些东西都没用了。"

"你虽然记忆力超强，但没有受过专业训练，离真正的理解也有很大差距。你也知道，很多试剂可能会很危险，不能让你随便帮忙的。"

朱晓和清楚，清点试剂这样只需要观察和动嘴的事情，也就只有在大搬家的时候才会遇到一次。真要让她帮忙做实验，一定会闹出各种不可思议的笑话来，小则浪费材料和时间，大则造成事故和人员伤亡。外面那么多专业人才等着求职，朱晓和当然没必要给她优先待遇。

风翠云点头："明白的，您平日里日理万机，不用专门来操心我。我……我其实一直在寻找。"

"好的，只要你一直在努力就好，这样我也可以想办法给你争取一些宽限期，当然成与不成不能保证。唉！在这种环境下，人人都要求生存，'人道主义'的牌也不怎么好打。我不是说要赶你走……"朱晓和点头。

风翠云揉了揉眼睛，眼泪在打转："我知道……谢谢您。"

"还有一件事情，我这次来，是想向你借阅一下希云的笔记。"朱晓和是来找风希云的那一本笔记的。在那天晚上，风希云把笔记放进包里，然后带着包从实验室众人的视野中消失。凌晨五点左右，他的包在车祸事发现场被找到，送到警局后，朱晓和开着林拂羽的车，带风翠云去认领，随后就一直寄存在她那里。

风翠云的脸色变了，似乎被人说中了什么，她迟疑着："嗯……这是小希的私人物品，我不想……不想给别人翻阅。"

朱晓和表示非常理解，但还是坚持说："我们在实验中碰到一些问题无法解决，想去找一下希云以前的记录。我们都知道他是那种每天都拿本子记日记的人，也许他会把一些实验细节和自己的思路放进去，所以……"

　　"我们主要是有个地方卡住了，急需解决，实在不好意思。我们只想看一看有没有实验细节，对希云的私人记录完全没有兴趣，看完了马上就还。如果你懂的话，倒是可以帮我们筛选一下，只给重要的部分也行，可惜你不是做这个的……"

　　风翠云想了一想，说："好。不过笔记……在搬家的时候，被我放在一个极难找的角落里了，明天早上我送到您那里吧。"

　　朱晓和斜眼扫过桌上的帆布包，包里隐约地显示出一本书的形状。

　　他认得出，那是风希云每天背在身上的包。

　　他心里明白，也不说破。

　　"明天一早，一定送过来。"

# 第 20 章 疑问

第二天一大早，风翠云如约来到研究所。她一身冲锋衣，背上背着一个比自个还要高的大包。

朱晓和来到大厅，看着她的装束，扬起了眉毛："翠云，你这是要出远门？"

"我昨天晚上正好碰到一个临时的采访任务，看起来挺合适，就接了。"

"什么采访任务要带这么多东西？"

"坐地表的摆渡车，中途下来采访那些还在那里坚持着的人们。"她说，"去两周吧。他们是自费掏钱想要被采访的，想要提高关注度，这样才能得到邻近避难所的接济。他们给的钱也不多，不过对我来说，已经不错啦，是一个锻炼机会。您说的，要一直努力才好。"

朱晓和看着她，微微吃惊，一时说不出话来。

摆渡车在早已冰封的大地上穿行。现在这是那些经常在不同避难所之间穿梭的人们的主要交通工具。

风翠云因为那些关于风希云的动人采访，现在在网上略有一些名气，被人联系也在情理之中。但她要孤身一人去地表？

恶魔之眼已经把太阳光几乎全盖上了，地表现在零下五十摄氏度，冰天雪地，呼口气掉下的全是冰渣子，连只蟑螂都活不下来。

"翠云，你……你这是拿命去拼呀！"

"反正不管怎样都找不到稳定的工作，不拼也是没命，不如拼一下，也许还能有活路。点赞和关注数就是我唯一的希望，再不趁着这个热度去努力，我这个网红就要过气了。"风翠云似乎是早想过了，说这话就像呼吸一样自然，"小希能闯出一片天地，我身上有他的基因……也要试试。"

朱晓和略微张了张嘴，有些惊讶地看了她一眼，又问："那你采访完了要怎么回来？"

"摆渡车每周一班，同样的路线来回走。我坐两周后的一班回来，已经交钱预约上了，到时司机会在约定地点接上我。防寒服可以在车上租借，各种东西也带好了。您不用担心，就是这期间无法和您联系，地表的信号基站已经无人维护，早就没有信号了。"

朱晓和看着她背着的包算盘：若这就是她的全部行李，是否还有点儿不够？

他心里不禁有些忐忑，看着她熬得通红的眼睛："那你小心。你昨晚……没睡觉？"

"没事，我在车上可以睡，摆渡车要开十几个小时，时间足够了。"风翠云揉着眼睛回答，"您穿得很正式啊。"

"嗯，今天有个重要的会议。奥德雷市长要来视察，你知道的，咱们这个地下避难所的最高长官，天天在电视上出现的那个白发老头。"

"啊，这样，那我不打扰您了。"

朱晓和点头，接过风希云的笔记。

"回来就把笔记还我吧……嗯，最好还是少给别人看。"

风翠云红着脸，挥手告别。

朱晓和望着她的背影，一种深深的负罪感浮上心头。

她孑然一身，就为了自己随口说的一句话，要做出这样冒险的决定……要是出了事，该怎么办？

朱晓和拍了拍脑袋，把担忧先放下，都是成年人了，每个人都得为自己的决定负责，风翠云也一样。

他回到办公室，发现才八点半，离早晨九点的正式会议还有半小时。

他打算先翻阅一下风希云的笔记。

笔记足足有几百页厚，拿在手里沉甸甸的，文字只写到了整本笔记的三分之二，之后便戛然而止。难以想象风希云居然每天都背着它。风师兄不习惯高级的电子产品，独独钟爱纸笔，认为这样思路才可以以最快、最自然的方式涌现。

翻阅的时候，朱晓和注意到有些页被人细细地裁掉了，想起风翠云昨天的举止，毫不惊奇。她一定是昨天听到我们需要借阅，就连夜翻了一遍，把那些私人的有关喜怒哀乐的内容全都收起来了。

他抛开感叹，开始理性地审视笔记，里面确实记录了很多实验细节。朱晓和翻到一年多以前，风希云得到第一次结果的前后几天，看看能不能有所收获。

风希云的字迹潦草，但仔细阅读仍可辨认。

"2025 年 10 月 16 日，真是难忘的一天，实验居然有了效果，那些小机器人在浸入溶液之后，似乎制造了些什么，是一些薄片，颜色有点儿黑，似乎能强烈地吸收光。这到底是什么？和预想的并不一样，要提纯分析一下……"

朱晓和正读着，还没来得及细想，听到有人敲门，是许飞。

"哇！稀客，稀客。你怎么来了？"朱晓和开了门，看着嬉皮笑脸的许飞，紧张的心情不由得放松了些。

许飞这个平日里看人说话、马屁连连的家伙，倒没有羡慕林拂羽一时的热门项目，一直在帮着孟天峰打杂，现在可熬出头了。自从从地面搬下来之后，这半年里大家都很忙，见面次数不多了。上次朱晓和找他还是在三个月前，讨论关于何强的事情。

许飞小心地掩住了门，听见门舌"咔嚓"一声归位，他才走了过来，看到桌上的这本笔记，一下就认了出来："呦！好眼熟，这不是风师兄一直以来用的笔记吗？"

"是的，我从翠云那边借过来的，唉！横竖还是没效果，翻翻他以前的实验记录看看，说不定有启发。"朱晓和说。

"这样啊。"许飞点点头，他脸上的笑容在几秒钟内消失了，和之前插科打诨或是拍马屁的样子非常不一样，"对了，今天早上有个陌生人发了封邮件给全组，晓和，你看到了没有？"

朱晓和看着他肃穆的表情，稍有些惊讶，但仍然半躺在靠椅上，漫不经心地说："是的，那封邮件超长，还写得乱七八糟，没有条理。我还没来得及细读，里面说的是什么？"

"里面说的是希云是自杀的。"

朱晓和听到"自杀"这两个字，一下子从椅子上跳起来，满脸不可思议地看着许飞："你……你说什么？"

许飞使劲地点头，总结道："我早上全看了，从头到尾一字不落地研究了一下。希云的事迹现在广为流传，所以就有些闲人在惋惜之余，通过各种手段调查出了究竟是哪个司机撞死了他，居然被他们查到了。更想不到的是，这个司机抽中了彩票，获准来到避难所，本来过着平静的生活，突然就被别人挖出来是扼杀人类希望的凶手，还有人威胁他'要为人类进步的停滞承担一切责任'，他受不了，就忿然反诉，要求恢复自己的名誉。"

"他的名誉？"

"唉！他是二十多年的老司机，开车从未出过事，连刮擦追尾或是违停罚单都没有，这次竟然撞死人了。据那个司机在来信中所说，出了事故之后，他整个生活都发生了翻天覆地的变化，这几个月都没有睡好，反复回忆事故发生那一刻的情景，认为责任不在他。从高速下来，他看见希云半靠在隔离栏杆上，见到他的车，就直奔车头冲上来，眼神里充满了绝望。面对一个成心要寻死的人，他刹车不及——他说希云一定是自杀的。"

"这胡扯也能信？"朱晓和惊奇地说道，"凌晨五点他还能看得清一个人的眼神？我倒是要问，大街上随便拉出几个人，他能不能一眼瞧出来哪个眼神绝望，哪个会自杀？"

"关键不是这个。车祸现场又没有其他目击证人，司机当然可以随心所欲，想怎么说就怎么说。再说他都翻来覆去想那么久了，难免有点儿魔怔，出现幻觉也是正常的……但是，晓和，你难道不觉得这事本身有问题吗？"

被许飞一提醒，朱晓和顿时察觉出其中的蹊跷。这个司机如何知道我们内部的邮箱地址？又是如何有勇气发这封信过来？他不禁陷入了沉思。

许飞继续说道："这个司机注册了一个账号，已经在社交媒体上开始宣扬了，我去看了下，现在还好没人理他。但我不知道接下来会怎样。咱们要是一个名不见经传的实验室还好，现在被一堆人盯着，公众的期望值还很高，你看今天连市长也来视察……你说会不会有人借题发挥？不好说。其实师兄出车祸的那几天，我也有点儿疑惑，风师兄去那个下匝道口干什么？他平时从不路过那里的……"

朱晓和皱起了眉头，做了一个噤声的手势："别说了，我知道……"

许飞点点头："嗯，朱师兄知道就好，我也是随口说说。唉！看风师兄一直自信满满的样子，原来也有绷不住的一天……"

"许飞，这只是对方一面之词。"

"嗯，是的。那我……我先走了，唉！还得为这个破会议准备各种可能问题的回答列表，早起真是世间最痛苦的事情，真不如杀了我。"

朱晓和心中突然一动，他问："对了，是你自己想着过来，还是谁叫你来通知我的？"

"天峰。"

他挥手做了个拜拜的手势，然后关上门。

———————————

早晨九点，朱晓和点了下人头，整个项目组的人都在这里了，阵容齐整，迎接检阅。

大家在会议室的前两排，都向主席台看去。金斯中校和寇厉明上校也来了，站在一旁，向着一位白发老者敬礼，老者身后有几台摄像机被人推进来，在会议室的各处安放好。直播开始了。

林主任今天也穿着正式，坐在朱晓和身旁，朱晓和向她报告了拿到风希云笔记的消息，林拂羽"嗯"了一声，不见高兴。朱晓和犹豫着是否还要讨论一下早上收到的那个司机发来的邮件，想了想还是算了。看她神色忧虑，多半是看过了，况且在这个公共场合也不方便讨论。

朱晓和想着，这事可大可小，只是孟天峰平时行事太过小心，也很照顾自己这个师弟，才让许飞特意过来提醒。举报信写得乱七八糟，内容又有点儿荒诞离奇，没有几分耐心是看不懂的，或许最后大家谁也没在意，就这样混过去了。

白发老者上台，开始发言，声音洪亮，肩章在周围灯光的照射下格外醒目。

他就是823号地下避难所城市市长，西蒙·奥德雷准将。

"诸位好！我们撤退至地底已有半年多了。这一次大撤退史无前例，我们有百分之七十的市民长眠在地表的土地上，与他们曾经的记忆、荣耀与梦想永远相伴了。这里面，有我们的好友、亲人、挚爱，每每想及此处，我常陷入无尽悲伤！幸运的是，半年以来，823 号地下避难所各项秩序井然，幸存市民们的生活也渐渐步入正轨，我欣喜地看见大街上的人们终于能露出笑容。在人类的危急时刻，人们还能因各种生活细节而开怀大笑，对此，身为一市之长，我深感欣慰。

"然而，形势仍然是严峻的。现在，823 号地下避难所已进入了一个新的时期，从地表搬运下来的物资已经消耗过半，我们迫切地需要发展可持续的地底工业和农业，进一步改善空气和水的质量，拓宽能源供应，提高发电站的效率。这一切都迫在眉睫，若不能及时找到解决方案，就会在接下来的一年里威胁到整个地下避难所里面所有人的生存。在座的诸位都是各领域的顶级专业人才，人类社会的精英和智囊，也是市民们在这狭窄的空间中，每天奔忙之余所能念想到的最后希望。

"在这里，我代表全体市民特别感谢孟天峰博士及他领导的团队！你们在半年内，把地下城空气过滤装置的效率提高了百分之十！市民们将能呼吸到更加新鲜的空气，不必再为地下城污浊的气味而发愁了。你们以实际行动证明，以地下城十万人的力量滋养的科研投资，并非毫无意义的冒险，而是会有及时回报的，我将向市议会提出加倍拨款的方案！"

台下响起如雷般的掌声。孟天峰走上台前，接受市长的郑重握手和真心祝贺，原本古板的脸，此刻堆满了笑容。几个记者抢上前来，相机快门的咔嚓声不绝于耳。已经有话筒递上，孟天峰接过，说了几句"承蒙厚爱，必将殚精竭虑不辱使命"的客套话。

朱晓和拍着手，侧头看了一眼，林拂羽也跟着拍手，但脸上却没有笑容。

孟天峰在众人再一次的掌声中走下台，市长继续说道："我期望你们有更多、更新、更好的成果！人类社会的未来就要靠你们去一点点地开拓了！诸位若有什么思路或想法，尽可能让我知晓。身为市长，我会尽力提供便利，减轻诸位在俗务上的负担。"

一旁的秘书接过话筒，提问环节开始。

林拂羽高高地举起了手。

# 第 21 章 反戈

CHAPTER 21

许飞吓得不轻，一脸惊恐地朝林拂羽这边望过来。

所有提出的问题都预先经过许飞的手，谁提问，要问什么问题，都是早就准备好的，可林拂羽的名字并没有列在上面，而且现在的提问在面向全避难所现场直播，十万人里面，至少有两万人在看，还不包括那些观看灵界转播的灵界人，这条渠道可是通向全球的！

市长秘书也察觉到不对，装作没有看见下面的招手，向四周看了好一圈，寻找那个按照事先拟好的名单本该举手提问的人，可是竟然没有找到。

僵持了快一分钟，秘书无计可施，只能将话筒递过去，朱晓和半弯着腰站起身来，犹豫地接过话筒，随后转身看着林拂羽，眼神有些迟疑。

林拂羽干脆利落地伸出手接话筒，眼睛里闪过一丝决意。

"师姐，你……你真的要这么做？"朱晓和轻叹了口气，把话筒递过去。

林拂羽接过话筒开口说话时，整个会场里都无比安静。

"市长，您好！我想问的是，人类如果在地下城避难所里一直待着，最终的命运会如何？"

奥德雷市长看着她，思考了几秒，随后说道："抱歉，我没有足够的专业知识回答这个问题。我们能做的，只是把眼前的事情做好。我可以告诉大家的是，目前地底这些探明的能源，如果能充分利用，理论上可以维持目前的人类规模至少几万年，人类自有文明以来到现在，也只是过了几千年而已。我们要相信子孙后代的智慧。"

听到市长的回复，林拂羽直挺着身体，不依不饶地说："感谢您的回答，但您忽略了关键的一点。自然灾变在肆虐一阵之后会逐渐退去，然而恶魔之眼是一个活物，它已经在我们头顶上盘踞了半年之久，每分每秒都在扩张，在生长，把本该照耀大地的阳光尽数吸收。照此下去，我们只会成为任其宰割的羔羊。它就像是在人体内繁殖的癌细胞，延误不治而又自欺欺人，就是在生与死之间抉择。"

她停了一下，似是斟酌了几秒，又说："现在是最好的机会！我们刚刚撤退到地底，还有大量能用的设备和资源，有大量受过良好教育的专业人士，他们的健康还没有被漫长的地底生活所损害，而恶魔之眼并未完全站稳脚跟。我们只能趁着还有万分之一的胜率，放手一搏，要么战而胜之，要么就迎来壮烈的毁灭！留给我们的时间并不多，如果在现在这个关键时刻，我们没有采取任何积极主动的措施，给那些能赶上外星科技的重大研究方向一些支持，却鼓励大家花大量时间和精力做一些简单的小修小补，在苟延残喘的奇技淫巧之上沾沾自喜，那我们的后人会怨恨我们，将曾经是地球最后的机会亲手葬送。

"我们既已经历过几千年的辉煌，又如何忍受从今以后万年命中注定的绝望？让人类在地底苟延残喘，一代代退化，一代代遗忘，最终匍匐爬向漫长而痛苦的消亡，这何其可怕，何其无助，这是对一个智慧生命种群最残忍的刑罚——我实在无法想象，最后一个残存的人类，该如何面对他再也无法触及的星辰大海？是的，蟑螂不会绝望，地鼠不会绝望，从他出生的那一刻起，早已没有星空之名了！

"我想，我们……都不愿意成为历史的罪人。"

花白头发的市长看着她，一时没有回答。会场里出现了些许骚动，许多人开始窃窃私语。

朱晓和呆坐在座位上，双手竟有些发抖，他未料想到，林拂羽能说出如此激昂的话来，而且公然与顶头上司唱反调。

另一边，孟天峰坐在前排，如同当头一盆冰水浇头，方才的笑容一下消失了，恢复了一副古板而严肃的表情，嘴角微微抽动。许飞坐在一旁，一脸茫然，挠着头也有点儿不知所措。

寇厉明坐不住了，他是这个研究所的负责人，丢不起这个脸，侧头狠狠地看了林拂羽一眼，示意她不要再折腾了。

"你的问题很好。"万幸的是奥德雷市长终于开口打破了僵局，"但这不是我能管辖的范围。我……我只为地下城十万居民的福祉负责。"

林拂羽点点头，将话筒递给急急忙忙跑来的秘书，自己坐下了。秘书接过话筒，瞪了她一眼。

朱晓和在一旁，终于松了口气。刚才他心跳得实在有些快了。他回头看见罗英先教授刚从洗手间出来，一脸平静地找了个座位坐下，好像是错过了刚才的一场大戏。

接下来的问答终于循着正常的轨道进行了，中规中矩，也索然无味。一切结束之后，寇上校出现在两人面前。

"你们两个，跟我来一下。"

两人跟着寇上校在研究所里七拐八弯，来到了一个陌生的房间。

"你们坐下。"上校说道，语气里有些严厉，他自己坐到了另一边，"你们知道这次直播有多少人可以看到？"

"823 号地下城里大约两万人在看，灵界的人不计其数。"林拂羽坦然地说道。

"我知道。"寇厉明盯着她的脸，"如果我们不能对外界展现出团结一致的决心，在根本方针上还要互相拆台，你觉得市议会还会表决通过我们增加的预算吗？你明白吗？你那个自组织纳米机器人的项目，根本不会因为你在直播里向市长直言而受益！"

林拂羽吸了口气："我没有考虑那么多，只是说出了一个科学家应该说的，对于我们现在宏观处境的忧虑。当然，战略决策还是由你们做，我无权干涉。"

寇厉明忽然明白了什么，他问道："你是不是觉得在今天早晨的讨论里，我给你的下一步计划时间太紧了？就算这样，林拂羽博士，你也不能用这种方式发泄你的不满，这将会让我们陷入无比的被动！"

林拂羽点点头："是的，说实话，我觉得给我们组的时间太少了。半年时间的压力太大，每天尝试得多，思考得少，更没时间去思考更深层次的问题，这样下去是没有结果的。"

寇厉明脸色不悦："半年已经不短了。各类物资紧缺，愿意给我们物资的团体都想着尽快有所回报。你半年没有任何进展，我拿什么去交代？你不知道现在那些苟延残喘的小公司，每个月都要定下死计划，做不出来就要有人被开除。反正外面有的是人可以替代。"

朱晓和在一旁，听得心里一惊。

所以师姐早晨到现在，并没有看到那封由司机发来的指责风希云自杀的信件，而是一直在和寇厉明讨论，或者说争吵组里的下一步计划，一直到九点的会议正式开始？而在整个会议期间，他也没有看见师姐刷手机，估计她脑子里一直在与天人交战，打着提问的腹稿……

如果……如果……

他突然想到了最坏的可能。

金斯敲了敲门，做了个"过来"的手势，寇上校看到他有些诧异，两人去了门外，窃窃私语了五分钟。

等到他们两个回来的时候，脸色已是严肃至极，朱晓和更加不安起来。

"所以这是风希云的笔记？"寇厉明目光如炬，手上拿着一本笔记，正是风希云的那本。

朱晓和无比惊诧。

这是什么情况？风希云的笔记应该放在自己的办公室里才对，而且只有许飞一个人知道它在自己的办公桌上……

难道，难道是？不……不……天……天峰他……朱晓和被自己突然冒出来的想法惊呆了。

"上校，是……但我只是想借阅过来找一下实验细节……我，我答应过风翠云，不能转借给别人的！"朱晓和急忙说道。

"这事由不得你。"寇厉明淡淡地看了他一眼，居高临下的态势展示无遗，吐字轻描淡写却不容置疑，"我们是在拿十万居民赖以生存的宝贵资源来做赌注。如果按照今天早晨的那封信，风希云真是自杀的，那调查他为何自杀是重要的，究竟是压力过大，还是……"

房间里气氛愈加凝重，朱晓和觉得手脚冰凉。上校扶了扶自己的眼镜，眼神里已有了一丝冰冷的杀意："还是他根本就意识到自己做的是错的，只是一直欺瞒着所有的人，最后选择畏罪自杀？如果是后者，那他的这些努力也就要被打个巨大的问号。我们仍然相信你们，但同时，也需要正视那么多专家的质疑。"

"畏罪"两个字听起来特别刺耳。

林拂羽微微发抖，涨红着脸："早上那封信简直就是在胡言乱语！指控一个人是要有切实证据的，我通读了一遍，没有从里面看到任何一个具体证据。我以名誉担保，希云的人品没有问题。你们不能这样，这是对一个人尊严的践踏。"

两位校官都不为所动，他们早就习惯了下属的争辩，越是面红耳赤，越是声嘶力竭，越是徒劳。金斯中校脸上毫无表情："林博士，请注意自己的言行。我提醒你，这是正式的质询，你说的每一句话都会被记录，并且成为证据。在此危急时刻，我们应对整个避难所的民众负责。你们在这半年内消耗的资源，足够支持几千名居民十多年的生存，用于研究工作所获得宝贵经验是一回事，被白白挥霍则完全是另一回事。事关重大，我们必须不带任何感情，对任何可能的情况做审慎的考虑。"

"金斯中校，你说这日记里还有缺页？"寇上校又问道。

"是的。"金斯点点头。他转向这两个嫌疑人，目光如刀。朱晓和几乎要跳起来："不，不是我，我拿过来的时候就有缺页。"

上校似乎没听见朱晓和的辩解，摘下眼镜，擦擦眼角："把那两个痕迹鉴定官叫过来。"

"是。"金斯点头，出了门。

上校回过头，说："你们愿意的话，可以坐在这里，当面解答鉴定官提出的问题。这个过程可能需要几个小时，如果你们想要走，也随时可以，第二天鉴定官将会出具报告和疑问，届时你们可以回答。"

林拂羽与朱晓和对视了一眼，都没有动。他们别无选择。

校官们都离开房间，换了另两个人进来坐下，他们都戴着白手套，没有说话，专注地开始一页一页地查看。

一小时之后，一个人的神情忽然变得极为严肃，似是发现了什么。他小心翼翼地拿出一张软纸，覆盖于某一张空白页上，随后拿出炭笔，轻轻地滑动。两分钟之后，他把软纸拿了起来，端详了半分钟，随后离开了房间。

五分钟后，寇厉明和那个鉴定官一起进来了。

寇上校的脸色平静无波，刚才发怒的迹象已无影无迹。他日理万机，还要费神去想办法收拾给市长带来的各种麻烦；眼前的这些小事，根本不值得他再花时间劳心劳力。

"林拂羽，这是你要的证据。"

他把拓印下来的纸扔在他们的面前，转身离去。

当看到"林师妹，朱师弟，我对不起你们。"这句话时，朱晓和的脸色渐渐发白。

# 第22章 辞职

✦ • • • • • • • • • • • • • ✦

CHAPTER 22

虽然《自然》中论文的两位合作者一百个不相信，但组里的其他人已经开始怀疑这条路是不是走得通。好事不出门，坏事传千里，而这种无法确定的流言，其传播速度却是最快的。

风希云在大家心中的形象突然间从一个科学的先驱者和殉道士，变成了一个夸夸其谈、坑蒙拐骗获取荣誉，又羞于承担责任的懦夫。不仅如此，他还草率地结束了自己的生命，置家庭于不顾，又陷自己的师弟师妹们于进退两难的不利境地。

组里有几个性子直的，不堪忍受外界的嘲讽，早已骂开了："简直没有比这更差劲的了！咱们忙活了大半年，本来是冲着大新闻来的，结果全错了！"

当然有人也会提出质疑，比如这句"我对不起你们"究竟是什么意思？是指风希云终于发现了实验的错误，还是他一直没能复现之前的结果，或者是真如许多人的揣测，他从一开始就明知自己的路线是完全错误的，却一直在欺骗大家？朱晓和也多次在每个人面前费力地解释其他的可能，并且说要等风翠云出差回来问个明白，看她裁掉的那些页究竟有什么。

但大部分人没有这么理性，将所有过失都甩给逝者自然是最为简单、便捷的方案。整个团队的士气随即一落千丈。大家失望之余，将矛头指向了林主任，认为她之前不能及时发现问题，盲目地领着大家一条道走到黑，结果落到这样的结局。

寇厉明旁观这样的局面，没有一句替林拂羽开脱的话，倒是多次在公共场合和孟天峰讨论各种问题，乃至对于将来发展的大方向都开始咨询他的意见。许飞也经常屁颠屁颠地跟在后面，混个脸熟。大家先是有些吃惊，但随后就习以为常了。

终于在一周多以后，林拂羽终于在组会上宣布主动放弃这个项目，并且向寇上校递交了辞呈，给团队的所有人发了一封措辞恳切的信，并宣布团队解散，请大家各寻出路。最后一天，当她收拾完桌上的东西默默离开的时候，所有的人都在低头忙活，没有人搭理她。

她在走道里遇到了孟天峰，孟天峰将帽檐压得很低，并略微减慢了行走的速度，慢到两人的余光都能看清对方的眉毛。但，最终他们还是擦肩而过。

"拂羽，我……"孟天峰忽然停下来，回头叫了林拂羽一声，但林拂羽已经在楼梯的拐角处消失了。

林拂羽在前台交完所有的物品，并向身后深沉地望了一眼，迈步出了门禁，这时有一双手在她的肩上拍了一记。

"林姐，上次的演讲，你……说得真好。我听了很感动，只有你在为全人类的未来着想。"

"谢谢。"林拂羽没有回头，只是下意识地应答。

"你不一定要辞职吧，我们在寇上校面前装孙子求两句情，虽然他会降你的职，扣你的工资，但看在罗教授的面子上，总不会一定要把你赶走。再说我觉得希云笔记里这句没头没脑的话，问题多了去了。打死我都不信他会自杀。"

"翠云这一周都在地表，没有办法联系到，她应该还有几天就回来了，到时候我们再好好问她。"

林拂羽黯然地回答道："你不了解我们的寇总，这招对他无效，只会起反作用。"

"哦……真的吗？"

"有些会你没参加，自然不知道详情……"林拂羽继续解释，"另外，真相并不重要，怀疑已经产生，人心已散。没有人承担得起'万一他是自杀的'所带来的巨大损失。所以我一个人担责就好，没什么选择。"

林拂羽终于回过头，看见朱晓和站在她的面前，脸色通红，还想着挽回："哎呀，为什么要一条道走到黑，我们未必要死抱着希云这条路不放。就算他真的……嗯，真的错了，也有其他的方案，等我们好好想想，自己开个方向就好了。苏焰对这个也有兴趣，她可厉害了，我们，我们……完全可以继续的，不是吗？"

"晓和，你今天话很多……"

"我只是想恢复到过去的样子。"朱晓和抓着头发，"我感觉自从大家叫你林主任之后，你好像就不是以前的那个你，我也不是以前的那个我了。我这个人有个毛病，不知道怎么和上司聊天。

"这半年来，我听见的就只有'林主任一言九鼎''林主任已经考虑周全了''林主任说了，就没错，我们跟着走就好'，等等。但你已经不是林主任了，所以，我现在终于可以放松地多说点话了。但我说的是肺腑之言。"

林拂羽恍然大悟，凄然一笑："感谢你的好意……只是来不及了。晓和，谢谢……谢谢你来送行。你还有很多机会，加油，好好干！"

朱晓和整个人泄了气："唉！算了，也没打算劝服你。那你下一站要去哪里？"

"总有地方可去。长辈们早就给我规划好了，你别担心。"说完，她挥了挥手，往外走了几步。

朱晓和看着她的背影，怅然若失。

师姐动力十足，勤奋有加，也足够细致，但是……为什么在她失意的时候，竟然没有一个人挽留她？

朱晓和这一年在地底加班加点，也手把手地从头开始带了很多人，经验长了不少，再回顾以前的所见所闻，渐渐明白了很多东西。

想来想去，她缺乏那种……那种随便喝喝茶聊聊天或指点两句就可以让下属茅塞顿开、心悦诚服的东西，那种因为智商碾压让人从心底里升起心甘情愿跟随的感觉。

她得靠着风希云的名声，靠着罗教授的提携，靠着风翠云和宣传机器的造神运动，勉勉强强地带出队伍来。这些外部条件只要有一个出了问题，就无异于釜底抽薪，让局面变得回天无力……

唉！

朱晓和不禁摇摇头，看着窄小的大厅里忙忙碌碌、摩肩接踵的人们，送别到此，是要回去了。

刺耳的警报声突然响起。

"空袭警报！空袭警报！各单位立即疏散至紧急逃生区！重复，各单位立即疏散至紧急逃生区！"

朱晓和茫然地环顾四周，这是什么情况？

还没等他想明白，剧烈的地震突袭而来，朱晓和一个跟跄几乎摔倒在地。大厅里尖叫不断，天花板有大量灰尘簌簌而落。很多人从狭窄的工作间里狂奔出来，有几个还带着伤，在仅容一人的通道里向着紧急出口慢慢挪动。又是一次剧烈的地震，一块岩石从一侧的岩壁落下，有人受伤流血了。

"救命啊，外星人来了！"

不知是谁毫无根据地喊了一句，让本就濒临崩溃的大厅一下子混乱了。有人开始推搡，甚至有人开始用手肘和拳头开路，恐慌在蔓延，绝望如瘟疫一样在几秒内散布各处，研究人员、临时工、前台接待、送货员都混在一起，男的女的，老的少的，主任和实习生，都想争抢活命的机会。有几个人见冲向紧急逃生区的人太多，眼见没有机会了，就急红了眼，朝着大厅正门的出口奔跑，一下将站在那边的林拂羽撞倒，推开门溜了。更多的人看见这条生路，纷纷向这边奔来。

"不要出去，门外更危险！"有人喊道。

但没人听。

孟天峰这时也和许飞从楼梯口出现，他们挤在人群里，显然是看见了朱晓和，表情焦急地向这边招手。朱晓和摸到身上的腰牌，正要回去和他们汇合，回头看了一眼林拂羽，她正挣扎着起身……

又是轰隆一声，朱晓和瞥见大厅的顶部晃动了一下，有一根木梁摇摇欲坠，大厅的门面正在施工，门里门外都有临时搭建的脚手架，应该在三天之后就撤下来的，没人想到在这期间会有意外发生。

他心里突然间产生了危险来临的直觉，似乎有野兽的嘶吼在脑中奔涌欲狂。

朱晓和想都没想，植根全身的肌肉记忆让他立即行动起来，两眼瞪得圆圆的，一脚踏上身旁的宾客登记台,引得两位前台人员一声尖叫。然而他根本没有听见,双腿蓄力齐蹬,整个人凌空飞起。下一刻,顶上的木梁"咔嚓"一声断裂,下段直直地下落,如一把尖刀,眼见要扎向地面。

电光石火之间,他矮身抱头撞上木梁的一侧,木梁斜向飞出,"啪"地打中内墙,带着几块碎片掉落在地。朱晓和自己则狠狠地摔落在地,右边身体剧痛,几乎要晕了过去。

烟尘从门外扑面而来,逼退了那些即将冲出去的后来者,门外的桁架倒了下去,那些先冲出去的家伙被天上掉下来的临时施工用的合金架子打得东倒西歪,有好几个人已经不省人事了。大街上哭喊声一片,都叫着:"外星人来了!外星人来了!"

难道恶魔之眼真的开始攻打地球了?他们真的来了?真的来了?怎么办,怎么办,怎么办?

朱晓和蜷缩着身体,大脑一片混乱。过了很久,他才慢慢恢复过来。

没有再发生地震,天地都平静了。人群恢复了理智。朱晓和觉得有人在推他:"痛,好痛,哪个混蛋?别推我!"他龇牙咧嘴地睁开眼睛,伴随着视野从模糊渐渐变得清晰,看到一只苍白的手臂,手臂上有一条一指宽的伤痕正在向外流着鲜血。

朱晓和抬起头。

"拂羽。"他迟疑了一下,又叫了叫她的名字。

# 第 23 章 波及

CHAPTER 23

"天峰，你要想清楚。"寇上校站在窗口，眼镜片在室内灯光的照射下熠熠发光，"你组里的招人名额是有限的。"

孟天峰整个人都陷在沙发里面，一只手撑着额头沉思着："寇总，我还算了解他，至少比外面随便招一个人要靠谱……"

"靠谱？你这个要求太低了。专业是否对口？是否有密切相关的工作经验？有没有做过出彩的大项目？是不是真正带过团队？"寇厉明一条一条地问道，"现在是买方市场，工作机会很少，外面有非常多的人想进来，我们有条件好好挑选。研究所现在处于发展的关键时刻，一个名额都不能浪费。最好招一个人，干三个人的活，还能激励十个人一起努力，我们的目标是找到这样的人。你说的人选，至少从目前看来没有这样的实力，而且，他受了伤这一个月都不能干活儿。"

随后寇厉明朝孟天峰看了一眼，孟天峰心领神会。两人走出办公室，一起走上狭窄的楼梯，来到了三楼天台，那里可以看到楼下熙熙攘攘、人来人往的街道。那些终日旋转着的通风扇也隐约可见，它们被镶嵌在地下城市的穹顶之中。

寇厉明转身去了洗手间。孟天峰在天台上一边等着，一边看向楼下。

地下研究所坐落在山体内部的一个角落，面朝居民区和一条相对繁忙的大街，背面有大片当年挖矿时废弃的矿井坑道，若能将坑道加固，开辟一些安全区域出来，那么研究所的面积又能增加几倍。

当然更重要的是，沿着这些坑道再向前走几千米，还有一些重要的煤炭资源，在田园时代就已探明储量，但当年投资方嫌储量不够，煤炭的质量也并非一流，不愿意追加投资，导致工程停滞。这一次若能找到，并且充分开发矿脉，那对整个地下城紧缺的能源供应都有好处，也可以和其他避难所交换资源。

地球的潜力仍然巨大。一时间，孟天峰觉得天地广阔，大有可为。

昨天那个所谓的空袭警报，只是因为有一架飞机不信邪地强行起飞，被地球上空的外星监视器打了下来，正好坠落在地下城所在的山体之上，造成了小幅度的地震。地震本身造成的伤亡微乎其微，但因此造成的恐慌和踩踏，在全地下城造成了一百多人受伤、二十多人死亡的惨剧。

部署在地表的传感器显示，恶魔之眼还在那里，除了继续自顾自地扩张，没有任何变化的痕迹。

寇厉明回来后，两人继续讨论："我再问你一个问题。在你共事过的人中，他排在什么位置？前百分之一？百分之五？"

"属下并没和他有直接的合作，但他毕竟在实验室待久了，和其他几位博士的合作都非常愉快。工作能力我觉得还是可以信任的，要说排名的话……嗯……"

寇厉明的一双眼睛炯炯有神，他虽然身高比孟天峰矮了一头，但言行举止让任何一个路人都能马上认出谁才是上司："合作愉快？合作愉快是一把双刃剑，天天在一起吹牛扯淡、娱乐身心也叫合作愉快。我们不需要平日夸夸其谈却到处蹭项目的闲人。能力上，你能举出具体的例子吗？讲给我听听，你至少要列出三条具体的。有独当一面甚至力挽狂澜的例子最好，能有这种猛人，对全所士气的提升是全方位的。"

独当一面？一个刚读博士一两年的人，还处在求师兄师姐带的阶段，如何独当一面……

往事在孟天峰的思绪里一页一页地翻过，他在原地站了一会儿，说道："他这半年也确实帮了拂羽不少的忙，如培训新人，指导他们如何操作……"

寇厉明坚决地摇头："这不算。我的标准很简单，有没有别人做不了但他却做得了的事情，有没有别人都放弃但他坚持到底，最终证明自己的事例？你回答我，是还是否。"

"寇总，下属明白您是为大局着想，您深谋远虑，高瞻远瞩。但，嗯，那个，我觉得，您……您这要求是否有一点过分？我现在的手下，目前也没有满足这些条件的人，照这个标准，他们是不是也要被赶出去……"

"天峰，你只知其一，不知其二。正因如此，我们才需要招这样的人。若是手下全需要你手把手教，出了问题还要让你冲锋在前，你累死累活不说，将来要如何做大？培养一两个尖子，让他们帮着你才好。这对你的将来有好处。"

看着上校意味深长的表情，孟天峰迅速明白了这里面培养和鞭策的双重含义，连连点头："感谢寇总栽培！"

上校漫不经心地望着他凝重又谦卑的表情，嘴角微微上扬，似是对下属一点就通表示略微的赞许："很好。既然明白，那就不要马上下结论。你先回去看完至少一百个人的简历，再过来讨论。天地很大，眼界要开阔，不要做井底之蛙。"

寇厉明说着，指向另一边，大楼门口排着一列长队，这些人在网上投了简历，是今天被征召过来面试的。

孟天峰知道，以研究所少得可怜的招聘比例，恐怕绝大部分人都要落选，成为一两个幸运儿的垫脚石。

"是，是……下属最近忙于各类事务，这一点上有所疏忽。一定回去仔细研究。"孟天峰点点头，表示赞同寇总的决定，但另一方面，眼神里还有一些迟疑，"唉！他还救了人呢……"

孟天峰的话一出口，寇厉明就回过头来，眼神锐利如刀，几乎可以杀人："我很惊讶，你居然能说出这样的话来？"

"寇总……我……我不是那个意思……"

"要是开这个特例，我们的麻烦就大了！一个心软的人无法做出理性的决策，一个肾上腺素过剩的人做出的行动无法预料，也无法计划。这在现在的非常时刻，就是一颗不定时的炸弹，会破坏我们的规划，砸了我们的招牌，甚至要了我们的命。他应该去当一个用意气冲锋陷阵的士兵，而非随时保持冷静客观，做出利益最大化行动的高级科学参谋！"

上校向前走上一步，捏着镜框，盯着孟天峰一双游离惶恐的眼睛。

"难道，你也是？"

———————————

朱晓和这两天在家里休息。为了在千钧一发之际救下林拂羽，他飞身撞开落下的木梁，摔下来后全身多处挫伤，右手肿得和小腿一样粗，所幸没有骨折。虽然他拼命向寇上校解释自己可以继续工作，但没人愿意让一个右手带伤的人来操作危险的瓶瓶罐罐。

班是不能上了，他只能在家里等着。

一个陌生的号码，一条陌生的消息。朱晓和看到后就打开并阅读起来，随后从床上跳了起来。他站不稳了，感觉天地都在旋转。

他连忙打电话给孟天峰询问情况，可是电话响了很久都没有人接。他又发了消息过去，也没有回。半小时之后，孟天峰的电话终于打通了。朱晓和忙不迭地追问缘由，孟天峰在那头含糊其辞，解释了半小时，反复说自己对不住师弟，语气诚恳，态度谦卑，但最终的结果不容改变。

朱晓和实在没办法了，恳求道："孟大哥，孟师哥，我求你了，你这样见死不救，我要露宿街头了，我还要替我妹妹交月租……不管做什么项目都好，我手脚很快，你知道的……"

电话那头沉寂了半晌，随后是一声深沉的叹息："晓和，你……好自为之。"

# 第 24 章 小聚

## CHAPTER 16

电话挂断了。

朱晓和放下手机，双手颤抖，过了许久，才长叹一声。

这是要再次回到开局一只碗了吗？不能这么欺负姓朱的啊。

往日的回忆涌上心头，十几岁的时候，朱晓和饿到几乎前胸贴后背，还要把手上的快递挨家挨户发完，然后从工头那里拿到工钱，再用足力气背着妹妹去医院复诊，沿途正好可以买到吃的，不多走一步冤枉路。就算是只有一丝体力，眼睛都快睁不开了，也要规划好所有的步骤，包括如何抄最近的路，如何上楼，甚至包括如何扶着墙，对着客户挤出微笑。

受少年时的困境所逼，他只能让自己成为"闪电晓"。不然，恐怕兄妹两人早就饿死在街头了，也就没有现在坐在这里的朱博士了。

朱晓和看着自己肿起来的手，回想着那一刻。纵身踏上宾客登记台，跃起，矮身抱头撞开木梁，随后落地，一切都如计算一般完美。唯一没有计算到的，就是这该死的木梁看起来很大一块，重量却比预计的轻不少，结果虽然木梁被撞飞，保证了林拂羽的安全，但多出来的前冲力将林拂羽扑倒，右手也被压伤了，非常狼狈。

朱晓和经历过无数次血汗钱被偷的绝望，或是被人无端冤枉后的委屈，也最会认清现实，立即行动。

越是危急关头，他越是清醒。他拿起手机，第一时间发了消息："焰，我被开除了。你先省着花，我来想办法。"

随后，朱晓和的大脑里像放电影一样把最近半年的那些事都想了一遍，思考自己哪里做错了，得罪了谁。

林主任在那天向市长的提问有很大的问题，她虽然出于公心指出总战略上的巨大问题，但这样一说，等于在多少人面前彻底抹杀了孟天峰的贡献。她自己虽然坐到了好职位，但这一切都有赖于大家对于风希云的信任，她自己迄今为止也无特别大的成果，理应韬光养晦，认真把事情做成才对。

孟天峰心里不爽理所当然。许飞会告诉校官们笔记的去向，或许只是在悲愤痛心之后的应急选择。可是，他为什么最终连我也一并踢走？我对他们来说分明还是有用的呀！

朱晓和明白孟天峰突然如此绝情必定有因，只是不便向他道明。尽管如此，他心里还是生出一丝酸楚。

估算人心总是没有准的，每个人的想法都会变，况且还有各种他并不知道的内情。

朱晓和突然意识到，也许孟天峰一开始给的建议并非是故意想要坑自己。这样的项目，一荣俱荣，一损俱损，自己要还是抱着打工仔的想法，只听话，不参与决策的话，只能自吞苦果。

如果当时多提一些不同的意见，也许就会找到新路；就算风希云的笔记里藏着猫腻，也可以及早发现并纠正。

组里面论资历，确实只有朱晓和自己提了中肯建议，林拂羽才可能听得进去。

唉！朱晓和知道，后悔也无用，抛掉这些无用的思绪，他不得不考虑更现实的事情。

除了一周后到账的最后一笔工资，朱晓和不会再有一分钱的收入了，还要交房租，支付伙食费用和妹妹的灵界月租费用……他定了定心神，拿出一个小本子，抬头沉思，然后低头写写画画。

嗯！奇海那边可以试试，他之前说过有个职位，希望在面试之前右手能快点好起来，还有一些临时职位，找风翠云问问会比较好……

十分钟后，朱晓和心里已经有了一些初步的主意。

电话响了，朱晓和拿起来一看，是罗教授，这时间真是巧……

"晓和，我听说你的事情了。说实话，我很抱歉，今晚有空吃饭聊聊吗？"

此时的朱晓和已经恢复了大半："罗教授，您好！我……最近可能……"

"我请客。"罗教授似乎知道他的难处，打断他说道，"地址一会发过来。你右手伤了，还能行动吗？我有车。"

"我没问题。"朱晓和挂了电话。

既然已经决定要赴会去见罗教授，朱晓和整理了自己的疑问。但越想疑问越多，再也没有心思干别的事情了。他披了一件外套，决定提前出门。

地下城并没有日出和日落，抬头望去，只有万年不变的穹顶做伴。为了让市民们有统一作息，白天穹顶上的灯会打开，而临近傍晚，灯光熄灭，供暖设备降低输出功率，一是减少能量消耗，二是让大家感到寒意，从而能自觉归家休息，不至于在外面游荡。

现在正是下班的时间，大街上都是来来往往的人。所谓大街，也就勉强容纳两辆地下通行车相向通行，并不比地表上稍宽的小街好到哪里去，若是行人一多，难免就要挤占车道，车就无法通行。

朱晓和上了地铁，挤进了一节车厢，每走一步都很艰难。独自思考的时候，他可以把自己的意识抽离，把坐在那里名为朱晓和的躯体当成一个客观存在，理性分析它该做什么，怎么做。但当他挤着地铁的时候，不免又要回到这具躯体中来，替它遭受这个巨大的苦楚。仿佛周围人任何一个随意的目光注视，乃至肢体动作，都在笑话他，都在质问他，都在鄙视他，让他浑身不自在。

心理的落差导致了安全感的破灭，毕竟是罗教授的邀请，不然朱晓和恨不得马上躲回家里，好让这种感觉变得淡一点。在这拥挤的车厢里，时间一分一秒地流逝，朱晓和眼神落寞，表情僵硬，又想要竭力装作自己一切正常，以避开任何可能的关注。然而他心里正在使劲祈祷，千万不要撞上熟人，不然他们随意打的一声招呼，可能都会要了他的命。

唯一的办法，只有拼命回想过去的时光。现在算什么，那时可比现在惨多了，惨多了，朱晓和不断安慰自己。

手机响了，朱晓和看着苏焰的回复"明白"，一下子松了口气，表情也稍许变得自然了。这一瞬间，他眼前的屏幕就是所有的世界。

不问缘由，也未加责备，只是简单地接受了这个事实。苏焰相信自己的哥哥已经尽力了。

朱晓和呼了口气，终于变得正常了些，下了地铁。他提前十五分钟到了指定的餐馆，餐馆依着山体岩壁构建，门建在山脚下，然后餐馆的主体陷进山里面去。门前，有一群人席地而坐，都闭着眼睛，神情肃穆，嘴里念念有词：

"愿苍穹抚慰你的魂灵，愿黑夜安宁你的心。"

尽管朱晓和不信这些，但听了这两句话，也不由得表情一滞，有着片刻的失神。

随后他回过神来，绕过这些坐着的人，进了正门。正门门楣低矮，需要稍微低头才可以进去。餐馆里面倒是宽敞，在有小半个篮球场大小的大厅里摆满桌椅，稀稀落落地坐着一些堂食的客人。大厅四壁上刻有复古雕塑，四角亮起昏黄的灯。朱晓和找到店员，问起预订位，店员指了厅角上的一个小门，他挤着桌椅走过去，轻轻地打开门。

林拂羽。她的左手手臂打着绷带。朱晓和的表情略显惊讶，教授没有提，她也会来。

几天后再看见林拂羽，朱晓和的心里浮起一些复杂的情绪，埋怨、责备、关心、自嘲、同病相怜，甚至是期待对方的感激……有很多话想要说，但不知道适不适合开口。

很快，两个人的脸色都恢复平静，就像是平时在办公室里见面那样，用眼神打了个招呼。几天没有见，她可能有心事，明显消瘦了不少。

朱晓和坐下。林拂羽看着他，露出一丝淡淡的歉意，又有些关切地问："你的手，好些了吗？"

"放心，小伤，不碍大事。"朱晓和满不在乎地回答。

"对了，你知道门口那些是什么仪式？很多人坐在地上念念有词。"

"嗯，我听说最近出现了一个崇拜恶魔之眼的'黑夜教派'，林姐……"

"叫我拂羽吧。"

"嗯，拂羽……"这几个字刚出口，朱晓和心里升起一种久违的感觉，"你也知道，总有些人会崇拜那些无法战胜的对手，甚至认为遮蔽阳光建立'夜之国'是上苍的主意，而人类不应该过分依赖那些自以为是的科技，老老实实地待在地底或者海底保持敬畏，时常忏悔，这样才合'它'的心意。唉！真是堕落。有理性的人却要回归非理性。"

"没什么好苛求的。就算是我们这样拥有高学历的人，现在也没有看到希望呀。"林拂羽随口回答，她望着贵宾室的门外，隔着半透明的磨砂玻璃窗，看到罗教授过来了，去打开了门。罗教授站在那里，有些斑白的头发特别醒目。

"忙得不行，又碰到交通堵塞。"教授解释着坐下，两人点点头表示理解。看罗教授的神情，他似乎毫发无损，完全没有因为这件事情有任何影响，甚至还能隐约看到一些高兴。于是朱晓和问道："天峰那边，是不是又有新的进展？"

罗教授点点头，笑容又多了一些："嗯，除了那个空气净化器，最近孟天峰那边的纳米材料污水过滤器有不错的成果，正在忙着做成品出来给大家用上，可以提高污水处理速度和大家的生活质量。他还有一些其他的东西，像新材料提高温差发电效率、发动机加装纳米颗粒改善汽车尾气排放、新型塑料大棚……有得他忙的，我还得给他出点主意。"

"那，要恭喜他了。"朱晓和赞叹道。

即便是林拂羽这边全军覆没，只要东边不亮西边亮，罗教授照样在研究所吃香的喝辣的，稳坐钓鱼台，妥妥地给各种项目出主意。任何一个博士生出了成果，都是他的功劳。

朱晓和点点头，自组织纳米机器人这个东西不仅太难，有什么用都存疑问，为了一个虚无缥缈的东西投入那么多资源，有质疑是肯定的。相比之下，孟天峰选了实际路线后过得很好。毕竟长期住在地底，有清洁的水和空气非常重要，能找到更好的粮食来源也是重中之重，这样大家说不定还能多活几年，影响力大大的。大家都给他写好的评价，有写聪明的，有写肯干的，有写体恤下属的。总之，他谁都没得罪，四平八稳，现在倒是颇得上司赏识，眼见着高升在望。

林拂羽的脸上并无表情，听了这些对话，只是默默地点头。

罗英先喝了几口水，终于开始进入正题："这次让你们两个过来是为了宣布一件事。虽然你们离职了，但只要你们愿意，博士项目仍然可以继续进行，博士津贴照常发放。不管怎样，你们仍然是我的在读博士生，只要学术研究还在继续，你们还愿意继续，就没有理由不给予指导。你们既然在继续推进科研项目，就没有理由不发津贴……"

朱晓和听得呆住了，这是为什么？

"另外，津贴从我这里的研究经费中拨出来。这和你们是否在找工作，是否找到了工作无关。最近我这里经费相对充裕，所以至少在将来半年里，你们每个人会有每月大约一万的津贴。"罗英先说道。

在这个物价飞涨的时代，每月一万元刚够糊口，远远谈不上多，但对于朱晓和这个目前零收入，还有大量固定支出的人来说，绝对是雪中送炭。

"教授，是真的吗？太感谢了！"朱晓和站起来第一个开口致谢，"这点钱真是解了我燃眉之急啊！我当然愿意继续。"

眼下自己已成赤贫，能有一分接济，就好上一分。就是不知道罗英先是怎么想的，主动给离职的人研究津贴，这对他有什么好处？还是说这只是出于纯粹的同情，不，他这样精明的人，不太可能做出这样的事情……

罗英先微微一笑，招招手："坐，坐下说。愿意继续的话，那是最好。这是一份拟好的文件，你填一个银行账户，然后签字就行。"他拿出几张纸来，递给朱晓和，"你有什么问题吗？"

朱晓和像是溺水的人一下抓住了救命稻草，飞快地填完了这些表格，一直到最后的签名档，刚要落笔，忽然停住，疑惑地抬起头："只是……拿了钱，需要我做什么？"

罗大仙带些皱纹的脸露出一丝神秘的笑容。

朱晓和的眼角瞥过师姐。林拂羽坐在那里，罗英先没有给他任何表格，她也没有开口去要。

朱晓和突然想到，在奥德雷市长视察之时，第一个问问题的人本应该是罗教授才对，而教授当时却不见踪影，直到林拂羽问完了，他才慢悠悠地出现。事后看来，他们两个有默契，那是铁板钉钉，毫无疑问的——但这太奇怪了，罗大仙会同意让自己的博士生在市长面前当众出丑？林拂羽自己的声誉先不论，这件事要被追究起来，教授在寇上校眼里的评价必然要受影响。

除非，他并不关心这些……

仿佛是印证他的猜测一般，教授从随身公文包里拿出了风希云的笔记。

"两位，我们讨论一下吧。"

# 第 25 章 意图

◆ • • • • • • • • • • • • • • • ◆

CHAPTER 25

林拂羽和朱晓和看着风希云的笔记，贵宾间里的气氛有些不一样了。

朱晓和曾在奥德雷市长造访之前读过这个笔记里的片段，但随后许飞来访，告知有人怀疑风希云自杀，接下来就是一连串事情应接不暇，直到今天这个地步。

他猛然想起来，自己第一段读完，就有大把的疑问。

所以，罗教授也看到了……

贵宾间里一时没有声响。林拂羽先和罗英交换了一下眼神，然后站起来，到房间外面挂上了免打扰的牌子，并锁上了门。

"嗯……确实有很多问题。"朱晓和看着林拂羽就座，开始了讨论，"我读过几句他的记录。希云确实忠实地记录了黑色薄片的产生，但奇怪的是，在笔记里，我只看到过一次这样的记录，下次重复实验的时候就没有了，然后我们就做出了《自然》的结果……"

罗教授点点头："对，我这两天拿到了笔记，仔细看过。希云还对这个黑色薄片进行过化验，并且记录在了笔记中。当然因为这个结果只出现了一次，并未记录在我们正式投稿的《自然》论文里。"

两个博士生都点了点头，早期实验都是风希云独自完成的，若不是有这本笔记，他们根本不知道还有这样的发现。

教授说着，郑重地打开笔记，在做好记号的某一页找到了那一段很短的描述："电子显微镜下可见整齐排列的大小为约 50 纳米的重复结构，可能是有什么芯片的碎片混进来了，我还是再做一次实验吧。"

很明显，当时风希云没把它当回事。但现在看来，这段描述不禁令人心生恐惧。

朱晓和疑惑地说："如果这个黑色薄片确实是外星人制造的，那它们在彗星凌日的四五个月前就已经来到了地球？可是那个时候，彗星还远在小行星轨道上。"

林拂羽摇头："这倒不是问题，这颗彗星可能是一个种子，而这些落到地球上的东西，或许是种子里的种子。"

"但如果描述没有问题，并且这个实验结果只出现了一次，"朱晓和想到了更加可怕的可能，"那就说明它们会进化……它们'意识'到自己在地球上而非在太空中，不应该产生黑色薄片这样的组织，所以它们……'聪明'地隐藏起来了？"

房间里的气氛一下子降到了冰点。朱晓和说完，情不自禁地看了看自己的手，他手上是不是就有这东西？

等一下。

朱晓和觉得哪里有些不对，随即看见林拂羽反驳道："不对，不对，如果是这样，地球应该早就被攻陷了才对。可我们还坐在这里谈笑风生，这岂不是天大的矛盾？"

"对呀！"朱晓和接着师姐的话，"我们为什么还活着？金星在一个月之内就被彻底撕碎，大家都看到了。地球并没有比金星大多少，如果它们一年多以前已经到达了地球，那……"

罗教授拍了拍手，显然刚才争论的走向都在他意料之中："所以我们自然地进入第二个议题。如果希云看到的真是'它'的踪迹，那么'它'的目的是什么。'它'为什么将整个金星吃掉，而留下了地球。'它'分明已经来到了地球，为什么又按兵不动？"

两人都陷入了沉思。确实，这说不通。

"这次为师在这里订了一间包厢，就是想找你们讨论一下。你们年轻人的脑子肯定要比我这个老头子活络一点。"

"对于这件事情，寇上校也不知道？"朱晓和忽然明白了，罗教授为什么要来这种地方讨论问题，而不是让他们去办公室。

罗教授露出一脸不屑的表情，言语之间还有些激动："哼，对他们来说，看不到的东西就不存在，也不值得担心，从没想过有其他的可能！刻板印象只要形成，就很难改变，既然认定风希云是自杀的，那他的所有言论都失去了可信度，这本笔记里的每一个字都成了谎言，成了一个欺上瞒下者的胡言乱语，而我这个猪头教授被学生骗了七年而不自知。唉！为师当教授那么多年，头一次被人指着鼻子骂！要不是半年前为师想着整个实验室的生死存亡，捏着鼻子和他们谈判，不得不把牛皮吹到天上去，我真不想和他们多说一句话。唉！不是一路人，不是一路人啊……"

朱晓和的呼吸明显加重了一些，他终于明白了教授为何要借着恶魔之眼的观测结果，把风希云一个已故博士对外吹成百年一遇的天才，这样做原来是有深意和苦心的。没有造神运动就没有过高的期待，也没有对他们这一群在读博士的高规格礼遇。那样的话，他们大概率拿不到避难所的位置，还要苦苦等着抽签，遑论带上家属。要是那样的话，说不定一个个早就冻死在地表了。

等到半年之后牛皮吹破，不管最终如何惨淡收场，他们这群人早就扎根，在地下城里总找得到工作，不见得会被赶走。

活下去，才有机会。

他看着罗大仙斑白的头发，不禁感叹他的深谋远虑和良苦用心。罗教授今天如此高兴，恐怕也是因为还有一个孟天峰没有辜负期望，至少让寇厉明觉得，让这群人占了坑位，要了大量的资源，总算还有点儿用，也就不会深究半年前罗大仙神吹胡侃、毫不靠谱的责任了。毕竟，科研项目的失败率总是很高的，能有一个成功，就绝对可喜可贺。而罗大仙的地位也就可以稍微稳固一些。

"话说回来，站在他们的角度上，确实也很难相信。"林拂羽点点头，少有地给上校说了句好话，"现在各种谣言满天飞，我们这个假设听起来也很惊悚，和假消息实在没有什么区别。对于一个没有专业知识的普通人而言，或者盲信不着边际的鬼话，或者信奉眼见为实，没有什么其他选择。"

教授点点头："人和人是不一样的，面对重大危机仍然能够冷静思考的人，终究只是少数。对了，这消息现在只有希云的一面之词，还需要好好验证，还请你们严守秘密，不然造成大众恐慌就不好了。"

"至少，这说明风师兄不是有意骗人。"林拂羽回答，"希云在我们发现恶魔之眼之前，就已经过世了，而负责保存笔记的翠云，对科研细节一无所知，不可能在笔记上'添油加醋'。所以这可以肯定是他的独立发现。"

"嗯，这一点，为师当然知道。但木已成舟……项目组已经解散了，你想要再继续，客观条件也不允许。"

林拂羽挥挥手："我没想着回去，只是想说，希云没能重复实验，是因为它有外界因素的干扰，这一点让人心安。"

"好了，我们回到正题上来，'它'的目的是什么。"

朱晓和想了想，说道："我记得许飞说过，外星人可能并不在乎土著生命的具体形式。如果目的只是获取资源，那与其尝试完全理解对方才费时费力地派遣舰队进行地球登陆作战，不如直接切断从恒星来的能源供应来得直接。我们现在面对的正是这样的战略。所以反过来，我做个不负责任的推测，'它'的目的仅仅只是想要恒星能源？"

林拂羽想了想，支起缠着绷带的手，摇摇头："不对。粗看确实如此，但它确实派遣了监视器来到地球，现在网上都以'天眼'来称呼这些监视器。'天眼'到目前为止，已经击落了在平流层飞行的多架人类战机、多颗导弹和火箭，这都是有据可查的，前两天的空袭警报也是它造成的。总之，它在监视我们，并且抑制任何可能的反抗行为。我们的人造卫星送回的图片显示，这些飞行器在地球轨道上长期停留，没有离去的迹象。如果只是想要恒星能源，它们为什么多此一举？"

"等等，这里又有一个矛盾。"教授咳嗽了两声，突然说道。

"什么矛盾？"两人一起望过来。

罗教授扶着眼镜，解释说："假设外星人无法理解，也不屑于理解我们的交流方式，那它派发到地球的监视器如何做到监视和窃听？就像没有多年的分析，我们也无法完全理解蟑螂之间和老鼠之间的交流一样。"

朱晓和说："不，不，也许我们都低估了它们的能力。它们可能用超过人类想象的智能算法详细地解析了人类的行为。也许现在它们已经对人类社会的运行规则了如指掌……"

教授摆摆手："如果恶魔之眼全知全能，那我们并无任何机会，我们的一切思考和挣扎都如同整窝蚂蚁面对滚烫的铝水，全是徒劳。如果是这样，我们大家都可以拍拍屁股回去，报名参加那个什么狗屁黑夜教派，天天祈祷算了。"

两人苦笑，都承认这是一个问题。

"所以，为了人类还剩下的那一点希望，让我们先把这个可能性去掉。这样的话，问题就来了，如果它确实不理解人类社会的交流细节，那它究竟在监视什么？"

罗教授顿了顿，四下看了看，似乎在寻找记号笔，旋即意识到这不是办公室，只得继续说下去："我查阅过一些资料，恶魔之眼监视飞行器，或者说所谓'天眼'的行为相当奇怪。它确实击落了很多试图进入太空的人类物体。但一个问题是，为什么仍在天空运行的带核动力的人造卫星并没有被击落，甚至国际空间站也没有被击落，还可以正常地给太空群星拍照，正常地发送信息或将数据传回？天眼甚至容许对方给它自己拍照和定位？这不就相当于把肚子敞开给敌人看？难道这不是明显的漏洞？"

教授在房间里站起来，背着双手，沉思着走了两步："如果我们想得更深一些，天眼真的认为这些人类物体是'针对自己的威胁'，才决定击落的吗？不，更可能的答案是，它不知道这些是什么，它不知道天上这些和地球同步自转的东西是干什么的。对它来说，这些东西和绕着地球转的众多太空垃圾一样，不用去理会。你们觉得可能吗？"

房间里忽然安静了下来。

朱晓和思考着回答："我想起苏焰讲过的一个人工智能界的笑话。大家都以为训练出来的图像问答系统学会了如何像人一样思考，并且能够理解图像里的深层语义，回答出很难的问题，并因此而预言，真正像人那样聪明的人工智能即将到来。但后来才发现，这个问答系统其实只是利用了一些字词出现的频率去蒙对答案而已，而人类根据蒙对的答案，凭空幻想出它已具备了高级智能的假象。所以……教授的意思是，天眼只是依据固有的模式运行，它看见升空的东西便会击落，是这样吗？"

林拂羽恍然大悟，点点头接着说："对啊，大海经常有突如其来的大风暴，人们就去崇拜海神；无法理解生与死，却又摆脱不了它们，于是虚构了阴曹地府和十殿阎罗。有一天所谓的'神秘'被人解构清楚，相应的想象和敬畏便会消散；但遇到更强的力量时，总会不自觉地会朝这些方向去想。人类历经千百万年的进化，有了智慧，才成了万物之灵。照着这个模板，我们总是会下意识地觉得，强大可怕的力量，背后也一定伴随着无上的智慧……"

她顿了顿，说出了下一句："但这并非必然的因果。"

"非常有可能！"教授一下子摘下眼镜，右拳重重地敲了下墙壁，"这是思维的盲点，我们都被它展示出来的远超人类现阶段的技术水平所迷惑，以为它全知全能。我们不妨做这样的假设：恶魔之眼只是机械地寻找恒星，找到后原地做出戴森网来收集它的能量，然后去找下一个恒星收集能量。"

说到这里，教授如小孩一般兴奋地挥着双手："在智能决策上，它是一个简单的低等生物。将戴森网建在太阳和地球的连线上，或者派出天眼来监视地球，这样的'决策'就像细胞受到病毒攻击时释放出干扰素，不过是有利于它在宇宙中生存的，一种经过漫长的宇宙进化后产生的本能行为而已。"

"所以你的意思是，它并没有智能，而我们这些高等智慧生物被这个简单的宇宙低等生物困在地球上，一点点地被掐死？这……"说到这里，朱晓和不禁笑出声来。

"晓和，我们在讨论人类生死存亡的重大问题。"教授严肃地说。

朱晓和止住了笑："我知道，但总觉得很窝囊，我宁愿恶魔之眼是高级智能，这样还算死得其所。嗯，罗教授，拂羽，我们不一定要做这么极端的假设，我觉得'它'不一定是没有智能，或许只是不屑于对我们使用，所以才显示出如此多不周全的地方。比如说，人走路的时候，并不会太多地考虑每一步要迈到什么地方才是最省能量的方案。如果地球上存在一种智能体对步态特别敏感，它们可能会下结论说大部分人类智商低下。我再举个地球上的例子，不同行业之间有鄙视链条：数学家抱怨物理学家证明不严谨，他们又一起抱怨人工智能炼丹师对深度学习模型的机理毫不关心，而程序员又对数学家们的代码质量和变量命名嗤之以鼻——其实大家的智商差不多，只是用在不同的地方，并且总觉得对方就像白痴一样……我的意思是，我们不能把对手想得那么蠢。"

林拂羽不禁莞尔一笑，说："你赤手空拳和一个手上拿着核武器的家伙打斗，为了找到一线生机，只能把它想得蠢一些。"

"把对手想得太蠢，可能以后会倒霉的。"朱晓和表示不同意。

罗教授示意大家不用在这些细节上争论："好，不管恶魔之眼是低等生物还是高等生物，但擅长的方面并不在此。这里还有一个很大的问题，它毕竟还是派监视器来到了地球上空，这究竟是为什么？它确实有可能凭本能行事，而没有足够的智慧产生做这件事的自觉性，但从人类这种高等智慧生物看来，这些行为必须要有一个目的。或者说，它这么做，至少可以减少它在严酷的生存环境中失败或是被淘汰的概率。"

朱晓和沉思着说："从恶魔之眼的行为来看，它一定是想要利用太阳，而在利用的步骤中存在要注意的地方。举个人类社会的例子，我们在建造房子的时候，不会照顾脚底下从此照不到阳光的小草，也不会特意放些传感器监测它们如何枯萎，如何凋零，然后记录下来，写一部小草逐渐枯萎的悲惨血泪史。然而，我们还会采取一些必要的措施，比如，持续监测白蚁的动向，以及时清除，让建房过程顺利进行，不然白蚁会将房子蛀空，风一刮，房子就倒了。所以说……"

林拂羽一拍桌子，猛地站起来，用完好的右手食指指着朱晓和，说："按照它的经验，我们有能威胁到它的潜力。"

# 第 26 章 现实

## CHAPTER 26

朱晓和躺倒在椅子上，张大嘴，似乎被定住了。一时间，成千上万种可能性都冲进了脑海，大脑一阵眩晕。

对！对！可那是什么，究竟是什么？我们这些卑微的蝼蚁有什么可以威胁到它的？

有人敲门。不是免打扰吗？听到钥匙旋转的声音，服务生进来了，是一个小姑娘，她看着三双几乎要把人撕碎的眼睛，一时竟噎住了，好一会儿才低着头说："本……本店马上关门了，请各位谅解。"

罗教授失望地捂着脸，朱晓和拿起手机瞥了一眼，原来已经是晚上十点了。我们竟然就这样讨论了三个小时……

"好……好……"林拂羽轻叹一声，没有再思考下去的心情了，"唉……"三人看着几个服务生鱼贯而入开始收拾桌上的残羹冷炙，有好些还没有吃过，算是浪费了。罗教授看了一眼账单，拿出笔潦草地签了名字。

三人走出方才气氛热烈的贵宾间，望见门外杂乱的桌椅。朱晓和有些留恋地拖在最后，站在饭店门口，停留了片刻。

门内还留有温暖，门外只有清静无人的街道，穹顶一片漆黑，冷风扑面而来。八点之后，整个地下城的供暖功率已经减半，地表零下五六十摄氏度的空气侵袭进来，让这里的夜晚气温一下子从白天的零上五摄氏度变成零下十摄氏度。

这一阵冷风也将朱晓和刚才的热情当头浇灭。出了门，他就要面对残酷的现实。

是啊，我们也许真有值得天眼看顾的潜力，只是，那可能需要在成百上千年后的未来兑现。

蝼蚁或许能望得到地平线，却终其一生，也无法爬到小溪的另一边。

罗教授把车开了过来，招呼两人上车。地铁已经停运，再让他们走回家，非冻死不可，何况还各自带着伤。

在地下城狭窄的街道上还能通行的车，要比田园时代的窄一倍。看教授的副驾驶座位上堆满了各类杂物，两人都坐在后排，只能挤在一起。

罗教授启动了车，自言自语地说："我先送拂羽回去，她的新家离这里不远。"

朱晓和有些吃惊："师姐，我记得离职后，员工住所有半个月的宽限期的？"

这离职还没几天，她就已经从能洗热水澡，有个很小客厅的员工宿舍搬了出去？

"嗯，早点搬走，他们会补贴一笔钱。"她似乎还在想些什么，听到师弟的疑问，才漫不经心地对朱晓和说，"这样我手头也可以宽裕一些。"

车渐渐停了下来。果然，林拂羽的新家离餐馆很近。朱晓和抬头，借着车灯的余光仔细辨认，是一栋低矮的两层木制建筑，窗户上是新钉的木料，有些歪斜，比风翠云住的稍好一些，但也没有好到哪里去。

朱晓和突然想到，孟天峰这个大骗子，不是说她是"白富美"吗？为什么一没了工作，就要过得那么惨呢？

她从座位上起身，一点点挪向车门，正要打开，教授忽然说道："拂羽啊，不要一条道走到黑，人生的选择有很多。"

林拂羽站住了，回答道："您说过的，我们要坚持下去，不是吗？我们呼吸的是污浊的空气，吃的是不健康和过期的食物，已经有人预测地底人的平均寿命不会超过五十岁了！这要怎么办？如果每个人都只关心眼前，像鸵鸟一样把头埋进地里，那我们这群苟延残喘的所谓智慧生命，最后的结局会是什么？"

罗教授略微回头，一双眼睛深沉地看着林拂羽，声音忽然变得非常苍老："若是这样，那也是人类作为一个群体所最终选择的宿命。"

"可我从不认命。"此刻如果仔细看林拂羽专注凝视的双眸，能看到缺觉的红色眼眶里有熊熊烈火在燃烧。

"你一个人代表不了全人类。"罗教授叹了口气，两鬓的白发似乎又多了些。他熟知林拂羽的脾气，知道再怎么劝说都是徒劳，"你先别冲动。先找一个普通工作，有空的时候再做做研究，我给你们发研究津贴就是派这个用场。如果你还有其他需要，我有一些认识的人可以帮忙。坚持固然重要，但有工作比较安全。"

罗教授回过头来，扶着眼镜，看着这个倔强得有点儿疯狂的博士生：

"我知道你是劝不动的。但做基础研究'烧掉'大量的金钱和精力，又大量依靠运气和偶然，还产生不了可以让客户满意的产品，简直一无是处。拂羽啊，值此乱世，我实话说，你的世俗价值还不如一个能振奋人心的街边卖唱的，而没有世俗价值却整天消耗食物的人，迟早会被丢出去冻死。你有这份心很好，为师很钦佩，也很欣慰，但……先要活下去，活下去才能看到未来。我相信，只要你愿意，这肯定是可以的。接下来孟天峰那边还要多帮点，为师只会越来越忙，也没有太多精力管你们。像这样的请客聊天，也难有太多机会。这就算是……对你的一些建议吧。

"唉……你们都很不错。但我已经走了一个学生了，不想再走第二个。"

这话说得诚挚，连一旁听着的朱晓和都颇为感动。

林拂羽不禁有些动容，她点头回应道："好，但我会一直坚持到破晓的那一天。"

随后林拂羽右手抓到了门把手，打算打开车门。但左手缠着绷带，一时拿不起包。朱晓和只好提起包，开了左边车门，走出车外到另一边再交还给她。

寒风凛冽，滴水成冰。

"师姐，保重。"朱晓和虽然裹着外套，仍然打了个哆嗦，一口暖气呼出，在车尾灯的昏黄光下碎成冰粒，渐渐散去。

那边，林拂羽并未说话，也没有接过朱晓和递来的包。她突然走上前，搂着朱晓和的脖颈，把朱晓和紧紧抱住。脸颊相触，朱晓和竟一时呆住了。

"你是第二个愿意豁出命来救我的人。"她在朱晓和的耳边轻声地说，"大恩……不言谢。"

朱晓和闻着林拂羽身上的淡香，脸色通红，脑袋里一片空白。看着她松了双手，站直了，而后接过他手里的包，就要走开。朱晓和微微喘着气，忽然问："那……第一个是谁？"

"我父亲。"她说，随后回头，和脚步声一起，消失在地下城的黑夜里。

朱晓和站了良久，都不觉得寒冷，等到罗教授敲了敲车窗示意，他才木木地回到车里。

"晓和，你还没搬家吧？"罗教授似乎什么也没有看见，只是问，"还在员工宿舍？"

"哦……没，还没有。最近右手不太好使，只能再等两天再动手。"

"好。"罗英先点了点头，轻踩油门，车辆慢慢启动，开过一条又一条无人的小巷。车窗外，夜的冰冷几乎抹去一切生命的痕迹，只余下一地萧索。

眼前的视野渐渐变得熟悉起来，朱晓和知道自己快到了。他忽然想起了什么，便问："教授，在市长的演讲上，您本该是第一个提问的？"

"嗯，是。但拂羽执意要找机会询问市长，我就给她了这个机会。"

"但……拂羽落到这个地步，究其原因，都是因为她在众目睽睽下问了不该问的问题。如果当时老师你不同意的话，也许这一切都不会发生……"

罗英先打断了朱晓和的话："不，她要建立自身的研究声誉，就要独立发表她的观点和她的信念。就算是有人辱骂她、毁谤她，也要勇于担当，并且努力坚持。她的脸就是门面，她说出来的每个字就是她的名片。她会受益于此，也会为此产生的一切后果负全责。没人能替她遮风挡雨。"

车停下来了。

罗英先打开车门，看着下了车的二年级博士生："你知道吗？这就是'独当一面'的含义。"

# 第 27 章 搬家

CHAPTER 27

朱晓和忙得四脚朝天。

研究所的免费宿舍是不能住了。在四处借宿的日子里，朱晓和什么地方都睡过，地板、过道、门廊，甚至在地铁里靠着行李箱待了一宿。那一天，他看着地铁车站里借着室内还余存的一丝暖意，横七竖八地睡着的流浪汉，自忖到他们的地步还差几步。

他手上有够交几个月房租的存款，然而关键是没有合适的房子，要么太过脏乱，他无法忍受，要么就是以他的财力无力承担。他不由得感叹由奢入俭难。

直到三周之后，朱晓和托风翠云帮了忙，才找来一间还算不错的宿舍。虽然宿舍面积只有六平方米，但设计精巧，整个房间里就一个家具，翻下来是床，而拉起来就是一张书桌外带柜子，卫生间是在走廊里和别人共用的。前任租客有了孩子，只得花更多的钱换个更大的地方。

"孩子？"朱晓和听到这个词，抓抓头，竟觉得有些陌生。

今天终于搬进来了。朱晓和拿出钥匙打开锈迹斑驳的铁制房门，把行李箱拖过门槛，看着它占了房间四分之一的空间，松了口气。

有人敲门。

朱晓和去开了门，风翠云右手拉着另一个箱子进来："都在这里了。另外，这是地下室储物间的钥匙。"

"啊，谢谢。这次真帮我大忙了，伤筋动骨一百天，真是，我这手到现在还没全好。"

"现在大家都一样惨了，互帮互助是应该的。当然，阿晓，你的津贴还是比我能赚到的高些，能承受这里的租金价格，我真是羡慕！"

朱晓和不禁莞尔一笑："谁知道接下来会怎样。你去的时候我还能每天洗澡呢，等到你回来的时候，咳咳。这些冻伤……啥时会好？"

风翠云的左手袖管卷得很高，手臂鼓起一连串的水泡，有的已经发黑。

"大概一个月吧。去一次地表，没被冻得要截肢就很不错啦。"

朱晓和叹了口气："唉！辛苦你了……工作我到头来也没能给你续上。"

"活着就好，而且我也赚到了些钱，至少能维持一两个月的生计，之后要是有机会再去地表，就熟门熟路了。阿晓啊，大难不死，必有后福的。"

风翠云意味深长地笑，与此同时，两滴泪水溢出眼眶，划过脸颊。

"不容易，真的不容易。"朱晓和轻轻拍了拍她，有些愧疚，"我随便一句话，就让你冒那么大的险。"

风翠云却没有哽咽，只是平静地继续说道："没必要道歉。我明白，阿晓在那个位置，说那些话也是职责所在。我说，其实那个直播，阿羽提的那个问题，地表的人都超级喜欢。他们每天抬头都能看到恶魔之眼高悬于顶，每天都忍受着严寒的侵袭，最希望来一场痛痛快快的决死战。

"我能看到他们心里的不甘和眼里的火，这两周，我陪着他们一起笑，一起哭，一起狂欢，也一起哀悼一个又一个同伴逝去。

"只是，他们就算用尽全部力气，都不知道要和谁去拼命，就像长年缺乏阳光的植被，再怎么挣扎，也只能慢慢枯萎凋零。什么都做不了。

"他们是蝼蚁，我自己又未尝不是呢？在灭顶之灾面前，蝼蚁的哭闹又有什么用处？

"想到这一点，我忽然变得非常冷静。好像所有的情绪一下子都消失了。也许我老是情绪大起大落，没完没了，终于用完上天给我的配额了吧。"

朱晓和静静地看着风翠云抹去了眼泪，换上一个微笑。

"自从那之后，我突然就理解了另一些人的想法。"

"哪些人？"

"那些黑夜教派的信徒。他们……拜恶魔之眼为神灵。说他们还能活在这世上，是'它'的仁慈。"

朱晓和扬起眉毛。他想起了之前他去饭馆赴约，在门口见到的那群人，坐在地上祈祷。

"地表有很多这样的人吗？"

"相当多，可能有一大半吧……其实黑夜教派本来就是从地表还残存的人中间发展起来的，毕竟身处地表，生存条件最为艰难，也最有可能陷入绝望。最近因为大量地表人流入地底，这个教派才渐渐扩散，开始在地底避难所发展信徒。"

"原来是这样，我之前还看到过他们。是因为避难所在扩建？"

"一部分原因是这样，这半年里全球的一些扩建工程完工，可以住人。另外的原因是因为避难所的住民也在减少。"

"减少？"

风翠云于是解释道：

"一些人失去了工作，没有洁净的食物或水，或是迫于生计从事地底危险的工程项目，不知道哪一天就倒毙在地，变成垃圾被扔去地表。现在地表就是一个巨大的垃圾场。只要你愿意上去看看，马上就能理解我在说什么。

"还有一些人，无法忍受地底的生活，也有亲友的经济支持，就进入了灵界。而另一方面，出生率大幅下降。总的来说，避难所的居民是在减少的，劳动力也开始短缺。因此，避难所自然会考虑吸纳更多的地表人进来，至少地底的生活条件对一直忍受严寒与食物短缺的地表人而言，还是很有吸引力的。"

朱晓和皱了皱眉头，作为一个思维正常的人，他当然能看到这个趋势的尽头。

"所以……从长远来看，所有的人都会来到地底，最后去灵界？"

风翠云点头，对他的结论丝毫不感到惊讶，显然她自己已经想到了："其实，灵界人过的也不赖吧？"

听到最后这句话，朱晓和睁大眼睛，定在原地，有些警惕地看着她。

"翠云……你，你怎么会有这样的想法？"

"哦，阿晓，也许你应该先去地表看看，体验一下……我只是一个普通人，阿羽的那些崇高的口号，我也有点儿听不太明白啦。也许阿羽说得对，打不过外星人，就躲去地表装作没事人一样很丢脸，但毕竟一代人有一代人的活法，以后说不定会有意外的转机。历史上也有很多艰难度日的时代，那时的人们也总有些美好的回忆。"

"翠云，这不是丢不丢脸的问题，也许我们要站得更高一点，看得更远……"

"阿晓，咱们都是凡人，有些事情远超凡人的能力，想祈求有奇迹发生，我们只能仰望……"

朱晓和看着这个狭窄的房间，想起自己所剩无几的存款，沉默了。

"好啦，不谈这个了。阿晓，那你接下来打算怎么办？"

朱晓和回答道："有好些可去的地方。嗯，我会先去周奇海那边试试，就是给大家做灵界系统的那个公司。不过他们已经算是全球公司了，招人的动作有点儿慢，这一段时间只好边找找其他的，边打临工度日了。放心。"

风翠云拍拍手："那就好，对了，路上的司机叫秦万，他是穿梭于各处避难所的司机，超级靠谱，也很喜欢阿羽的演讲，回头介绍给你认识一下。这世界上，坏心眼的人虽然多，但还有很多很多的人，觉得你们做得挺好的，要是过得不顺利，一定要想到他们。"

朱晓和听完，心里涌起一阵暖意，送走了风翠云，忽然觉得风翠云和出差之前的那个人有些不一样了。他心里犹豫了几秒钟，终于没有提及关于风希云的那些不好的传言。

是啊，她既然选择连夜把那些日记页裁下保存，那就当它们从未存在过好了。事情既然尘埃落定，细节就已经不重要了。

还有更重要的事情。

朱晓和孤身一人站着，望着有些霉烂的天花板。

"以后，所有的人都会进入灵界吗？"他想着。

相比林拂羽的激情演讲，这句话平平淡淡，却让人遍体生寒。

难道，这就是我们最终的结局？

# 第 28 章 风雪

CHAPTER 28

三天前。

清晨，几个人拖着行李，排成一队，看着一辆遍体伤痕的摆渡车缓缓地从入口处开来，到候车广场停下。车上挂着冰碴，车尾的排气管冒着黑烟，随后被凛冽的寒风吹走。

风翠云混在人群中，一身破烂而厚重的大衣毫不起眼。她裹紧了大衣，里面夹着在地表采访所得的笔记和资料。

"再过三个小时，就能回家了。"她看着从车上下来的乘客，暗自想着。

"嘿，你也要去 823 号地下避难所吗？"有人拍了拍风翠云的肩膀，打了声招呼。

拍她的是一个男人，身着一身破旧的军服，身材魁梧，目光锐利，脸上有一条长长的疤痕，横贯右脸。

风翠云看到对方陌生的脸，回答道："嗯……是的。"

对方表情没有变化，只是默默地点了点头："我也是。翠云小姐，你在 A23 区域的地表待了两周才回来？有什么有趣的新闻吗？"

风翠云大惊，下意识地后退了一步，说道："你……怎么知道？"

对方面色如常地说道："嗯，你是哪个报社的记者？能和我说说他们的情况吗？我是格兰特少校，如果不保密的话，请告诉我，军情需要。对于你提供的信息，我可以付钱购买。"

话音刚落，这个男人出示了军官证。

风翠云脸色有些发白，显然是没经历过这样的邂逅，一时竟然不知道要怎么回答。

两人沉默着，跟随着乘客的步伐，上了摆渡车。

"咦？你们怎么都走了？"她看见排在前面的人，在车上停留了一会儿之后，纷纷下车。

在离开的乘客散去之后，除了他俩，就只剩司机还站在那里。他用布满了老茧的双手递过来一张纸和一支笔，要求风翠云签字。

风翠云看了一眼，惊讶道："这……这是生死契？我来的时候没有签过这个？"

"有段路塌方了，这次只能走山路。"司机看着她，说，"小妹妹如果不想冒险，可以下车，俺老秦退钱给你，一分不少。七天后还有一班，不过要绕远，多开一倍的时间，价格也要高上一倍。你选。"

风翠云呆了几秒后向里面望了一眼，车厢里是空的。

"我……我没有钱买更贵的车票，也要赶着回去，不然还要多付一周住宿的钱……"风翠云想了想，说，"走山路的话，您不加价吗？"

司机看了她一眼，伸出手来："俺叫秦万。只要有乘客愿意上俺这趟车，俺就走。老秦说话算数，之前卖出的票不加价。"

"好。"看着司机淡定的眼神，还有伸过来的只有四只手指的手，风翠云莫名觉得心安，她吸了口气，瞥了身后一眼，随后说道："我上车。"

"司机先生，我也上。"格兰特挥了挥手上的票，也说道。

风翠云脸上的惊讶一闪而过，随后是无奈的表情。

两人身后另有一位戴着头巾的女子，在车门关上的前一刻，她急急忙忙赶上了车，随便看了一眼"生死契"，就签字了。

秦万收了"生死契"，皱眉问道："玲姑娘，你真的看完了？你签了字，要是这车在路上出事了，没有保险的。"

那女子默默点头："我……没什么选择。"

司机关上门，坐上驾驶座。

"三位相信俺老秦，老秦这责任就担上了，走喽！"他说完，响起了引擎的轰鸣声，摆渡车启动，绕了一圈，一头钻进了通向出口的甬道。爬坡五六分钟之后，来到地表。

满天繁星布满前方的深暗天空，恶魔之眼刚刚升起，带着暗淡的红光，静静地看着他们。

"翠云小姐。"格兰特看着她。

风翠云的心怦怦地跳。对方刚才一番话的最后那句"付钱购买"终于让她有些动心。在颠簸的车厢里坐着，犹豫了几秒后她开口了。

"哦，那……可以。我是私人记者，没什么保密需要……"话音刚落，风翠云就意识到自己已经暴露了底牌，这下连讨价还价的机会都没有了。

她后悔不已，懊恼地红了脸。

"只是，能不能让我先发报道？我……还指望着流量和人气呢！"她小声祈求，想要挽回自己的立场。

"没问题。"格兰特点点头，"我想要的情报，相信你是不会写进报道里去的。"

格兰特似乎对那个区域的一家旧工厂特别有兴趣，问得极为详细，正好风翠云因为要扩大采访范围，冒着严寒去过那里几次，印象颇深，能搭上话，不知不觉就聊了一个小时。

"所以，您是想把旧工厂里的设备搬到地下避难所去？"风翠云问。

"对，这正是我们的目标。然而现在地表终日严寒，又没有充足的光照，还缺乏大型机械和能源供应，让这件在以前看来易如反掌的事情，现在变得比登天还难。"格兰特叹道，"不过，有你的情报，看起来搬运工作还是有希望的。更详细的内容，若能画张图纸给我，下车之后，我给你双倍的报酬。"

风翠云咬了咬牙："格兰特先生，对不起，真对不起，让我想想……"

"刚才已经吃过亏了，千万不能答应得太早！"她心里想着。

格兰特苦笑，脸上现出些许恼火，又被他生生压制下去："人类的反击力量一天天在流逝，时间并不站在我们这一边。翠云小姐，全人类都在努力，只要尽力，你也可以成为英雄，也许你的情报会成为局面逆转的关键……"

"我只是个普通人……"

"先生，这位小妹妹若是不同意，给再多钱也无用。"就在这时，司机发话了，"呵呵，别怨咱地表的人话多，你们这群地底的废物，大难临头只知道先逃跑。"

格兰特本来还想劝说几句，听了这句话，脸色默然，一时无言。

对话结束了，余下只有引擎的轰鸣声。摆渡车沿着一条冰封的公路行驶着，公路上遍布各种碎石杂物、烧焦的汽车残骸、僵卧冰冻的尸体，还有断层。

风翠云看得暗暗心惊，秦万却是驾轻就熟，笨重的房车灵活地避开所有的障碍，就算是急弯也显得游刃有余。

车在路上蜿蜒爬行，从后窗向外看去，周遭暗淡而开阔，整个大地都被恶魔之眼的晨光罩上了一层诡异的红色。

风翠云感觉到，恶魔之眼也在凝望着她，像是一个统治地球的邪异神灵俯瞰天下众生。

人类社会发生的一切，于它而言都微不足道。我们的努力，有意义吗？

"秦师傅……你在地表生活？"正在风翠云玄想间，坐在另一边的女子开了口。

"是啊，俺没抽到签。"

这一句话就让几个乘客不由心寒，也引起了风翠云的注意。

"那帮该死的官老爷动了手脚，俺们镇里的就没见到有抽中的。哼！让他们干事都不中用，躲起来手脚倒是最快。"

"那……请问你是怎么活下来的？"

"严寒冻不死俺！"秦万哈哈大笑，"本来在俺们镇零下二三十度就是日常，再低到零下四五十度，也总有办法。俺们这种玩车的，不知道怎么改装怎么成。当然，还有很多老伙计，最后缺了钱或者材料，也没做成，就这么坐着，第二天早晨再也叫不醒了，唉！"

"真是惨，他们怎么可以这样……"风翠云接口，一种使命感油然而生，"秦师傅，我是记者，介意我把这一段黑历史记下来，然后公之于众吗？"

秦万看了风翠云一眼，摆摆手："无妨。"

"也许有一天，会给你和你的那些朋友一个交代。"

秦万哈哈大笑："有人给俺出头，能听到这句话，俺就高兴。交代不交代的，俺不指望。"

"我是认真的。"风翠云咬牙说道。

"对了"，秦万岔开话题，"记者小妹妹，你到处走动，想必知道得多，我就想问，咱们的太阳什么时候能回来？"

"这个，我真不知道……"

"要是有办法，我也想出一份力。不然，难道活活等死吗？你看电视里，那个姓林的女娃说得多好，地底的那些人只知道待在自己的窝里苟延残喘，过一天是一天，那些灵界人更是连这个破球都不想看一眼！"

听到"姓林的女娃"，风翠云默默地点头。她想起电视上播放的林拂羽的那一段演讲。

想起过去两周的往事，她猛然意识到，或许最最关心地球安危的是秦万这些抽不到签、挣扎求存的地表人。而处在地底和灵界的人们，在日复一日偏安一隅的平凡生活中，渐渐地忘却了自己想要做的事了。

人类已经分裂了。时间是最好的毒药。

她抬头，看了一眼被遮挡的太阳，轻轻地叹了口气。

一望无际的公路终于结束了，接下来就是盘山的山路。秦万再三叮嘱大家把安全带系上，自己上身坐直，扫清了方才的慵懒，打起了十二分的精神。

车在山峰与山谷中来回穿行，有几次风翠云觉得自己马上要从山上掉下去了，又被老司机打了一个方向盘拉回来。

车里没有人说话，如死一般的寂静。窗外远处峰峦起伏，一旁则是深不见底的万丈深渊。恶魔之眼渐渐升高，越往下开，路途越暗，沿着驾驶座往前看，就只能看见车前灯的光柱照到的残垣断壁。车在各种不知道是什么的东西上碾过，然后进入废弃的隧道。

车灯照不到前方的出口，隧道似乎有无限长，时间也似乎有无限长。

格兰特只是坐着，凝视着窗外，一言不发。

不知过了多久，车终于驶出了隧道。

借着绯红色的背景，风翠云看见道路两旁的枯树摇曳着，枝丫断裂，暗白色的团块滑动落下，划出一条诡异的弧线，飘出好几米远。

起风了。

她莫名感到一阵心悸。突然间，飞沙走石，大片的积雪吹落山坡，吹离地面，在空中被狂风搅碎成粉末，向着摆渡车铺天盖地涌来。本来昏红的天空，瞬间被漫天雪雾盖住，车内顿时伸手不见五指。

老秦咒骂了两句，立即踩了刹车，令人牙酸的声音响起，车轮在结冰的道路上打滑，可是停不下来。整车开始了疯狂的漂移，而老秦什么也看不见。

"秦师傅！"

"这该死的暴风雪！俺得先停下来！"老秦的声音嘶哑。

"千万不要走右边！"那个叫玲的姑娘大声叫道，"刚才我看到了，右边是悬崖！"

司机把方向盘猛地向左打去，随后一股巨大的力量把坐在车上的所有人都甩离了座位。

风翠云捂着头，惊魂未定，刺骨的冷意扑面而来。

几秒内，车厢里霜气弥漫。

"后车厢……修补剂！快把洞口堵上！"驾驶座传来秦万的吼声，"真的倒了十八辈子霉！你们快给……快给我拿过来……"

风翠云抬起头，看到了令人吃惊的一幕：钢筋穿过驾驶座的双层挡风玻璃，蹭过老司机的额头，砸在驾驶座后面的隔离墙上，在上面穿了一个大洞。

秦万虽然在千钧一发之际低头躲过了钢筋穿脑的厄运，但仍然受了伤，逼人的冷风从破洞外钻进来。血还在流，但正以肉眼可见的速度凝固，在他的头上变成红色的冰条。

"秦师傅！秦师傅！"

司机艰难地挥着手："修补剂……快……"他的头上已挂满冰霜，而凛冽的寒风仍旧呼啸而入，直接吹向他被钢筋压住的脑壳，仅仅几秒后，他的意识就模糊了。

车内温度计显示的温度正在快速下降，方才还是十摄氏度左右，现在已经接近冰点，而车外的温度更是低到零下五十摄氏度……

风翠云回头望着同行的两人，一个念头窜进她的脑海："难道我们要死在这里？"她下意识地抓起地上的垫子，想堵住钢筋在玻璃上捅出的巨大洞口和向四周蔓延的裂缝。

格兰特从她身后一个箭步冲过去，用手抓过垫子，并将早已脱下的厚外套一起堵向洞口。他刚毅的脸上有一道明显的擦伤。

"格兰特先生？"

"我先挡着，快去拿修补剂，听到了没有，这是命令！"格兰特吼道，"不然我们都得完蛋！"

风翠云犹豫了三秒，终于冲向后车厢，眼角的余光看到车厢里的温度计已经低到零下十摄氏度，格兰特的脸已经开始发紫，这温度无法让人撑很久。

她想起车身的遍体伤痕。这样的场景，老秦一定经历过很多次！修补剂应该放在车里的某个地方。

三十秒后，风翠云拖着一个钢罐过来，呼叫着让格兰特让开。

风翠云放下钢罐，却发现短短的一两秒工夫，自己的双手已经被牢牢地粘到了冰冷的罐壁上。

凛冽的寒风穿过破洞，呼啸着扑面而来，她的脸还来不及感到寒冷便已麻木。

"快呀！"

风翠云猛地扯开皮肤，打开钢罐的开关，液体喷涌而出，将破洞覆盖，随后在零下五十摄氏度的低温下瞬间固化成型。

暂时安全了。

玲一声欢呼。风翠云放下钢罐，几乎要瘫倒在地，脸色煞白，手臂已经红了一大片。

格兰特的手已经变成了青紫色，零碎的冰晶残留在皮肤上，他坐下来，缩在驾驶室的一角，然而脸上还带着微笑，另一只手跷起大拇指："怎么样？翠云小姐，你现在是英雄了。"

风翠云脸色微红，竟不知如何回答。

过了十多分钟，秦万才苏醒过来，看了一眼，就明白了驾驶室发生的一切。他从钢筋的缝隙中爬出驾驶座，拿出切割刀切断了插进车里的那部分钢筋，随后带上防寒帽，踩动油门，慢慢倒车。一阵令人牙酸的玻璃与金属的摩擦声响过后，钢筋的剩余部分终于从裂缝里掉了下来。

挡风玻璃上又出现了破洞，冷风再度涌进来，但这次谁也不怕了。

漫天的风雪逐渐平息，昏红色的天空重新出现在视野之内。透过挡风玻璃，在左侧能看到结霜的山石与倒塌的房屋，作为罪魁祸首的钢筋，就从残垣断壁中穿出。而往右侧看去，是连绯红色也无法侵蚀的黑暗。

风翠云呆呆地看着刚才大声叫起来提醒司机左转的玲。

司机重重地叹了口气，带着劫后余生的庆幸，转头向大家作揖道谢。

"这救命之恩，秦某记下了，三位以后要俺帮忙，秦某赴汤蹈火。敢问三位恩人名姓？做什么样的营生？让俺想想如何报答。"

"我是格兰特少校。"军人用他仅剩那只完好的手稍稍敬了个礼。

"秦某之前说了些脏话，失礼了。恩人莫怪。"

"你说的没错。不战而退，是我们的耻辱，我无可辩驳。"

"我叫风翠云，是记者。"

"我是端木玲，目前……并没有固定职业。嗯，我在找人。"

"什么样的人？秦某愿意帮忙。"

端木玲把兜帽摘下，露出精致却不苟言笑的脸，眼神里透着一丝难以捉摸的忧郁。

"算了，秦师傅，还先让我自己来找吧。如果以后需要你帮忙，我再来问。"

———————————————

823 号地下避难所。破旧的摆渡车在广场上停下。

"为什么推开我？你可以直接去拿修补剂的……"

"翠云小姐，换成你，会只是牺牲一只手臂吗？"格兰特反问，"你必须按得非常非常紧，用尽所有的力气。不然不到一分钟，所有的人都会无法行动，到时候就眼睁睁等死吧。"

他的手臂已经变成了灰白色，看起来像从地狱爬出来的僵尸。

"另外，你的情报是宝贵的，就算我不幸殉职，我也希望它能传递到别人的手里。从这点上说，你比我重要。"

"谢谢，谢谢……"风翠云喃喃地说，"一切都是为了人类吗？就连你自己都可以放弃？"

"是啊，一切都是为了人类。"

"……讲好的双倍报酬，不能骗人的。" 风翠云说。

格兰特微微一笑，做了个"OK"手势，被几个人扶进了救护车。

远处，端木玲重新戴上兜帽快步走远，消失在人城的过道中。

# 第 29 章 应对

CHAPTER 29

透过视频会议的窗口，朱晓和看到一间非常干净的屋子，屋里男孩身后的书架上放满了各种书，身边的墙壁上有一扇玻璃窗，窗外有阳光洒进屋，照在书桌上。窗外还有蓝天白云，蓝天白云之下是一大片清澈的碧蓝湖水，郁郁葱葱的草在湖边生长着。

一个大男孩坐在那里，有些紧张地看着朱晓和。

"啊啊，您就是朱博士？久仰！久仰！我……我……我……叫顾令臣，我是高一学生，对……对你们的《自然》论文，仰慕好……好……好……久了！"

最后那个"久"费了好大的劲终于吐了出来。朱晓和抓着头，这人明显有点儿口吃啊，苏焰这是啥意思……

"啊哈哈！"苏焰忽然一身奇装异服，从半空中飘然出现，然后轻轻地落在地上，猛地拍一下大男孩的肩膀，"没事，令臣只要碰到陌生人都这样，习惯就好！"

苏焰忙不迭地给朱晓和介绍这个十六岁就有雄心大志，想跟着风希云等人发《自然》的高中生。顾令臣自从上次和孟天峰联系后，就一直没有等到《自然》合作者们的回信，后来灾厄突来，事故频发，他没有抽到地底避难的签，终于来到灵界，在一次旅游组队的时候，认识了苏焰。

从此沦陷。

顾令臣一口一个"焰姐姐"，对苏焰崇拜得不行，无数次表达自己智商被碾压的无奈甚至是欣喜。听得朱晓和头皮发麻，鸡皮疙瘩直冒。果然物以类聚，人以群分，她周围的都是有点儿稀奇古怪的人，也实属正常。

想想师姐人走茶凉，离职的那天除了自己，竟然没别的同事和她道别；苏焰手上没权没势，光凭着一张嘴，就有人心甘情愿地跟着她干，这对比还真是有些强烈。

简单的会议就这样开始了。灵界这边的两人当然是对头顶上那个盖住太阳的东西非常有兴趣，朱晓和于是讲了之前与林拂羽和教授讨论的结果，一些结论让顾令臣吃惊不已，苏焰也兴奋得很，时不时冒出一两句提问来。

然而朱晓和本人的情绪却有点儿低落，四周掉漆的墙壁和如监狱般的铁门，还有银行账户里一直在减少的余额，时时刻刻在提醒着他，自己处于什么样的境地。

讨论完了，顾令臣先离开房间，留下苏焰与朱晓和私聊些家务事。

"唉，空口讨论这些也没什么用。我们有威胁到它的潜力？也许即便是努力一辈子，恐怕也触摸不到答案的分毫。"朱晓和终于总结道，"以后我不一定有时间，不如你们直接和师姐及教授联系就好了。还是挣钱要紧，不然你要怎么办……"

苏焰却连连摆手："如果有一天，哥真的挣不到钱了，不如就把我停掉吧。对啦，卖给那些有'需求'的大富豪们更好，据说现在灵界立方是天价，这样哥一下子就有钱啦，到时候我再想办法找个机会逃出来。哇！听起来就很带劲，真人大冒险，参与者还免费送钱，比那些预先设计好的旅游景点有意思多了！

"要是没逃出来，这辈子也一直很开心，能过到现在，也不错啦——人生要的就是绚烂。要是为了活着，就得天天低头，那就太没意思了。"

朱晓和直直地看着屏幕，觉得影像有点儿模糊了。

"哥别哭！本小姐命令你不许哭！听到了没？我最讨厌言情剧的戏码了，分明有简单办法解决，还要各种扭扭捏捏、吞吞吐吐，搞得像天塌下来一样，真把观众当大白痴了！"

朱晓和抹了抹眼角，不禁笑起来："不，妹你放心吧，你哥马上会有工作的，我今天看了三四家，对我都很有兴趣！而且月薪都是四五万的，我明天就可以去签字！"

苏焰在那头连忙摇头："停！停！停！哥你的老毛病又犯了！猪脑袋！"

"我……"

"你闭上眼睛，想象自己还在研究所工作。某个朋友丢了工作，找你咨询，你会怎么说？"

朱晓和浑身一震，连忙去厕所里洗了把脸再回来。苏焰看他坐下，继续说道："你有罗教授给的津贴，找工作没必要那么急迫，可以稍微挑选一下。别说得花好桃好，我知道那些工作是什么，一天十四五个小时，一周七天的重复劳动，拿锄头开垦地底空间，或是上冰冻的地表收东西的苦力活，用命去填的……"

"……你怎么知道？"朱晓和看着屏幕，惊奇地说。

视频里，苏焰背着手在绿色的庭院里走动，夕阳西下，她在一棵树下站定，伸手摘下一个脆红的苹果，咬了一口，回过头，对着浮在空中的摄像头，沉静地说：

"我知道，我知道。灵界好山好水好风光，都是你们撑起来的。

"哥，等你进了奇海的公司，把那些磨洋工不干活儿的程序员统统赶走，招点靠谱的进来，让灵界人自己写代码操作现实世界的机器，赚钱自立，那样就没有月租了！怎么样？本小姐这个主意不错吧。"

看着苏焰抛了个媚眼，朱晓和挂了视频电话。他知道苏焰说得对。

有了罗教授的科研津贴，妹妹的月租暂时不用发愁，手上的存款还可以维持两三个月，自己对于这些工作还有挑选的余地，若是心急火燎，选了一个没有前途的工作，纵然一时缓解了经济危机，但结果是自己掉进了深不见底的坑里，那就是万劫不复了。

朱晓和虽然时常饿着肚子，两眼发黑，每天求爷爷告奶奶，但冷静下来，脑子还是清楚的。

朱晓和的手机响了。

求职的信件发出去经常石沉大海，垃圾邮件却是有增无减。不知道哪个人把他最近失业的消息出卖了，他已经收到第五份灵界黑市的广告，高价求购灵界立方，价码从三千万元到四千五百万元不等。

三千万元啊！再加上省去的每月两万元灵界月租，足够让朱晓和一跃进入地底小富人的行列！租上三十年的高档寓所，那可是四十平方米的大屋子，还附送热水器、空气净化器和饮水过滤器，说不定可以让自己多活几年！

这些念头只在朱晓和脑子里闪过一刹那，他就毫不犹豫地删掉了这封信。

往后翻，看到那一条让手机响起的消息："25区雄风酒吧今天晚上需要人帮忙，一晚上给一万，朱大哥，你有兴趣吗？"

一万元！值一个月的津贴。他看得两眼发直，连忙回信，飞也似的穿上外套出门了。

# 第30章 比赛

◆ • • • • • • • • • • • • • • • ◆

CHAPTER 30

25区在整个地下城的另一头,朱晓和穿上好几件厚衣服,往地铁站里面赶。25区是富人区,一晚上竟然给一万元,这是想干什么呀?

朱晓和没敢问工种,怕问了之后就打消了去那边的念头。露天的地铁车厢是倒梯形的,由货运车改装。行驶的时候掀起迎面的大风,吹得他只能蹲下来靠在内壁上,幸好晚上车厢里人没有那么多,还能占个角落里的好坑位,少吹点风。

朱晓和的手机又响了,这次是电话。他的第一反应是难道被人抢先了?他连忙拿起来看,却不是刚才联系他的那个捐客,而是一个陌生号码。

"喂?"

电话那头,传来大男孩低沉的声音,并略显紧张:"您……您好……晓和大哥,我是……令臣。"

"啊,你好。"朱晓和有一丝惊讶,只见过一面就打电话过来,莫非是有什么急事?

顾令臣吞吞吐吐:"嗯,嗯……我,不好意思,我忘记关音频了,刚才……听到……听到了焰姐姐和大哥的私聊对话,实在不好意思,我不是故意的。"

"啊?"朱晓和脸上一红,他抓着头,随即坦然,刚才聊的话里没有见不得人的,"哦,你下次注意就好。"

"嗯……我……"顾令臣却没有挂电话的意思,磨蹭着小声地说:"想不到,焰姐姐好崇拜大哥……"

朱晓和背靠着冰冷的车厢外壁,不由得笑出声来:"崇拜?哪有,你看苏焰她今天凶成什么样了。"

电话里,顾令臣的声音有些焦灼,仿佛想要急着代替苏焰辩解:"真的没有,我……我听得出来,其实焰姐姐一直想着怎么让自己对大哥有用,什么都为大哥着想,大哥有干劲,她才心安。嗯,说实话,我……我好嫉妒,我只是一个卑微的舔狗,唉……"

顾令臣停了三秒,随后声音忽然高亢了些:"我……一定要成为让焰姐姐崇拜的大英雄!"

朱晓和听着大男孩笨拙露骨的宣言,哑然失笑,又和他聊了几句,挂了电话。

这年头,小孩子们都一点不含蓄的吗?他想着,轻轻地放下手机,放松地靠在车厢上，有些出神地看着两边飞驰而过的岩壁。

英雄？他从来没有想过。

二十分钟后，他来到了那个雄风酒吧，第一眼就明白了原委。那里挤得人山人海、山呼海啸，想必服务生们是忙不过来了。他挤进人群里，亮明身份，被那个接头的人领进酒吧后门，洗了手，穿上制服，等领班号令。他看着厨子娴熟地把蚯蚓干切成一条条细丝后，放进黑面包里面，淋上蜥蜴汁，涂上地表运来的限量版鹅肝酱，然后让服务生们一个个送过去。

"今天坐在里面的都是有钱的主！哪个人给我怠慢了，抓到一次，扣一半工钱，抓到两次，再扣一半，听到没有？"

听着领班训话，伙计们一声吆喝，各自忙碌去了。

朱晓和顿时明白了他们的算盘。虽说酒吧开出高价招了临时工来帮忙，但真能一晚上丝毫不犯错地拿到一万的估计一个都没有，如果按照平均一个人犯四到五次错误来计算，每个人最后能拿到几百至一千就不错了。这样酒吧既招到了人解燃眉之急，又可以堂而皇之地压低酬劳，吃亏的打工仔们还会自责活没有干好，而不是把怨气发到雇主头上，一箭三雕。

身后听到领班对其他人的大声呵斥："居然溅了两滴酒到客人桌上？扣一半工钱！"

朱晓和暗笑了笑，寻常人自然只能自认倒霉，但他们今天碰到了经验丰富的闪电晓。

挣这一万元钱不会有任何问题。

三分钟后，朱晓和接到五盘菜，用巧劲花式拿住，在客人不时伸出的手脚中穿梭自如。倒酒稳如老狗，收盘子轻松自如，有一次一个盘子被小孩子推到桌边，失稳落地，朱晓和侧眼看见，伸出一只脚轻轻托住。

领班看着他，脸色阴晴不定。

"小子，你以前干过这一行？今天晚上的合同只针对新人。"

"哦，真的没有。"

领班眯着眼睛打量着他，向厨师送上一个问询的眼神，厨师递给他两盘菜和一锅滚沸的汤，还有三个号码牌，摇了摇头示意不认识这个新服务生。

朱晓和看了他们，双手接过菜和汤，瞥了一眼号码："六号、九号、十三号，我记得了。"

"喂，小子，记在脑子里没用，这三个号码你得放客人桌上。"

朱晓和伸出拎着沸汤的右手："那你可以放我手里。"

领班手一撒，两个牌掉到了朱晓和的手心，还有一个直直地往汤里掉落。

朱晓和眉头一皱，知道领班在故意找茬，不待右手接住，先行带着沉重的汤汁移开，身形一侧，右脚轻轻挑了两下，三个号码牌稳稳地落在了肩膀上停住。

领班看得目瞪口呆。朱晓和不以为然，他记得桌子的号码，一份份地恭敬送上。送到最后一桌，朱晓和刚说"请慢用"后要走，一只手抓住了他。

"啊呀，是你啊！"

朱晓和抬头一看，居然是自己昔日的下属何强。团队解散之后，何强怎么到这里来逍遥自在？这种场景，自然最忌碰到熟人，和底裤被扒光有啥两样？

"啊，我还有事……"朱晓和脸上发烫，急忙回答，抽身就要走。

"不就是来当服务生嘛！你老板是谁？让他过来，我把你今天晚上的工钱付了！"何强的声音高了八度，仿佛要让所有人都听到这句话一样。他说完，眯着眼看了身旁的女郎一眼，"来，玲，我来介绍一下，这是我之前在那个狗屁研究所的直属上司，哈哈，你看啊，今儿来给我们端盘子来了。"

"直属上司"这四个字拖得特长，朱晓和听了有种说不出的难受。领班过来，先是笑嘻嘻地收下何强给他转的一万一千元钱，再向朱晓和看了一眼，一副"小子你今天竟然走大运"的嫌恶表情，最后不情愿地塞回给他一万元。

朱晓和知道这次是逃不掉了。他定了定神，向那个叫玲的女郎点头。

那女郎的模样是极漂亮的，她礼节性地回礼，眼神里却隐隐有拒人千里之外的寒霜。

她的手里把玩着一个淡紫色的立方体。看到这个，朱晓和的眼睛猛然瞪直，这……这是……

下一刻，朱晓和吃惊的目光被刚从洗手间回来的许飞挡住。许飞先是一喜，随后看着他身上的服务生制服，震惊了几秒后全明白了，脸上微有尴尬。

"伙计，再来两杯啤酒！"何强兴致勃勃，"晓和，一阵子没见了！咱们好好聊聊！哈哈，以前我都是叫你朱老板的！"

"哈哈，老板啥的都是过去时了。"朱晓和只得接过服务生送过来的酒，换上了一副最真诚的笑容，"何老板最近在哪里发财呀？这一飞冲天，小弟我是赶不上了。"

何强听到恭维，笑得更欢了："哈哈哈，最近赚了笔小钱，你看，就是这个。"他指着远处巨大的电视屏幕。朱晓和顺着他的手看过去。

"洞穴攻防大赛。"何强淡淡地瞥了朱晓和一眼，觉得这根本无须解释。

见朱晓和有些不明所以，许飞凑过来解释道："这个地下避难所原来就是废弃的地下矿井，据说整个矿井深达三十千米，有大小洞穴几万个，路径几千条，连接错综复杂，就算是资深人士都搞不清楚连接的细节。我们现在的避难所不过只是以前的矿工居住区修缮扩大而成的。于是就产生了这样的娱乐节目，最近一两个月突然变得火起来了。游戏里有五支队伍，每支队伍有五人，在只有微光的洞穴中穿行，目标是通过各种手段，攻到对手老家。队伍和队伍之间可以任意合纵联盟，队员任何时刻也可以背叛，每次比赛都不一样，变化繁多，挺有意思的。"

原来是这样，朱晓和想起自己在哪里看到过，只是他对这类比赛并不感兴趣，是以连个名字都不记得了。

他隐约记得，要攻到对手老家非常不容易，就算是二十秒能从一百米垂直洞穴攀上去的专业选手，在对手的陷阱下往往也寸步难行。

直播室里通过装在洞穴各处的红外摄像头，以及每个选手身上的定位仪和摄像头，能看到所有洞穴的情况，然而每位选手只能看到自己视野所及的区域。酒吧里的众人为自己队员的精彩表现喝彩，有时又仰天长叹，捶胸顿足，破口大骂他们糟糕的水准和判断力。

今天是半决赛，酒馆里挤满了客人，怪不得人手不够，要四处找人帮忙。

"飞神你果然什么都知道啊。"

"唉，朱师兄说啥呢，我只是好奇心重，平日里什么玩意儿都看看。"

说话间，有几个人凑了上来，七嘴八舌地议论着，同时一副谄媚的样子看向何强。

"据说那个比赛的洞穴有二十多层！很多地方都还没有探测清楚呢。这比赛有意思。"

"霍华德？他们从哪里找来这一米五的矮家伙？瞧这个头还有肌肉，太灵活、太强壮了！我不说必胜对不起我这两瓶伏特加，来，我加一千，主队赢！"

有个人询问："据说客队有高精度洞穴三维全景图，不知道他们怎么搞来的？他们是不是派间谍过来先探视过了？何老板，您的意见是？"

何强大笑，一副胸有成竹的样子："哈，这已经是游戏的一部分了。地图有的是，但谁知道是真是假？关于这个洞穴，网上就有几十个甚至上百个版本的资料，有些是玩家自己根据过去的地质记录推算出来的，有些甚至是组委会故意泄露的。灵界那帮人已经做了地图，每个都玩透了，多一个通道，少一条路，最优方案简直天差地别！若你是教练，你会信哪个？更不用说这么深的地方，地层不稳定可能导致断层塌方，还有岩浆地下水，最后还得靠队员随机应变，这才是有意思的地方！"

"何老板高见！听何老板一番话，胜读十年书！那您觉得这局是主队还是客队获胜？"那人小心翼翼地问。

何强笑而不语，一副天机不可泄露的样子。那人站起来，恭恭敬敬地给一旁的冰山美人敬了杯酒，并且塞了几张票子给何强，何强方才懒洋洋起身，扬了扬手机。

那人笑了笑，拿出自己的手机，仔细端详去了。

仅仅半年多，人类的审美观已经发生了一些细微的变化，渐渐以矮小、精壮为美。在有些地方，盲人过得比正常人还好，因为有很多光线昏暗的地方，正常的视觉用处不是太大了，反倒是灵敏的听觉和触觉，还有快速的肢体反应能力更重要。

之前电视台有一个节目，预测退守地底一千年后人类的走向将会如何。人类矮人化，变得更矮小，触觉、听觉和嗅觉变得发达，进化出红外视觉等都被讨论到了。后来有人提出人类体型变小将会使自然分娩更加困难，所以脑袋小的婴儿将有进化优势，长此以往，人类的平均脑容量将会大幅度下降，人类智商也将受到影响……然后，这个节目就停播了。

朱晓和想到这里，微不可察地笑了笑。唉！娱乐节目嘛，搞得那么严肃干什么……

何强聚精会神地看着大电视屏幕，和周围的几个朋友絮絮叨叨地讨论各种可能的战术组合，聊到高兴处，不免眉飞色舞。周围的几个朋友似乎都对他毕恭毕敬，显然他平时在研究所不务正业，把智商都用到这方面去了。

又送走一个想要押重注的，何强志得意满，看了一眼一旁的女郎："玲小姐，对于这个比赛，我可是有十分的把握。刚才那个家伙，手上几十万的筹码，哈哈哈，还不是过来仔细问我的意见。唉！做什么科研呀！头发掉光，还要想尽办法欺上瞒下，到最后还要落得个身败名裂，哪有现在快活？"

玲漠然地笑了笑，举起酒杯，点了点头，那个立方体也随着她的动作晃了晃。何强看她一双眼睛瞥了过来，不禁眉开眼笑。

屏幕上主队已经领先了两分，酒吧里洋溢着欢腾的气氛。

朱晓和对这里面的门道不太清楚，听得似懂非懂。看起来，何强早已沉浸在其中，除了开始一两句冷嘲热讽，刚才又偶尔编排了风希云，对继续调笑自己的前任上司也并没有太大兴趣，于是决定既来之则安之。

他抿了一口酒，现在粮食短缺，酒都是地下临时开办的化工厂生产完后勾兑出来的，拿粮食酿造的已经看不到了，所以喝起来大同小异，再没有风味了。听说某些有钱的家伙地窖里还有些从地表搬下来的贵重货色，不过这就不是一般人可以喝到的了。

朱晓和起身去厕所，打算把身上这件制服换掉，换回正常的外套，免得服务生或领班每次过来看到后尴尬。

厕所的隔音效果出乎意料的好，外面的喧嚣完全听不到——还是说客队把比分追平了？他并不关心这个，手拉上门把手，进了厕所。里面一片黑暗，他右手摸到电灯开关，停住了。

水滴声在耳边回响，那是一侧的岩壁在渗水。他忽然想起那个叫玲的女人，她的眼神和她手里的东西。

朱晓和的心跳变快了。他匆匆拿冷水冲了冲脸，冷静了一些，终于回过神拉开门，昏暗的灯光从外面射来，喧嚣又起，将他拉回现实。

酒吧里的人都站起来了，气氛有些沉重。就几分钟的工夫，客队的反击出其不意，一个进攻组合连得四分，已经反超主队两分了。

主队终于换上了一米五的霍华德，那家伙能钻进别人钻不进的空间，反应还极其灵敏，而客队似乎还没有找到对付的办法。然而优势不能变成胜势就是无用。酒吧里聒噪的喧闹消失了，大家焦躁地看着屏幕，数着一次又一次徒劳而返的进攻，不时瞥一眼比赛剩下的时间。

朱晓和在原位坐下，用眼睛的余光瞥过玲，她摩挲着酒杯，表情一直是冷冷的，好像何强的所有讨好，在这个女人面前都没有用。

终于，霍华德终场建功。小个子绕过正面冲突的战场，从一处滑不溜手的悬崖边上攀援而下两百米，绕到了客队大本营的后方，夺到了客队的旗帜，拿下了关键的三分。

反转，反转了！酒吧里发出了极其恐怖的巨吼！几乎连穹顶都要被这巨吼声击穿了。

比赛终于结束，主队以一分的微弱优势战胜了客队。何强狂饮三杯以庆祝胜利，喝得醉醺醺的，咕哝着要买霍华德的球衣，狠狠地穿上一个礼拜。周围一群小弟将他捧上天去，从他们兴奋的表情可知，他们都是押对的。

许飞和朱晓和帮忙扶着何强出了门，把他拖进车里。

一切摆平之后，许飞回来拍着朱晓和的肩膀，半安慰地说道："晓和，好久不见！唉！我也是架不住他的热情，过来应酬一下。何强这人你也知道，死要面子，赚了大钱恨不得全世界人都知道。他说的话，你别往心里去……"

"没事。他毕竟让我白坐着享受了一晚上，还让我赚到了这么多，我得好好感谢他才是。"朱晓和倒是一点不生气，报以真诚的笑容。

"师兄，你心态真好。"

"各人有各人的际遇。人生大起大落，也不是一次两次了，唉。"

"师兄啥时讲讲你过去的事情？你总会不时提起你的妹妹，我很好奇。"

朱晓和摆摆手："都过去了，没啥好提的。不过他喝得有点儿多，你要去劝劝他，就算有钱，喝太多也不是好事吧。"

"哈哈。"许飞干笑两声，笑声里带着"这绝不可能劝说成"的意味。

那个女郎也走了过来，披着狐皮夹克，身材高挑，后面有几束异样的眼光，朝这里看过来。

朱晓和看着她，不禁有些紧张："你好，我叫朱晓和。"他停了一下，忽然问，"对了，我……我能仔细看一眼你的那个立方吗？除了在视频里，我一直……没有亲眼见过立方的样子。"

许飞一脸惊讶，仿佛看到了一个完全不一样的朱晓和。可让许飞更为吃惊的是，女郎看着朱晓和的眼睛，冷若冰川的脸上也现出了一丝情感的波动。

　　女郎想了想，居然从口袋里掏出了立方，放进朱晓和的手掌上。

　　朱晓和捧起它，上面还留有口袋里的余温。他翻来覆去地看着它淡紫色的辉光，眼神似乎要陷进去了。在立方的一个面，他摸到了刻上去的三个字：

　　萧……旭一。

# 第31章 邂逅

**CHAPTER 31**

萧旭一……朱晓和默念着这三个字，随后把立方小心翼翼地还了回去。

"刚才多有冒犯，实在不好意思。"朱晓和如梦初醒，觉得自己刚才很鲁莽，分明素不相识，还提这样过分的要求，于是连连向玲道歉，"我头一次亲眼见到，所以有些情不自禁。想想自家妹妹就在这个小东西里待着，实在感觉怪异……不过，话说回来，做工好细致。"

"没关系。"玲微启朱唇，轻挥纤臂，将长发往后一甩，尔后浅浅一笑，伸出手，"我叫端木玲。你是代行者？"

朱晓和握住了她的手："嗯，是的。妹妹一直行动不便，没能到地底来，所以只能待在灵界了，不过托奇海科技的福，过得挺不错的。"

听到这个，玲的眼眉向上扬了扬，露出笑容，一只手半捂着嘴巴，抬起头望向穹顶，自言自语道："唉，那可真好。旭一忙活了那么久，没白干。"

朱晓和有些迷惑了，看这样子似乎是在回答他，可又不像。他冲动地想问更多的问题，又觉得有些不妥，看着她走回车里，带着淡淡微笑，没有再开口。

"哇！朱师兄，你真行。刚才看比赛的时候，她一副高冷女神范，怎么讨好都没用。"许飞在一旁看得有些呆了。

"哦，我啥也没干啊……"朱晓和回答，"她是何强的女朋友？"

"呵呵，还不算。唉，他也是何苦，追这样的，简直是自找苦吃。"

朱晓和笑了笑，他当然看得出来何强热脸贴冷屁股，解释道："他不是追，显摆罢了。有了钱，生怕别人不知道，要美人配呢。"

"呀！师兄说得好有道理。"

"不过最好还是劝劝他，希云那事儿还没定论，'欺上瞒下''身败名裂'什么的就别对别人说了。"

"嗯，好，师兄，我知道。"

虽然马屁话全都没了影，面对落魄到只能到处打零工的朱晓和，许飞还是一口"师兄""师兄"地叫，这让他心里有一点宽慰。

他目送许飞回到了他们的车里。地下城的私人用车空间都很小，又得让喝醉酒的何强单独瘫倒在后排，只能把朱晓和一个人抛下，没法捎他回家。

朱晓和看着远去的车，不仅不以为意，甚至有些庆幸。落魄的时候，他总在不经意间会特别在意别人的评价。因此，朱晓和此时宁愿一个人独处。

他摸了摸口袋里的钱，这一趟已经赚到了半个月灵界的月租，够本了。

代行者往往以家庭为重，晚上不出门鬼混，也有稳定的工作和足够的经济实力，不会委屈地来酒店做服务生。是以只有朱晓和认出了灵界立方，而观看比赛的其他人却毫无察觉，只认为是个一般的装饰品罢了。

何强当然也是不知道的。

只是朱晓和总有一种感觉，玲似乎是故意把立方拿在手里来引起别人的注意。如果玲也是代行者，立方里有自己珍视的人，总应该把它藏好才是。

玲的目的究竟是什么？

划痕重重的手机屏幕上显示晚上十一点，已经过了地铁的最后一班，他只能冒着寒风，慢慢地走回去。

这一片是地下城里的富人区，现在仍然灯火辉煌，各色人等在温暖的室内举杯交盏，谈笑风生。朱晓和一边裹着外套，一边东张西望，他平时从不来这里，今天碰巧有了机缘，不免多了几分好奇。

在他穿越小街的时候，在一间高档餐馆里，他瞥见了一个熟悉的身影。

朱晓和站定，狐疑地看了两眼才确认，惊讶了几秒后决定不去打扰，抬腿要走。

但是林拂羽看到了他，站起来，隔着窗，向朱晓和打了招呼，并且穿上外套向门口走了过来。

朱晓和在街中间犹豫着，明白自己不能走了。于是，他只能穿过寒风凛冽的小街，走进餐馆大门。

久违的暖风扑面而来，朱晓和的脸上马上有了血色，两边侍立的服务生戴着白手套，向他鞠躬致意，并且示意他脱下外套。

朱晓和还从来没有受过这样的招待，迟疑了几秒，脱下外套交给服务生。

林拂羽走了过来，站在朱晓和面前，并微笑地看着他。师姐的脸上化了淡妆，嘴唇抹了口红，头发打理得很漂亮，与先前在实验室里判若两人。是以朱晓和远远看过去，竟然一下子没有认出来。

三周多没见，师姐手上的绷带拆了，就像没出过事一样。看着朱晓和，她的眼睛里闪着亮光，然后伸出手。

"来吧。"

# 第 32 章 相亲

CHAPTER 32

林拂羽带着朱晓和返回原来的座位，并向她的客人介绍："这是我的师弟，朱晓和。"

座位上的人看了朱晓和一眼，自我介绍道："你好！朱博士，鄙人褚随，'问天探海'农业公司总裁。"说完递上名片。

朱晓和双手接过，看着对方身上的正装，迟疑了几秒，连连抱歉说此次出门不期而遇，未带名片。

当然，他从来没有印过名片。

褚随点点头，看着朱晓和满脸堆笑又有点儿紧张的脸，并没询问他在哪里高就，又看着林拂羽说道："林小姐，令堂的纺织产业如今正蒸蒸日上，我们理应强强联合。天天窝在实验室研究所里，鸿鹄之志不展，在下甚为林小姐遗憾可惜。令尊事业做得很大，林小姐耳濡目染，必然懂得经营之道。林小姐有空可以来参观在下的海底种植园，每月产的粮食可以供给十多个中小型避难所，你我福薄，身逢乱世，手中有粮，心中不慌！现在鄙人有一支百人团队，想要拓展种植园的规模，林小姐有何良策，褚某洗耳恭听。有何人脉，若能支援以一二，褚某必报以百倍！褚某白手起家，有诸般鲁莽唐突、不懂规矩之处，万望海涵；林小姐家大业大，若不吝赐教提携，褚某感激不尽！对了，若是林小姐对上等红酒有兴趣，敝舍还存有五六十年的侯伯王及拉菲，欢迎光临寒舍，品尝佳酿。"

林拂羽耐心地等这一通连珠炮似的话说完，微微点头，报以一个标准的公主式客套微笑："好，你的好意，我心领了。最近我比较忙，有空我定当过来聚聚。"

"好，在下虚位以待。这次感谢林小姐热情招待。时间也不早了，我的车就在门外，可送两位各自归家，车内暖意融融，是地下城最新款式……"

林拂羽回绝了他："那就不用了。路远迢迢，褚先生单程花十几个小时，冒着大风险驰车地表，过来相聚，拂羽非常感激！我只是尽我待客之道。地面上险阻甚多，褚先生回去的路上小心，油要加满，在路上抛锚就不好了。"

褚随轻轻叹了口气，然而眉间自信不减，向两位抱了抱拳，离席而去。

朱晓和一直站在那里，听完褚随的长篇大论，舒了口气。

林拂羽看褚随走远，移开餐盘，朝朱晓和一笑，伸手相邀："有空吗？坐吧。你来过这儿吗？"

"啊，我可不会来这种贵得要死的地方。"朱晓和看着周围一圈金碧辉煌，感受着暖意融融，有些拘谨，小心翼翼地坐下，双手轻扶着餐桌，问，"刚才那位是谁？"

"哦，一个潜在的合作者。"林拂羽放下餐具，说，"也算是半个追求者吧……总算还不错，还愿意千里迢迢开车过来吃个饭，行为举止都很有风度，对未来也很有想法。就是遣词造句过于纠结，听多了有点儿受不了。当然这不是什么大问题，相比之下，前几个相亲对象真是被家里惯坏了，猥琐得没法看。"

朱晓和点点头，笑得有些僵硬。自己为生存而劳苦奔波，师姐还在继续相亲大业。气氛一时有些尴尬。

朱晓和想了想，随口问道："刚才你说你家有纺织厂？其实……我一直很好奇，大家都说你是富二代。"

"嗯，算是吧。"林拂羽坦然承认，"看你的表情，好像不惊讶？"

"当我们还在地表的时候，我一直听说各种传闻，说我们实验大楼楼下经常有豪车出没，还有那些莫名出现在我们实验室，专找你聊天的奇怪人物，我记得有一个人的左手手指戴满了各式戒指，一看就不像是正经博士。你说偶尔来一两个人也正常，但我总觉得次数有点儿多……"

"嗯。他们确实都是专程来找我的。"

"嗯，师姐，那我就直白地问了。既然你是富二代，为什么还要来读博士？而且，你和我见过的富二代都不一样，他们生活惬意，心情放松，哪有师姐你这样执念深重，仿佛做不出科研就不想活了。你过去一定经历过什么非常可怕的事情，所以才会这样……我猜不透。"

林拂羽抿了口茶，放下绘有繁复花纹的瓷杯，神情黯然地说："那我就和你坦白了吧。我父亲是一个很大的跨国公司的董事长，很早以前……我十四岁那年被人绑架，为的是索要一项发明的所有权。绑匪是他长年的合作伙伴，不满老爸的分配方案。我爸……就放下手上所有的工作，亲自来救我，在争执中，那个绑匪擦枪走火……"

朱晓和张大了嘴："不好意思，我不该问的……"

林拂羽摇摇头："没事。这些我没在实验室透露。我要是一开始就说这些，恐怕朋友一个都没有，找我借钱或者打我主意的人却越来越多。嗯，晓和，希望你能理解。"

朱晓和自然理解。他已经意识到了，在这一年多的合作中，百分之九十的时间里，师姐只谈手头的学术工作，剩下百分之十，当碰到个人与家庭的话题时，她一定会把它引到家里人的日常催婚，以及追求者的猥琐可笑上面，从不提及更深层次的原因。

给人的感觉就像她出生在一个普通都市白领家庭那样，有普通人的烦恼——现在想来，为了能隐藏自己的家世背景，师姐早就做好了预案。

　　她继续说下去："然后他留下了一大笔遗产给我们。因为这场变故，我妈只希望我找个男的快点嫁了，然后让我与那个还在天上飘着的女婿继续走我爸的老路。但我早就对这一套厌烦了，我可不想过尔虞我诈、钩心斗角的生活，最后还死在所谓朋友的枪下。那个合作伙伴一直是我家里的常客——我爸自认为最好的朋友，不然那一天，我也不会毫无防备地跟着他去一个陌生的地方……唉！要是我不跟着他走，这一切就不会发生……"

　　林拂羽说到这里，眼神里怅然若失。

　　朱晓和恍然大悟："那么多富二代追求你，原来是有原因的。他们看到有一个能继承别人家巨额家产的好机会，当然会趋之若鹜。但你对这些都毫无兴趣，所以才来读博。可就算是这样，师姐你也不必住那么破烂的地方吧？"

　　"习惯了。"林拂羽说，"没结婚之前，我拿不到家里的一分钱。这是我妈逼着我赶快嫁人的手段吧。要是我不能自立，那就得乖乖听家里的意见。现在又是危局，不找个家底雄厚的公子哥联姻，她心里不安。"

　　她说这些话的时候，神情平静得好像背书。那边朱晓和的心里，却被密集的信息搅起滔天巨浪。

　　"但你还是继续科研事业……"

　　林拂羽说："你猜的没错。是啊。如果一个人对俗世失望，那她要么了却凡尘，要么了此余生，剩下的人，大半会去追寻那些超越俗世的事情吧。"

　　服务生走过来递上了单子，朱晓和好奇，拿过来瞥了一眼，看到上面令人咋舌的价格，两眼瞪得滚圆。

　　五万元……

　　"师姐你……你每顿都这么奢侈吗？！"朱晓和看着服务生离去的背影，问道。

　　林拂羽接过单，摇摇头："这次是特例，动用了我妈给我的相亲特别账户，褚随毕竟手上有干货，还有诚意，我们这边也要认真请一顿体面的，大概率我还要做一次回访。虽然我对和他搭伙过日子没兴趣，但私事是私事，公事归公事，或许还有合作的一天。哦，服务员，这些别收掉，全部打包带走，对，那个吃了一半的米饭也要，还有这个，还有些汤脚。"

　　服务员有些惊讶地看着她，但还是遵令了。吃一顿五万元钱的大餐，却不浪费一粒粮食？看起来似乎他第一次碰到这样的客人。

　　林拂羽手忙脚乱地指挥完，继续说道："至于平时，我用钱都靠自己解决，不结婚就没有钱；没有参与家族企业的管理，分红也没份。"

　　看着服务生在桌上打包收拾，朱晓和有一种久违的亲切感。怪不得自从来到这个实验室，从来没看到她露富。朱晓和斟酌着问道："……我能问一下吗？你家里到底有多少钱？"

"你的钱是指什么？现金、股票、债券、期权、不动产，还是别的什么？"

朱晓和一时语塞。在他的概念里，钱就等价于银行里的那些数字，可以拿来换其他东西，以及抵扣妹妹平时的医院花销。所有人都告诉他，如果努力工作，那里面的数字就会增加，要是入不敷出，自己就没有饭吃，没有住的地方，医院也会把妹妹拒之门外。

在富人眼里，居然还有那么多的名目，他没有想过。

"我，嗯……我指那个……总资产？不好意思问这个唐突的问题。我只是好奇一下。"

"现在这时局，不管是股票还是黄金，都没什么用了，不提也罢，现金还有一些，但物价已经飞涨，基本上算是废纸了。有用的是地产和矿山，还有几个靠谱得力的下属，聚在一起包下了几个地下防空洞，雇了人把地表上还能用的机器搬下去，搞些简单的轻工业，做点纺织产品卖给周围的避难所。当然，还有些专利收入。这些都是我老妈在忙活。我是不愿意回去打理的，从小就看厌倦了。"

朱晓和琢磨着"一些"和"有些"是多大的天文数字。林拂羽那边给服务生结完账，站起身来，对他说："你明天下午有空吗？我要去一个地方工作，你有兴趣一起来帮个忙吗？嗯，顺便也讨论一下上次还没讨论完的问题？"

朱晓和看着她，不明白她要卖什么关子："去哪里？"

"地面。"林拂羽指了指上面。

"……我没听错？你要去那个零下五十度的地表？"

"是啊。最近这一两周我经常去。"

朱晓和不可置信地看了她一眼"你难道是找了个去地上拾荒的职位？不会吧？这种苦力活，我都不会找……"

林拂羽摇摇头："你还记得那个过来访问的奥德雷市长吧？他后来主动联系我，介绍了一个职位，关注灵界民生，每月五千，和之前的不能比，不过也还能维持生计。真想不到，他对我印象还不坏。另外接了好几个兼职，拾荒只是其中之一，出一次任务一千。"

朱晓和下意识地觉得这一定是罗教授帮的忙。他又问："你为什么兼这种职？太危险了。我真没想到，看来我什么时候得抽空去夜店看看你有没有站台……"

林拂羽笑了一声："喂，你想去夜店也不用找这么拙劣的借口。"

两人边说笑着，边走出高档餐馆，呼出的白气在风中消散。

"开个玩笑。让我想想……唉，其实我觉得，现在还是赚钱要紧，科研什么的有点太高大上了……"朱晓和穿上外套，骤降的气温让他清醒了不少，"师姐，我不像你有条件。我……只是个凡人。凡人……就应该有凡人的追求。"

林拂羽皱眉："我要是一辈子不结婚，不用家里的，还不是和你一样。"

朱晓和双手插进口袋，看着她，仿佛在看一个天真的孩子："师姐，你可以为了一件事情而拼尽全力，最后到放弃的那一天，还可以回家重新来过——但对我们来说，只有一条命，走岔了，就没啦。所以有时候，只好畏畏缩缩，瞻前顾后，没有那种一往无前的冲劲啦。"

林拂羽沉默了。

两个人，一男一女，在街上安静地走着，像约好了一样去往同一个方向。两人再没有言谈甚欢，仿佛中间隔了堵墙似的，但也没有提前挥手分别。

十多个街区过去了，周边喧闹的声音一点点消失，街道不知不觉间褪去繁华的装饰，露出简陋的房屋和脏乱的底色来，还有一些影影绰绰的黑影。那一条条幽深的巷道深处，似乎有一双双眼睛在注视着他们。

朱晓和的手机响了一声，他拾起来看了一眼，脸色忽然变了。

"师姐，你说你关注灵界民生？"

"嗯，是。怎么啦？"

朱晓和没有回答她的问题，只是把手机放好，眼神里有一丝迷茫和疑惑。随后，他说："好，好，那我明天过来。"

# 第 33 章 心路

◆ · · · · · · · · · · · ◆

CHAPTER 33

　　地底的垃圾是最不好处理的，正如市长说的那样，每一寸地底的空间都是宝贵而不容浪费的。所以，垃圾唯一的出口是在地上。避难所的通气管道现在被改装成了垃圾发射口，每家每户的垃圾都会在脱水之后被打包送出去，在地表上冻成一个冰坨坨。

　　当然，临时改造的垃圾发射口往往运转不灵，时不时会被各种东西堵住，需要派人去疏通。被派去的疏通员往往需要全副武装，以抵御地表零下六十度严寒的侵袭。这是一个分派到每个避难所的苦差事，需要大量的体力且有一定的危险，所以才出现了拾荒者这个职位——至于这个拾荒者在完成疏通之后在地表干了些什么，没人会去追究。

　　一般来说，拾荒者们冒着生命危险去往严寒的地表，顺手也会带回一些东西来卖。比如一箱被冻成石头的饼干、废弃住宅里的衣物、未被拆开的医药箱，或者是一把完好的十字镐。这些东西与地底人的日常工作生活息息相关，碰到急需的卖家，还能卖到高价。

　　另一些则是无价的，比如残缺的手稿、一个表面商标都被磨没的 U 盘，或者是某个签了名字的儿童玩具。它们或许一文不值，被送进地底垃圾站，再一次被送上地表；或许会被珍视它们的主人看上，从此彻底改变拾荒者的人生轨迹。

　　正因为如此，对于拾荒者这个职位，还是有许多人趋之若鹜。

　　晓和按照指示，换了一套破烂的衣服，来到预定地点。拂羽已经在那里等着了，她束起头发，穿着打补丁的破旧衣服，和昨天在高档餐厅里的衣着相比，判若两人。两人走了五分钟，来到一处垃圾收集站，拂羽拿出工作证。

　　"工号 425371，另一位是？"门房眯着眼看着晓和，见他头发散乱，面色发黑，眼眶深陷，穿着有污渍的灰白衣服，这衣服像是从垃圾堆里捡来的。拂羽回答道："已有五户居民投诉，247 号管道有堵塞迹象，需要疏通，那里管径很大，我需要帮手。"

　　门房点点头，放两人进去。走过长廊，两人到了一处站台，穿上防寒服。晓和是第一次穿，花了足足二十分钟，而拂羽明显轻车熟路，一边穿防寒服，一边给他讲解这条废弃矿道的用处。

　　矿道已经废弃，但运送矿石的旧火车还在。铁轨静静地铺在地上，延伸至极远方，不管是严寒还是酷热，它都在那里，履行职责。

　　两人准备完毕，拂羽按下矿道小火车的按钮，伴随着沉重的机械噪音，火车载着两人，向几公里之上的地表开去。两人随着火车起起伏伏，十分钟后，火车停了下来，两人走出车厢，拂羽用自己的工牌打开三道防寒双层气密门，走出地面应急中心。

晓和打开头顶上的应急灯，目力所及之处，只有深黑色的天空，还有冰封的世界。他被眼前的景象惊得呆住了，一时竟忘记了呼吸。

再无阳光滋润的地球，已然面目全非，满目疮痍。

恶魔之眼孤悬在西边的地平线上，像是阴冷夜空下的一轮血色满月，这逸散出的红光和红外辐射，让地球没有再冷下去，让大家还能在地底苟延残喘。

无法想象，那曾经是我们的太阳。

已经很冷了吧！晓和看了一下温度计，零下六十三度，在照不到暗淡阳光的角落，二氧化碳已结成干冰了。永夜已至，月亮反射的太阳的光辉也已熄灭，只有满天繁星，缀在天幕之上，显得更加耀眼。

我们都以为外星人会大举进犯，我们都以为要大干一场，死也要死得悲壮。

是啊！会有舰队入侵，会有最后通牒，会有武力展示，家园被毁，刺耳的警报响彻天际，会有如斯大林格勒那样的绞杀战，会有地球人类一寸山河一寸血的长恨悲歌，和战至最后一兵一卒的不屈气节——

错了，完全错了，错得离谱！

其实它连正眼都不会瞧你一眼，过于强大的存在，视万物如刍狗。

漫长的时间，看不到头的绝望，沉溺于平凡与苟且，就足够榨干你所有的激情和勇气，让这个曾经梦想着星辰大海的褴褛文明一点点沉沦，为眼前的生存争斗不休，直至将偏安一隅视作理所当然，再也没有挣扎的力量。

到最后，连星空之名，都已忘却。

要做到这一切，它只需要关上太阳，静静等候一两百年，就可以了。而一两百年，对于宇宙而言，只不过是弹指刹那间。

周围都被冰封起来，不论是低矮的建筑，还是高耸的摩天楼，都被附上了一层昏暗的死白色。没有任何生命的气息，没有人，没有任何活着的生物，只有彻底的寂静。

全球避难所的资源目前可以维持人类的日常用度，将来或许还有更多，灵界可以带来虚幻的满足，让大家有世界还在运转的错觉，不至于在科技实力差距的碾压下弃世绝望。

可是总有那么几个人，是要回到了无生机的地表的，会见到人类溃败的实景，然后抬头看天。

更可怕的是，还有人每天都在这样的世界里，挣扎求生。

一个世界还活着，另一个世界，已经死了。哪个是真的，人人心知肚明。

"你……常来？"过了足足五分钟，晓和才想起来身边还有一个人。

"嗯，自从辞职后就常来了。"通话器里传来她的回答。

"师姐，可你怎么知道会有这样一条路上来？"

"这是对拾荒者的标准工作培训内容，正式上岗的人都知道。网上也有各种教程，当然都不太靠谱，很多人没做好前期准备工作，沿途被冻死或者缺氧而死，所以你要是想独自上来，千万小心。"

我肯定不会独自上来……晓和看着她，像是看一个外星来的客人："我想想，我脑子还没转过来。嗯，师姐，拾荒，这真是一个特别奇怪的爱好。"

"这里真的不错。"拂羽没有回答他的疑问，隔着防寒服自顾自地说，"什么声音都没有，什么干扰都被隔断了。挂着厚厚冰凌的电线柱子，空无一人的街道，门半开着的废弃小屋，没有月亮也没有都市光幕的纯粹星空，周围全是似曾相识却又陌生的事物，给人一种奇妙的疏离感。"

"我经常坐在那个街角，"她走过去坐下，"然后就这样坐下来，看着头顶上这个万人诅咒的家伙。我有些时候甚至觉得，这是我和它之间的，一对一的，单独对决。和这件大事相比，地底下的那些喧嚣算得了什么，人和人之间的尔虞我诈算得了什么，赚一千还是一千万又算得了什么，这些都会结束的，而恶魔之眼会毫无波澜地看着这所有的一切，直到地球上再也没有生命为止。"

晓和走过来，靠着身后的墙壁，一点点地坐下，陪着她。防寒服有点儿重，每个动作都不太方便。

"在离开研究所之后，有一阵子不得不每日独处又无所事事，所以胡思乱想多了些。博士并不经常体会孤独，特别是在有事可干的时候。可最可怕的是在拼命努力之后，在满怀希望之时，突然在某一个夜晚意识到自己做的其实毫无价值，而平时那些被忽略的，问题百出的斑驳现实则乘虚而入，如冰水浇头一般，让自己从头到脚品尝一事无成的滋味。那时候我才明白，自己不过是广阔苍穹下的蝼蚁。那时候，才会有巨大而可怕的孤独感，那是一种跌落黑洞抓不住稻草的恐惧。

"诚如罗教授所说，有一份正式工作会好不少。至少……不会有突然完全绝望的时刻吧。不仅仅有一定的金钱收入，还有一定的沉浸感和成就感，这会占用我很多胡思乱想的痛苦时间，也让人能够活在积极并且自信的态度里面。我觉得罗教授的这个提议，就是因为这个原因吧。他对自己的学生，可真是了解。"

"你似乎很沮丧，过度忧郁不是好事，要不要去看看心理医生？大部分人不像你这样啊。"

"是啊！我确实是一个大大的例外。在避难所里……还有心理医生吗？"

"至少有很多人号称自己有执照，听说生意都不错。"

她莞尔一笑，而后话锋一转：

　　"可是，要是完全放弃理想而成为一个普通人，专心地走长辈们给我安排好的路，我无法做到。那样的生活稳定得毫无波澜。天永远只会变得越来越高，一直高到完全够不着，高到让人绝望。而普通人只会装上窗帘，把外面的天空仔细遮盖起来，继续在屋子里过着每天都一样的日子，假装这就是全部的世界。偶尔把窗帘拉开一个角，又赶紧合上，装作没看见。

　　"你说，谁会愿意把窗帘扯得粉碎，让自己因为残酷的现实而无端伤神呢？可我天生是个异类。我偏要每个月来这么几次，去直面遥不可及的恐怖，品尝无法企及的绝望。我就是要让自己知道，那些在现实生活中的沾沾自喜，是多么的浅薄可笑，多么的微不足道。

　　"如果我们终将陷落，那便睁大眼睛，看着究竟是如何陷落的吧！"

　　通话器里安静了下来，余下的是丝丝噪声。

　　现在他才明白，拂羽为什么选了这样的兼职工作。躲开日常纷扰，放下所有的伪装，这里确实是再好不过的地方了。可以放肆大笑，或者突然间哭得稀里哗啦，做什么都可以。自然，我们头顶上的这个宇宙，就这样看着，静静地看着，什么也不做——

　　它是永恒的。

　　晓和咽了咽口水，突然想起风翠云之前和他说的话来了——

　　阿晓，去看看，去地表看看。

　　现在他来了。仅仅十多分钟之后，他已经明白风翠云为什么会有这种感叹，明白黑夜教派为什么会在地表发展起来，明白普通人为什么会有这样的想法。

　　在毁天灭地的力量面前，每个人都只是蝼蚁罢了。自己还活着，是恶魔之眼的恩赐啊！

　　"唉，和它们相比，我也实在……太渺小了。"晓和自言自语，"就算我们真的有威胁到它的潜力，那也是在百年……千年以后了。"

　　"可是，不积跬步，无以至千里。"拂羽反驳。

　　"如果每走一步都是被世界所逼，那就再也没人有空会想着千里之外的目标。我们只是凡人，能让自己的家人吃饱穿暖，有体面的生活就很不容易了，逆不了天啊……"晓和嗫嚅着说道，"拂羽，你天天想着如何对付恶魔之眼，而我天天想的，是怎么挣钱来付房租，还有妹妹的月租！费时费力去走一条将来被证明毫无前途的死路，我实在没空……就拿实验室这事儿说吧，你和市长硬刚之后，因为多一条命还可以活得不错，可我没有啊。"

　　拂羽轻轻叹了口气，看着他。

　　晓和低着头。每个人都有自己的人生，每个人都必须为自己的选择负责。

　　"唉……晓和，我明白你的苦衷。但后来，你为什么突然改了主意要上来？我看你眼眶那么深，还有黑眼圈，昨天晚上没有睡好？不会是苏焰的事吧？"

晓和苦笑，别的心思姑且不论，他如果开始担心什么，别人一猜一个准儿，只得点头："是啊。她昨天晚上发了一封没头没脑的信给我。现在我怎么都联系不上她了，真是令人担心。"

"啊？怎么了？"

"嗯，她说她很兴奋，刚发现了一个很大的秘密，骂自己太傻太蠢，蠢到连这事儿都看不出来，但具体细节先要保密，就连我都不能告诉。为了这事儿，她得要消失一阵子，等搞定了之后再来联系我。你说这不令人着急吗……她倒是说到做到，现在给她发任何消息都没有回音。"

拂羽扬起眉毛："这么严重？"

"昨天看到这封信的时候只是隐隐有些担心。你也知道，苏焰她行事向来天马行空，跳脱不羁，先说些夸张的言辞，随后一切如常，这我并不觉得意外。但晚上回去之后，她一直没有回复，我就很难睡得着了，翻来覆去地想。你说什么事能让她特别兴奋？肯定不是什么寻常的玩意儿……"

那时晓和也立即去问了顾令臣，但他一脸惊异，看来什么也不知道。

"对了，她最近对什么东西特别有兴趣？"

晓和苦笑，指着天上的那个暗红色的圆盘，"喏，你们俩肯定有共同语言。要是你发现了她的什么蛛丝马迹，早点儿和我说。"

"我会的。"拂羽站起来，"好了，该干正事了。"

两人向着 247 号管道走去，要看看那里究竟是什么堵住了。拂羽对照着地图，在前面领路，晓和在后面跟着，脚踩在冰和土的混合物上，发出咔嚓咔嚓的响声，在空旷寂静的地表，奏出悠远的回音。

走过几百米的距离，两人爬上小小的土堆。看着脚下不远处巨大的孔洞。晓和禁不住问："你……是不是对我有些失望？"

"是啊。"拂羽毫不掩饰地回答，语气里有些淡淡的忧伤。

"那也是没办法。人和人是不一样的，有人生于富贵之家，他们的起点，就是很多平凡人的终点了，而这是一辈子也无法超越的……每个人都只有有限的时间，把它们用在刀刃上才是正解。"

拂羽回过头，似笑非笑地看着他："晓和，你误解了。我们无法选择出生，也无法责备一个人的出生。"

"这我知道。"

"我从与你见面的第一天，就能感受到你绝非家境尚可的人。几个硬币，你都用小袋子认真装好，而非随意塞进口袋里。你买那辆十多年车龄的二手车，也有些过于节省了。"

晓和眼神一动："哦，我……习惯了。挣来的钱都是宝贵的，也许哪一天，多一个钢镚儿，就能救命呢。"

"可是每天为了生计而奔波的你，现在居然到这里来，为科学事业做着奋斗，为着一个万分之一的，能让你妹妹站起来的可能。这真是不可思议。

"你有没有想过，如果我是那种单单因为出生就看空你未来一切的人，那么从一开始，我就不会和你深入地聊下去。可我，还在这里呢。

"我有点儿失望，是因为在现实和理想的巨大差距面前，你居然一点儿也没有想过，要如何去改变。

"另外，你的逻辑反了。正因为多了一条命，所以那一天市长来访的时候，我才应该那么做。"

她站住了，抬起头看着天。

"如果没有人有这个胆子喊出来，那就让我来吧。"

# 第34章 破晓之梦

CHAPTER 34

无边无际的黑夜。

星星也没有，只有湿冷污浊的空气在身边盘旋，贴在身上，令人难受。

铅灰的云盖过了天空，一道闪电从云层下劈来，照亮了这个灰黑的世界。

炸雷响起。大雨如注。

目力所及之处，是密密麻麻的人，在慢慢地向前走着。晓和发现自己也是其中的一员，正拉住前方被汗水打湿的滑腻的肩膀，向前挤着。

水汽在头顶凝聚着，他们像是在雨云中穿梭。

晓和的视线开始模糊，身体渐渐虚弱。脚趾已经磨破，鲜红色的血渗出来，没入粗糙的木板里。

他们在桥上，桥很长很长，一眼望不到头。桥下，江水滔滔。

晓和已经不记得他要去哪儿了，只记得自己在这里走了很久很久，自己的左右前后，有男有女，有老有幼，一双双熟悉又陌生的眼睛，有迷茫，有羡慕，有嫉妒，有坚定，有后悔，有流着泪。

他们是谁？他们是我的朋友吗？晓和翻阅遥远的记忆，但记不起来了。他只记得，有人已经加入很久，有人早已离去。他回头，看到那一个面容方正、眼神坚定的男子，遥遥地看着他。

"师兄！"

晓和看到他，好像看到了久违的阳光，激动地叫起来。那个叫风希云的男子默默地点点头，他扛着一面旗帜，旗面已破败，在狂风暴雨中猎猎作声。

"我放弃了，还有很多别的事要做呢……"有人突然说道。那声音被淹没在隆隆水声里面。随后他就消失了。

"太累了，想休息一会儿。人生很精彩，为什么逼着我爬峭壁走悬崖，我要休息！"

他听到越来越多的声音，从四面八方涌来，震得他头痛欲裂：

"干吗让我做这个脏活累活，每天实验室家里两点一线，活得舒舒服服不好吗？"

"听说这东西会致癌的！可我每天还要碰。"

"我刷了几年的试管，每天十四个小时！到头来只有一年几万的工资！你让我怎么养活家里？"

"你们是很有面子了，可以在亲戚面前使劲地吹！可我在这中部荒地里活得像一条狗！"

晓和静静地听着，一言不发。希云走过去，一个一个地看着他们的眼睛，听着他们的声音，然后握住他们的手。"我明白，我理解，每个人都有自己的生活。"

他们走了，消失在桥的来路，旷野之中，再无声息。

"我还在这里，我永远在这里。"希云看着他们远去，一手擎着旗帜，"还想继续的，跟我走！"

天地间没了声响，除了漫天的雨声。晓和费力地抹去脸上的水，继续向前走去。桥面越高，道路也越窄，两旁的护栏变得破旧不堪，走错一步就可能掉下去，坠入黑不见底的江中。

可桥却没有尽头。

头顶的黑影如乌云一般从远方飘来，那黑影中有一只眼睛，冷酷地看着大地上的所有生灵。

脚下的铁桥开始晃动，晓和听见身后令人牙酸的摩擦声，回头一看，在模糊的视野中，狂风大作，江浪翻涌，大桥，竟然已经开始崩溃。

在剧烈的震动中，晓和勉强稳住身形，看着身前的这一个人，旗帜在他手中，成为灰暗天空与大地中的一抹鲜艳。希云在队首，如同明了晓和的心事一般，突然举起旗帜，回头大声发问："大家说，为什么要往前走？为什么不认命？为什么不认命！"

"不想当普通人！"那人个子矮小却第一个响应，目光炯炯有神。

"阶层跨越！"另一个人穿着一身破衣服，附和道。

"人生太无聊！"

"不因碌碌无为而羞愧！"有人一脸正气。

"要给昔日的同学看看，我也可以咸鱼翻身！"

"赚很多钱，娶到'白富美'！"

"证明自己，变得更强！"

那声音一阵又一阵，一层又一层，在队伍中相互加强，泛起巨浪。

每个人自私的决定，造就了无可抵挡的历史洪流。或是茶余饭后的闲聊书信，或是排解寂寥的随手涂鸦，或是无处可退的困苦家境，或是不甘人下的切齿决心，于是去挑战未曾挑战过的，去开拓未曾开拓过的，不指望上苍怜悯，不祈求神灵庇佑，以数十年的血肉之躯和蝼蚁寿命去撼动存在百亿年的宇宙法则，以几乎彻头彻尾的徒劳，换来亿万万分之一的希望。

"我们走！"

希云一声巨吼，声若洪钟，旌旗前指，一往无前。一时间砂石飞滚，巨浪滔天，仿佛整个自然突然间成了敌人，要想方设法将这一队人除之而后快。下一瞬间，晓和的脚下响起咔嚓的轻响，他左身一沉，本能地向前翻滚，随后扶住桥上的钢制扶手，猛身扑上，沿着护栏向前直冲而行，滑腻的表面没有让他失身而落，反倒让他加快了速度。

他眼角的余光，瞥到一旁的小矮个连同他脚下的桥板，在江面上跳了两跳就沉入水底，无迹可寻。更多的人掉入桥下滔滔江水之中。一道龙卷突然从天空中直泻而下，正中队伍前方。

希云！

"不！"晓和发出一声惨呼，用尽全力冲向队伍前方，腿上的肌肉几乎要抽搐起来。豆大的雨点让人睁不开眼。在下一个闪电之后，他终于勉强看见那个身影，不顾一切地扑身而下，穿越狂风和沙尘的屏障，握住了他的手。

暴风眼里，一切突然变得如此平静。希云就站在那里，如一位早已洞察世事的智者。

"我们每天都在和冷酷无情的自然界交谈。"他深深地叹了口气，似乎苍老了十岁，话语的尾声过处，整个世界都在回响，"我们充满热情，理想远大。但任凭我们如何哀求，如何渴望，如何挥霍自己的青春，自然都不会透露它的奥秘，哪怕一星半点儿……年华老去，岁月蹉跎，花费了几十年有限的生命又有什么用？在宇宙面前，这不过只是毫无意义的一瞬间。"

晓和站着，希云拍着他的肩膀，方才的苦楚悲哀渐渐消逝。他的脸上，竟现出笑容来：

"你来了啊，晓和！纵然烟消云散，还有薪尽火传！"

一声巨雷轰响，霹雳响彻天际，将黑沉沉的天空劈为两半，一半阴郁，一半苍茫。狂风大作，希云在龙卷中腾空而起，撞入犹如实质的雨幕，消失不见。

晓和默然回头，眼角滑过的不知是雨水还是泪水。桥下，在目力不至的极远方，有一条小溪在艰难地向前延伸，渐渐宽阔，渐渐坦荡，终于化作大河，一路延伸至晓和的脚底，惊涛拍岸，水腥扑鼻。在几万年争斗和内乱的循环中，这一条凝结着心血和汗水的知识与智慧的长河，一直在向前流淌。

虽有散佚，从未忘却；虽有曲折，从未停歇。

那浩浩荡荡的队伍，正在缓缓地向自己开来，有人加入，有人退出；有人低声哭泣，有人引吭高歌。满身污泥，溃不成军，伤痕累累，遗憾，伤感，痛惜，抑郁，疯狂。呻吟和悲鸣在天空回荡。

然而，每个人的神情里面，都燃烧着不甘与希望的火焰。

天上的眼睛散发着无上威严，冰冷无情地注视着他们，仿佛望着一群微不足道的蝼蚁。

晓和抬起头，也注视着它。

然后，把希云插在地上的残破旗帜，高高举起。

# 第 35 章 入职

CHAPTER 35

晓和从梦中醒来。

早晨七点，闹钟还没有响。

地底过滤的空气浑浊而带着些许霉味，让他不禁连声咳嗽。他轻轻起身，以防头部撞上低矮的天花板，然后披上衣服。

窗外穹顶上的人造光源已经开始亮起来了，街道上开始人来人往，各自忙碌。

晓和回味着自己刚才做的梦，花几分钟平复了心情。

"我前几天是不是被拂羽的狂轰滥炸洗脑了，才梦到这种玩意儿，唉，真是……"

他一边回味梦中漫无边际的想象，一边趁着公共洗手间还没有被占用，开始一天的洗漱。

虽然周奇海那边的流程很慢，但终究是等到了。今天是入职的第一天，而自己也将摆脱到处打工的身份，重新有一份正式的工作。

他穿戴整齐出门，涌入早晨上班的人潮之中。露天地铁车厢里熙熙攘攘，看着周围的人群，想起自己将来的稳定工作，晓和站直挺胸，忽然觉得有了底气，也不再怕别人射来的目光了。

"唉，师姐，我可没有那么崇高……"

他看着车外的广告，自言自语。

对于晓和来说，来这里当一个悲催的博士实验狗，只要能省点奖学金寄回家，其实与到处做零工相比，更加稳定些……

如果罗大仙不给钱，他这样一个如此现实的人，绝无可能被忽悠过来，为了一个虚无缥缈的理想和万分之一的可能性而奋斗。

相比林师姐的优渥家境，风师兄的理想主义，晓和非常清楚地知道，他只是一个普通人。摆在他面前的，应该是如何在接下来的几年里换更大的住所，吃更清洁的食物，这样会对将来的家庭有好处——如果会找到人结婚，甚至还有孩子的话。

可是，可是……

说大仙是忽悠吧，说师兄师姐是走火入魔吧，也许，他们说的，他们做的，真的会实现……

在那一刻，他突然对梦境里的事情，生出了一些向往。

手机响了。

他看了一眼新邮件,一时没相信自己的眼睛,又看了一遍,才放下手机。

"奇海这家伙……果然奢侈得很。"

入职的培训絮絮叨叨两三个小时才结束,晓和拿到一个公司的标徽,淡紫色的,佩戴于胸前,来到了办公室。

奇海科技已经算是全球公司,他来的是 823 号地下城的分部,分部在一栋依岩壁而建的办公楼里面,总共也只有十多个人,负责服务地下城里数以千计的代行者。

晓和看了一圈,似乎只有自己穿了一身正装,其他人全是拖鞋加广告衫。他这穿戴,明显和周围的人格格不入。坐着的几个人都顶着黑眼圈,一副熬夜过度、精力不济的模样,看到有陌生人来,懒散地打量了他一眼,随即就忙着干自己的事儿了。

晓和找了一个地方坐下,把新发的电脑拿出来放在桌子上。地表上的工业能力大半毁损,而地下的工业体系才刚刚起步,所以他拿到的是被修修补补的翻新货,和他的旧手机一样,只能祈祷多撑几年。

晓和有时候好奇地想,在这么糟糕的条件下,那个灵界立方,到底是怎么让奇海做出来的?

一旁的会议室虚掩着门,有对话从里面传出来。

"要说什么,我最服周老板!你知道吗,他三年前还是一个落魄的博士,据说天天和自己的老板吵得不可开交,一怒之下拍屁股走人了。想不到,三年后事业竟做得这么大!白手起家而成亿万富豪啊。"

"是啊,他现在已经包下一整个 3957 号地下城,把它改造成他的私人庄园了!我听小道消息说,马上还会举办盛大的宴会。唉,我们这种打工的,无缘,无缘。"

"我听说啊,今天招来的这个博士,好像和周老板是一个实验室的!你看周老板搞得这么红火,人和人的差距,真是比人和狗还大!"

"据说他是被研究所开除的。"

"怪不得。这种挫人,我们还把他招进来干啥?谁面试的?是不是眼瞎了……"

"我问了一圈,我们组里谁都没面试过这个家伙,奇了怪了,他该不会是托关系进来的吧?我最讨厌这种人了!"

"这,难道会是周老板的关系?"

"我看这小子也不像。再说了,真和周老板关系铁,还能招过来给我们打下手?不可能啊。"

"当年我和周老总,可是同一个战壕里拼出来的生死兄弟!周老总睡办公室,我就睡车里,哈哈!这病恹恹的博士,他怎么可能看得上。"

"咱们的吴总就是牛!"

"跟着吴总没错的！"

晓和听着他们在议论自己，脸上发烧。一群人从会议室里走出来，都看到了这个新来的家伙。做技术的只服硬实力，最忌有人冒领功绩或不劳而获。尽管刚才的聊天只是猜测，并没有证实，但大家看晓和的眼神也开始不正常起来。

奇海确实待人够意思，帮他跳过了很多杂七杂八的流程，但不管怎样晓和还是要通过正常的面试，只是面试他的人和现在的同事不是同一拨而已。奇海日理万机，可能把他去哪儿的事情搞混了。

有一个领头的看着他，向他伸出了手，"你是朱晓和？我是吴大庸，这里的主管。"

"哦，吴总，你好。"

"嗯，你随我来一趟吧。"

办公室里，晓和看着他的新上级。吴大庸穿着发黄的广告衫，上面印着"峰峦地球"几个字，头顶上没剩下几根毛，眯着眼睛，跷着二郎腿，油腻的脸上，神态甚是倨傲。

他唾沫横飞，介绍了一下这个分部的情况，顺便吹了一通奇海科技，说灵界用户已经破亿，公司发展蒸蒸日上云云，值此乱世，晓和能来这里，不啻祖坟上冒了青烟，百世修来的福分。晓和听了二十分钟，问了些各处的细节，随后小心翼翼地问了一个现实的问题："嗯，我听说代行者在这里可以……可以免月租？"

听到这个问题，吴大庸方才的热情立即消退，板起了脸："那都是老黄历了，这半年公司扩张那么快，新员工刚进来都想吃福利，哪有那么舒服的事情？你先待满两年再说。晓和，你这种不是科班出身，零敲碎打干点儿边角活的，我看得多了，甭管当初刷了多少题进来，实践知识都是零啊。到时候写了烂代码，组里人会抱怨你是负资产，你让我这个头头很难做啊。头三个月是关键，不好好干的话，你也知道，我们这里不养闲人。你是代行者，责任很大啊，你要是丢了工作，月租怎么办，嗯？"

"嗯，是，是。"晓和听着这些话，尤其是最后犀利又可怖的反问，还有那个上翘而悠长的音调，知道月租是免不了了，只得闷头儿去找同事们熟悉代码去了。

快到傍晚，眼见一天的任务就要结束，晓和看着手机里的邮件，想起还有一件事情需要找吴总商量。刚想离座，就看到所有人都站起来了。

吴大庸出现在所有人的面前，神态甚是自得："老子那洞穴攻防赛决赛押对了！哈哈！明天晚上，请大家去 25 区吃一顿大餐！"

"吴总威武！那可是富人区啊！"

"吴总，您请的客，我们一定要捧场！"组里一片欢腾，个个喜笑颜开。免费吃一顿大餐，谁不愿意啊。有个女员工显然是提前知道了消息，准备了一块"吴总我爱你"的牌子，高高举起，在那里招摇。大家看到了，纷纷起哄，气氛又一次奔向高潮。吴大庸听着这一片叫好声，不禁哈哈大笑，凸起的肚子，让他有了些将军的样子了。

晓和站在一角，安安静静地堆着笑，简单地附和。他刚来，还没适应如此夸张卖力的讨好，正竭力思考着自己要怎么表现才行。

"晓和，你看起来不太兴奋啊，嗯？"吴大庸环顾四周，在众人恭维奉承的气氛之中看到了一丝不和谐，皱起眉头，一句话让所有人的目光齐刷刷地盯着这个新来的员工。

"吴总，不，不好意思，我……"晓和被点到了名，脸有点儿红，"我明天要请假。"

吴大庸的眼皮跳了一下，下意识地觉得自己被打了一巴掌。他越看越觉得朱晓和这个人十分不顺眼，上班第一天，寸功未立，就想要代行者免月租的福利，还要提请假的事情？现在自己这个老板请客，此人还这么不识抬举，这是要反了不成？

"请假？你又没老婆孩子，一个单身狗周五请什么假？"吴大庸的声音提高了一分，语气里已有几分不满。

"哦，这个是私人活动。"晓和解释道，他并不想把细节说出来，"我不便透露。"

组里的同事们都安静了下来，刚才的活跃气氛消失了。有人好奇地看着晓和，想从他的表情里搜刮出对着干的本钱，还有几个人看吴总该要如何回应，另有几个人正交头接耳，窃窃私语。

"私人活动？什么私人活动？你倒是说来听听，嘿嘿，让我这井底之蛙也来见识一下，嗯？"

吴大庸不禁有些恼怒，看着这个愣头青，脸上的笑容扭曲了几分。自己虽然才干平平，但好歹也是陪着周总摸爬滚打，吃尽酸甜苦辣，看着公司从无到有、从小到大的早期员工，多年积威居然号令不动一个刚来一天的新人？现在这么多下属当场目击，以后随便哪个说出去，自己颜面何存？

晓和叹了口气，拿出手机，并让自己尽量放松下来。

他本不想公布的。

"周总……嗯，奇海发的请柬，让我去参加他周五晚上的庄园宴会。明天一早有地上通勤车，我不能错过了。"

# 第 36 章 B 计划

CHAPTER 36

研究院，会议室。

"罗教授，你觉得天峰这个人怎么样？"寇厉明问。

罗教授沉吟了几秒，思索对方的动机，斟酌地回答道："上校，嗯……他是一个非常扎实可靠的学者。"

"这我知道，然而在非常时期，扎实可靠只是担当重任的必要条件。"寇厉明说话一向单刀直入。

"能力永远需要慢慢培养，上校，你不能指望满足你所有条件的人会自动出现在面前，并且心甘情愿地受你差遣。"

"那罗教授你觉得，性格上的弱点，是否能慢慢改变呢？"

在罗英先低头皱眉的时候，奥德雷进来了。

"厉明，这是何必呢？"他打了个圆场，"你心中的人选，已经调不过来了。"

"格兰特在路途中遭到严重冻伤，现在还躺在医院里。"

厉明脸色一凛，眼神锐利得像是要杀人。

"他在哪里？"

"本地下城条件最好的医院，我亲自护送他进去的。"

上校双拳紧握，与大家匆匆道了别，就离开了，留下市长与罗教授两个人。

"究竟出了什么事？"英先问，"我听说格兰特少校要来研究所上任，但他没坐军车，而是坐的民用长途车？为什么？"

"军车上有几个重要零部件因为使用过度而损坏，以地下城的工业水准无法重新制造。格兰特自告奋勇，带了队去地表，目的是尽可能多地搬运零件和机床回来。想不到出了这样的事故。"

市长简要地描述了事件的经过。

罗教授听得出，地下城运转半年，居民消费勉强能够自给自足，但工业生产仍然是一个巨大的问题。没有原材料的开采与提炼，没有成套的工业体系，终有一天，所有搬入地下的机械设备，都将停止运行。

要是等到那一天来临，再想起来去地表挖矿救火，恐怕连简单的工程机械乃至御寒衣物都会紧缺，到时候顶着零下五十度的气温徒手搬运，那该是多么惨烈！

"可惜啊可惜，格兰特少校能提前想到这一点，并不容易。"市长感叹了一句。

罗教授听出奥德雷话里有话，回去得给孟天峰提个醒。

他早就看出来，寇上校对孟天峰并不满意，尤其是在性格方面。

作为一个科学家，天峰脾气温和，待人四平八稳，大家都对他赞赏不已。

要是在和平年代，他绝对是一个人缘极好的领导；但在这个非常时期，做出的每个选择都要慎重考虑，果断甚至残忍地舍弃不重要的东西，将所有的资源和精力都集中于生存最大化的可能上。他这谁都不得罪的性格，反而成了弱点。

在这个残酷的世界里，领导得要有杀伐果断的魄力。

格兰特本要接替孟天峰的职务，结果在就任的路上严重受伤。这次只能说天峰运气不错，但下次呢？天地很广阔，不能只盯着实验室里的那些仪器，有时候，还要为整个地下城着想。

"对了，我这次让老弟你过来，是有一件事情想要你帮忙。"

市长说完，打开了投影仪。

墓碑计划。

"看起来，这个倒是应该让老朽来干啊。"罗英先看着屏幕上的字，不禁自嘲了两句，"年轻人不适合干这个。"

市长一头银发，点了点头："是的，所以才有这个会。这个不好对外宣传，但又不得不做。"

大家都希望事情能向好的方向发展，但另一方面，也要做好最坏的打算。

"如果我们失败了，人类要怎么办？"

"这取决于我们的失败以什么方式呈现出来……老弟，这方面你是专家，我洗耳恭听。"

罗英先沉吟了几秒。

"这取决于恶魔之眼的目的……如果'它'是要在短期内将人类赶尽杀绝，那么我们自当坚决立即执行墓碑计划，赶在大毁灭之前，备份出尽可能多的人类遗产，一份深埋地底，一份送往宇宙。如果'它'只是想像现在这样耗着，那么看现在的情况，我们还有至少百年的时间慢慢执行这个计划。"

奥德雷点头："这个计划很重要。在任何一种情况下，它都能为人类保留一份火种与希望。也许在几百年后，人类在地底能有新的发现，从而逃出这个极寒地狱，而我们封存的这些遗产，能保证我们的后代可以阅读现在的科技文献，可以沿着一个大致的方向走下去，不至于从头开始。"

"不管是哪种情况，都是一件劳民伤财的事情。奥德雷，对这个项目，你大概能拿到多少财政拨款？"

白发苍苍的市长干笑两声。

"我不打算让市议会对此进行表决。"

罗英先皱了皱眉头："你想让研究院自己去筹钱？巧妇难为无米之炊。"

"这个项目除了提供一些就业岗位，对居民们没有一丁点儿的好处，我要是拟一个正式提案，市议会一个子儿都不会给的，他们只对改善与提升居民的生存条件和品质，诸如此类的这种短期目标有兴趣。所以这件事情，我作为市长不能提……但我可以批准你做。"

罗教授苦笑一声，点了点头，抱怨了一句："哼，理想真是不值钱。"

"唉，老弟说话不要那么极端，大部分时候它确实不值钱，不过有时它值几个亿，有时嘛，它是无价之宝。你们身上，可都是承载着人类的未来啊！"

"这话真是好听啊！然后你们就空手套白狼，想要一毛不拔地拿到这个无价之宝？"罗教授在桌子上敲了两下，"市长，我们都是要吃饭的。而且你们也看到了，对于提高避难所市民的生活质量，研究所最近成果显著，孟天峰的团队创造了多少价值？造福了多少避难所居民？现在老项目的预算还没批下来，却还要让我们做一个没有预算的新项目，买卖不是这样做的。"

"老弟，新预算肯定是有的，只是尚需时日……你也知道，我这里手头拮据得很，要花钱的地方实在太多了。"

"嗯，我最近和 3957 号地下城的主要负责人聊了一下，他们对我们的这个技术也有浓厚兴趣。哦，忘记提了，那个地下城离我们也不远，把技术送过去和他们交换一些资源，也不是不可以……"

奥德雷满是皱纹的脸上露出一丝无奈的笑容。

"罗老弟，你这是在要挟我？你以前可不是这样说话的。"

罗教授双手交叉，哈哈大笑："此一时，彼一时。人都是被逼出来的。"

老市长思考片刻，随后说道："这样吧，出钱我们实在没有，但可以出人。我让手下人来帮你。"

"嗯，谁？"

"你以前的部下，林拂羽。这样合作起来也方便，不是吗？"

这时门开了，拂羽走了进来。

两人交换了一下眼神，看拂羽毫不惊讶，罗教授明白这事儿市长早就安排好了，现在竟然成了他给出的优惠条件，顺便堵上了自己的嘴，不禁哑然失笑。

嘿，你这算盘，打得真是太精了。

# 第 37 章 宴会

CHAPTER 37

一大早，晓和从 823 号地下城出发，乘坐地上通勤车，一路辗转来到了 3957 号地下城。

不，现在已经更名为"奇海庄园"。

他垫付了一千块钱车费，拿到了车票票根，小心存放好，等到了那里找财大气粗的周师兄报账。

昨天下午收到信，他非常吃惊，两人既已在不同的世界，奇海居然还会想起来请他去参加宴会。晓和下意识地想要拒绝，但转念又想，既然奇海看得起自己主动请了，那么自己去一去也无妨。

如果奇海只是略有小财，请一些混得没他好的昔日同道来炫耀，晓和虑及去了脸上无光，倒会拒绝。

现在差距太大，他去了，倒是让自己脸上沾光。

晓和想着昨天一众公司同事，在听说奇海邀请了他之后的夸张表情，不禁偷笑。

通勤车上坐着二十多个人，各自拿着大小行李，或是看顾着成箱货物，皮肤蜡黄，脸上都有风霜之色，或是和司机插科打诨，有说有笑，显然是跑趟跑多了，早就认识。只有晓和一人白净着脸，背着包空手上车，在后排安静地坐着，避开所有人的视线。

车开了七八个小时，一路上冰天雪地，一望无际。晓和啃着几块冻得像石头一般的面包，喝着白开水，权当填肚的午饭。除第一次和师姐一同上了地表被惊到之外，现在看这些风景已有些索然无味，暗红色的圆盘升起又落下，仿佛从天地初开之时，就在那里一样。

苏焰一直没有消息，晓和的担心也一直没有放下过。他无聊地看着窗外，不由得安慰自己，妹妹虽然行事无所顾忌，想到啥就做啥，但总能真的做到细节上，比自己这个哥哥要细腻得多。

晓和想起有好几次自认为周密的计划，被她在几分钟内指出巨大破绽，自己被骂成了猪头还不能还嘴。

"唉，我要相信她。"

到了傍晚时分，晓和终于到了目的地，随着大家下了车。出了车站，不需要问人，他就远远地看到了那一栋高耸的建筑。他找了一个僻静的地方，把身上的日常衣服脱下塞进包里，换了一套人模鬼样的正装，才进了大门。

卫兵查验了请柬，放行。

庄园里灯火通明，气势恢宏。难以想象，在如此资源紧缺的时代，还可以建成这样大的建筑。站在古意盎然的内门前，晓和暗暗惊叹，周奇海这家伙在送人去灵界这项生意上，到底挣了多少钱？

进了门，暖意扑面而来。两位接待者戴着白手套，彬彬有礼地收走他的外套，并示意他耐心等待。晓和等了约三分钟，管家托人将一枚胸牌送了过来，"请。"

晓和别上胸牌，进了门，看到一个篮球场般大小的大厅里面，很多人端着酒杯，谈笑风生。服务生托着一盘各式的酒，以眼神向他致意。晓和犹豫了一下，一时不知选哪个。

"谢谢。"

身后传来轻柔的致谢声。纤手伸出，从托盘上端起一杯酒，杯中的液体泛起红光。

晓和回头，看见林拂羽身着玫红色的连衣长裙，落落大方地走了过来，朝着服务生款款一笑。

晓和瞪大了眼睛。

"好久没尝到这样醇正的干红了。"她抿了一口，赞许地点点头，"唉，小时候的生活，也偶尔让人怀念。"

"哇噻，师……师姐……从没见过你穿成这样。往日在实验室里，可真是委屈你了。"

拂羽启唇一笑，她的表情分外柔和，似乎心情格外好："不妨，偶尔参加可以，天天来这样的宴会，那就无聊透了。晓和，你从来没来过这样的聚会吗？"

"之前因缘巧合，托罗大仙的福，只参加过一次，规模也远远没有这样大。"晓和尴尬地笑道，"我不过是一个孤陋的土包子，见笑了。对了，你也是奇海叫来的？"

"嗯，是，也不是。"她回答。

这回答耐人寻味，晓和还想要追问，感到背后有人戳着他的肩膀叫他，语气有些怯懦："那个……晓和，这里的东西都可以随便拿、随便吃吗？"

是风翠云。

她还穿着接受采访时穿的那件衬衫，虽然洗得很干净，但明显洗了很多次，边上已经起毛。晓和寻思着她家里恐怕只有这一件能拿出手来。他想起刚才听到的问题，连连点头，笑道："是的。喂，你别把肚子撑爆了啊。"

另一边，拂羽朝着来人打了招呼："奥德雷市长，您好。想不到您百忙之中还有时间过来。"

老者微微点头："有些事情，还是要参加的。"

晓和是第一次近距离看到这位老市长。老者一头白发，精神却是极好，见了拂羽，露出和煦亲切的笑容。

看来在新岗位上，师姐和他居然相处得不错，之前在众目睽睽之下针锋相对的询问，好像从没发生过一样。

"这位是朱晓和，我的师弟，很厉害的。"拂羽介绍道，顺带替晓和吹捧了几句。市长举起酒杯，向他微笑致意。晓和一脸慌张，连忙微笑回礼，话说得有些结巴。

拂羽和市长又聊了几句工作上的事情。晓和站在一旁，在喧闹的宴会中，只零碎地听到"灵界实验""多加监管""新项目要弄好"的只言片语，茫然不解其意，但拂羽的脸上，变得严肃了些。

不远处，褚随穿一身正装，望见林拂羽，连忙快步走来，先是一声热情寒暄，等拂羽转过身来，他睁大眼睛将她从头看到脚，然后赞叹两句："林小姐果真出脱凡尘，美如天仙，在下纵饮千杯酒，也不若看一眼沉醉。"

拂羽嘴角露出一丝不自然的笑："褚先生一表人才。"

奥德雷市长见了这个'问天探海'农业公司总裁，也打了招呼，两人自我介绍了一下，随后去了一个角落里细聊。

看他们两个走开，翠云不禁咧嘴笑："这人用词真是文雅，但意思有点儿太过露骨了啊。"

拂羽有些厌恶地点头："本来对他印象尚可，想不到一样臭不可闻。他家是卖粮食的，这次参加奇海的宴会，想必是过来找买家的。现在局势较大半年前缓和许多，海底粮食生产技术也慢慢成熟，供应商越来越多，价格也有所下降。估计他在家里坐不住，要出来推销了。"

晓和问："哦，明白了，那市长这次过来，就是要找到卖家喽？"

拂羽微微了摇了摇头："奥德雷市长忙得很，这只是他的任务之一。要是褚随能推销成功，那他估计就会常跑我们这儿了，以后要是天天碰上他，听他的那些陈词滥调，可真是头大。"

"哦。"晓和看着拂羽眨了眨眼，心里小小地咯噔一下。

随后三人分开，在这喧闹的宴会中，各寻有趣的人交谈去了。

晓和一开始并不特别适应，拿着酒杯装着自信，挤进一圈人里，听着别人高谈阔论的话题，并不特别明白；偶尔兴起，强要插一两句话引起别人的注意，又往往冷场，并招来鄙夷的目光。

他转了一个小时，觉得有些无趣，坐在一边，细细地回想着自己刚才哪里说错了，哪里做对了。

那一边，风翠云一直在介绍自己在地表采访时的所见所得，让人眼界大开，说到她九死一生的经历，又激起一阵同情，倒是如鱼得水。

晓和远远望着，拿起酒杯挤进去认真听，大概明白了这个游戏的玩法，他偶尔插几个段子，顺带介绍了一下翠云过去的记者经历，由衷赞扬了她为了真相而孤身探寻地表的勇气，让翠云很是开心。

大家聊得正欢，晓和眼角的余光，忽然看到了周奇海。

和以前相比，奇海的腰细了不少，看来最近已经狠下功夫做了身材保养，眼神很亮，仿佛看着什么兴奋的东西着迷。

在宾客聚集的目光里，他向晓和走了过来。

"晓和师弟，好久不见啊。"他主动打招呼道，双目炯炯，公鸭嗓仍然没变，但似乎被人仔细调教过，有意压低了音调，变得浑厚深沉了些，不再那么刺耳了。

看到如今已是高高在上的奇海科技总裁，径直向自己走来，晓和惊得大脑空白，下意识地后退了一步。他眼睛一花，前面就有一个人截了进来。

"周总！对于奇海科技，我们大福资本能不能再追加投资？"

"这个我们可以以后再谈。"奇海摆摆手，打断了那人的话，"今天我还有故友要聊，过两天再回复你们……"

见奇海做了一个送客的手势，那位投资人尴尬地点点头，退下了。

奇海看着那人离去，做了一个无奈的手势。

"唉，真是今非昔比啦，以前我可是到处求人要投资。一晃三年多了，瞧瞧现在成啥样了，要是我的手机号码不保密，早就被打爆了。唉，奇海科技可是我一手带大的啊。我 2020 年成立了这个公司，还换过几个名字，什么'观海听潮'啊，'峰峦地球'啊，最后还是觉得叫"奇海科技"最直接！哈哈哈……"

"师兄白手起家能做到这么大，佩服佩服啊！"晓和恭维得真心诚意。

奇海和他碰了碰杯，笑着说："不过就是运气好。还不是靠你们帮忙搞定了罗大仙，不然我还在实验室混呢。你入职了没？你的上司待你怎样？对了，昨天我和孟天峰聊过了，你想继续那个研究项目吗？我觉得很有意思啊。研究所那帮人鼠目寸光，只知道折腾眼前的那些破玩意儿。那天我看了市长的直播，别人都一副跪舔样，就林师妹问得好，问得漂亮！人类的征途，还是要考虑一下的，我们要吃饱穿暖，也要星辰大海啊。"

等……等一下，奇海要让我们继续？他怎么突然要做这个……原来这就是他让我们过来的目的？晓和猝不及防，脑子有点儿转不过来了，过往的记忆忽然苏醒，那带热水的住所，那些试剂和仪器突然间扑进他的脑海，令人升起极为强烈的怀念和感伤。

他激动了起来，一下子有点儿口吃了："哦，我……我……其实我还是挺有兴趣的……"

"那就好！"奇海哈哈大笑，拍拍他的肩膀，"你得好好谢谢林拂羽，这可是她牵的头，让孟天峰早上七点给我打电话，这么早可真是要了我的老命！那就这样说好了，今后我就能经常见到你们了。你们的项目组叫什么？'拂晓'怎么样？只有两个字有点儿寒酸啊……对了，要不就叫'拂晓之野望'，更有气势，再配上你们这一对俊男靓女，做一档节目，再让这位记者小姐采访一下，保证火！"

晓和觉得自己脸颊在发烧。

"这……周师兄是想开科研项目组，还是想要做直播？"

"哎，随便什么事情，要是没有人气，都是做不起来的嘛。翠云小姐，你说是不是？"

"嗯，周总说的确实有道理……"

周奇海的脑袋里到底装的啥？真是天马行空啊！

"多谢周师兄赐名。不过，这是不是还要听一下拂羽的意见？"晓和斟酌道。

"啊，她不就在了么？"奇海向后指了指。

晓和回头一看，师姐端着一杯红酒，正在听着。她抿了一口，回答道："还是'拂晓'吧，给观众更多的想象空间，再加'野望'反而用力过猛。"

奇海一拍大腿，连连点头，看着晓和自嘲："瞧我这个暴发户，又暴露本性了，哈哈哈！林师妹家学渊源，还是要向林师妹学习！"

"奇海，够了够了，你也不用这么拍马屁嘛。"

"哎，我周奇海也就穷得只剩下钱了，搞最前沿科技，还是要靠你们嘛！来来，晓和，咱们干杯，合作愉快！不错，名字都有了，效率真高！"

晓和干杯，看着奇海一饮而尽，碍着面子也咕嘟咕嘟喝完了。

在被几乎所有人抛弃的时候，忽然有这么个巨有钱的师兄跑过来给了这么大一个机会，真是意外。晓和现在看上去醉醺醺的，大脑也有点儿短路——但不管怎样，现在的感觉真好。

"对了，咱们内部已经有一些人在做了，不过内容可是保密的哦。哎，宴会都快结束了，怎么今天都没见到旭一，不然让他给你介绍一下大概情况，反正你都入职了，多说两句也不错。我去找找。"

咦，旭一？等……等等，我在哪里见到过这个名字！

晓和心中大跳。

奇海见他脸色有变，反问："你认识？"

"是叫萧旭一？"

"是啊。"奇海随口回答道，转头四处去寻人了。

那边拂羽一脸平静，显然她就是始作俑者。晓和先把旭一的事情放到一旁，问道："师姐，你去找了天峰？天峰确实和奇海关系不错，上次也是天峰帮我找到奇海，才免了苏焰的手术费，不然把我和我妹两个人都卖了也不够。"

"嗯，是的，他和大家关系都好，四平八稳得很，连奇海都买他的账。"拂羽回答，"那天我主动去所里找了他，商量了一下，请他帮了这个忙。"

晓和有些惊讶，那时孟天峰让许飞去向寇上校告了密，泄露了希云笔记的行踪。虽说究其缘由，还是因为师姐在众目睽睽之下痛斥某些研究并非正道，让天峰脸面上一时难看；但天峰这一狠招下来，拂羽这边丢掉了工作和声名，同样不好过，而且事发之后，天峰从头到尾，竟没有施以援手。

站在拂羽的位置上，晓和估计自己得愤懑悲痛半天，骂一句天道不公，从此将天峰列入黑名单，再不相往来，哪还会想着去昔日落败的地方，顶着大家的凌厉目光，开口求人？

晓和猛然回想起来，拂羽师姐带他去地表聊天，聊她的心境，聊她的希望，聊她想要做的事情，就是没有一句对孟天峰或者其他人的怨言，仿佛自己从研究所被赶走，和他们一点儿关系也没有。

"你居然一点儿也没有想过，要如何去改变"，他心有所悟，忽然想起来了师姐说过的这句话，不禁动容。

"说实话，师姐，我很佩服你。"他看着拂羽，认真地说，"金钱上的贫穷，我一直都能看见；眼界上的贫穷，我今天才看见。"

"小事而已，大家都是朋友。每个人都有做得好的地方。"师姐的脸上露出一丝微笑，"虽说我讨厌过去家里的那些是是非非，尔虞我诈，但现在回想起来，也还有很多道理可以学学。"

晓和忽然觉得，和离职那天相比，拂羽有那么一点儿不一样了。

之前明锐逼人的锋芒和鱼死网破的决心，被藏进了心里，和那永不熄灭的执念一起，化成了温婉和煦的笑容。

宴会接近尾声，奇海已经给参会者们每人备好了三天的住宿，好让大家可以趁着周末充分交流，说不定会有新的合作或想法诞生出来。

两人看着时间已是不早，并肩走出去。晓和留恋果酒的滋味，临走时又取了一杯。

大家排进长队，等着拿回自己的外套，同时取到房间的钥匙。

就在这时，有个人慌慌张张地冲了进来。队伍齐整，所有人的表情都闲适而平缓，相比之下，他的一举一动与整个气氛格格不入。

"周总在哪儿？我找周总。"他挤进队伍里，向着另一个人问道。被问的人指了指大厅里面。晓和注意到了，好奇地看着这个人奔过去，他记得自己和拂羽离开的时候，远远地看到奇海被人拉住了，聊兴正浓。

"我在这儿。"奇海正满面春风地和另一个人边说边笑地走出来，有些愠怒地看着这个冒失鬼，"什么事？"

那人看着奇海，手舞足蹈，语不成句，没人听懂他想说啥。唯一的效果是吸引了所有人的目光，没人再说话。

"你喝口水吧。"奇海招呼一旁的服务生过来，看他咕嘟咕嘟了好几秒才停下，整个人也稍许冷静下来了。

然后从他嘴里说出的，是惊天的消息：

"周总，不好了！1529号灵界寓所被天眼直接攻击了！目前所有的四千五百块灵界立方都失去了联系。"

人群一阵骚动，交头接耳，"天眼从不攻击地面……""这是什么情况？""怎么可能？"

晓和想的却是另外的事。

1529号灵界寓所，那是苏焰所在的地方……

他的酒杯，"啪"的一声掉落在地。

# 第38章 风起

CHAPTER 38

天都要塌了。

晓和的头，挨着宾馆的铁格子玻璃窗，一下一下地撞。

往昔的记忆翻涌而来，巨量的信息压得他喘不过气，各种片断快速闪过，一幕又一幕。一人打五份工的惶急，睡在马路上的绝望，跪着求医院的凄苦，历经坎坷拿到第一份工资的欣喜，忽然想要读博的冲动，离别的感伤，等待灵界手术的焦虑，看见妹妹重新站起来的喜极而泣……

泪眼蒙胧之际，思维又回到这一切的源头。他仿佛回到二十多年前，看见多车连环相撞的惨状，听见一辆辆警车和救护车呼啸而来，几乎压裂脊椎骨的锥心痛苦，头上的血流了下来，模糊了双眼，看见父母在血泊中无声无息，看见妹妹被压在车下，痛苦而无助地呼喊……

晓和的眼睛有些模糊，他看见那时绝望无助的自己，扶着拐棍打着绷带，看着病床上浑身插满管子，却还在咧着嘴笑的妹妹，带着深入灵魂的战栗，向妹妹许下惊天动地的诺言。

所有的苦难和考验终将过去，接下来必定是一路坦途，赚钱结婚生子过平凡的日子，然后存够了钱就去灵界退休，偶尔和妹妹一起去旅行……自己一定会把这个活蹦乱跳的精灵介绍给所有人，告诉他们，自己心里有这样一个人，超越所有的世俗情感，成为自己的信仰，是这十几年重重黑暗中，唯一的曙光。

一切都是计划好的，不是吗？可为什么……为什么……

有人敲门，很久很久，他才听到。

拂羽来了。

"你没事吧？天啊，额头都撞出血来了。"她递过一张纸巾。

晓和接过来，捂住额头，坐在床沿上，反应迟钝，全然不似平时的敏捷模样。

"是我的错，都是我的错！我应该早点儿阻止她才对……我是代行者，有这个权限！"他喃喃自语。

"晓和，别把所有责任都揽到自己身上，这本来就是她个人的选择。"

"焰做事天马行空，我应该早点儿预防的……"

"事情都发生了，再反思也无用了。要不出去走走？我觉得你和别人多聊聊会过得好些，一个人闷着容易出事。"

他听从了师姐的劝告，恢复了一些神采，觉得这是一个办法。已是凌晨四点了，两人离开宾馆，原路回到会场。走过这一段路，吹了吹室外的冷风，晓和的心绪稍稍平静了些，暂时摆脱了无边无际的悲伤，思考能力也恢复了大半。

大厅里面聚集了二十来个人，气氛十分紧张，似乎没有人能睡得着，个个都在那里不停地联系及不安地交谈。毕竟是天眼第一次直接进攻地表，这其中究竟预示着什么？地球和人类的命运将走向何方？

晓和环顾四周粗粗扫了一眼，周奇海并不在里面。大厅有一块很大的屏幕，正播放着事件的最新进展。

无人机拍下令人战栗的俯视视频：在冰天雪地的背景下，1529号避难所浓烟滚滚，整个顶盖被天眼射来的激光融化，内里一片狼藉，但限于分辨率，看不清里面的情景。另一个镜头里，第一批救援队已经集结待命，穿着防寒服，马上要准备进去救人。

这个避难所因为毗邻核电站，常年有热能供应，并没有建在几千米深的地下，只是挖了一个长宽各十几千米、几十米深的长方形坑，用混凝土浇筑顶盖，铺上防寒材料。但正因为露在地表，毫无地表的岩层保护，被天眼直接进攻后，损失惨重。

"风翠云？她怎么在里面？"晓和看着播报新闻的几个人，不由得吃了一惊。

"你听到噩耗后不省人事的那几个小时，奇海庄园已经派出了一架超声速私人飞机直冲现场。翠云被奇海拉去当临时记者赶赴前线。这是周五晚上的一个私人宴会，奇海庄园里除了服务人员，没有其他常驻居民。所以事情发生的时候，方圆几百千米，应该只有她一个记者。"

晓和点头："怪不得我们离开宴会会场的时候，并没有见到她。"

带上记者，还要直播，奇海这是嫌事儿不够大？难道他不应该在第一时间捂盖子……不不，自从那个冒失鬼当着那么多宾客的面，说出这个惊天消息之后，奇海必然捂不住，不如将计就计……

晓和看着拂羽虽然说话的样子一本正经，但眼神里有一些奇妙的闪烁，心下顿时明白了几分。市长这次来宴会，果然有……别的目的。

但如果是这样，那么拂羽的身份，就有些耐人寻味了。拂羽现在在帮着市长做事，职位明摆在那里，这一点周奇海不可能看不出来。如果是这样，那奇海为什么会那么爽快地答应她的要求，还要主动拉我们入伙？

晓和想得有点儿头痛。

奥德雷市长来了，右手还握着手机，显然是刚打完电话。他挥了挥手，向很多人打了个招呼。晓和见到这个神情还算镇定的老者，不由得有些心安。

有人看到市长，立即站起来关切地问："情况怎样了？"

市长脸色有些沉重："唉，核电站受到重创，混凝土保护壳有一个被激光烧穿的大洞，堆芯熔毁，带辐射的扩散性气体大量泄漏。救援队正在搜寻幸存者，但估计凶多吉少。诸位……也请做好准备。"

有一个在场的人听完，当场哭了出来，被人扶到了角落里休息。晓和投去同病相怜的目光。事发之后，他清醒过来之后，也联系过 1529 号避难所里的代行者们，但大多联系不上，大概率是"凉"了。

另一个人也站起来问："那……立方怎么样了？"晓和全神贯注地听着。

市长摆摆手："这个我不太清楚，这里如果有奇海科技的员工，他们应该会知道得更多……我听救援队说，会马上派机器人进去查看，应该再过十多分钟就有消息了。林部长，你知道得比我多些？"

拂羽被点了名，向前两步露了脸。晓和这才注意到她已经收了长裙，换了一身工作服。她迟疑着说道：

"嗯，这个避难所看重大功率能源接入的便利，灵界寓所就被安置在核电站的隔壁。如果情况诚如您刚才所言，那么结果……不会太好。"

人群里传来几声叹息。有人仍不死心，又问道："但我记得奇海科技的人宣传过，灵界立方能耐受几百度高温，还可以在宇宙空间中继续使用？所以，也许还有机会……"

"那我无可奉告。我们灵界民生部只能收集到公开的信息，但像这样详细的技术指标，需要去询问专业人士。"

这种狗屁宣传能信吗？晓和想。他环视了一圈，竟没找到一个胸前别着紫色徽章的员工，他们都不知道躲哪儿去了。但此时，他只能指望周奇海这个大嘴巴能靠谱点儿。如果苏焰还能活着，自己叫他一百声周爷爷都可以。

人群安静了下来。直播开始了，履带式机器人顶上绑着一台摄像机，拖着控制线和电源缓缓地开了进去。

看拂羽撤了回来，晓和凑近一步问："天眼从不进攻地表的，它一定是发现了什么？我一直在想，苏焰她究竟做了什么，才会遭此横祸？"

"我也想知道。你别乱想，现在这件事情，也许和你妹妹完全没有关系，这里面有四千多块灵界立方呢。背靠核电站并且配置是露天的，也只有极少数的避难所才这样。任何一个，都可以是天眼选择直接进攻的理由。只有一个样本点，你根本猜不出外星人的逻辑。"

她边说着话，边往后倒走了几步。晓和会意，脚步轻挪，离开前方的人群。

等距离足够远，她小声地说道："还有，在半小时前，救援队在避难所里发现了奇海的一个秘密灵界实验室。"

晓和大吃一惊："你……从哪里听来的？"

"市长和我私下说的，这事儿还没有公开。听他说，这里面似乎做了很多违规的实验。"

就在这时，人群发出一阵惊呼。晓和连忙抬起头，看到在机器人的视野里，已经出现了灵界立方机房的大门——不，那已经不算是门了，倒像是一张被火烤卷的纸，几乎就要塌下来。画面上充满了噪点，看来辐射已经变得越来越强。

机器人艰难地伸出一只机械臂，显然控制系统已经不太好使了，遥控它的人费了很大的劲。终于，它摇摇晃晃地推住门，一阵吱呀声响过，进去了。

里面的空间很大，它一路碾过散落一地的碎渣，在雨点儿一般的噪点里面，人们辨认出了一幅惨烈的画面：

每块立方都已经失去了原来的形状，粘连在一起，形成一大片的紫色，如打翻了染料盘，铺开在地面上，散布在墙上，凝固成了一大块结晶状的"湖"。铝合金架子都已彻底融化，像是流淌在湖里的水银。

苏焰的立方，已经化进这片湖里面，和其他四千多块立方混合在一起，再不分彼此。

拂羽下意识地想要扶住这个今晚备受打击的年轻博士生，但晓和抓住了她的手，"我没事。"

"太惨了……"她说，抹了抹眼角。

"没事，我已经想过了这样的可能。唉，她不会有痛苦的。"

晓和的脸上，仿佛经历了千万年的时光，变得无喜也无悲，"在温度升到铝合金的熔点之前，连接立方和灵界的接口电缆会先起火燃烧，因此她所有的感觉都会被切断，看不到，听不到，也没有任何的触觉，然后机房电源停止工作，时钟信号自然停止……在一片虚无中，她的意识会在最后一个时钟脉冲到来之后，永远停顿在那里——所以对于她来说，或许永远不用体会死亡之前的恐惧，在好山好水里面，过着自己快乐的生活。"

说完这一切，晓和的脸色依然平静，但紧咬着的牙齿似乎背叛了他。

"照你的说法，这算是一种恩赐吗？"她反问道。

"也许比天天在地表看着天，迎接绝望要好些。"晓和苦笑，看着拂羽的脸，"也比我们这种在地底受苦的人强……"

拂羽似笑非笑，不置可否，"唉，你多休息几天吧，啥也不用想。我开了长途车过来参加这个宴会，到时候你坐我的车回去吧。"

晓和的手机响了，他拿起来看，是风翠云的消息，一张发送过来的照片。

一间低矮的屋子里，各种实验报告堆得满地都是。桌子上放着几块脏乱不堪的灵界立方，有一些接着大量的电线，通入一台巨大的机器里面，还有一块被从中间剖为两半，断面显露出极其细腻的紫金色纹路。断面上还有几根电针插着，连着一台仪器。

晓和看着这断面，条件反射地想到自己的大脑被剖开的样子，不禁升起一阵恶寒。

照片的下方，有三条消息：

"周奇海有大麻烦了。"

"我想去采访他，这到底是怎么回事？"

"虽然他推荐了我，让我一下子成名了，但我……还是不能放弃新闻的公正嘛。"

晓和看着这些消息，一时不知道怎么回复。

# 第 39 章 追忆

CHAPTER 39

一望无际的雪原，昏暗的天空，只有一对车灯，照亮前方的路。

"所以，在那个承诺之后，你一直陪着她？"拂羽开着长途车，问。

"好感人！"车里的扬声器里，传出顾令臣的声音。

晓和坐在后排，双眼望着车的天花板，沉浸在回忆里："也没有一直吧。你知道的，从小时候那次事故之后，苏焰就不能走路了，要长期住院，也没有什么人陪着她。一开始我是因为英雄主义吧，总是自信满满的，夸下海口说要天天陪着她，要一辈子陪着她，还说要满世界找好医生治好她的病。哈哈，哈哈。"

"可是，可是在一年年过去之后，才会意识到人力的渺小，命运的不可抗拒。她也很理解，知道再好的人，也都有自己的事情要忙，自己的人生要去追求。所以她从来不哭，从来没有求着我做什么。其实我能做什么呢？也就偶尔陪陪她吧。"

拂羽低下头，"好惨……"

"是啊。"晓和继续说，"十岁女孩因车祸半身瘫痪，好惨的新闻，同情啊，关注啊，都来了，各种人过来探访啊，慰问啊，一开始很热闹，很温暖，但时间久了，关注度也下去了。剩下的，不过茫茫星云，潺潺流水，一个平凡人的死活，其实大家都无所谓的吧。

"不过，这些对焰来说都没关系，她很少在乎别人的想法，只顾寻着让自己开心的事情，哪一天找到了就可以整日整夜地沉浸其中。集中精神的时候，安静地一点点做东西，好像周围的事情都不存在。嗯，那种感觉是很好的。如果一个人在做事情的时候，就已经有满足感了，那还需要别人的关注吗？所以很多事情，也就在不知不觉之间，做了好多年……

"本以为会一直这样下去。直到那一个月朗星稀的夜晚，我在窗口，看着别人欢笑舞蹈，忽然萌生了想要让她站起来的念头。哈哈，到那时为止，我都只是为了生计奔波而绞尽脑汁，从来没想过什么'高大上'的玩意儿。看着焰天天敲着键盘，到处接点儿兼职赚钱，活越干越好，钱也越赚越多，早就自立了，也过得挺满意的，何必再折腾呢……

"可是最后，我居然因为这个毫不靠谱的念头，为了一个万分之一的希望，万里迢迢来到这里，遇到了你们。"

他说到这里，歪了歪嘴，眼睛眺望着远方模糊的山影，不知道是吃惊还是陶醉于那时的大胆决定："罗教授别的不说，忽悠人的本事绝对世界一流。"

"那也需要被忽悠的人，有自己的内在需求。"

"也是。"

"你说要是苏焰她在这儿，看到这一地的冰冻世界，会是什么感觉？"拂羽忽然问。

"哦，她也许会喜欢这里。记得她说过，孤独为王，是最大的享受。"

"嗯，倒是和我……有一点儿像。"拂羽感叹道。

晓和忽然想起他第一次上地表，师姐说过的那些话，不禁莞尔，刚才的悲伤也散去了大半。"哈哈，她大大咧咧的，你却是一脸严肃不爱笑，乍看起来，两人没有半点儿相像的地方，想不到在这一点上出乎意料的一致。"

车在雪原上奔驰，而后穿入绵延不绝的山间公路。人类已抛下曾经辉煌的地表，仓皇而逃，路面早已不再维护，在严寒的侵蚀之下，布满了坑洼和裂缝。车灯驱散了黑暗，远远地能看到一辆跑车侧翻在路边，司机躺在不远处，穿着高反光的羽绒大衣，手指上的黄金戒指闪耀着辉光。

它就像喜马拉雅的那几具登山者尸体那样，永不腐烂，成为历史的一部分了。

车里，晓和的思绪散漫到了无穷远处，十多年的回忆碎片蜂拥而来，大脑应接不暇，一时竟忘却了自己身处何方。

他抹了抹脸上的泪水，忽然回过神来，发现拂羽的开车技术相当不错，在这失修已久的公路上，在昏暗的环境里，对直道和弯道的加减速都拿捏得恰到好处，就算自己坐在后排，也相当舒适，毫无眩晕之感。

晓和意识到，能将心思集中在车辆运行是否平稳的问题上，说明自己在倾诉完之后，已经平静了不少。

"晓和哥，你们……真不容易。"顾令臣插嘴，"焰姐姐在灵界里可是非常有名的人物，各种事迹数不胜数，比如说找到很多别人找不到的灵界所在，发现了好多能提升灵界生活质量的技巧，都不知道她是怎么做到的，崇拜者无数。我看她一直笑，从来没有伤心的时候，想不到，还有这样的故事……"

"都是，过去的事了。"晓和酸楚地一笑，"之后该要怎么办呢……"

"晓和你别消沉，世界还很大，就算暂时失去了人生目标，也还可以再找一个的。"

"哇，拂羽姐姐，你的抑郁症治好了？"

"我本来就没有。对了，令臣，我们马上进入山区了，卫星信号不会太好，晓和经历了那么多事，也要好好休息一下。要不，通信就到此为止吧。"拂羽说。

"拂羽姐姐，好的……能一直免费'借用'信道两三个小时而不被人发现，已经是大赚一笔啦。我这边也暂时没有其他消息了。"

"要是有什么新发现，一定通知我！"

"一定一定。对了，嗯……晓和哥哥。"

"嗯? 怎么了? "晓和一愣。

"我经常和焰姐姐神吹胡侃，什么样的事情都聊，但焰姐姐很少提起她的哥哥。这次能听到这么长这么长的故事，我都要感动死了。焰姐姐有这样的哥哥照顾她，一心一意想着她，真是太好了。我好羡慕！"

"嗯，嗯。"

"但，有一次，她很惋惜地说……"

晓和坐直了些。"没事，你说。"

"她说：'从小到大，我一直认为我哥是一个无所不能的超级大英雄。可惜现在……他只是一个每天规规矩矩上下班，还黏着妹妹无事可干的中年大叔。'"

晓和听到这句话，脑子嗡了一下。

"她……她还说了什么? "良久，晓和才动了动身体。他的嗓音沙哑而低沉，却很容易听出已竭力掩饰的关切。

"就，就这些。对不起，或许……或许我不该提起这个。"

令臣挂断了。

拂羽拍了拍方向盘，脸色明显不悦："晓和，令臣一个高中生，天天想着折腾出些花样哗众取宠，博人眼球，说的话谁知道是不是真的，你别往心里去。"

"想不到，想不到，竟然是这样。"

晓和好像没听见拂羽的话，自言自语着。

尔后，他沉默了。

这个刚才还滔滔不绝的男子，突然间就安静了下来。

# 第 40 章 谜团

CHAPTER 40

"你醒了？"

晓和揉了揉眼睛。

"嗯。"

长途车还在向前行驶，拂羽把控着方向盘。晓和拿出手机看钟表，意识到自己已睡了一个多小时，昨晚因为妹妹的事情一夜未眠，终于顶不住了。

他揉捏着酸痛的肩膀，头脑渐渐清醒过来。

"无所不能的超级大英雄……黏着妹妹无事可干的中年大叔……"

晓和回味着这句话，心里好像被插了把刀搅动一样难受，刹那间，眼前也模糊了少许。

他想起苏焰在采取行动前，故意不告诉他各种细节而独自去做，为的，就是不想被责任心太重，也太爱管闲事的哥哥打扰吧。

自己那么多年对妹妹的关怀，是否对苏焰这个自由不羁的灵魂而言，只是一种亲情的负累？

那我自己……又算是什么……

晓和轻轻叹了口气，揉着太阳穴，不想去思考这个尖锐得要撕裂自己脑袋的问题。

"快到了，还有一个小时的车程。"拂羽说，"至少卫星定位是这么说的。"

虽然天眼占据了轨道，阻止任何人类飞行器飞上平流层，但它对仍然在轨工作着的全球定位系统卫星，却秋毫无犯。

"好……"

"对啦，有件事情忘记问了。晓和，你对奇海的真实目的不好奇吗？"拂羽问道。

"啊，我当然好奇，他居然要再成立一个研究所，而且听他的口气相当紧迫啊，他们到底在搞什么……"

"没错。所以，你想到什么了？"拂羽朝着后视镜看了一眼，微微一笑。

晓和枕着头，努力把萦绕在脑中的感性痛楚抛开，开始做理性分析："我觉得奇海这么没头没脑地过来找我们，实在是有点儿奇怪。我觉得吧，他可能有什么事情求着我们。你说，他都能算得上世界上最有钱的几十个人之一了，那么多人听他的指使，他还求什么呢？"

"人总会有更高的追求的。"

"是的。他会想到开各种秘密研究所折腾不着边际的玩意儿，我并不奇怪。在这个人类的危急时刻，做一些别人做不了的事情很有面子。可是……我的直觉总觉得不对。论道理，他应该去找孟天峰才对。天峰做的工作非常实际，并且短期内会有成果，这样也好对公司有个交代。另外，天峰若是看见这样的大蛋糕，肯定也会笑纳。他们俩又熟……但结果，是找我们。"

"但毕竟是我先找到他的。他顺水推舟也没什么不好。"拂羽说。

"也是，"晓和又否认了之前的推断，"周奇海的人品也不差，我们去找他继续我们的事业，他想方设法支持我们，这也正常。那我们先放下这个不谈。我感觉最奇怪的，还是翠云的那张照片。"

"嗯，你说。"

"灵界立方在明面上是他们的发明，他们应当对它的功能了如指掌才对。可是为什么，研究所里研究的会是这个。当然，一种可能是瞎猫撞上死耗子，碰运气发明出来效果超好的东西，却不能明白原理，就像那莫名其妙的人工智能深度神经网络一样。"

"不过要是那样，也不用着急。神经网络被发明出来好多年了，不明白它为什么有效果，也没见人工智能研究员放下手头的一切工作，不顾一切地去死抠原理。可是奇海给人的感觉，却是非常急切。所以，我想到了另一种可能……"

晓和顿了一顿："立方并非他们发明的。"

立方并非他们发明的。

换作其他人，恐怕要惊得双眼圆瞪，站起身来，摇着晓和的肩膀反复确认，但拂羽听完这些，却毫不惊讶，看起来她和市长私下通过气，早就想到了这一层。"嗯，这是非常有可能的。以地球目前的技术水平来看，就算有一百个诺贝尔奖得主，再把全世界所有的物资都投入进去，也不太可能在短短十几年内发明出灵界立方，更何况'奇海科技'这个公司成立仅仅三年。"

"对，这一点特别让人怀疑。"晓和猛地点头。

"我在加入市长那边的团队之后，对灵界立方做过一些比较细致的研究。虽然说奇海科技不愿公开技术细节，但从各方面获得的信息来看，它应该能将大脑里面每一个神经突触都原样复刻进去，并且可以通过外界的电能驱动，模拟它们之间极其复杂的互动，从而让人的宏观层面上的意识还有自我，可以在这里面继续'存在'，并且获得新的记忆，学习新的能力。立方里的大脑仍在工作，甚至在某种程度上，能比以生物为载体的大脑工作得更好，它的密度更大，对能量的利用率更高，对环境的耐受性也更好，还可以随时停机再重新启动。这每一项都不像是我们现阶段所能掌握的东西。"

说到这里，晓和回想起来——希云笔记里记录的那些黑色薄片，两年前就已经来到了地球。嗯，这也间接印证了这个假设。

"好。如果灵界立方不是地球上本来就有的玩意儿，而是远渡星海的舶来品，那么……"他指了指车窗外的天空，那个暗红色的圆盘还在那里，俯视众生。"接下来的一个问题是，它为什么要把立方带来，并且放置在地球上。它的目的何在？"

拂羽开着车，没有接话，气氛有点儿凝重。

之前和罗教授讨论的结果，完全天真可笑，现在看来似乎已经被完全推翻。恶魔之眼并非一个偶尔路过晒晒太阳的低智宇宙动物，它的一举一动似乎有非常深远的计划。而到现在为止，这个计划只掀开了冰山一角。

拂羽想了想，终于回话："然而，你的这个推断，虽说乍一听还不错，但细细推敲，总是有点儿疑问。我们现在才想到这些，是因为信息不足，但周奇海作为始作俑者，早就应该拿到了第一手资料才对。他在那个时候，如果知道立方是外来物，而且可能和恶魔之眼有巨大的关联，那么他凭什么有信心，觉得广泛使用不会对人类产生负面影响？在晓和你来之前，我毕竟也和他共事过一阵子，这个人虽然说话有点儿夸张，但行事其实相当靠谱，不应该这样冲动才是——难道他真是为了能大把地赚钱？但地球都要毁灭了，赚钱有什么用呢？"

"师姐，你当然是不差钱，大部分人还是想着死活要赚一点儿的，所以这也可以理解。"晓和忽然想到了什么，打了个响指，"对了！罗教授对周奇海一贯不屑，这个态度我一直觉得有点儿反常，也许他知道点儿内情？"

"这个主意不错。好啊，我们找个机会去问问。"

晓和又想了想："再说，人其实没有那么理性。"他闭上眼睛，回想起危机初来那一阵子的混乱和担忧，当天气一天天冷下去时，食物越来越少，植被枯死，风雪肆虐，还在地表无处可躲的人们会怎么想，在生死存亡的关头，还会有理性存在吗？

他意识到，那时的人类，其实别无选择。

------

周日傍晚，两人终于回到了 823 号地下城。在荒凉的地表待久了，又看到那么多的人，有一种回到人类社会的真实感。

在车站的出口，两人吹着迎面而来的冷风。

晓和瞥见拂羽手上的车钥匙，问道："等等，这长途车是租借来的，我们还没有归还吧？"

"嗯，我还要用。"拂羽说，"我接下来得要走开几天。要是到时候再租，不一定有现货。"

"哦,那你空租着每天都不便宜啊,这事很重要吗?"

拂羽好像没听见,若有所思地看着人流,自顾自地问:"对了,晓和,你觉得'拂晓之野望'这个名字怎么样?我是说奇海给我们起的名字。虽然我讨厌'野望'这种听起来就很冒犯人的词语,但胜在直白,再加一段简介,大家一看就知道我们想做什么……能不能改得更好点儿?"

"可惜现在出了那么大的乱子,我估计这个新研究组,大概率是开不起来了。"

"不,别这么想。从长远来看,只要心里有目标,如何执行就永远是小事。名字在,就意味着理念还在,有了理念,就可以聚起很多人。也许有一天……"她望着地下城的穹顶,那眼神仿佛要穿破厚重的岩层,射向久违的天际,"要是还能开起来的话,我们的口号就是——

拂晓,以星空之名!"

晓和听着这几个字,忽然有一股电流从脊背上升起,让他从微困的状态下猝然惊醒,精神为之一振。他不由得跷起大拇指赞许道:"这个口号真好!"

"况且,这个新研究组其实已经开起来了,不是吗?"她伸出手来,"你的名字,不就在里面吗?刚才的讨论,就是我们第一次会议哦。"

哦,是吗?

晓和凝视着她,脸上惯常的笑容消失了,猛然间清醒过来。他潜意识里,一直以为这只是一个用来"打嘴炮"的计划,吓唬吓唬人而已。

想不到,其实已经……其实已经……

冷风吹过他的脸。他意识到自己脸上有些发烧。

他迟疑着,随后默认了,微微一笑,握紧了她的手:"嗯,以星空之名!"

那一边,拂羽梳起头发,露出开心纯粹的笑。

不知怎么,晓和觉得那笑里面,有着百分之九十九冲破一切无可救药的乐观主义,还有一点点的凄凉。

他意味深长地看了她一眼。

两人,就此别过。

————————————

一个人的旅行,特别的寂静,特别的冷。

晓和坐晚班地铁,打着哆嗦。

他突然有点儿不习惯没有师姐在旁边聊天讨论的氛围,周围的人都低着头沉浸在自己的世界里，仿佛一座座万年未化的冰山，只有他孤身一人，在茫茫雪原里，走着一条没有尽头的路。

不可言喻的冰寒突袭而来，无法表达的绝望，在刺眼的车灯下拼命想要躲藏，却无所遁形。

晓和忽然意识到，自从听到那个噩耗之后，拂羽几乎就一直和他在一起，不停地说话，不停地聊天，让他还有某种平凡却温暖的幻觉，让他觉得自己的某个部分还在身上，还有一个个的谜团可以用力思考，可以让人投入其中，忘记一切。

但是，现在，现在……

她已经走了。自己身上的某个东西，永远，消失了。

晓和如坠冰窟，几乎无法控制自己的思绪。忽然间，奔涌而来的泪水模糊了双眼。

地铁还在疾驰，他挤在车厢的一角，再无法将自己的脸对着别人，只得扶住栏杆，弯下腰，将头抵住杆子，咬紧牙关，嘴唇发抖，喉咙里面噎住了。

终于，哭出声来了。

# 第41章 真相

CHAPTER 41

很久，很久，晓和不记得自己是如何下车，如何出站的，他只记得自己下意识地躲开人群，躲开别人好奇的目光，往偏僻的角落里走，好让黑夜为他遮盖一些悲伤。

能哭出来，让他痛彻心扉的苦，暂时散去了大半。整个人也冷静了不少。

他开始观察四周，规划自己回家的路线。

渐渐地，晓和意识到从刚才开始，后面一直有人跟着他。

晓和看着已是四下无人的小巷，猛吸一口冰寒冷气，驱散情绪，让理智回到了头脑里。

谁？

他警觉起来，装作什么也没有发现，以寻常步伐继续向前。

已是晚上九点左右，灯火稀稀拉拉，家家房门紧闭。晓和故意绕过地上的各类杂物，走成一个"之"字形，借着眼角的余光，观察和计算着跟踪者的位置与距离。

他不是没有经历过被盯梢和跟踪，常年送货，有时送非常值钱的货，总不免有几次惊险遭遇。

路上很黑，几次侧身观察之后，他只能看到对方的大概轮廓。不知男女，只看见个子似乎不太高——然而，杀手往往都是矮个子。

为什么要找上我？

晓和深吸一口气，按捺住剧烈的心跳，望着不远处的杂乱地形，心里有了主意，有意放慢了步伐。跟踪者走得很急，和他的距离在不断缩短，最后甚至开始小跑……

奇怪，这有点儿暴露太快了，似乎是一个新手？

晓和心念电转，突然间猫腰躲进了一旁垃圾箱后的阴影里。那人刹车不及，茫然地跑过了头，后背暴露，晓和瞅准机会，猛地冲上前去，一手抓住对方的右手，使劲摁住，另一只手掏出口袋里的半截铁片，擦着对方的脖子。

"你是谁？"他低声却是严厉地责问。

那人娇声惨叫，慌慌张张地转过头来，晓和一看，一张白皙姣好的脸，竟然是何强新交的女友端木玲。

她脸色煞白，呼吸急促。

"好不容易见到一个认识的，想要追过来求救！可你走得好快，我追都追不上，救命，有人……有人要追杀我！"

笨蛋！你说那么大声干什么？

晓和一手拉起还在迷糊状态的玲，拉她进了一处凹陷的阴暗角落。啪！他眼前半人高的金属垃圾桶底部被打出了一个洞，"噗"的一声，整个翻倒在地上，轻微的焦臭过后，桶里垃圾刺鼻的酸腐味渐渐播散开去。

对手有枪！

枪声很小，明显是装了消音器。两人大气不敢出。玲蹲在身旁一动不动，晓和感觉得到，她浑身在颤抖。

他深吸了一口气，集中精神观察着巷道里的动静。向着前路看去，巷道一路笔直，却是自此开阔了些。他们背靠着巷道喇叭口形状的肩上，右侧是斜着竖立的砖墙，左侧即是巷道，有一个更大的垃圾箱在那里放着，堵住了从后面射来的观察视角。至少百米前后都没有灯光，也没有可以辨识的脚步声。

越是危急关头，他越是能冷静下来。

今天真是倒了大霉！他只见过耍刀子的，从来没遇上过拿枪的。怎么办？

晓和仔细思考着，心里转过十几个念头。

大声呼叫只会暴露自己的位置，并且公布了自己毫无反抗之力的事实。若是发足狂奔，玲肯定达不到他的速度，而对手看到他们在直道上慌乱奔跑，猛冲过来，两人必然束手就擒。

啪！

他听到了身后传来石子触地还有滚落的声音，在这个巷道里引来轻微的回响。

如果这个声音是那个人不小心发出的，那么从回响听来，他在开枪的瞬间离得还很远，刚才他只是凭直觉射击，也许并没有完全确认玲的位置。但是，那是刚才……

他唯恐情况有变，立即拉住玲的手，指了指他们身边的垃圾桶，还有身后的墙。玲会意，晓和掀开盖子，两人抬起它，把里面的杂物一下子倒了出来，然后晓和用尽力气，把空桶甩过高墙。

几秒后，墙那边传来重物落地金属摩擦的巨大声响，昏黄色的灯光亮起，一下子将四周的黑暗驱散了不少，有人走了出来，看到院子里一地狼藉，连连破口大骂。他愠怒地打开门走了出来，拿着手电筒四处探查，想要看看是哪个不识趣的小子，大晚上搞恶作剧。

"不好意思……"晓和蹲在地上，堆着笑朝他挥手。下一刻，他惊讶地看见这张熟悉的脸。

吴大庸。

大庸看到他，刚才那恶狠狠的表情瞬间消失不见，换成一副谄媚还有些猥琐的笑容。他马上邀请两人进了屋，灯光之下，晓和才意识到身上已经全脏了，玲直接借用了洗手间，在里面折腾了许久。

大庸看着他哈哈大笑，横肉一抖一抖："朱总，朱总好啊！在下有眼不识泰山，望大人不记小人过！朱总高瞻远瞩，深入一线，身先士卒，用意深远，岂是我这样的凡人能猜度到的？咱们……咱们都是周老总的铁哥们，要共度时艰，共度时艰啊！"

嗯，变得可真快。这个中年宅男看到我居然收到了奇海庄园的请柬，下意识地就把我当成奇海的心腹了啊，晓和想着。

"对了！朱总，我马上给您搞定代行者免月租的事宜，马上！您明天来办公室的时候，我一定搞定。最优先事项！朱总能泡上如此漂亮又身材好的妹子，在下佩服，要好好请教……哈哈，哈哈！"

"叫我晓和吧。你误解了，她和我没关系。"晓和听着这几句不知所谓的恭维，恨不得钻到地里去，于是打断了他的话，看着大庸一脸茫然，说，"今天很不好意思，我们被人追杀，所以才出此下策。感谢你及时过来帮忙。那个免月租的手续，也不用办了。"

听到"追杀"两个字，大庸的脸色一下子变得煞白，似乎在想怎么才可以把刚才说的"共度时艰"这四个字吃回肚子里去。

"追杀？这是什么……什么意思？我……要不我现在报警？要是杀手上门来了，我担不起这个责任的。"

唉，你刚才拿着手电筒照了一圈，成了一个巨大的射击靶子，已经承担过责任了……晓和愧疚地想着。看到玲从洗手间出来，便说道："我今天才被卷进来，和你一样也是一头雾水，要不你问问她？"

玲把脸上的妆卸了，露出一张清丽的脸，坐下来犹自惊魂未定：

"我拿了奇海科技的两块立方，就被追杀了。"

听到这句话，中年宅男的脸上突然现出十分关切的表情，他仔细地看着她，仿佛在努力回忆。足足有半分钟，大庸终于认出了什么，恍然大悟："原来……原来是你？我，我脸盲了。"

玲也点点头。看着两个人相互间的微妙表情，晓和意识到自己才是被蒙在鼓里的人："这，你们两个竟然认识？这究竟是怎么回事？能告诉我吗？"

"旭一被人杀了。"

端木玲终于开口，她的脸上忽然浸满了某种深沉的悲伤，声音也变得低沉了不少。这种表情，让晓和产生了一种浮上心头的真切同情。一瞬间，他明白了两人的关系。

"我找到他的遗书，他说自己正被人密切监视，也预计到会有杀手过来将他做掉。旭一在遗书里告诉我去找一个保险柜，把里面刻有他名字的灵界立方带走。我照着他的话做了，偷偷地打开了保险柜，可是那里放着两块长得一模一样的立方，我听到有脚步声来不及看，情急之下就都拿走了。

"旭一告诉我得要去找懂行的人，把立方交给他们。可我不是这个圈子里的人，真的谁都不认识！想来想去，我只能去人多的场所打工，或许能听到一些消息。总算有个人在酒吧神吹胡侃自己的经历，我听到了他说以前在研究所打过工，所以就想办法接近了他，想要找机会把这秘密告诉你们。但说实在的，何强他嘴上说得'高大上'，却天天在酒吧里鬼混不干事，很让人失望。所以我离开了他，不久就发生了这样的事情……"

原来如此！

晓和静静地听，仔细地想。玲说出来的话信息量实在太大了，让他的大脑一时陷入宕机的状态……对了！这就是为什么奇海在宴会那天找不到萧旭一，所以说，周奇海在公司里根本处于被蒙蔽的状态？如果奇海对这个叫旭一的人如此看重，那么杀他的人会是谁？旭一又为什么让玲带走立方，他发现了什么？这里面，究竟有什么秘密？

晓和看了一眼大庸。对于奇海的"麻烦"，他一直以为不过是秘密研究被发现，省不了遭到外界的口诛笔伐，但看大庸近乎捞到救命稻草的表情，问题好像比想象的更加严重。

他问道："大庸……你刚才说的'共度时艰'，是什么意思？"

大庸痛心疾首，咬牙切齿："他……奇海他要被赶出公司了。唉，周总是有理想的人，和那群只知道挣钱享乐的家伙不一样啊。常言道，水至清则无鱼。周总的理想太过远大，锋芒又太露，惨遭无耻小人暗算！唉，现在变成这样的局面，让我这个小弟要怎么活啊。朱兄，咱们要团结起来，一致对外才好。"

他忽然明白了。想起奇海对于"拂晓"异乎寻常的积极态度，想起风翠云曾经说过的话——对，奇海需要有自己的同盟者。但他为什么需要？在晓和的眼里，似乎整个奇海科技铁板一块，不都是为了赚钱吗？还要分什么派别不成？

派别，也许真的有。

"大庸，那奇海的理想，究竟是什么？"他想不明白，只得问道。

"这是一个很大的秘密。"中年男人叹了口气，"他从不让我透露，我也是从不和别人说的。"他转过头，看着玲，眼神里都是同情，"唉，旭一是咱们早年一起打拼的兄弟，超级有才，待人也超级好，听到这消息，我……我很遗憾。"

玲终于抑制不住悲伤，她低着头，打开手包，拿出纸巾擦眼睛。

怪不得不管何强如何讨好，她都是一副冷冰冰的样子，而自己一提到立方，她就提起兴趣。晓和感叹着，侧眼看见她包里的四块立方，它们的形状与之前玲递给他的并无二致，有着水晶般的质感，在灯光下闪着诡异的紫光。

四块？

晓和定了定神，"玲，刚才我是不是眼花了。为什么是……四块？你之前说拿了两块出来……"

大庸走过来，拍了拍他的肩膀："唉，兄弟，我都和你说了吧。"

晓和吞了一下口水，眼睛随着对方吐出的话语，越睁越大：

"奇海科技根本没有立方的生产车间，一切都靠空白立方的自动增殖，一块变两块。"

# 第42章 阳谋

◆ • • • • • • • • • • • • • • • ◆

CHAPTER 42

晓和听到这句话，如遭雷击。

玲把四块立方都拿了出来，一块一块地放在桌子上。

晓和一块一块地拿起来，仔细端详着，敲敲碰碰，掂量着重量，然后放下，再同时拿起两块，细细比较。他摸着这光洁的外表，看着自己的脸庞在表面映照出的影子。

他一直以为灵界立方是大工业的产物，是照着外星人给出的图纸开动机器生产出来的，每块都一模一样，是做死的玩意儿，想不到竟是活的。晓和懊恼地想着。

大错特错，大错特错。

他发现有两块刻了"萧旭一"的字样，另外两块则没有。

吴大庸附加了一句："对了，我刚才的话还没有说完。所有藏有人脑信息的立方都不会再增殖了，就像是死了一样。我们做过实验，只有空白立方会增殖，就像那个什么干细胞一样。所以你不用担心那些灵界寓所里的立方会出什么问题。"

"还有，刻了字的也不会再增殖了。"玲坐在一旁，看着他在那里研究，补充说道，"我之前给你看的那块刻了字的立方，是用水晶做的高仿货。真的那块，毕竟是旭一的遗物，唉，我……不会随便在别人面前拿出来。"

所以玲从保险柜里拿了一块空白立方，和一块刻了字的立方。然后在逃亡过程中，空白立方增殖为二，加上玲从别处弄来的刻字的高仿货，一共四块，其中有两块是刻字的。

对上了，晓和默默点头。

他不觉得玲做的有什么问题。她只是通过把玩这块立方，来吸引别人的眼球罢了。唉，无知真是害死人。端木玲应该拿着她的包，径直冲到研究所的前台，大声高呼一句"地球的命运掌握在我的手里"，引得一堆研究员来看热闹，不就大功告成了。何至于还要通过何强这个烂人联络，这样舍近求远无形中又白白耽误了多少时间？

而真正靠谱的人都忙得要死，鲜少有人有空去酒吧，看什么洞穴攻防大赛——晓和这种刚被开除需要去打工的人除外。

想到玲的病急乱投医，他意识到萧旭一在明白了自己的处境，并且做出紧急预案的时候，该是多么匆忙。他让玲把这块立方带出来，究竟是为了什么？

晓和深吸一口气。

"所以你们如何控制它的增殖？把人脑放进去？你们疯了？这就是所谓周老总周奇海的理想？"

"别急，别急。"大庸连连摆手，"我和你慢慢说，慢慢说。朱兄啊，你和周老总都是深交的朋友了，这件事情你得相信他，奇海还是靠谱的。"

他拿起保温杯喝了一口，继续说道："灵界立方只有在地表才会增殖，在地下城里它的增殖会减慢甚至停止。我们怀疑这和环境温度有关，也许零下四五十度是它的最适宜温度，但还没正式确认。在这里你不会眼睁睁地看着一块立方变成两块，我们都摸过它，没什么危害。它的主要成分是硅，电脑芯片里那个玩意儿。"

晓和追问："但这不科学，它要是能一块变成两块，多余的材料从哪里来？它难道会凭空产生物质？"

大庸摇头："不，不是凭空。你得把它埋在土壤里，然后……它就会把周围的土壤吸收进去，变大，分裂成两块。嗯，我也不知道详细的，不过差不多就这样。"

晓和哑然失笑，这灵界立方难道是从地里种出来的？随即松了口气，"还好，还好，真要是能无限度分裂，地球还不马上被它占满了？等等——"

他脑子里呈现出这样一副光景，一块立方被放在土壤里，分裂成两块，分裂出的子代还在土壤里，再分裂成四块，再分裂成八块，如果没有人工干预，那会怎么样……想到这里，他急忙问：

"那第一块空白立方是谁发现的？"

"萧旭一。"

"什么时候？"

"大约两年以前吧。恶魔之眼到来前的三四个月。"

晓和回忆了几秒，对，和希云日记上写的时间相符。所以希云记录的黑色薄片和这灵界立方，可能是一类东西。在恶魔之眼遮挡住太阳之前，外星人早就来了，之前在饭店里推断的那些事，确实还有几分正确。

"那，旭一没有遗漏其他的？"

"这个没有人能保证。我们已经尽力去搜寻了，但谁知道会不会漏掉一两块。"

晓和重重地点头，后背靠在沙发上。他已经想象到了这一幕可怕的场景。

以这种指数分裂的形式，不用多久，整个地球都会被它占满，不仅仅是在地表，还会深入地下。我们那些简陋的地下避难所能撑多久？地壳里百分之二十五以上的是硅，它就像是掉进米缸里，会增殖得很快。灵界用户已经过亿，那遗漏在外自然增殖的立方会有多少？晓和不敢想象。

还能在地表居住生活的人已经不多，而且大多数在为基本生存苦苦挣扎，所以这么久才没有人发现这可怕的事实……得去问一下风翠云，她做过一些采访，不知道她是否会得到相关的消息——这些采访都已经被放在网上了，只是晓和一直没空去听。

还有一个重要的问题，将立方放于地球的目的是什么？

他想起了那些在太空中以指数增长的黑色薄片，它们在几个月内完全挡住了太阳。毫无疑问，灵界立方的表现，与恶魔之眼的风格一脉相承。可以想象，它撒下一些初始的立方，然后任由它们自然生长。最后，是要将地球全部变成立方的海洋吗？但这样做的最终目的何在？它为什么不干脆直接吞了我们，像吃掉金星那样？只需要一个月就可以，根本不会让我们有任何反抗的机会。

地球和金星，到底有什么区别？

最明显的区别，是地球上有智慧生物。

难道……难道是因为，给地球投放立方，是因为，它早就察觉到……我们这群智慧生物的存在？

晓和的手在发抖。

"如果这是外星人给的东西，那么奇海难道不明白利用它的危险性？外星人可能居心叵测？谁知道这里面放的是什么？"

"他知道。他都知道。"吴大庸回答道，与晓和忽阴忽晴、大起大落的表情对应的，是他的脸上平静无波。看起来这一切，奇海他们几个人在一年多以前就已经细细分析过了。晓和惊讶于他居然还能坐在这里，想着哪一天可以约会美女，娶到老婆，这神经也太大条了吧？

"那这是什么情况？我们不应该坚决抵制？在它们变得太多之前，把这些立方收集起来统一销毁掉？"

吴大庸深沉地叹了口气，中年人的脸上无喜无悲，现出"躺平任锤"的表情。

"那时候我们都在为人类的前途着急。可我们想了几天几夜，头都快想破了，没什么选择。"他沉浸在过去的回忆里，说道，"所有的人都要去灵界的，总有一天，所有的人。"

晓和咽了一下口水。他明白这话里的意思了。

是的，气候会越来越差，资源会越来越匮乏，健康也会遭受威胁，知识的传承开始中断，生存条件越来越恶劣，然后会有更多的人选择"躺平"放弃，选择去灵界这样优渥舒适的地方过活。毕竟，谁不想对自己好一点儿？

连他自己的退休计划里都有这一条！

他终于明白吴大庸古井无波的态度是为何了。

这是一个阳谋！

阳谋，那种可以确切地知道它的每一个步骤，但还是完全阻挡不了的可怕策略。

对于一个智慧文明来说，如果生存是第一要务，那么这个文明在遇到恒星光源被彻底挡住的天灾之时，自然会将进入立方作为一种可能的生存手段。是的，总会有那些把理想看得高于一切的少数人选择宁死不屈，舍生取义，但是对于大部分人来说，求生欲望永远压倒一切！因此，所有的人都会进入立方，并把五感全交给虚拟世界来代理，在里面过着田园时代的生活，即便那是虚幻的，即便这个载体安全与否都没有经过充分验证。

所有的人，你，我，他。

晓和瘫倒在沙发上，两手捂着头，双眼无神地看着天花板。

他突然想起早些时候，风翠云向他吐露的那个想法。

灵界人过的，也不赖吧？

正因为她是在历史的长河中漂泊不定的普通人，而非意气风发的精英，她才摸到了正确的逻辑！

就像牧羊人驱赶羊群一样，"它"十分洞悉羊群的习性，以最小的辛劳，让羊群朝着指定的方向前进。不用将每只羊都抱去指定的位置，只是让它们吃着鞭子，自己走。

将太阳遮挡住，把地表温度降到零下五十度，就是"它"的鞭子。而我们就在这条路上，一点点地滑向深渊。

就像那群被驱赶的羊，由于科技上有极大的代差，我们丝毫没有办法抵抗。任何战机导弹升空即被天眼击落，而目前在轨的飞行器根本没有足够的燃料离开地球的引力圈，去恶魔之眼的空域附近做侦查，更不用说做任何的反击了，连发射一颗小石子都做不到！

而灵界立方，是为我们这一群智慧生物准备的容器！它是温暖的羊圈，是甜蜜的牢笼，困于此处，沉迷于声色犬马，便再也无法翱翔星空。

一切，都在"它"的计划之内。

在这之后会怎么样？

晓和想到拂羽询问市长时说的那句话，顿时浑身发冷。

最终，我们连星辰之名，都会忘却。

# 第43章 破绽

晓和看了一眼这两个人。现在即便是完全外行的端木玲，也能感觉到绝望的气氛在蔓延。

年轻的博士生挪动了一下身体，艰难地从沙发上坐起来，像是一下子老了十岁。

"这……也太黑了。"

吴大庸点点头，似乎早已预料到晓和的反应："朱兄，我早就放弃了。唉，不像周老总和旭一老弟，我就是一个俗人，能赚很多钱，能过上好日子，别的也不求什么。看着灵界红红火火，手上股票的市值节节攀升，也就满足了。想想外星人还不错，没赶尽杀绝，至少还给大家留条活路。只是在灵界人人有海景房，唉，我要是去了，哪有待在这里脸面大。"

晓和看着这一间屋子。与自己租下的不到六平方米的蜗居相比，这客厅已是相当宽敞了，一扇虚掩的门后面，还有一间看起来更大的卧室，门外还有一个不算大但足够前前后后散个步的庭院。妥妥的豪宅，在这个窄小的地下城里，足够吸引很多人的目光。

不知道那个举着"吴总我爱你"牌子的女员工，会不会得手？

晓和问："那么，有多少人知道灵界立方的秘密？"

"没有几个人知道。就当年那几个和周总一起打拼的人知道细节。我觉得他们顾及自己的利益，断然不会说出去。旭一已经不在了……嗯，玲也知道一些。"

"但……我不明白，你居然就告诉了我真相？"

中年男人苦笑了笑："我不告诉你，喏，你旁边这个人也会告诉你的，她都傍上你求救了，肯定是准备好了要和盘托出啊。周老总现在惹上大麻烦，萧旭一又不知道被谁做掉了，他们两个人有一股子'中二气'，总想着哪一天要拯救世界，自然不管不顾自己的名声，想要把这大秘密公之于众。但这可挡了其他人的财路和前途。唉，别人有老婆孩子，可不像他们这样能豁得出去。"

"玲憋着一肚子的秘密，只是现在不肯当着我的面和你说。她吃不准我这个好吃懒做、毫无眼界的公司蛀虫和骑墙派会站哪边，会不会对她不利。所以我想想，还是先摊牌吧。"

玲一直安安静静地没有说话，听到这里，才点点头。

晓和登时明白，端木玲能一路紧跟过来并叫住自己，还是因为自己曾在研究所任职，也曾是何强的上司，而且还愿意委曲求全，来酒吧打工挣钱，是一个实在人。现在她的生命危在旦夕，这救命稻草，不能不抓。

她看起来像一个纯粹的花瓶，毫无存在感，话也不多，心思却是很细的。

"想不到，吴总还是想要留点儿希望……人类前途之类的，还是会考虑一下的……"

"哈哈，我不愁吃穿，还能指望什么，也权当是中年男人，最后的倔强了……哈哈哈。"

看着他笨拙地掩盖自己想要傍大腿的真实意图，晓和觉得有点儿好笑，于是换了个话题："哎，你刚才说奇海靠谱，那他有什么办法？"

大庸收敛了神色，说道："周老总鬼点子多，每天都有些神奇的想法，但他从没有和我详细说过。他们的这个计划要是给我听见了，我这人见钱眼开，一动刑就招，也爱喝酒胡侃，没什么节操，有泄密的可能。所以我就主动退出算啦，只知道他们或许有办法。想必这个办法得要动大家的利益，多花很多的钱，所以自然会有人不开心，毕竟像我这样的俗人，还是多数啊。"

他又拿起保温杯，喝了一口温水。时间不早了，他的年岁毕竟不小，精力也已不继，开始打哈欠了。

晓和点点头，打了一个紧急电话给林拂羽，无人接听，又打电话给罗教授，把情况简要说了一下，然后起身把院子里的东西打扫了，玲也过来帮忙。

打扫完毕，一辆车已经停在吴大庸的家门口。车上坐着罗教授、金斯中校及他的两位下属。

师姐却没有来。

晓和向他们打了招呼。好一阵子没见，中校还是没变，进了房门脱下外套，露出一身的肌肉，脸庞坚毅，同三个人各自握了手。他看向晓和的眼神，与他在研究所任职的那时候并未有什么不同。

金斯向吴大庸敬了个礼，说要在这里彻夜巡逻，以保障他的人身安全。晓和此时才抱歉地对中年宅男说，自己把垃圾桶扔进他的院子里，制造出惊天声响，乃是故意让他开灯开门，让杀手知道已经惊动了多人，知难而退。

吴大庸听完，才知道自己刚从鬼门关转了一圈回来，冷汗直冒，一屁股坐在地上。

"所以，情况就是这样。"

晓和与玲坐上车，玲把四块立方都带上了，挤在狭窄的后座上，她明显松了口气。

"放心，现在你安全了。"晓和安慰她说，"罗教授说了，之后会有专人保护你。"

罗英先坐在驾驶座，附和了一句："嗯，听到消息我专门去中校那里借了一辆车，这车是防弹的，除非两枪打中同一个位置，不然狙击枪都打不进来。"

玲连连道谢。

"对了，拂羽没来？"晓和突然问。

罗英先回答："为师刚打过她的电话，响了一分多钟，都没人接……"

奇怪……晓和刚才再次试图联系她，一样没有成功。

他看了看时间，现在正是午夜，按照师姐不到凌晨三点不睡的作息规律，不应该连着不接几个电话。四小时前才与她在车站口分别啊……

晓和心里泛起不好的直觉。自己刚刚获悉了天大的秘密，又遭到枪击，下意识地就要往最坏的情况去想——不不，也许是她口中的那个，值得花钱连租几天长途车的紧要事？

车辆驶过昏暗狭窄的街道，觅食的老鼠在车灯下四散奔逃，前面的道路未经修整，震得人屁股发麻。

正在此时，罗教授的电话响了，是一个陌生的号码。晓和抬起头来，教授看着后视镜里的严肃神色，打开免提。

"罗教授您好，我是林家实业的总管李章铭，大小姐晚上有点儿急事，连夜走了。地表没有信号，您找她，有什么事？"

大小姐……晓和听到这个称呼有些哭笑不得。

"那好，我这里有一个学生想找她，不过现在……"他回头看了看晓和，见晓和摆了摆手，于是就说，"那事已经解决了。"

"好。老身明白。"

晓和突然插嘴："那……我能问一下，拂羽她去哪儿了？"

电话里沉默了几秒，随后说："哦，她有家事要处理。具体细节，老身不便透露。"

家事？

这就是拂羽着急回来的原因？晓和突然想起来，奥德雷市长还在奇海庄园，如果拂羽要找他商量事情，不应该那么早回来才对。

电话挂断了。

车还在崎岖的路上颠簸，午夜的地下城空无一人。

晓和思考了三秒钟，拿出手机查询"林家实业"这个名字，看到的第一条新闻是"位于 8914 号地下城的林家实业纺织厂发生大规模火灾，工人伤亡数百人，地下城浓烟滚滚，数万居民被紧急疏散至地表。"

他突然意识到，人类搬去地底之后，生存条件已变得极为脆弱。

他再读下去，"火灾原因正在调查中，或为车间原料违规堆放所致。林家实业将面临巨额经济赔偿，或有破产的可能。"

晓和的心一沉，糟糕，那拂羽她要怎么办？

他正在胡思乱想，罗教授开口了："你刚才在电话里只说被人追杀，在吴大庸的家里，到底发生了什么事？"

这句话打断了晓和的思绪，于是他把和玲被人实弹追击的场景，还有关于立方的细节，又详细地复述了一遍。

"原来是这样，立方竟然能自我复制，这真是出乎想象的事情。"罗教授喟叹了一声。

"所以，教授，我很好奇，你对奇海为什么那么不屑？他有透漏什么内部消息给你吗？他明知立方这东西很危险，却还要把它当成生意，如果他确实不是外星人的鹰犬走狗，那他到底想做什么？"

罗教授摇摇头，布着皱纹的脸露出了笑："我又不是什么都知道。奇海这博士啊，主意大，和我闹了几回别扭，有自己的想法，也就不愿和我讨论了。为师只是单纯地觉得，先教人喝下毒药安乐死，再将大脑信息传进灵界立方里，实在是一个过于恐怖的主意。这和赤裸裸的谋杀有什么区别？要是为师知道内幕居然是这样的，早该劝你们换个方向，把立方拿过来好好研究一下，不用眼睁睁地看着学生们，在一条没有前途的道上走到黑。"

罗英先沉默了几秒钟，又跟了一句话：

"另外，奇海开公司居然也不让为师来当个顾问，给他点儿建议。唉，须知偏听则暗，兼听则明啊。什么叫刚愎自用？这就是刚愎自用！要是那时就把这个发现公开，集中全球的智囊之力，未必没有解决的方案。现在……晚啦。"

晓和听完，不禁露出些许苦涩的笑。教授若是真的当了顾问，自然会拿到一些奇海科技的原始股份，看现在灵界这个规模，多少人心甘情愿地交月租，肯定能发笔小财了。

他看穿了罗大仙的这些小心思，继续在心里复盘。如果奇海早点儿公布立方乃外来之物，大家早点儿知道事情的真相，那么这半年人类的走向，确实会完全不同。但在那种情况下，现在去了灵界的一亿多人，包括苏焰，恐怕早就被冻死饿死在地表了，那些快乐温馨的时光，也就从未存在过。

现在把全球在地底或海底避难的人数加起来，也不过两亿出头一点儿。哪个结局好，还真的不好说。

再说了，早点儿知道真相，人类又能怎么样？把所有的立方都收集起来，集中销毁？外星人可是早就来了，等到旭一发现第一块立方，且确定它的危险特性之后，可能已经来不及了。况且，那时候大家只能以生存为最优先的考虑，自保尚且不暇，还要在日趋严酷的地表进行地毯式搜索，真的太难了。

从"它"投下立方的那一刻起，阳谋就已经启动了。

　　不知为何，拂羽的面容好几次在他的脑子里浮现出来。他望着窗外后退的街景，抛开各种心理杂念，仔细分析道："我觉得吧，周奇海是一个不甘人后的人，要让他甘心成为外星人的牧羊犬，比杀了他要难一万倍。"

　　"照你说，他为何仍然如此热衷灵界的生意？为师愿闻其详。"

　　"我想来想去，唯一的解释，就是奇海明知故犯，将计就计。"晓和分析道，"恶魔之眼布下的这个阳谋看起来几乎天衣无缝，可是如果细细考虑，就会发现一个额外的因素，让它出现了败笔。而周奇海，可能看到了它，所以仍然判断利用立方制造虚拟地球系统，让大家进入灵界，还是有意义的。"

　　他停了下来，脑中闪过这两天见到的无数画面。

　　"天眼。"

　　教授一拍方向盘："嗯，有道理，若是这个计划毫无破绽，'它'又何苦多此一举。"

　　晓和笑了笑："是的。我们太高看自己了，那东西监视的不是人类，人类这种卑微的蝼蚁，不值得它特意过来监视。

　　它监视的，是灵界立方本身。"

# 第 44 章 巧合

CHAPTER 44

周日，晓和被罗教授送回家之后，才想起来明天还要上班，于是又打了一个电话，一连向吴大庸请了三天假。

大庸这个名义上的主管，看着朱兄只一个电话，就招来了一个教授、一个中校外加一辆防弹车的架势，知道此人是惹不起的，自然应允。

晓和没有在意中年秃顶男在电话那头唯唯诺诺的声音，挂了电话。

林大小姐……大小姐……

晓和回味着这个有些诡异的称呼，进入了梦乡。

他实在太累了。

自从周五晚上听闻噩耗，他就一直处于超负荷的状态，不停地与那种几乎要淹没自己的悲伤战斗，不停地思考那些可怕的事实与几乎无法解脱的死局，还被莫名其妙地卷入一场真枪实弹的追杀中。

他需要好好休息几天，好好地消化掉这些，好的坏的，惊奇的，痛苦的现实冲击，好好地回过神来。

三天后，周四。

晓和早早地起了床，去赶地铁。一个人待在一间六平方米不到的卧室独处三天，也是一种巨大的折磨。在那四千多块立方融成的，触目惊心的紫色湖泊终于从无尽的噩梦中退去，在铺天盖地的悲伤，随着时间变淡了些之后，晓和突然很想找人说话，就算是随便聊聊天也好。但林拂羽似乎事务繁忙不理他，而唯一可能知道苏焰最后行踪的顾令臣，在那一次的长途车上连线之后，也一直没有消息。

他挤在地铁里，看着久违的人群，感觉好些了。他习惯性地拿起手机，铺天盖地都是天眼直接袭击地面避难所的新闻。不时听见有人在小声议论，大家前一阵子本已舒展的表情又复紧张起来，人心惶惶。

天眼，这真是一切的突破口吗？如果天眼飞临地球上空是为了侦测灵界立方，那么在立方里面，究竟藏着什么秘密？

挂在头版头条的第二大新闻是奇海科技总裁周奇海，因为侵犯灵界人的隐私权而引咎辞职。

公开的理由，是心理阴暗，高价收购灵界立方，绕过公司决策层，私下雇人对其进行各种疯狂的实验，给公司"包容""尊重"的形象带来巨大损害。公司决定与其进行彻底切割，奇海科技也拟改名为"灵界科技"！

新闻同时公开了很多细节，比如说那些高价收购立方的邮件，居然有一部分是由奇海指使发出来的。

他竟然打这些无辜普通人的主意！晓和不敢相信这是真的。

这个人到底在想什么，到底在计划什么？他的计划有多冒险，有多疯狂？

晓和摇摇头。如果周奇海的三观和自己的差得太多，晓和根本就没有信心解构出他的计划来。

在地铁的出口，他碰到一个贩卖少年漫画的人。

这个人衣衫褴褛，身前放着很多本漫画，什么少年驾驶机器人拯救地球，什么二十年回归地表，什么神奇女郎召唤外星超文明将恶魔之眼毁灭，每本书画得都甚是粗糙，卖价也不高。有两个无所事事的中年人走过来，骂这些全是胡扯淡的精神鸦片，在如此的艰难时刻，还要浪费有限的地下资源。

"你们不懂，你们不懂。"那个艺术家嚷嚷道，"我每天都在进行创作，这是在传播希望，没有希望的人类是没有前途的！"

晓和看到买的人还很多，有几个小孩子在留恋地翻着他的漫画，不肯离开。卖家看有人不付账白看，倒也不赶他们走。

希望。

晓和想着这两个字，出了站，和人潮一起向前走去。前方有一个巨大的显示屏幕，里面的播报人竟然是风翠云。

他想起来了，翠云在他蜗居的这几天里屡屡出镜，一直在前线报道第一手新闻，将天眼暴行的残酷一点一点地展示在大家的面前，教大家时而愤怒，时而无奈，又惴惴不安地追着未来的发展。

看她的神情，从容不迫，毫不怯场。晓和有时候觉得，她能够在这么短的时间内，成长得那么快，还真是不可思议。

播报结束，师姐那一段质问奥德雷市长的视频，又被摘录了出来：

"我们既已经历过几千年的辉煌，又如何忍受从今以后万年命中注定的绝望？

让人类在地底苟延残喘，一代代退化，一代代遗忘，最终匍匐爬向漫长而痛苦的消亡，这何其可怕，何其无助，这是对一个智慧生命种群，最为残忍的刑罚！

我实在无法想象，最后一个残存的人类，该要如何面对他再也无法触及的星辰大海？

是的，蟑螂不会绝望，地鼠不会绝望，从它们出生的那一刻起，早已没有星空之名！"

以星空之名！

他突然想起这五个字，在人流中站住了，脸上的表情凝固着，仿佛被人下了定身术。

他有些木然地摸着手机屏幕，注视着不在线却永远置顶的那个聊天账号，有些茫然若失。他想要取消置顶，可食指悬浮在半空，没有再按下去。

焰，我是无所不能的大英雄吗？

可是，自己分明只想当个普通人，静静地隐没在人群里，好好地过完这一生，过完这一生……只有这一个简单的要求而已……

他握紧了拳头，抬头望向地下城的穹顶。

他突然意识到，自己早已身处其中，已经回不去了。

———————————

吴总看到他，当着全组人的面还是一副威严的样子，但称呼已经正式从"晓和"变成了"朱兄"。同事们看着他，开始露出敬畏的目光。

能直接拿到奇海庄园宴会的请柬，那是什么人？平时口口相传的那些大神，恐怕连庄园的门都摸不到！

什么被研究所开除，什么走后门跳过面试，什么不给老板捧场，那都是小事啊，都是牛人金光闪闪、与众不同的门面！

晓和早就看出周围人的神情与上周全然不同，但他根本没心情享受，因而仍然十分低调，坐下来专注于自己的本职工作。他需要集中精力，需要把这些任务漂亮地做完，这样才能稍微填补自己心里的一丝空虚感。上周四他基本上摸清了代码库的结构，那些布置给他的任务，基本上是小菜一碟。

再怎么说，自己也有"闪电晓"的称号；再怎么说，妹妹都是编程大赛的蝉联冠军，自己这个哥哥若是干活儿不利索、不痛快，岂不是堕了她的赫赫威名？

晓和从心底里憋了一口气，像是要把前两天的悲痛都发泄出来一般，花了一个上午，就解决了所有的简单杂务，剩下一堆难解的 bug，等着下午继续处理。同事们一个个像看着神仙下凡那样崇敬又畏惧地看着他，说话都用上了尊称，有人甚至在和他讨论的时候紧张得说不出话来。

他有些懊恼，到底这是因为自己手快，还是因为自己有后台？

我可是过了正规的面试进来的！

剩下的都是些硬骨头，老油条们选择打哈哈糊弄过去的系统 bug。有个老员工好心劝他不用碰了，因为每一个都可能会浪费掉一周甚至几周的时间。

晓和气不打一处来，今天他浑身不舒服，就是不信这个邪，什么系统 bug 解决不了。苏焰正是因为这个才牢骚满腹的，现在自己可以亲手来修了，虽然系统改进的成果她是享受不到了，但至少还可以给后来人谋福利吧。

他打开别人发送给他的链接，看见一堆糟糕的代码。500 行的函数？缩进都到屏幕外面去了？我的天，这是哪个家伙写的？

他坐在椅子上，无计可施，只得捏着鼻子一行一行地看，像是被逼着吃下一份隔夜的饭菜。

祖传代码，名不虚传。

"这么烂，这是谁写的？"他问周围的人，"有文档没？"

"朱兄啊，这是一个合同工写的。"大庸听到晓和询问，连忙快步走过来回答，"那时咱们公司还不叫'奇海科技'，叫'峰峦地球'，家底薄，钱少，请不起全职啊。这代码虽然可读性差点，但跑起来却是飞快，已经大大超出预期。后续文档什么的，就不指望了。"

吴总絮絮叨叨地说着公司的历史，拉着他去了办公室。门一关，方才威严的脸立即坍塌下来。

"哎，今天收到邮件，咱们公司要改名成'灵界科技'了。周老总，看来是不成了。"

晓和陪着他一起叹气，在地铁上他也看到了新闻。奇海免了他妹妹的手术费用，还介绍工作给他，晓和对其是很有好感的，想不到……

然而，反复思考这些新闻，他也有疑问：

"但……如果是这样，他们就不怕奇海报复，把灵界立方来自外星的秘密也公之于众？"

"奇海不会，他不会。若是公开，那周奇海将成为人类自有历史记载以来最可怕的阴谋家——为了金钱，他把灵魂卖给来自天外的恶魔！要是这样，他还不被全人类撕成碎片？相比之下，现在他只是私德有亏，男人嘛，谁没有点儿小癖好，只是周总私用公器，大大越过了红线。"

晓和点点头，科学狂人为满足私欲的实验，和把全人类卖给外星人，这两条罪状，差得太远。

"唉，其实周总有雄心壮志，为了全人类的未来，费点儿钱搞搞实验又怎么了？公司里那些混吃等死的人才真该死！现在好了，他们为了能多赚点儿钱，把污水都泼到奇海头上，让他承担所有的罪名，自己躲在暗处，靠着外星科技赚得盆满钵满。只要立方的大秘密没被公开，灵界就可以继续运行啊。"

大庸受过奇海的恩情，说话自然站在奇海这边。晓和完全理解。

"可要让我当着公司里诸位同僚的面，对周老总落井下石，历数他是一个如何卑鄙龌龊的偷窥犯，我吴大庸真的做不到！

"我那时就一末流程序员，要技术没技术，要经验没经验，天天糊弄些代码，没他提携我，我还能好到哪里去，还不是到处乞讨，挂着一行代码十块钱的牌子出来卖！知遇之恩啊，知遇之恩啊，周老总让我赴汤蹈火，我吴大庸在所不辞！"

"那你……赚了那么多，也够了。要不辞职……"

"不，我不能辞职！"

大庸万念俱灰，一脸颓然："我要是走了，还知道这些有关立方的大秘密，又不和他们一起靠着立方闷声发财，他们肯定要追杀我，派杀手拿狙击枪的准星套住我的头，'砰'的一声，爆成个烂西瓜！玲被追杀，还不是因为这个。唉……"

晓和听到这句，脸色骤然收紧。他意识到，其实问题非常严重。

"你，你别冲动！你还有房子等着要升值，还有妹子要泡，老婆要讨，待着才是王道啊……"

"哦，没没，朱兄你想多了……我只是找你来聊聊。刚才收到一些邮件，让我们和周老总划清界限，就当公司里没这个人。唉，我只是心里憋得慌，憋得慌，又不能找别人说……"

他眼睛里，忽然精光一闪。

"但是朱兄，你已经知道了这些内幕，可要小心啊。"

晓和听得浑身一抖，出了办公室的门，回到座位上。

糟糕了，自己也知道这些大秘密，会不会已经被安排上了？金斯中校会帮忙的吧？他昨天刚过来守了一夜，一定会的。

他挠着头，神色忧虑，自我安慰着坐下了，把那些乱七八糟的想法驱逐出去，还要对付这些祖传的代码。他看到气头上，想要查查这究竟是谁写的。看文件第一行注明了一个莫名其妙的id，叫什么"疾风劲草"，随手放到网上查了一下。

查到几个视频，被淹没在海量的信息里面，没什么特别高的关注度。

晓和随手点开播放，忽然觉得有点儿熟悉，看这布局，左边是脸，右边是敲击键盘的双手，中间是屏幕上的代码，只是该出现主角脸的左边栏，被一个大头贴遮盖住了。

这，这不是和之前，苏焰给自己发的左中右三栏视频一模一样？

不，不会吧……

视频是用来证明自己会写代码的，而且写代码的速度还很快；遮住了脸，就可以匿名接活不被骚扰，一手交钱一手交货，事了拂衣去，深藏功与名。可这瞒得住全世界，瞒不住朱晓和！他仔细地看了右边栏，那双灵巧修长的手，无名指比食指略长，大拇指指甲边缘的弧线有被咬的痕迹，右手虎口有一深一浅两个痣点。

那么多年，他太熟悉了，他太熟悉了。

晓和坐在座位上，成了一尊石像。

# 第45章 同盟

CHAPTER 45

晓和被自己的发现震惊了，坐在那里有十分钟都没动，双手灵巧地敲击键盘，大脑在疯狂地运转。

他一个源文件一个源文件地点开，第一行全是"峰峦地球版权所有，疾风劲草"，这……

苏焰，你……居然把灵界的整个系统核心写了？

晓和找到文件创建的时间戳，努力翻找回忆，那时正是自己想着要不远万里去读博士的时候。

苏焰那时很忙，心情也不太好，只听她说是因为一时性起从游戏公司接了一个大型项目，头一次写大型框架，不免顾头不顾尾，每天皱眉苦思头痛不已，还闹脾气。

可是奇海科技不是游戏公司啊……不不，晓和想起来了，它是在恶魔之眼来了之后转型的，但用的还是以前的核心代码。只是周奇海说过，前端临时拉了一堆人把界面做得漂亮了些，人模狗样地就拿出来糊弄用户了。

所以苏焰之前在灵界里抱怨的那些系统 bug，都是她自己的代码里出现的？是啊，她只在乎写得快，结果正确，从来不关注代码的可读性，更不用提还要费时间写文档了——

"别人读不懂是因为他们太蠢了！"这是这家伙的原话。

他恍然大悟，终于明白她在失踪之前说的"发现了一个很大的秘密，骂自己太傻，连这事都看不出来"是什么意思了。

所以她发现了这个事实，可她就身处自己的代码所创建的虚拟世界里，她就算知道了又能怎么样，又不能坐在晓和这个程序员的位置上对源代码进行修改和重编译，更不用说发布了——

那她当时那么兴奋是为什么？

晓和一时想不通。

手机响了。一个电话。

晓和拿起来看了一眼，电话显示屏上"顾令臣"这三个字让他心跳加速，马上拿起电话奔向厕所。上周四在随机游走中，晓和发现在三楼的角落里，沿着岩壁的凹陷，有一个临时加出来的厕所单间，离其他地方都很远。他若是从里面锁了门，坐在马桶上小声说话，别人根本听不见。

"喂？"他庆幸厕所里没人，占好坑位，把门上了锁，迫不及待地拿出手机。

"晓和哥……你，你在三楼的厕所里？拐角……凹进山壁里的那个？"这是顾令臣劈头盖脸的第一句话，还有些口吃，不过好多了。

"是的……你怎么知道？"晓和奇道，只是电话，在厕所里怎么可能开视频啊。

"哦，我，嗯，我能看到所有人的位置。那个……请问一下，你们每个员工都会发一个标徽吗？"

晓和听着大男孩鼓起勇气询问的问题，摸着胸前代表奇海科技的淡紫色的标徽，吃惊不小："你……那你怎么知道？"

"哦，不好意思，我刚才黑进了你们的系统，能看见一些日志……我只是确认一下，我们找到的这些东西，里面存的是正确内容。"

晓和捂着头张大了嘴，有一种不真实感。他突然想起自己赶去酒吧打工的那一天，自称卑微舔狗的顾令臣打来的电话。现在回想起来，他怎么能知道自己的电话号码？苏焰不会随便告诉他啊。

唉，能和苏焰做长期朋友的人一定都不是正常人。至于自家妹妹是不是正常人，他不愿意去想这个问题。

"你……令臣你不是想搞自组织纳米机器人发表《自然》论文吗？怎么还会这个……"

电话那头传来有些羞涩的笑："这……这是业余爱好，随便玩玩的，这两天总算派上点儿用处……"

业余爱好……晓和觉得自己有汗冒出来了，后浪汹涌啊。

他忽然意识到自己在上班时间和一个黑进自家系统的人打电话，这是在搞笑？我应该马上通报安全部门才对啊！但对方可能有苏焰的线索，不能随便挂掉……

"这……令臣啊，你不怕我直接报警……"他半开玩笑半试探地说，"前一阵子我找你的时候你都不回应，现在居然以这种方式回应，我要是又丢了工作你来负责？"

令臣的语气明显变得紧张而敏感："啊，晓和哥，真对不起！我，嗯，我有点儿忙，忙的时候就会错过很多事情……当然，要是焰姐姐的亲切问候，我肯定，肯定……不会错过的！焰姐姐是天底下最好的……呜呜，我好伤心，我快崩溃了，我这卑微的舔狗，什么时候才能再听到女神的声音……"

晓和一脸黑线，正想着怎样才能更有效率地和这个大男孩交流，那头传来了一个中年大叔的声音："你好，我是AK。"

"哦，你好。你也是苏焰的朋友？我……听她说起过你。"

"嗯，朱晓和博士，我早就认识你。"中年大叔言简意赅，有一种不容置疑的语气，"AK，安德森·凯勒。老子看过你们的那篇狗屁《自然》，全篇狗屁不通，你们想再投文章，先回去练个两年写作再来。"

晓和惊得手机差点儿掉在地上。苏焰说过 AK 是一个大学教授，想不到居然就是那个几乎用邮件把拂羽骂哭的天煞星。他去灵界了？这种桀骜不驯的人居然也会去灵界？他就不怕被灵界系统的几行 bug 代码给治得死死的？

此人说话真是冲，哪有刚打招呼就骂别人文章是狗屁的？但至少比令臣一提到焰姐姐，就启动无休止的碎碎念要好些，还可以勉强交流。他只得回答："嗯，尊敬的凯勒教授，我们确实写得不好，以后要改进。"

"不用叫我凯勒教授，叫我 AK。老子不想和那帮酸腐一个样，名字后面挂个'教授'就像是飘到天上去了。"

"不过苏焰怎么样了，我想知道。那我暂时不报警，但如果别人发现了你们怎么办？"

"你放心，这么简单的活计，小家伙不会留下任何蛛丝马迹的。"AK 干脆利落地回答道，一旁传来他拍令臣肩膀的啪啪声，还有密集的键盘敲击声，想必是令臣在一边忙活，灵界系统连这些细节都模拟到了。"这里面漏洞太多，在时钟整点的时候，给别人发一段几百字符的特殊消息，就可以进来看到公司内部日志。你们这群程序员是怎么写代码的，老子要是你们的老板，全给你卷铺盖滚蛋。"

晓和脸上发烧，没来几天，这事儿也怪不到自己头上。"好……那我们言归正传，你有苏焰的消息吗？"他问。

"有。"

这一个字让晓和差点儿从马桶上站起来。

"好……你说？"

"她留下了一句话，'猎人注视着猎物的时候，也是它露出弱点的时候。'"

晓和一听就明白了意思，天眼，难道真是天眼让这一切露出了破绽？这和他之前在罗教授车上的推断惊人的一致！他按捺住兴奋，问：

"等一下，你们是从哪里看到的这句话？"

"在日志里。时间是上周五傍晚，那个避难所被天眼攻击失联前的十分钟。所以才打电话让你确认一下，这个狗屁灵界科技公司日志的真伪，老子可不想被拙劣的骗局绕进去。"

"好。那你们觉得这话是什么意思？"

"猎人是指天眼，而猎物是指人类，天眼特意过来监视人类，它自己也就暴露了弱点……说得没错？"AK 话语连珠，"但天眼会有什么弱点？老子都想了好几个小时了，这谜真是让人猜不透。"

是的，没有吴大庸的解说，任何人都不会想到立方会增殖，也不会把猎物和立方等价起来。

晓和沉默了，他脑中飞速思考，自己能不能相信这两个人。

是的，苏焰不止一次地提到他们，以妹妹的个性，能交到这两个活宝朋友才算正常。其中顾令臣更是和他聊过好几次，那句"黏着妹妹的中年大叔"像一把戳进心窝里的刀，让晓和怀着复杂的心绪，一直记到现在。

可是这个电话非常可疑，他们也有可能是伪装身份过来骗人的——要是这样的话，说错一句话或者泄露一句多余的情报，就可能陷入极其麻烦的境地。

难道是考验自己的忠诚度？公司怎么可能会玩出这种搞笑的把戏……

他想起大庸说过"你可要小心"，自己只有一条命啊。

晓和正色道："AK，你的思路可能走偏了。我有些想法，也有些最新的消息。"

"真的？你可别骗我。"AK 大叔的声音忽然变得高亢起来，似乎有些迫不及待了。"快说吧，老子最讨厌解不开的谜题。"

听起来，他对解谜的欲望要远远胜过寻找苏焰的去向，晓和比对了之前从焰那里听来的印象，一时多了几分相信，但还得要保证万分小心。于是话锋一转："不过在此之前，我先问你们三个关于苏焰的问题。"

"好。"AK 马上明白他的意图，一句多余的话也没有，电话那头就换成了顾令臣。和聪明人说话就是高效。

"苏焰最喜欢什么颜色？"

"深蓝色。她说过比海的颜色深一点儿，但比夜空的颜色淡些。"

"她的哪只毛绒玩具抱得最多？"

"戴着圣诞帽的熊。"

"她在灵界换过几任男朋友？"

令臣沉默了几秒，声音带着一丝哭腔："我……作为一个卑微的舔狗，可以不回答吗？"

电话里传来 AK 的大声训斥和令臣的惨叫。

晓和狠下心："对不起，你必须得回答，只有一次机会。而且你是舔狗，理应知道得最清楚。"

"七，七任……"那边传来心碎颤抖的声音。

"很好，回答基本正确。"晓和松了一口气，可以初步确认这两人应当是本尊，或许可以信任。在灵界里面，没有他们，自己如同睁眼瞎，一步都迈不出去。

他咬了咬牙："好，以下我说的，你们不要外传，这是绝密！你们若是外传，我小命不保。我们都想知道苏焰去了哪里，做了什么，我们是同盟，对不对？"

"是的，我答应你。"AK 回答，"老子毕竟是一个教授，说出来的话不是狗屁，自有保证。"那边令臣也一个劲地表示同意。

晓和于是将立方会自动增殖的事情和他们说了，当然玲这边的事情暂时按下不提。AK 在另一头听得如痴如醉："我的天，这简直是高级的自组织自增殖机器人！令臣，快给老子找找，把那些内部日志文档翻个底朝天，有没有这玩意儿的设计图？老子要好好研究一下，和它相比，迄今为止，人类发表的所有文章全是狗屁不如啊！"

立方自天外来，设计图当然是找不到的。但……晓和心念一动，对啊，安德森此人不是这方面的权威专家吗？他要是有兴趣，可以把萧旭一留下的立方给他看一下。但这得去找罗教授，不知道罗大仙会有什么想法，这两个教授的风格，差得实在有点儿大啊……

嗯，还有一个地方，不知当讲不当讲……

他舔着嘴唇斟酌着，终于问道："对了，你们既然黑进了系统，那么能不能看到灵界系统的源代码？"

"看不到。这个权限比我们现在能拿到的高多了。"AK 回答，"我们只能看到日志和一些文档。"

"如果……"晓和顿了顿，终于下定了决心，"如果我告诉你们，灵界的系统核心代码是苏焰几年前亲手写的，你们会推断出什么来？"

刚说完，他就听见电话那边"咝咝"地吸了几口冷气。

"你当真？"AK 和令臣不约而同地问了一句。

"我当真——我是说，如果那是真的话。"晓和迟疑了一下，那个视频还不能百分之百确定是她，但百分之九十九错不了。要是这竟然错了，自己这个从小一起长大的哥哥，脸还要往哪儿搁？

电话那边沉默了足足像是有一个小时那么长。晓和只能听到厕所的滴水声，还有外面的风敲打窗户的声音，心头有些焦躁。

"要是这样，我可远远比不过焰姐姐……"令臣喃喃地说，"她就是世界上最疯狂的黑客了……我去把翠云姐姐叫来。"

# 第46章 实验

CHAPTER 46

风翠云？原来他们去问过她了吗？

晓和抓着电话想听后续，那边传来搬动椅子的响声。不知道他们两个在做什么。

"晓和哥，刚发现有一个人正在快速接近你，不对，看实时日志是两个人……"令臣突然冒出了一句，"翠云姐姐不理我，好像在忙，我们要不先挂了，晚上再联系。"

下一秒钟，他就听见厕所外"咚咚咚"的敲门声，晓和心虚地关上手机，吼了一声"马上"。半分钟后，他应声开门。

吴大庸捂着肚子，脸憋得通红，胸前的标徽闪闪发亮。他从上到下打量了晓和一眼，"朱兄，怪不得刚才一直不见你。现在是上班时间，上厕所最好不要超过半小时。朱兄干活儿的确手脚麻利，但要是给别的员工学了样，我这个团队就不好带了啊。"

说完看着晓和勉强堆起来的笑脸，冲了进去。

一阵臭气飘来，晓和捏着鼻子赶快走开。

等一下，为什么刚才令臣在电话里说是有两个人？

晓和不禁狐疑起来，朝着四周望了望，没找到第二个人的踪迹，只得回到了座位。他心神不定地看着电话，但它一直没响，直到下班时分。晓和到点就走，临走时看到吴总居然还没回来，果然这家伙对下属要求严格，自己却放飞自我。

胡乱找个地方吃了点儿晚饭，就着急地往家里赶，果然在到家十分钟后，手机里有了消息。

现在终于可以开视频了。

风翠云的圆脸在虚拟会议中冒出来。"总算一天都采访完了，真是累死了。"脸上却是笑着，看来她最近虽然忙，但是过得相当开心。

她看到晓和上线，连忙招了招手，然后直白地质问道："阿晓，你一直没回我消息。"

晓和抓着头："嗯，对不起。可你的问题也有点儿抽象啊。我站哪边？我也不知道要怎么回……"

"你没明白我的意思吗？是站在奇海这种仗着权势为所欲为的人渣这边，还是站在受苦受欺凌的平民大众这边？"

晓和苦笑："我当然是站在平民大众这边。"

"阿晓，这么说就太好啦！我还以为你那天被周奇海几句话收买了呢，他主动在宴会上找你，多少双眼睛盯着，都看到了！你要是在这个问题上犹豫，我就不得不和你划清界限。他嘴里的那些秘密项目，都是滴着血的，你知道不知道？"

晓和沉默着，看着翠云的表情，配合着笑了笑："那是，怎么……怎么可以做这么伤天害理的事儿？"

"是的！"翠云使劲地点头，一副疾恶如仇的表情，"不过算啦，那天晚上本想找你做节目的，那时周奇海还没有被赶下台，我想起来阿焰好惨好惨的，正好采访你。这样多一个坏蛋作恶的证据。"

"等一下，翠云，"晓和猛然意识到这里面有些奇怪的地方，"你怎么知道我妹妹在那个被天眼攻击的避难所里？"

翠云回答道："嗯，这个阿晓你有所不知。灵界实验室名单已经被救援队找到，里面有她的名字，那个 2510 号立方，按序号排她是前几个，实在太显眼了。天眼袭击的时候，按照预先排好的实验进度，正是她那一批灵界实验正在进行的时候。"

"啊？所以苏焰的立方不在她之前该在的地方，我指那个核电站旁边的灵界寓所，现在被完全烧掉，融成一大坨的那个，她的立方不在那里。"

翠云纠正道："嗯，确实不在。每块参与实验的立方都会断开与灵界系统的链接，被运出原本的存放处，送到专门的实验室里去。这是我采访那个实验室负责人的时候，他亲口说的。"

"你们有详细记录吗，我能看看？"晓和紧张了起来，那就是说，她的立方还是完好的？等等，她为什么会去参加这种实验？怎么没有和自己说？

"实验记录……阿晓啊，我也只是偶尔瞥到了一眼。"翠云咬着笔，解释道，"那里面都是对于每块灵界立方进行实验的详细记录。唉，都是些让人毛骨悚然的实验，不提也罢……你真想知道？"

晓和突然意识到，她为什么连自己都瞒着，那一定是因为她会去一个自己若是知闻，就坚决不允许她去的地方！

这家伙……她到底要干什么！

"我……我当然想知道。"他紧张地说道。

翠云发给他一个文件，表情郑重："看完就删啊，虽说不用太过保密，只是我写黑材料发新闻稿的根据，但这也不是什么值得流传出去的好东西。"

晓和快速地打开，是一份扫描件。

"761 号，灵界立方的视觉和听觉均接入圆周率序列，一天内可背诵圆周率小数点后十万位，但已丧失生活自理能力。未检测到信号。"

"2852 号，灵界立方链入宇宙空间模拟器，输入海量学习信息，一天内零基础学会设计小型燃料推进器，并成功登陆模拟火星，两天后情绪出现不稳定，灵界立方失控，无法恢复。未检测到信号。"

"5251号，灵界立方接入超量感知输入，输入信息为正常人的十倍，检测到立方内出现大量情绪波动，两天后出现自闭倾向，不对任何输入刺激有反应。未检测到信号。"

报告不带丝毫感情，用简洁到残忍的语言描述实验过程。晓和越看越是心惊，再往下翻。"2510号。"

他瞪大了眼睛，苏焰的实验在天眼袭击时正在进行中，当然就不会有书面报告了。他沉默许久，眼睛里布满了血丝。看起来每个参加这个恐怖实验的灵界人，不是疯了就是傻了。焰，我可怜的妹妹，你在最后一刻究竟经历了什么……

想象力在折磨着他，没有什么比什么也不知道更折磨人。

"我很抱歉……"翠云脸色沉郁地说，"这还是人吗？虽说名义上被试者都签了自愿协议，但谁知道里面有多少是强迫的？周奇海他简直是全人类公敌，不千刀万剐，不能解心头之恨。"

晓和脑子里乱得很，恨不得苏焰的立方还在寓所那里，在上千度的高温下和四千多块立方融合在一起，那样她至少没有痛苦。他去洗手间用冷水洗了把脸，终于冷静了下来。

看着这些实验项目，晓和当然明白，新闻里的那些奇海的邪恶动机，完全是凭空捏造的。

周奇海并非窥探隐私的狂人，只是想要弄清这个来自天外的立方的秘密，想要破解恶魔之眼的阳谋。

但可惜的是，风翠云和公众并不知道这些惊人的内幕，不知道我们这引以为傲的先进技术，其实是外星人送来的。灵界科技那一小部分知情的人也绝不会选择公开，那最后的结果，就是把这些秘密实验的动因，归结于周奇海个人内心的阴暗及疯狂。

话虽如此，但这不管青红皂白往立方里猛灌大量信息的做法是怎么回事？是要让每个灵界受试者都一下子变成移动图书馆，还是只会背书的呆子傻瓜？

还有，为什么所有的实验简报后面都有一句"未检测到信号"？这里的"信号"是指什么？

晓和真的不明白啊。这些问题，问对面的这位记者，也肯定不会有答案的。

翠云又痛骂了几句，说自己还有些稿子要赶，先下线了。隔了一阵子，顾令臣上线。大男孩稚气的脸上都是沮丧，看起来是被凯勒教授狠狠地训斥过一顿。

"卑微的舔狗收起对焰姐姐的无尽碎碎念。今晚我保证认真说话，一句废话没有。"令臣开门见山。

"AK 呢？"晓和忍住笑，问。

"他发现了一份灵界立方内部结构分析的文档，好像是一个叫萧旭一的人写的，正在非常兴奋地研究，这两天都不想被人打扰。晓和哥，你怎么了？看起来精神很萎靡的样子。"

"没……没事。刚才和翠云聊了一下，知道了一些事情。那好，我们继续。上次聊天，你说她是世界上最疯狂的黑客，这是什么意思？"

令臣支着手，问："晓和哥，你知道黑盒攻击与白盒攻击的区别吗？"

晓和摇头："不知道。"

"我之前进行的就是黑盒攻击，攻击者……"令臣被 AK 痛骂一通儿之后，看起来是正常了很多，"事先并不知道系统是怎样运行的，而是通过一些试探来猜测漏洞在哪里。白盒攻击则相反，系统内部的运行逻辑，攻击者事先全都知道，像是一个内线情报员叛变了，所以攻击起来事半功倍。"

"所以苏焰进行的是白盒攻击？"

"焰姐姐的这种玩法，可能比白盒攻击还要恐怖……因为所有的核心代码全是她写的，所以她其实不仅仅知道目前系统的运行逻辑，还能预见到系统在各种极限情况下可能会出现的行为。而为了做到这一切，她只需要回想一下当时写下的代码在哪里可能出错就行了。不，她应该还私藏有当时代码的拷贝，就算不记得了，拿出来看一下就行……"

"可是她的那些代码是几年前写的，在那么多灵界人的抱怨之下，即便有问题，大概率也已被修正……"晓和说着说着，声音小了下去，最后变成了苦笑摇头，"不不，我收回这句话，我收回……以现在和我一起上班的同事们的这种效率，有些小故障，可能一放就是十几年。"

"虽然人力修补效率是低了点儿，但晓和哥说的确实有道理。"令臣却点点头，说，"那些被频繁使用的功能，经过无数人的抱怨，大概率都已经被修好了，就算有点儿毛病，也无关痛痒，不会有大的安全隐患。也正因如此，为了能黑进系统，焰姐姐选择走了另一条路。"

"这是什么意思？"

"我仔细看了一眼奇海科技的内部文档，在进行灵界实验的时候，用的是另一套接口系统，也就是所谓的'二级接口'，不然没有办法给立方输入超过正常感知极限的海量信息，或者一些非常规的信息，也无法判定灵界立方内部的状态。而一级接口，就是所有灵界人正常使用的那一套，只有正常的输入和输出，比如说立方的输入只是五感，而输出也只采集了各处肌肉运动指令的部分。"

晓和想到了刚才那些令人抓狂的报告，那些报告里描述的输入信息流，确实不是正常五感所能容纳的。

令臣继续说道："据我推测，正常来说，二级接口的使用频次是远远低于一级接口的。所以那里就算有系统上的漏洞，也很难有修复的可能。因为根本没人会提交问题报告，能提交的那些人，也都差不多脱离普通人的轨道了。"

啊！晓和一声低呼。难道她就是为了能接触到这个接口，才冒险参加的实验？

"我早该想到，她不是正常人……"他一头撞向桌面，"她永远会找最冒险的那条路走，永远不给自己留后路！"

等一下，还是不对！

额头还没有撞上桌面就忽然停住，像是被一只无形的大手生生地提起来。晓和大睁着充满血丝的眼睛，盯着屏幕，立时反驳自己刚才的观点："错了！她参加如此危险的灵界实验，就是为了亲身黑进灵界系统吗？那如果是这样，她为什么不让令臣你去做，看你不费什么力气，就拿到了大量的日志，不是吗？一点儿风险都没有！焰不可能不知道这条路啊……"

"这……我就不知道了。焰姐姐没有和我讨论过。"听到晓和的反驳，令臣也是如梦初醒，只得茫然地摇头。他只想到了技术上的可能性，而没有考虑到苏焰做这件事情的动机。

动机是什么？动机就在代码里，她不是去做简单的尝试，她是已经前前后后将所有情况都考虑清楚，非常明白这样做的后果是什么，然后去做的！

想到此处，晓和拿出手提电脑来，翻到灵界系统核心代码这部分，打起十分精神去看。焰应该只记得她几年前写的代码，基于这些，她会有什么样的推断？她的推断，目的是什么？不仅如此，晓和还要假设，焰已经通过某些非官方渠道，看过了公司内部的所有资料。既然令臣能黑进来，她真的想进来，应该会更容易才对。

不知不觉已是凌晨两点，晓和毫无睡意，令臣那边也没有闲着，只要有电力供应，灵界人不需要休息，想要工作随时可以。

"晓和哥，这份日志有点儿意思。"

晓和看着他发来的日志。这是网络传输率的日志，参与灵界实验的每块立方都承受了比正常立方高十倍以上的数据流量，这和刚才那些该死的实验描述相符，但是……晓和注意到，2510号立方的数据流量，虽然一开始它和其他立方体大致相同，但在五六个小时之后突然大幅上跳，与周围参与实验的立方的流量数字相比，显得高得离谱，峰值竟然达到正常数据流量的上万倍。

然后，这个数据流量的上跳在到达峰值后戛然而止。晓和连忙查看那个峰值对应的横坐标，那个精确的时间点。

他的双眼瞪得滚圆。

周五晚上七点五十三分。

天眼，袭来。

# 第 47 章 深海

CHAPTER 47

惨白色的灯光下，林拂羽坐在办公桌的一角。

"嗯，在下这边手头还算宽裕，这纸上的各项条件可供一观，林小姐若是首肯，明日我便差人转钱粮过去，解令堂和你家里的燃眉之急。"褚随看着她，仍是一副文绉绉的语气。

然而，情况早就不妙了。

副手将早已拟好的条款交到林拂羽手上，拂羽接过，看到的第一条就是"希望能娶林拂羽小姐为妻"。她脸上一红，咬着牙把其他的条款也一起看了。毕竟大难当头，自己代表家里，不能由着性子拂袖而去。

家里的纺织厂被莫名其妙的一场大火烧了个精光，雇员死伤数百人。大火不仅累及避难所的居民，招致全员被紧急疏散至地表，更糟糕的是，还烧掉了附近储备仓库的大量物资，包括刚买下的粮食。

眼下群情激奋，公司三天两头上新闻。现在需要大量的现金安抚善后，还要立即找到供应商填补物资缺口，不然后果不可想象。保险公司一口咬定事有蹊跷，并非天灾，不肯马上赔付，需要详细的调查报告方可。家里的总资产并未大损，但全都是固定资产，就算现在立即变卖，值此乱世，也不会有任何人愿意接盘。

只有褚随刚刚和奥德雷市长谈妥，拿了 823 号地下城粮食的大笔订金，有能力一下子拿出来解燃眉之急。更重要的是，他也有多余的粮食储备，可以直接送来接济以安定人心。

她看着褚随的脸，那脸看似严肃而平静，但渐渐地浮现出志得意满的奸笑——仿佛林小姐的家底，马上有一半就是他的了。这获利十多倍的买卖，任何一个合格的商人都会义无反顾，更何况还可以顺便将一个姿色不错的女人收入囊中。

她看着这张纸上列的各种苛刻条件，右手在发抖，这个暴发户……简直是落井下石，欺人太甚！

褚随站起来，走到拂羽的面前，微微躬身，继续他半文不白的调调："褚某毛遂自荐，虽说有违常理，却也是自信使然。值此危局，粮食乃一方重器，旗下团队也屡创佳绩，将开辟计算业务的第二战场。如今我踌躇满志，自度前途不可限量。眼下趋之若鹜者也是甚多，林小姐乃我专情青睐之人，望不负一片诚心厚意。林小姐啊，风云变幻，时不我待，若错过了当下，以后等褚某一骑绝尘而去，那可就不好说了。"

　　说完他朝着面前这个女人笑了笑，似乎还沉浸在稿子里，很满意刚才一番演讲的效果。

　　拂羽想起几周前，此人还放低姿态来见她，现在的口气却是完全两样，恨恨地瞪了他一眼。

　　褚随毫不在意。

　　"不过嘛，此事事关林小姐的终身幸福，不用着急下决定，尽可以在我处多盘桓几日，好好欣赏下深海美景，细细思量。若想要褚某陪护观海，随时吩咐。"褚随微微一笑，挥挥手，让副手送拂羽回到临时客房。

　　两人走出球形会议室，沿着与海底平行的圆柱管道走了几百米，路过两个球形中继站，然后副手送拂羽上了管道快车，叮嘱她在第三站下车。拂羽下车后折腾了半小时，在各种通道里绕来绕去，终于找到了回客房的路。她看着圆弧形的落地窗外，发现在深黑色带着点点荧光的海底，还有一个个亮着灯光的球形单元。

　　这个海底避难所在海平面以下两百米，由成千上万个直径约十米的球形单元构成，每个单元都被堆放在倾斜的大陆架上，用伸出的几条金属脚架来插入海床固定住。拂羽乘坐潜水器从海面下潜的时候，隔着舷窗看过去，像是有一群密密麻麻的金属蜘蛛，铺满海床。单元可供多户人家居住，也可作为连接中转站、小规模会议中心、加工厂、娱乐场所或旅馆的客房。单元之间由直径为两米的圆柱形管道相互连接。一切圆弧形和分布式的设计，都是为了抵御高达二十倍大气压的深海水压，也预备着以后若是情况恶化，可以将管道收起来，通过自然滚动的方式，向着更深的海底前进。

　　单元之间的连接方式似乎没有规律，完全遵循就近原则，像是一个巨大的迷宫，寻路困难，特别是对于刚来这里的拂羽而言。

　　大难当头，人们没有时间如科幻小说里描述的那样，造一个巨大的半圆形罩子将一大块海底区域盖起来，然后抽去海水，在海床上建造城市，而只能化整为零，基于现有的材料找到一个能用的解决方案来。

　　海面已经被冻成了几十米厚的永久冰层，但在冰层之下，还能保持相对适宜的温度供人居住，保温比矿井里容易得多，还可以用温差发电。在附近种植的一些特殊的作物也能生长。在这个危急时刻，这里反而成为产粮基地了。

　　拂羽坐下，揉了揉酸痛的腿。她住在这个球形单元的上半层，直径为十米的半球形空间。正常来说，空间可以按照四个象限切分，足够住上四户人家，每户分到二十平方米。但因为这是客房，而平时来访的人也不多，所以其他三户都没有人。下半层则是储藏室和机动室，每个单元都有自己的动力系统，在紧急时刻，可以操纵金属脚架进行简单的移动，或者干脆收起脚架，切换成滚动模式，借着洋流进行长距离的漂行。但每个单元内的能源无法自产，都由避难所的能源中心提供。

　　三天了，反复翻阅堆成山高的文件，就算有老管家的帮忙，她也才刚刚厘清头绪。

　　管理混乱，财务一团糟，不知有多少人在里面捞取好处，中饱私囊，吃得肚子滚圆。

老妈毕竟精力不济，无法面面俱到，赚钱的时候公司一片歌舞升平，出了乱子就要轰然散架了。

褚随等得起，着急的是林拂羽。

老妈急火攻心，已经住进了医院，家里不停地在催，他们火烧眉毛，也在拼命想别的办法。但那些方案往往要东拼西凑，耗时许久，不如拂羽一笔签下去爽利。

她突然想明白了。自己这么多年不管家里的事情，可最终，家里的事情还是会找上门来。逃避是没有用的，欠下来的债，总有一天要还。

老管家走进来，一脸焦急地看着她："小姐，明天就是最后期限了。如果我们再拿不出足够的诚意，家里那群平日里低眉顺眼的下人们就要动手了，一群没饭吃要饿死的人，可是什么都做得出来的啊……"

"我知道的，让我再想想。"

"小姐啊，钱还是小事，可那些被烧掉的物资一时真的凑不齐啊，再过几天合同就要到期，拿什么去交割……家里的资产从账面计价来看虽多，但一来时局艰难，真要卖没人接盘；二来真有买家，一时半会儿也联系不上，就算联系上了也无法交易，远水解不了近渴。老身想来想去，这个褚随虽然是一个没家底的暴发户，但坐拥这一大片海底农场和牧场，还将开辟计算业务。老身觉得，坐在他这个位置上，恐怕一头猪都能赚出一座金山来。小姐……"

"李叔！"拂羽脸色通红，急得站了起来。

"唉，老身知错。小姐本就不欠家里什么，但如果只是眼睁睁地看着现在的情状，您能忍心吗？小姐如果能想通这一节，就算是假意逢迎也好，先用雷霆手段把目前局势稳住，乘机立起威信，那家族里的人，往后都会听命于您啊。须知良药苦口利于病，忠言逆耳利于行……"

拂羽知他好意，但听完这话，想起褚随昔日好话连篇，今日颐指气使的言行，突然觉得像是吃了个苍蝇。

"李叔，我并不是不知道这危急的情况……可是，"她认真地看着老管家，小女孩的羞涩脸色已经褪去，"我之前把褚随当成相亲对象聊过，那时的他和现在简直是判若两人！观此人言行，对上极尽谄媚，对下无比凶残，利益至上，毫无感情可言，所以才能在那么短的时间内火箭蹿升。照这个思路想下去，面对一个落魄家族的小姐，他自然是乘着低位砸钱买进，然后借此机会看看有没有能捞的好处，捞完了就一脚踢开！他今后给我们家带来的麻烦，会远远多于收益。"

"小姐，老身知道这是饮鸩止渴，不过家里要是过不了这一关，就没有今后了……"老管家听她说了那么多话，只是缓缓摇头，一脸沉重。

拂羽看着他的脸，一时无言。

"好，我会考虑的。李叔说得对，也许这是目前唯一的办法。现在很晚了，我要休息了。"

她装作很懂事地点头，挥挥手。看着老管家一副语重心长的样子，转身，开门。

望着老管家的背影，拂羽似是突然想到了什么，又说："李叔，感谢……感谢你的忠心。"

老管家身形一颤，随后又扶着门把站定，长长地叹了口气："小姐若能懂事，老身万死不辞。"

说完，他从通道里离开了。

门关上了。拂羽脸上的表情，突然就崩裂了。

她靠在桌边，先是抽泣，然后眼泪像山崩似的向下流。

所有的人只为这个巨大的利益共同体考虑，没有人考虑过她的感受。几天前还在忙着奥德雷市长交代的任务，现在签个字就要结婚了，她一下子有点接受不了。

可是理性告诉她，这就是这个世界的本来样子。

从接到紧急电话，终于狠不下心，决定管家务事开始，这个结局就已经注定了。她永远只是一个筹码，一个平时可以逍遥自在，但在危急关头得要起作用的工具。那些开着豪车来接的人，无不是看上自家背后的财力，想用小恩小惠撬动自己的芳心，最后瞅准机会，大捞一笔。

一切都是计算好的。

她想起实验室里的那些博士们。这些已是极为遥远的记忆，远得像上辈子一样。可是那些单纯的信念和执着的努力，还鲜活地呈现于脑海中。她不由得心里一酸，喉咙一紧。

脑海里忽然浮现起，曾经有个人，在餐馆外郑重其事地告诉她，两人来自截然不同的阶层。

晓和，你错了啊，其实阶层也好，地位也罢，我们每个人都一样——

不过是以全副身家，想要搏一个计算之外的结局罢了。

唉，可是又有几个人能成功呢？

已是凌晨两点，她抹干眼泪，平复了情绪，忽然有一种打电话聊聊的冲动。手机里有着晓和的未接来电。这个因为上周的噩耗而备受煎熬的师弟，不知道现在怎么样了。

她还记得载着他回家，任他在车上诉说着心事，哭着笑着，把他和妹妹的那些过往，一点点地全部坦陈。他说出来的时候平淡如水，可她听得惊心动魄。她听得出，那些在绝境中的不屈与挣扎，那种绝对的保护，绝对的奉献，绝对的信任。

拂羽忽然觉得很羡慕。她从小并没有这样的人陪伴，从小到大都是一个人，早习惯了在父母与长辈的忙碌间隙中独来独往。

电话铃响了十几秒，拂羽突然觉得有些愧疚，想着要把他从睡梦中叫起来。纠结着是否要挂掉的时候，电话通了。

"喂……师姐？"

那个声音因为熬夜而有些疲惫。

"没什么，我只是……突然想起你了。前一阵子都比较忙，漏接了你的来电。"

那边响起了释然甚至是调侃的声音："林大小姐，没关系，你的李管家已经回了电，和我们解释过了。"

"喂，不许这么叫我。"

"那个管家是这么说的。"

"李叔待人接物太过古板，晓和你不要学他的陈腐气，像从棺材板里钻出来的一样。"

"好好好，怎么样，师姐一切还顺利吗？家事怎么样了？"

拂羽沉默了几秒，装出一副自若的语气："嗯……头痛着呢，不过还行，还能处理，哈哈。"

"那就好，我这边真是忙疯了，最近各种事情接踵而来，大发现一个接着一个。"话筒里传来晓和兴奋的语气，明显他对分享最近几天的发现更有兴趣。

"真的吗？都发现了什么？"拂羽追着问。

"奇海公司并没有生产立方的车间，灵界立方只要被埋在土里就可以自动增殖，一块变两块。那天晚上那人告诉我的。我本想上了车再和你细说，想不到你走得好快，我只见到了罗教授。嗯，还有一些关于苏焰的惊人消息。"

晓和于是将有关外星人向地球投放立方的意图猜测，无法破解的阳谋，以及1529 号避难所在被袭击之前，正在进行有关灵界立方的秘密实验，而妹妹竟然瞒着自己报了名，且她还是灵界核心系统代码的作者这些事和盘托出。

拂羽聚精会神地听着，这些消息太过惊悚，让她几乎忘记了自己尚身处另一个巨大的麻烦中。

"嗯，就是这些了。就在刚才，令臣还发给我一份日志，看起来在秘密实验的时候，与苏焰立方通信的网络数据流量有巨大的异常。唉，这些线索真是多得我有点儿头痛。我明天得去找罗教授讨论一下，看这到底是怎么回事。"

说完，晓和那边打了一个大大的哈欠。

"好，你先休息吧。"拂羽想了想，还是决定把刚才心里冒出来的倾诉欲，先咽回肚子里，明天再处理。于是装作没事一般，轻描淡写地回复，"你最近有事干，我也替你高兴。"

"是啊。我现在好多了，熬过几天，有点儿事干就好很多。回想起刚回来那几天，心里有点儿空落落的。多亏了师姐一直陪我说话，不然我要怎么才能熬过去啊。那天和你分开后，一个人坐地铁回家的时候，居然还当场哭出来，哈哈，实在太丢人了。"晓和突然感慨道，"唉，有些东西啊，失去了才记得它的好，可是一旦失去，就算再拼命，也……拿不回来了。"

听到最后这一句，拂羽忽然沉默了半分钟，再没回答。她心里有些乱，五味纷杂，不知所措。

"喂？拂羽？喂？"

她没有回答，径直挂了电话，愣神地看着一窗之隔的深海，尽管那里什么也没有。她的桌子上，有一块装饰用的立方。

一分钟后，手机又响了起来。拂羽听着电话铃声，看着屏幕上"朱晓和"的名字，往昔的一幕幕忽然在她的眼前浮现。

他在自己悲伤不能自已时主动帮忙开车，他第一次上地表时聆听自己心路历程时的专注，他坐在后排面对失去妹妹时低声单调的倾诉，他在黑夜中与自己拥抱后的呆傻木然。

还有那一天，他飞扑而上撞飞砸向自己的木梁时，认真的脸；那个倒在她身前，被她推着醒来时，迷茫的眼。

那一幕在她十四岁那年发生过，一模一样的危急关头，一模一样的舍身救人，一模一样的，觉得自己做这件事理所应当，却让被保护者焦急万分的神情。

拂羽呆站着，品味着这种奇妙的情绪，终于下定了决心，轻轻拿起手机，打了晓和的电话，心跳有些加速。

突然间，警铃大作！

高达 120 分贝的声音让她立即放下手机，捂紧了耳朵，刚才那些微妙的思绪转瞬间消失无踪。几秒钟后，一段毫无波澜的语音被放送至海底避难所的各个角落：

"本避难所遭遇袭击！本避难所遭遇袭击！袭击来自太空！袭击来自太空！表层冰面已大部融化，海底乱流或将加剧，各单元之间的连接即将紧急关闭，请各位居民不要再使用单元间通道，进入最近单元暂避！"

天眼！这……它为什么要对这里下手？

拂羽脑中闪过了无数念头。在低沉的机械噪音中，她看着一道道灰褐色铁墙缓缓升起，将上半层的所有落地窗盖住，整个单元变成了一个严丝合缝的铁球。

手机的铃声中断了。

在完全的黑暗之中，林拂羽，失去了信号。

# 第48章 交锋

◆ ·················· ◆

CHAPTER 48

手机上显示有一个未接来电，是凌晨两点多拂羽打来的。可是，晓和一直没有再打通拂羽的电话。

对方已关机？我刚才说错了哪句话吗？晓和隐约觉得刚才的拂羽与平日里有些不太一样，好像藏着什么话没说。但他与大大咧咧的妹妹相处久了，对男女间细微含蓄的言语不太敏感，再加上已是深夜，大脑处于过载状态，任他抓着头思来想去，也找不出什么原因来，只得和衣沉沉睡去。

梦里他恍恍惚惚一个人在荒漠中毫无目的地行走，走到筋疲力尽时，向着混沌灰暗的天空，大声质问：做这些令人疯狂的实验，其目的究竟为何？是要探索灵界立方本身的秘密，还是要通过向立方灌入大量信息制造灵界超人，抑或周奇海这个疯子被外星人控制了，正在代表它们暗中进行针对人类大脑的探索性实验？

晓和捂着头坐起来，晕乎乎地回想着梦里的情景。此时已是清晨六点。他突然想到这件事情应该去问风翠云，虽然她这个记者未必知道细节，但只要能联系上那个已被关押控制起来的实验室负责人，至少可以以亲属的名义追加询问，甚至拿到苏焰的立方。往好处想，也许苏焰已通过这疯狂的实验，变成超越正常人类的存在，而天眼对此极为忌惮。可就算是这样，它害怕什么？苏焰不过是小小的人类的一员，而它能吞掉整个金星啊。

如果不仅有流量数据，也有具体的实验数据就好了，这样才能猜得更准些。晓和满脑子玄想着，心不在焉，差点儿一头撞上房门。他去楼道里的公共洗手间，用冷水洗了把脸，清醒了不少。忽然想起昨天晚上拂羽突然挂断的电话，顺手又打了一个回去，对方依然关机。才六点，还没起床吧。

刷着手机，晓和的手停住了。

"救命！我被困在公司三楼的厕所里……"

看着吴大庸的这封邮件，晓和不由得一惊：他怎么了？人一下子全清醒了，晓和瞪大眼睛仔细查看邮件，邮件是早晨五点五十分发送的，也就是十分多钟之前。吴总虽然上班早，但从未如此早过，他这么早来，肯定是有什么事情。

晓和猛然想起昨天令臣挂电话之前提醒自己门外有两个人，但他只看到吴大庸一个人，难道……

晓和惊起一身冷汗，他走出公共洗手间，跨入过道。过道一边通向他的住所，另一边昏暗阴沉，像是一头张开巨口的怪兽。

"令臣，你能帮我个忙吗？你现在还能看到员工的实时位置吗？"

隔了半分钟，顾令臣就回复了，显然灵界人都不用睡觉："我可以看到，只要他们穿着别有徽标的制服就行。那个徽标应该是定位器，定位精度还蛮高，看它之前返回的轨迹，误差很小，我觉得精度到了厘米级别。"

晓和歪嘴一笑，那是用来检测在职员工是否在厕所里摸鱼的玩意儿。公司甚至能知道员工蹲在哪个隔间，杀鸡用牛刀，灵界科技就是有钱。

"那你帮我看一下，谁目前在三楼厕所里。"

令臣连忙查看日志，然后回复："三楼有三个人，一个在厕所里，好像名字叫吴大庸。另外两个在一旁，他们的名字，我这里看不到。"

晓和脑中想起了各种可能，越想越觉得棘手。他想起之前遇到的杀手。

那个杀手并非冲着端木玲而是冲着她掌握的情报来的，若是大庸也知晓这个情报，并且大庸对"与周奇海划清界限"表现出不合作的态度，那他……完全可能是下一个目标。

但如果是这样，杀手为什么不直接来找我？我的嘴巴只会比吴大庸的更大。晓和抓着头，暂时想不通这一点，于是就先试着打电话给罗教授和一贯有早起习惯的孟天峰，告知紧急情况。可毕竟时间还早，两边都没有反应。他并没有金斯中校的电话号码，只得带上一个万能小工具，立即整装出门，赶第一班地铁。

金斯中校带着两个手下，这几天应该都在吴大庸家附近巡逻，难道这个杀手找不到晚上的下手时机，所以干脆选择清晨上班时行动？大部分员工要到上午十点才会出现在公司，开始干活。现在公司里没人，正是下手的好时机。

十分钟之后，晓和面色凝重地从地铁口出来。他把一只耳机塞进耳朵里，再把耳机线插在手机上，而手机与顾令臣连着线。令臣通过发现的系统漏洞，能看到所有戴有徽标的灵界科技员工的实时位置，并且会立即告诉他。这对晓和来说是个好消息。

晓和冒着寒风，进了大楼。楼里十分安静，大清早没有人来。他小心翼翼地走上楼梯，只听得见自己脚步声的回响。

耳机里传来令臣的声音："那两个人从厕所离开了，现在在门外的拐角处。晓和哥，他们要趁你进门之后从后面偷袭！我……有点儿害怕。看他们的行动，这两个人说不定一样能凭借你胸口的徽标，知道你现在的位置，要不我们……"

晓和摇摇头，叹了口气："令臣，谢谢关心。我得去。我已经看到求救信了，是我把大庸牵扯进来的，我有责任。"

他顺手拿起大楼一角一根半人多长的竹柄扫帚，慢慢摸索着向三楼的厕所走过去。三楼的一个顶灯坏了，有一大片黑暗笼罩在过道里。他走过黑暗处，来到厕所门前，推开门进去，然后把门反锁了。

吴大庸躺在铺满瓷砖的地上，四肢被绑，嘴巴里被塞了一大块抹布。看到晓和，他脸上先是一喜，随后马上露出绝望的表情。

身后有脚步声，接下来是敲门和砸门的声音。

晓和把吴大庸嘴里的抹布抽出来，拿出万能工具里的剪刀，胡乱几下剪开绑着他的绳子。吴大庸从地上坐起来，使劲呼了几口气，立即说："朱兄，你快走！快走！这是个陷阱！他们拷问出我的账号，给你发了邮件……你不应该来的。他们要利用我，把你这个知情者抓住！"

果然是个陷阱！

"不，你既然发了'救命'给我，我就不能不来……"晓和想了想，还是愧疚地回答，"不然我不安心。是我那天把垃圾桶扔进你家里，你才被牵扯进来的。"

"不要紧！对了，朱兄，时间紧迫，我告诉你，周老总做灵界实验，其实是为了……"

朱晓和看着吴大庸郑重的表情，刚想蹲下来凑过去听，耳机里就传来顾令臣焦急的提示，把吴大庸的声音一下子盖住了："有一个人在助跑，他要踢门！马上要冲进来了！"

晓和听到紧急提示，像是背后长了眼睛，把扫帚柄往后猛地一送，在那个人破门而入的一刹那，直接捅进他的嘴里。下一刻，他猛地扭腰，将扫帚柄横过半个门的宽度，弯成一张弓，把那人的半边脸生生压死在门框上。

"大庸，快来帮忙！"晓和吼了一声。

"啪！"

他回头一看，吴大庸刚起身，胸前就爆出一个血洞。血洞里面，几根电线露了出来。糟糕，是微型遥控炸弹！这……这是为什么？

"大庸！大庸！"晓和疾呼。

"唉，这一天还是来了……没有周老总，就没有我……大恩大德，无以为报，没说他的坏话，心安了……"这个中年男人躺倒在地上，艰难地呼吸着，喃喃地说。

"你刚才说什么？"晓和痛心疾首，"灵界实验什么的？"

吴大庸听见问话，脸上现出"你刚才居然没听见"的惊讶表情，拼命想要嚅动嘴唇吐出几个字来，却再也不能。他嘴角又渗出几丝鲜血，闭上了眼睛，再也没有气息。

晓和心中浮起一阵悲痛，眼前的这个人只想当个凡人，只因为还有最后的倔强，不肯落井下石，让当年的恩人蒙羞，就落到这个下场……

耳机里又传来令臣的惊呼："啊，门外又来了一个！"

晓和有一种想把耳机里的大男孩当场撕碎的冲动，回了一句："我知道了！"

　　既然吴大庸已横尸当场，今天必然是不能善了了。晓和气血上涌，但马上凝定心神，随之而来的是灵台清明的冷静。

　　他抓紧手上的扫帚，大吼一声，用尽力气往前推去，那个破门的人喉头被制，不得不倒退了几步。晓和一声猛吼冲到厕所门口，随后突然使劲回拉，一下子带出那人的两颗牙齿，混着血肉掉在地上。他再使劲一戳，正中一只眼睛，那人当即倒地。

　　调整呼吸之后，晓和把扫帚当成标枪，投向扑过来的另一个人，趁着那人举臂格挡失去视野的当口儿，整个人转身回撤，冲向已损坏的顶灯下的黑暗角落，接着翻身落向楼梯。

　　"二楼有三个人过来了！一个在你现在的楼梯正后方，另外两个在工作区域另一头的拐角处，预计五秒后到达拐角！"

　　晓和三步并作两步下楼，在离二楼地面还有三四级楼梯的时候，抓住扶手飞身而下，空中急转180°扑向藏在楼梯后的人。那人本来只盼着有人从楼梯上下来，自己好从背后伏击，想不到眨眼间晓和已到跟前，一愣神自己就被晓和一记凶狠的手刀砍中了后颈，一声不吭地晕了过去。

　　晓和花了一秒看清他的装束——是灵界科技临时工的打扮，还从他身上搜出一把手枪。

　　"拐角那边的两个人跑过来了，离你还有大概四十米的直线距离，但中间有各种杂物和小隔间阻挡，他们可能还没看见你。"

　　晓和也听到楼上"咚咚咚"的响声，想必上面的那两个人也在接近。他要面对一对四的绝境，而且对方大概率配了枪。晓和看着地上躺着的那个人，摘下他胸口的徽标，别在枪口准星上。

　　"令臣，你说这徽标的定位有厘米级精度？"

　　"是的。"

　　"好，我挂一个在枪口准星上，帮我确定精确的角度。记得算提前量！"

　　两点一线，顾令臣心领神会。朱晓和伸直手臂，慢慢扫过一个圆弧，耳听得一声"到！"，立时扣动扳机，子弹破空呼啸，穿过二楼工作区中间的几个空箱子。随后那边传来一声中枪的惨叫，有人跌倒，碰翻了几个空箱子。

　　"向右转20°！"

　　晓和依言而行，随后耳朵里又是一声"到！"

　　在那一瞬间，一个人已经拨开空箱子间的缝隙，看见了朱晓和！然而子弹早已出膛，比探寻的目光更快更准，凶狠地扎进袭击者的肩膀。那人刚站上桌子，便被击中倒下，砸出巨大声响和一地狼藉。

　　晓和刚要庆祝，头顶上有黑影飞身而落。下一秒，楼上的另一人也已站在七八米开外，凶狠地看着他。

糟糕，今天要完！

朱晓和身后是锁着门的储物间，并没有太多藏身之处，双方以窄小隔间里的各种障碍作为掩护，互相对着开了两枪，都没能打到对方，但杀手边开枪边猛进，距离晓和已经只有三米左右。

晓和心脏狂跳，看着这个逐渐走近的身影，握着枪的手在出汗。要是街头小混混出拳互殴，甚至手持铁棒刀具对砍，只要保持距离，并且能看到对方的神情动作，眼疾手快的"闪电晓"总有办法，可他对枪械格斗实在不熟！

对方扳机一动，自己就要重伤甚至死亡。然而晓和却没有举枪瞄准就命中对方的自信。

时间一秒一秒地过去。晓和拿着枪，犹豫着后退，中间胡乱开枪想要吓退对方，却一击都不中。

那人很快知道了晓和的底细，在障碍物之间腾挪，移动的步子大了不少。

眼见两人距离越来越近，晓和在楼梯下的三角空间里东躲西藏，再一次朝着闪过的黑影扣动扳机，却不见子弹出膛！

糟糕，子弹打完了！

在一愣神间，一声枪响，"完蛋了……"晓和左腿被子弹擦中，痛得跪倒在地。他的手枪也脱手，掉落在二十厘米远的地方——那已经不重要了。

对方拿着枪，枪口对准了晓和，嘴角露出一丝狞笑，显然知道晓和已经没有反抗的能力了。他一步一步地走了过来，停在离晓和只有半米远的地方。

"对不住了，奉命行事。"

就在他要一枪击毙朱晓和这个麻烦的家伙的时候，天花板上的消防喷头忽然启动，水流瀑布般流下，隔绝了他一两秒钟的视野！

晓和早有准备，大吼一声，将对方扑倒在地，左手死死扣住对方的枪身，腰身扭动，右手蓄力一记重拳砸向对方左边脸颊，拳拳到肉，对方嘴里迸出两颗白牙和几口带血的唾沫。

待这个杀手想以全力催动膝盖反击之时，才惊怖地发现，自己持枪的手臂已被扭曲固定成奇怪的形状，"啪"的一声，肘关节和膝关节撞在一起，发出骨头碎裂的脆响。

一声惨叫，响彻整个楼层。

晓和连忙抓起杀手掉落的手枪，将脸上的水抹干净，站起身来，看着已经晕倒在地的杀手。

"多谢刚才的提醒……"他犹自惊魂未定，捂着心脏狂跳的胸口，连忙感激道，"不然我今天死定了……"

耳机里传来令臣的叹气声。这个天才少年修改了大楼内部的程序，留下了大量的踪迹，铁定要被查出来了，他是灵界人，如何逃得过灵界科技的惩罚？

"唉，先过了眼前这一关再说，反正都已经乱套了。晓和哥，你是焰姐姐最崇拜的人，我肯定要先护你周全。"

晓和有点儿感动。他听见窗外有警笛的声音，拿起手机一看，已是早晨六点半了。是孟天峰还是罗教授？不知道是谁报了警。

随着警笛响起，晓和听见楼上另一个人的脚步声似乎有点儿退缩了，然后一瘸一拐地远去。顾令臣看到的实时坐标也证实了这一点。

晓和茫然地靠墙坐下，捂着左腿上的伤口，手掌上全是鲜血。他听着越来越响的警笛声和救护车的声音，如闻仙乐。

远远地，他看到一些人来了。

"教授！天峰！"他打了招呼，像是看到了救星，浑身松弛了下来。刚才一番大战，所有的力气都没了。

两人走过来。罗教授看着他，犹自心有余悸："不好意思，为师来晚了！本来十分钟前就应该到的，但端木玲被人袭击，不得不去处理，还好是轻伤。"

晓和点点头，对此并不惊讶。吴大庸已然横遭不测，玲遭到袭击也在预料之中。只是，吴大庸临死之前究竟想要说什么？他一定是还有秘密没有透露，而灵界实验的目的则是这个秘密的关键。

晓和被两个人抬起来，送上了急救车。他躺在急救床上，听着驾驶室里传来的有关海底避难所的紧急新闻报道，沉沉睡去。

# 第49章 猜测

CHAPTER 49

白色的天花板。

朱晓和半睁开眼，脑袋钻心地疼。他面前是一个躺在病床上，瘦骨嶙峋，浑身插管的女人。她紧紧地握住他的手。

"晓和，感谢你最近的照顾。阿姨已经想过了，把金钱浪费在我这个器官衰竭的废人身上，不如花在焰的身上更好。

"我有个极端自私的请求，希望晓和你能像你父母一样，为一份承诺坚持到底。

"遗嘱已经写好，我会把所有的积蓄都赠予你，随你处置。焰只有十岁，还没有能力管钱。

"谁撞了谁，谁要为此负责，这些都已经不重要了。事到如今，阿姨也不想再追究什么……阿姨只是希望，能借由你的手，让她能平平安安地活下去。

"你和焰从小就处得很好，即便她现在瘫痪了，你待她还是没有变，阿姨很欣慰。答应阿姨，你一定能做到的，是不是？"

晓和意识到自己凝望着对方，想开口说话，却无法控制自己的喉咙。

他"啊"的一声惊叫，直直坐了起来，心脏突突地跳。

"24床？"值班护士快步走了过来。

晓和长长叹了口气，努力把刚才梦中的场景驱开，摆摆手说："做了个噩梦。"他看了看墙上的钟，已经是下午时分。

护士换完腿上的药之后，有两个人已经在门口站着了。

他认出其中一个是寇厉明上校，那个矮个子。

晓和的脸色有点儿发白，背也不禁地挺直了些。在被研究所开除几周之后，他又见到这个让人浑身紧张的家伙。金斯中校站在上校旁边，和颜悦色地对着护士小姐解释了两句，护士显然被他那一身壮硕的肌肉吸引，眉飞色舞地聊了两句，就乖乖离开了。

两人关上门，走到晓和的床前。

"这是你第一次摸枪？"寇上校开门见山，脸色严肃地问，连句象征性的慰问都没有。

晓和努力表现出憨厚无辜的老实人神情："嗯，上校，之前机缘巧合也用过一两次，但都是打靶。"

上校不为所动，看不出他信没信晓和的说辞，继续说："据端木玲回忆，上周日晚上，你往陌生人的院子里扔垃圾桶制造出巨大响声，迷惑了原本要对她下手的杀手。当时我们都认为这不过是急中生智。现在看起来，这一切都不是巧合，你也没有看起来那么蠢。"

他的眼神如刀，锋利地划过晓和的脸，仿佛对面这个伤员要是再不说实话，就可以轻易地切开他的喉咙。

晓和打了个激灵，意识到不能再装傻糊弄过去，沉下气说："我赤手空拳，这是能想到的唯一办法。"

"普通人会想到打电话报警，或者大声呼救，"上校皱着眉，对晓和的辩解充满怀疑，"你为什么不这么做？"

晓和回答道："在黑暗中手机屏幕漏出的光线，会成为极其显眼的位置标识。大声呼救更是给杀手听声辨位的机会。一旦求救，就会立即暴露我们手无寸铁的事实。这样他肆无忌惮地追来，我带着玲，肯定跑不过他。与其这样，不如不发出任何响动，让他有所忌惮。那个杀手在我出现之后没有立即狂奔跟上，而是显示出犹豫，就证实了这一点。"

"金斯事后勘察过，你们一旦离开墙角，就有可能暴露在对方的视野之下。"

晓和点了点头："对方虽然有所忌惮，但仍然会谨慎地一步步靠上来。杀手之前已经开过一枪，击中前方垃圾桶的底座，垃圾桶滚向我们所在的死角。从子弹入射的角度和之后杀手不小心发出的响声及其回声判断，他离我们至少有一百米。所以，他的犹豫是我们最佳的机会。再拖下去，他走得越近，我们能躲藏的死角就越小，一直躲在原地没有任何动作，就是必死之局。"

"上次地下城警报袭来的时候，你飞身跳起救下林拂羽，也是有计划的？"

"我跳起来前估算过，如果掉下来的木梁是正常重量的话，它会被撞得偏向墙角，同时我前冲的速度会被抵消，身体能垂直落地。只是我没料到那块木梁会那么轻，不然也不至于摔得那么惨。"

"哦，那是特制的工程材料，"金斯在一旁解释说，"个头大，强度高。不过中间是空的，装卸轻便，从高处落下时若是砸到人，也不会造成巨大伤害。"

晓和点点头，恍然大悟。

"你很冷静，完全不像个普通人，不，就算是一般的士兵也做不到。你受过什么训练？"寇上校追问道。他脸上没有表情，语气里说不出是赞许，还是警惕。

晓和解释："为了瘫痪的妹妹，我以前到处挣钱，经常在各种危险的地方讨生活，所以越是处于危险的情境，越会显得冷静些，不然两位也不可能在这里见到我。我没有受过什么特殊的训练，只是……有这个习惯。"

"很好，很好。"寇上校看着他，嘴上说着"很好"，眼神依旧锋利无比。他矮小个头周围的阴森气场，让一旁的金斯看起来像是个乐于助人的健美大叔，尽管金发中校也一样严肃。

"我很少看错人，但这一次不得不承认，让你离开是个失误。"

朱晓和感到一种气势上的压迫。寇厉明双手交叉放在胸前，下巴微微抬起，双眼眯成一条线。他露出的那一点点瞳孔缝隙里有一道可怕的光，透过眼镜射向朱晓和，有一种要看穿一切的自信和决意。

他随意却又不容置疑地说道："朱晓和博士，你现在是少尉了。如果你拒绝，你会因为开枪致多人重伤而被送上法庭。这不是正当防卫，你也没有持枪执照。"

晓和意识到自己已经被绕进去了，他只得点头同意，没有拒绝的理由。

"欢迎回来。"那一边，金斯中校用充满力量的手，使劲拍拍他的肩膀，嘴角上翘，有些赞许地点点头，"那五个杀手都没死，三个被送进了医院，还有两个正在审问，供出了一些事实。有些供词里包含了我们不能理解的专有名词，需要你的协助。这是你的第一个任务。"

"好。"晓和说，知道自己并无讨价还价的余地。

看着两人离去的背影，晓和终于松了口气。

十几年前的往事浮现脑海，他背着苏焰，拿着一根木棍对付五六个把他们围到墙角的小混混，因为他得意忘形地在其中一个面前露了财。晓和不记得之后是如何回答警察的提问的了，只记得一旦面对几双凶狠乖戾的眼睛，在退无可退之时，只有全神贯注，拼死相搏一条路。

他试着坐起来，在护士的帮助下双脚落地，拄着拐杖走了两步，确认没有大碍。子弹擦掉了一些皮肉，形成一个创面巨大但伤得不重的伤口，算是万幸。他隐约地记得在对方开枪的瞬间，自己下意识地让左脚侧倾了几毫米，躲过了被打断骨头的厄运。

然而这几天走路不免牵动伤口，疼得他龇牙咧嘴，行动颇为不便。

新闻里正在播报深海避难所遭到天眼袭击的新闻。从视频上看，海面上的整块冰盖已经融化，沸腾的海水和蒸汽从口子里冒出来，像是一口烧开的大锅。

时钟指向晚上六点的时候，许飞进来了。

"哇，大英雄啊！崇拜崇拜！一挑五的功夫明星，我彻底服了！"

晓和正飞快敲着键盘，拼命地寻找着与这次袭击有关的资料。他抬头看见久违的师弟，本来郁闷无比的脸上，终于露出一丝笑意："错了，是二挑五，令臣也帮了很多忙。"

天峰和罗教授也来了，两人脸色都很难看。罗教授公开了林拂羽的行程，所有人都知道她此时此刻就在那个被攻击的海底避难所里。

"你觉得避难所里的人还活着？"罗教授看着孟天峰问道。

天峰说道："我让组里的人用模拟器计算了一下海底目前可能的情况。这个避难所在两百米深的大陆架底部，而且那片海域的洋流流速相对较快，可以带走大部分热量。所以，根据估计，海底目前的温度可能在四五十摄氏度左右，但若在激光的覆盖范围内，则就算是在离地面两百米的水下，温度也可能会升至100℃之上，并且海水剧烈沸腾，会制造出更多复杂的情况。比如，水下爆沸的冲击波将避难所打散……唉，真是不好说。"

"'打散'是什么意思？"许飞好奇地问道。

天峰点点头说："我查了一下技术资料，那个避难所由很多直径为十米的球形单元，通过管道相互连接而构成，如果有紧急情况，可以随时'化整为零'。每个单元里都存有备用应急物资，能维持一阵子生存。这增加了居民生还的概率。"

"按照你的分析，天眼还没有得手。但新闻里说天眼的激光攻击刚刚停止，它为什么停止了攻击？"罗教授问。

"我能插个嘴吗？"许飞举手。

"当然。"

许飞想一想，说道："天眼停止进攻的时间是傍晚五点。我的推断是，天眼存储的能量是有限的，从昨天凌晨开始到现在，它已经用完了从恶魔之眼那里累计输送过来的能量。而现在已经进入夜晚，我们上空的那架天眼被地球本身遮挡接收不到能量了。所以……它只能等到明天早上继续进攻？"

"输送的功率应该不至于那么低。"天峰皱眉质疑道，"恶魔之眼现在已经把从地球看过去的整个太阳圆面都盖住了，它只要送过来一亿分之一的功率，就足够把整片海域烧干，把避难所里的人全都烤熟还绰绰有余。"

"不，不能这么算。"许飞摇头，"天眼监测器的体积没有那么大，以它那么小的截面积，不可能承受得住如此巨大的能量流入。所以，它从恶魔之眼那里接收的功率有一个上限，这个上限如果低于它发射的激光功率，它就得歇一阵。当然，如果接收器材料的品质远远超出人类目前的想象，那就当我说的是放屁。"

晓和还记得许飞是第一个想到外星人可以不带舰队，仅通过遮挡太阳的方法就能将整个地球压制住的人。虽然事后证明，他的疯狂猜测只对了一半，但这也足够惊人了。他经常不务正业，但这些仅凭想象力的随机猜测，却意外地有不错的准头。

晓和是刚恢复的伤者，对这次事件的背景所知不多，此刻正在仔细倾听每一个细节。

"那……我们什么时候去救援？"他有些焦急地问，"如果是凌晨两点发起的进攻，现在已经过去十六个小时了。每过一小时，人员死亡的概率都会大大增加。"

"在天眼停止进攻之后，已经有几架军用飞机开过去了。"天峰回答。

晓和摸了摸腿上的伤处，遗憾地叹了口气。

"晓和啊，你就别想了，为师劝你好好休息几天。"罗教授看着他说，"那里情况复杂，没受伤的人都要打起十二万分的精神，更不用说你这个身上有伤的了。"

"好。"晓和艰难地吐出这个字，沉默了几秒，又说，"对了，许飞。"

"晓和师兄，怎么了？"

"我刚才听完你的话，想到另一种可能。"晓和说。

三个人都看着他。

晓和坐在床上，想了想，说："另一种可能是恶魔之眼发现用蛮力搞不定。天眼监测器只有发射激光一个选择，但如果这个方法并不奏效的话……"

天峰忽然想到了什么，脸色变得煞白："你的意思是……"

晓和点点头，继续说："或者用另一种说法，恶魔之眼有意停手，为的是……"

"你是说，更大的攻击会来？"许飞倒吸一口凉气。

晓和点点头："让我们回到终极的问题上来。天眼为什么进攻地面？我一直在想这个问题。我们把'它'当成敌人，并且认为在战争时，敌对双方相互攻击是天经地义的。但是站在'它'的角度，'它'真的把我们当成敌人吗？"

朱晓和的最后一句话一出口，所有人都呆住了。

"都已经火烧眉毛了，还质疑这个？"孟天峰有些不耐烦。

许飞凝神静气："稍等，先听朱师兄的意见。"

晓和继续说："在这种不对称战争中，弱势方往往视强势方为敌手，但强势方往往只把弱势方当成蝼蚁。

"如果'它'的目的只是为了消灭我们，那么完全可以通过吃掉金星的方式来吃掉地球，那样的话人类连渣儿都不会剩下。而现实是，我们还在地底苟延残喘。

"因此，结合之前的分析，'它'的目的，应当是把我们赶进由立方构建的虚拟世界里。

"如果是这样，那么一而再再而三地进攻避难所，给人类制造混乱和死亡，除了浪费能量之外，并没有什么意义。"

"所以……'它'的进攻，有别的原因在里面？"许飞顺势询问。

"我觉得有。如果之前的分析是正确的，在地球上空布置天眼，是为了监视立方的动向，那么天眼有进攻的举动，是否意味着立方的动向出现了某种异常？而且这种异常和之前在 1529 号避难所出现的一致，这让天眼的行动变本加厉，最终引起恶魔之眼本体的警觉，主动停手。"

罗教授看着这个博士生，感叹道："晓和，你果然从头到尾都没觉得恶魔之眼是低智生物。"

"唉，我以前吃过很多次亏。永远不能低估对手的水准。"

晓和没再说下去。大家相互看着，气氛凝重。他们渐渐意识到，如果这个猜测没有错，那么接下来，人类的大麻烦才刚刚开始。

那三个人走了，留晓和一个人在病房继续查阅资料，键盘声在房间里回响。

有人推门进来。

是孟天峰。他穿着紧身服，手里拿着头盔，已是整装待发的样子。晓和有些惊讶，不明白他为什么在出发前还特意折回来看他。

天峰苦笑了笑，放下头盔，坐在一旁。

"朱师弟……"他还没说几个字，脸就红了，"不好意思啊。"

"孟师兄有事吗？"

天峰抿了抿嘴唇，带着歉意地说："当初我没能顶住寇上校的压力把你保住，害你在外面受苦了……我这个做师兄的，不称职啊。"

晓和恍然大悟，随即露出云淡风轻的表情："孟师兄，大家都是普通人，都有难处。活着已是大成就，助人就更难了。成也好败也好，我没什么可以抱怨的。过去的事情就过去了，你看我还不是回来了嘛。"

天峰笑中带苦："晓和啊，你要是愤怒地骂我两句，甚至动手打我，我心里倒舒坦些……唉，你却这样，分明是师兄辜负了你，在你背后捅刀子，你竟然无所谓……"

"孟师兄，什么辜负不辜负的，你想太多了。我这个人就是这样的个性，欠别人的一定要还，别人欠我什么，我真是不记得了。"

天峰看着他，深吸了口气，释然一笑，那笑里好像有些什么深藏不露的东西。他仿佛下定了决心，忽然问道："晓和，你觉得自己是普通人？"

晓和嘴角泛出一丝苦涩的笑意："这……难道不是吗？"

天峰大笑："你不是。同一件事情，别人可能只是想想就放下了，但晓和你会真的迅速果断想清楚，计划好，然后动手去做。这种能力百分之九十九点九的人没有。我觉得如果并肩作战，你会是特别好的伙伴。"

晓和听着这些恭维的话，抓头笑了笑。

尔后，天峰的神情忽然间黯淡下来，脸上的笑容消失了："但……晓和，如果你我成为对手，那会很糟糕啊。"

晓和觉得自己好像被什么东西狠狠地锤了一下，整个脸都扭曲了："师兄，你开什么玩笑？"

"嗯……"孟天峰沉吟着，避开师弟的目光，继续说，"我知道这是个非常俗套的问题。但是，如果你说的是对的，恶魔之眼的目的并非剿灭人类，而是要让人类进入虚拟世界。如果是这样的话，那么，晓和，你会站在哪一边？"

听到这个问题，晓和呆望着天峰，看着他沉郁不安的神色，忽然觉得浑身发冷。和许飞满嘴跑火车不同，天峰这人很少随口说没用的话，而且政治嗅觉敏锐。

"哪一边？"晓和下意识地反问道，"这……这是什么意思？我当然站在人类这一边。"

"就算是人类，也会分成很多派别的……晓和，你明白吗？"

房间里沉默了几秒钟。

晓和倚着拐杖，已经猜到了十之八九。到时候，你又会站在哪一边？晓和有种想问天峰的冲动，但没有问出口。

天峰像是突然有些后悔，于是连连摆手："我只是想到了一种可能性……算了。"

"对了，端木玲这两天在研究所养伤，她和你们透露了什么内幕吗？"

"哦，我确实和她长聊了几次，但她始终没说什么实质性的内容。"天峰看着晓和，思考着，斟酌地说道，"她不是圈里人，专业知识她并不懂。萧旭一遗留的立方有个密码，目前读取不出来，她似乎也不知道。"

"这样啊。"晓和失望了。天峰继续说："唉，寇厉明这人骄横惯了，做事情太过急躁。端木玲也有个性，对谁的第一印象不好，她就冷若冰山，软硬不吃，什么也不愿多说。所以一切都只是猜测。算了，我不该和你提这个，直升机马上来了，我得去救人。"

"好好，拂羽就靠你们了……"

听到林拂羽的名字的时候，天峰的眼皮跳了一下。

"晓和，有件事情你得清楚。我是本次救援的指挥，本次救援的目的，是以最小代价尽量救出所有幸存者，而不仅仅是……为了林拂羽一个人。"

"孟师兄，我知道。"

"唉，生死有命。等一切尘埃落定，咱们一起吃个大餐，甭管在哪儿，地底或是灵界。"

孟天峰说完，满脸疲惫地挥挥手，拿起头盔。

晓和注意到他的制服是新的，肩上赫然出现了两道杠。他忽然明白了，天峰和拂羽没有那么熟，他来指挥，就不会因为厚此薄彼而遭人诟病。但同时，这句话也意味着，如果救她的代价太大，那么……

晓和不敢再想下去。脑中浮现仅仅五天前，周日晚上在车站分别时，林拂羽开心灿烂而有些单纯的笑容。

拂晓，以星空之名。

"嗯，好。"晓和表情有些僵硬。

孟天峰长叹一声，离开拄着拐杖的伤者。他走出大门四处张望，很快找到辆专门等着他的车。

"孟少校，恭喜您最近晋升。"司机看见他，恭维道。

孟天峰面色凝重地点了点头，在凛冽的寒风里径直上了车，脸上不见丝毫笑容。

# 第50章 援救

CHAPTER 50

直升机飞到冰层破洞的上方，洞口白烟滚滚，那是水蒸气突然遭遇极寒后，凝华产生的冰晶云，仿佛在冰面上突然冒出了一座活火山。

"这是那个暴发户褚随的地盘。林师姐去找他，是为了借钱和物资救急。她家里出了点儿问题，好像是火灾烧毁了工厂，面临巨额赔偿。"许飞一边翻阅着记录一边说，"但褚随似乎要转战第二业务。他为什么要搞计算集群？我看他之前没有相关经验。"

孟天峰坐在前排，回答道："商人只在乎是不是能挣钱，哪里有钱赚就往哪里跑，并不会管专业对不对口。周奇海这人，野心大得很，什么都想试试。他下台了，继任者只想经营好现有的一亩三分地，很多业务就被砍掉了，自然也就有其他公司接手。而这个褚老板，就是其中之一，想要用自己新推出的服务去替代灵界科技已经快要满负荷的计算集群。"

"是的，为师看来，此人做事急于求成，有点儿想成功想疯了。"

"为什么？"许飞好奇地问。

罗教授坐在一旁，一副讥讽鄙夷的表情："看看新闻，奇海下台才一周，这个褚老板就宣布新型计算集群实验成功的消息，要做灵界科技的供应商。哪有这么快的？这年头的后生们，都这般不靠谱！唉，我看地球怕是没有希望了。"

天峰苦笑，牛皮都吹到天上去了，这分明是为了抢单子，但可惜做事不周，下面出现乱局，也在情理之中。

"唉，有钱的人天天想着怎么更有钱。"许飞不无忧虑地感叹道，"要是地球真没希望，咱们这些人怎么办？晓和说的那个可能性要是真的，那就太可怕了啊。到时候恶魔之眼逼着所有人都去灵界？要是这样，就算给我再多的金银财宝，让我天天玩乐，我想我也不会开心的。据说灵界很多人因此而自杀啊。"

"到时候嘛，有到时候的活法。"金斯中校从过道走了过来，拍了拍许飞的肩膀，右手拿着瓶啤酒。

"中校，你……已经提前醉生梦死了啊。"许飞看着他，眼神里面有些绝望。金斯中校似乎只要有健身房和酒吧，就能过得不错，管它是真实的还是虚拟的。可他许飞不行，他只为了新鲜有趣的世界而活着，要是被关进一个注定没有希望的地方，还要永远活下去，他一定会疯掉。

天峰忽然问："对了，老金，以寇上校那种'要不听话，要不去死'的风格，他愿意把晓和召回来，说实话我觉得有点儿吃惊。"

中校仰头喝了口酒，吐出一口酒气："嘿，这就不是我能评论的了。不过你想想，晓和若是平民，我们反而约束不了他。寇总做事，有他自己的道理。"

许飞和孟天峰心里同时一凛。

金斯看着他们突变的神色，并没有多惊讶。他又说："天峰，你走之前，和他聊了些什么？"

"哦，我……只是去提醒他一下。晓和这人在战术上非常细致，但有时会头脑发热，做些疯狂的事情来。你看他居然不等别人支援，就孤身一人去大楼里救人。我真不知道他这种独狼个性，之前是怎么活下来的。"

"嘿，不要凡事追根问底。"金斯皱着眉头说，"言多必失，谁知道你的话会产生什么样的化学反应。这次救援很重要，你刚升了职，别人未必服你，要是把事情搞砸，我可救不了你。"

听着中校的批评，孟天峰觉得自己一张老脸无处安放，只得点头称是，集中精力在救援的布置上。他听着头顶螺旋桨的轰鸣，看着脚底在探照灯照耀下的冰面，沉思着："这次天眼在深海里究竟发现了什么，要发起进攻？"

他最近事务繁忙，不过才从罗教授那里听到了一些有关立方的二手片段消息，一时也想不明白，只好先集中精力在救援上。

以地底人类残存的工程能力，几十米厚的冰面是毫无任何可能在几小时内打穿的。只有从那个融化的洞口入手。

现在的问题是，怎么从这一壶开水中潜下去救人。

沉入海底的探针传回的数据显示，两百米下的海床约有50℃，高于之前的预期。这个球形单元是为高压低温的海底环境专门设计的，对高温基本没有什么抵抗力。

从凌晨两点开始算起，到现在已经快十八个小时了。在这样的条件下，人在直径十米的闷罐子里支撑不了多久。只能祈祷周围零下50℃的严寒环境，可以让海水的降温来得快一点儿。

"联系上了！"接线员惊喜地说道。

机舱内的所有人都站了起来，脸上现出兴奋或是欣慰的表情。

救援比预想的要顺利，每个球形单元有单独的通信渠道，而他们把通信接力器投入海底的第一次尝试，就幸运地联系上了一些人。

"喂，你是？"

"咳咳咳，老身李章铭，林家实业的……"那边传来一个老人的声音，听起来有点儿虚弱，喉咙沙哑，还带着些咳嗽。视频画面模糊不清，天峰看到他脸上全是汗水，背后的红色应急灯开着，那里坐着些人，都赤裸着上身。

"我们在 41519 号单元，这里有七八个人。"

"你们现在情况如何？"天峰接过通话器，急忙问。

"氧气……"老人颤颤巍巍地回头，问了身后的人，动作有点儿慢，看那人点头，他转过头来才继续说道："供应情况还好。食物也够。但确实太热了，已经有好几个人晕倒。唉，可能坚持不了多久。"

"天眼没有继续进攻了，海底应该可以很快降温！对于如何救援，你们有没有什么建议？"

似乎已经考虑周全，老人缓缓说道："老身想来想去，也只能从缺口处逃生。现在的问题是海底能见度很差，定位不准，不知道往哪里走才是出口。诸位可以垂直放下几个闪光标识，同时告知我等精确的经纬坐标。由我等来操纵球形单元，从海底趋近出口处，然后扔掉所有舱内载荷，就可以上浮到海面。老身的这个想法，不知诸位意下如何？"

直升机内的几个人都点点头，这似乎是唯一可行的方案。视频画面里的这个人须发皆白，思路却是相当清晰。

"另外，老身想要冒昧询问一下，诸位有没有我家小姐的消息？我记得她的单元号码是 71452，应该就在附近，但一直没有联系上。我家小姐的名讳是……"

"李老先生，您说的可是林拂羽？"天峰猛然醒悟，插了一句。

"正是。"

"哦，我们……尚未联系到她。"

———————————————

拂羽驾驶着自己的单元，渐渐接近被激光光束击中的海床。她第一时间想到的不是逃难，而是找到天眼袭击的真相！

周围海水的温度已接近 70℃，舱室内也有近 40℃了。她已经把上衣全脱了，只穿一件背心，而背心上也浸满了汗水。

拂羽抓起一旁的水瓶，喝了一大口水，仔细地观察此时单元外的情况。

面前是一个巨大的坑，坑内裂面清晰，有玻璃状的灼烧过的痕迹。原本在这附近的居住点，已被从太空射下的激光瞬间气化，消失不见。剩下的大部分边缘结构，被水下的爆炸冲击波吹得四散纷飞。

拂羽庆幸自己在警报响起之前，及时转移到了自己住的单元，这个单元在整个避难所的边缘部分，侥幸逃过一劫。

她看着这个深坑，忽然有些莫名的伤感，这个在今天凌晨还不可一世，想把林家实业收入囊中，认为自己前途远大即将如火箭般蹿升的男人，连同他这几年所有钻营的成果，难道就这样被抹掉了？

人类……真是渺小啊！

看到电池剩余的能量还算充足，她操纵着单元在海里穿行，各处爬行了一圈，想要找一找幸存者。令人惊奇的是，有几个残留的球形单元，中间拱着一个巨大的扁圆形实验舱，被巨大的冲击波压进了附近的岩石里，虽然被卡住了，但还保持着原来的形状。

拂羽开过去，找到一扇还可以使用的门，与自己的单元接驳上，走了进去。

面前的景象，让她目眩神迷。

整个实验舱里，全堆着闪着淡紫色光芒的灵界立方。拂羽粗粗一数，竟有成百上千块之多。它们之间用复杂的电缆连接着。这是什么情况？

有个人在实验舱里背对着她坐着，似乎看着这一堆立方在沉思。看他身上的制服，应该是褚随"问天探海"公司的员工。然而，他看起来有些奇怪，太过镇静。拂羽刚才进舱时发出了很大的响动，而他一动也不动。

"你好。"她朝那人打招呼。

那人没有回复。拂羽走过去，看到他睁着眼睛，胸口插着一根铁棍，流出的血在他面前积成小水泊，大半已经凝固，显然已死去多时。拂羽连忙把手缩回，与此同时，眼角的余光瞥见一个人影。

"谁！"她一个哆嗦，厉声问道。声音在这个空旷的空间里回响着。

有个人从角落里走了出来，穿着同样的制服。那人认出了拂羽："今日亲见老板娘，万分荣幸。"

拂羽下意识就要开口否认，但看他唯唯诺诺的样子，觉得老板娘这个身份现在有用，就暂时默认了。

"这是怎么回事？"拂羽问。

"小的刚见到这些……什么……什么也不知道。"

在昏暗的灯光下，拂羽望见他的眼神在闪烁。

"你什么也不知道？你一直在这个舱室内吗？"

就在此时，那人的手机突然响起来，他看了看屏幕，迟疑着没有接电话。

拂羽吃了一惊，她心念电转，在这个离海面有两百米的海底密闭空间里，怎么可能有信号？

"把手机给我。"她沉声道，"我以褚总的名义命令你。"

那人似乎明白事情败露，终于现出慌张，转身就逃，刚跨出几步，就被地上杂乱的线绊倒，一头撞上管道，晕了过去，手机飞出半米开外。拂羽跟在他身后，跨过他的身体，把手机捡了起来。

海哥？

看着屏幕上显示的名字，拂羽的心咯噔一下，一下子明白了很多东西。

她心跳加速，小心翼翼地接通了电话，听到熟悉的公鸭嗓："喂，小赵啊，你再坚守几个小时，就会有人来救你。兄弟，你放心，跟着我周奇海没错的，老子绝不抛弃兄弟。"

在两百米深的海底，周奇海的声音出乎意料的清晰。

事实很清楚了，这一切都是计划好的，他们预先铺好了有线通信线路，安插了内奸。

"奇海，我是林拂羽。"她打断了对方，镇定地回答，"你们在做什么？"

电话那头咳嗽了一声，随后沉寂了几秒。她听见有脚步声和关门的声音。

"林师妹，我真没想到，你……也在现场？真不好意思。你没事，那太好了……"

"周奇海，别说这些没用的。你快告诉我。"拂羽怒不可遏，"难道这一切都是你的阴谋？"

"这并不是阴谋。褚随想要从我这里尽早获得计算集群的设计方案，我给了他。他欢天喜地，迫不及待地要进行这个实验。这本来就是双赢的事情，只是……呵呵，出了点儿意外。"

拂羽轻哼一声："意外？我想你应该早就知道天眼会来袭击。你究竟有什么计划？"

奇海叹了口气，说："算了，我也不想瞒你，反正大家迟早都是要知道的，不如告诉你吧。以两百米深的海水为媒介，让天眼的攻击时长延长几小时。利用这几小时，我在褚随这里的内线，终于测到了从立方发向天眼的持续信号。"

拂羽反问道："为什么你不在地底做这个实验？若是天眼进攻地底，它用激光刨去岩层会需要更长的时间，这样在地底的居民还有撤离的可能性。你看看现在的惨状！"

奇海叹了口气："我有不得已的苦衷！这是科学上更优的方案。你想听的话，就别挂电话，不想听的话，也没关系，我还有很多事要管。"

拂羽让自己平静下来："你说吧。"

"海水是液体。

"以海水为媒介，可以在这个容器内放置各种探测器，把信号的空间分布测得一清二楚，在岩层里肯定做不到。

"林师妹，这是没有办法的办法，我已经被解职，除了这几个忠心的部下，我现在什么都没有了！

　　"你说我容易嘛，分明可以死心当个寓公，这辈子拿着这几年挣来的钱，想怎么花就怎么花，当地底的一方老大，还不是轻而易举！可老子不甘心啊，就算砸锅卖铁，把自己当筹码押上去，也要和头顶上那个东西斗到底。"

　　奇海说到后来，声音越来越大，像是在吼叫。拂羽听着，沉默了。

　　"师妹，不是我铁石心肠。师兄我也怕啊，你不是也在公开场合大声疾呼，再拖下去，咱们的工业链都断了，人才供给也要断，到那时就算是再拼命也无力回天。换作你，你就甘心在这个小立方体里待一辈子？"

　　拂羽找不到反驳的理由，只得说道："我们不讨论这个了，那你测到的信号是什么？无线电波在海水中应当衰减得很快才对。"

　　"中微子通信。这就是为什么之前的那些灵界实验测不到信号的原因。'它'根本不是通过电磁波传递信息的。"

　　拂羽一时呆住了，她几乎忘了下一个问题要问什么。

　　"那……那你为什么要测量这些信号？"

　　"做一个假的。"周奇海回答。

# 第 51 章 连接

CHAPTER 51

时钟嘀嗒嘀嗒地走。

晓和刷着新闻，好消息一个个地传来。四个多小时过去了，天峰他们已联系上避难所近三成的居民，并且从冰面融化的口子里放下了路径指示器，一个个单元依照视觉或是经纬坐标定位，找到了去冰面洞口的路线，最终上浮获救。

获救人员的名单也在不断增长，但里面并没有林拂羽的名字。更让人担心的是，名单的增长速度正在变慢——这就意味着，容易救的都已经被救上来了，剩下的都是比较难获救的。

晓和打了个哈欠。已是晚上十点多，距离天眼的袭击有二十多个小时了。他有些焦急地站起来。

单人间病房的陈设极其无聊，但他不得不在这里住上几天，直到伤口愈合才能离开。周遭的环境早看厌了，他挪动双脚到过道上，拿出手机，想起风翠云或许在救援现场，知道些最新的消息。

对了，关于那个遭天眼袭击的 1529 号避难所，翠云应该认识里面的灵界实验负责人，若是那人知道关于苏焰的一些详情，那就更好了。

晓和把两件事情放在一起，写了一条长消息发给风翠云，过了五秒，又看了一眼那个置顶却总不在线的账号，随后把手机塞进了口袋。

不用等了，最近正是多事之秋，翠云这个记者有得忙，不太可能立即回复。他呆站了一会儿，拄着拐杖走出门，在过道里徘徊，理了理思绪。

今天早晨大庸临死时的神情还在眼前不断浮现，现在拂羽又身陷险境。而灵界这边，顾令臣已经被灵界安全理事会"叫去喝茶"，安德森教授闭关不出。

他真希望此时许飞或是孟天峰在一旁胡扯闲聊解解烦闷，以前还有妹妹在……唉，一个人担心的时光总是很难熬。

晓和想起自己在凌晨时分，与拂羽聊天时还没说完的话："有些东西，一旦失去，就算再拼命，也拿不回来了……"

他不由得狠狠地敲了敲受伤的腿。

在这无人陪伴也无人打扰的夜晚，他忽然开始胡思乱想起来：除了时时挂念着的妹妹苏焰，还有谁是自己珍视的人？

晓和意识到，他一直在为生计而奔忙，从来没有想过这个问题。正要走回单人间，过道一头闪过一个人影。

端木玲？

晓和想起来，罗教授说她被人袭击也受了轻伤，在这个研究所附属的小医院里撞上她是大概率事件。

玲的一只手缠了绷带，见到他，一声欢呼后奔了过来。

"啊，大恩人！好久不见！"

晓和被她一把抱住，差点儿失去平衡跌倒在地上。

"别这样，你这个称呼我不习惯，就叫我晓和好了。"

"唉，就像牛皮糖一样摆脱不掉，实在太可怕了。他们……他们真是铁了心要置我于死地啊！现在护士都下班了，病房里只有我一个，我都被自己的影子吓死了。今天还能见到大恩人，真是谢天谢地！"

上次帮玲脱困才不过是上周日晚上，她却用了"好久不见"这四个字，看来真是度日如年。仅仅一周，晓和就能看出来她瘦了不少，眼窝深陷，脸色灰白，似乎几天都没有合眼好好休息了。

两人就近回到晓和的单人间。玲找了个位置坐下，突然就开始大哭起来。看着平日高冷的她，哭得梨花带雨，晓和没有说话，一瘸一拐地泡了杯水递过去放在桌边，姿势颇为滑稽。

几分钟后，哭声终于小了些。玲轻轻地"呀"了一声，显然意识到方才应该是腿脚便利的自己去倒水才对，于是不好意思地拿起水杯喝了一口。

然后，她去了盥洗室，把脸上纵横的泪痕擦干净，安静地坐下。

看得出来，视野里有个值得信赖的活人之后，玲紧绷的神经，明显放松了不少。她终于开口："你也受伤了？"

"早晨收到大庸的求救信，去了公司，结果中了埋伏。腿上被打了一枪，还好没伤到骨头。过两天应该能好。他们真狠啊，大庸，唉……"

玲看起来对这件事有所耳闻，不由得叹气："大庸不是坏人，他要是没和我们一起做'奇海科技'，不知晓立方的秘密，兴许现在还活得很好。"

"没有后悔药可吃了。"晓和说，"对了，我有好多问题想问你。"

"恩人的提问，我一定回答。上周日被人追杀，我早就崩溃了，可你还很冷静，想办法解决问题。没有晓和你，我活不到今天。"

"我很好奇，当时你在地铁上是怎么发现我的？"

听到这里，玲掩嘴笑了笑："哦，那时你在哭，一车子的人都注意到了。"

晓和想起那一日红了脸："当众失态，真是丢人。"

"不不，一点儿也不丢人。"玲却说道，"我每天都坐地铁，听过很多种哭声。小孩子无意识地哭，大孩子任性撒娇，但偶尔也能听到中年人的哭声。每次听到他们的哭声，我都知道后面都有一个无法言说的故事。很多时候，这是一种已经竭尽全力，却被命运背叛的无法可想的绝望。"

晓和听得浑身一震："你怎么知道？"

玲沉静着，抓着双手，很久才说："我听得出来。相由心生，听一个人演奏的曲子，能明白他的心境，更何况是抑制不住的哭声呢。"

"唉，旭一也有这样的时刻，本来一腔热忱想要探究立方的实情，却在发现一些真相之后，莫名其妙地遭到保守派的封杀。他那时候也和你一样，悲观绝望极了，抱着我痛哭流涕。他可是把所有东西都赌上去了啊，可我……什么办法也没有，根本帮不了他。"

"我很遗憾。"晓和叹了口气。

"没关系，都过去了。有些大事命里注定，平凡人就不该插手，不然只会引火烧身。大庸如此，旭一也一样。在历史的洪流里，任何一个人，都不过是一片叶子或是一滴水罢了。"

"那你又为什么被他们追杀？"

虽然从吴大庸之前的片言只语里，晓和大致能猜出个八九分来，但他觉得，从这个问题问起，能让玲更放松些。

玲喝了一口水，说："我们……还是从头开始讲起吧。"

随后，玲开始讲述一个很长的故事。

原来，有了萧旭一关于灵界立方的发现，有了恶魔之眼对太阳的遮挡，周奇海他们早就推断出恶魔之眼想要把人类都驱赶进立方的"阳谋"，也早就用立方做过各种实验，甚至有一次还被天眼直接袭击，好几个人都死了，但旭一幸存了下来。

"既然你们了解立方来源于天外，又会触发天眼的攻击，你们为什么还要决定做实验？甚至想要推广到全世界？这是为什么？这不是为虎作伥吗？"晓和问。

玲回答道："当时我们迷惑不解的地方，就在天眼为什么要袭击立方上。如果外星人的目的是把我们的意识都赶进去，那就静静地等着这件事发生好了，大家撑不住，自然就放弃了。可为什么天眼和立方之间会相互打起来，难道各自属于不同的外星生命体吗？我们人类应该没有这么抢手吧。"

"对此，我们热烈讨论了几天几夜。配合之前被天眼袭击的实验，奇海提了一个非常大胆的观点。他说——"

晓和认真地听着，玲一字一句地说：

"人类的意识可以进入立方，但立方之间不能相连。这是被天眼所禁止的。天眼监视的，正是这个。"

晓和听到这个匪夷所思的答案，差点要跳起来："那不对啊，现在的灵界系统，不就是把这些立方连接起来了吗？"

玲看着他，笑而不语。

晓和冷静了下来，思考着：不，不对，我们现在的这种连接，不算数。

人类之间的交流效率低得可怜，即便他们可以在灵界系统里谈笑风生，每个人也还是独立的个体，有着各自不同的思维。

他突然想起了顾令臣那一份有关苏焰立方的流量报告。她的立方在灵界实验中的流量超别人万倍，随后，天眼的打击猝然而至！

是的，灵界立方显然是先于人类而被制造出来的。作为一种通用的思维或是意识的容器，它不太可能检测出人类具体的思维模式，因为各种生物的思维模式千差万别，所以它唯一能检测的，就是某种简单通用的模式。那种万变不离其宗，只要看管住了，就能万事大吉的东西……

"难道是……通信带宽？传输流量！"晓和低声惊呼！

玲终于点头，继续说："一万块甚至一亿块孤立的立方不足为惧，就算把全人类都放进灵界立方里面，他们除了可以不睡觉之外，和平常的生物意义上的人类并无区别。任何一个人都如此渺小，即便立方里有几个人的意识变成了超人又怎么样，对恶魔之眼这个天外来客，无法造成任何威胁。"

晓和双手抱头抢过话："是的，是的！这自然是恶魔之眼想要的结果。但是，如果……如果这一亿块灵界立方，终于通过巨大的带宽连接起来，那会是一番什么样的景象？如果立方在地球上充分增殖并且充分连接，结果又会怎样？

"整个灵界，会成为一台超级计算机，每一块灵界立方，就是它的基石！到时候，它能算出什么来？这是不可想象的！"

玲接过话，说："是的，这正是恶魔之眼所不愿意看到的，这也正是天眼所要竭力斩断的。

"而奇海要搭起灵界科技这个舞台，也正是因为如此。"

"我的老天，奇海这个家伙，真是深谋远虑！"晓和恍然大悟。他终于明白了奇海在知道立方的秘密及恶魔之眼的企图之后，仍然选择使用灵界立方开办公司的原因。

那时的周奇海，只是一个无人关注的小破公司总裁，只能给风希云开不高的工资，根本没有财力去完成这么巨大的工程。但他利用全人类面临的冰寒绝境，想到了一个绝妙的办法。他顺应大家当时在不断恶化的生存环境之中，寻找生存之所的急切需求，以一种最为自然的方案，以救人为目的，集聚起大量的财力和人力，堂而皇之地将灵界立方先用物理手段连接起来，然后执行他的计划！

是的，就算恶魔之眼派了奸细混入人类，看见奇海的所作所为，也一定会热心地将他归为同道。这简直是在加速恶魔之眼这个星际牧羊人牧羊的过程啊。

可是既然立方连上了，就由不得它了！

晓和看着实验室里散乱的桌面上有几块芯片，那黑乎乎的封装里面，有多少个晶体管？他又看看自己的手，那皮肤里面，有多少个齐心协力、各司其职的细胞？

而晓和自己，身处地球表层一个地表低矮隆起的内部，连一个细胞都算不上。这里的每一块岩石，每一片金属，不过就是死死地立在那里，从不与别的东西交互。这是放任母星的大部分物质处于自然无交互状态的文明，眼睛只盯着能源的利用率，定义了所谓的卡尔达肖夫指数，并以此来衡量整个宇宙中的文明等级。

难道只要充分地利用母星能源，就可以迈入星海，而不用考虑任何其他的限制吗？

这是何等的狂妄，何等的自负，何等的无知无畏？这和历史上那些举鼎拼蛮力的傻瓜们有什么区别？

当自己醒悟的时候，真相就是如此简单明了，如头顶上天外来客的"阳谋"，如黑暗中闪亮的烛火。

晓和站了起来，在这个寂静无声的夜晚，在这个昏暗的房间里，在玲的眼睛里，看到了一丝光亮。

# 第52章 大难

CHAPTER 52

"所以我猜，你对这个发现很兴奋？"玲问道。

晓和有些期待地搓着手："嗯，至少看到了一点点可能性，虽然每个人都很渺小，但要是立方能以巨大的带宽互联，那也许我们……还有机会。周奇海这个家伙藏得可真深。"

玲点点头，像看着一个以为自己已经猜到答案的猴急孩子，耐心地说："嗯，我的故事才刚开了个头。你可以先坐下。"

"啊，那我继续听。真不好意思。"晓和连忙停嘴。

玲继续说下去，但她的表情突然间又恢复到古井无波的状态。晓和一愣，刚才分明在她的棕色眼眸里看到了一刹那的光亮。他几乎以为这是幻觉。

"奇海、旭一，除了主动退出的吴大庸，还有两个人，他们都是奇海科技草创之时的兄弟。大家都说要坚持到底，为了这个伟大的目标而奋斗一辈子，甚至提出要把子孙辈都押上去。你也知道，刚开始做一件事情时，人们总是热血沸腾的。"

她说"热血沸腾"这四个字的时候，眼睛里如茫茫雪原，不见一丝的活气。晓和似乎又看到了那一天在热闹的酒馆里，何强边上坐着的那个冷若冰霜的女郎。他的身体不由自主地微微颤抖。他凭直觉已经猜到这个故事的结局。

"我每天都能看见旭一兴奋的脸。房间里堆满了各种各样的立方，空白的，有内容的，或是损坏的。他每天都工作十八九个小时，简直不把自己的命当回事！那一段时间，我很担心他的健康状况。

"可是他这样热诚，这样赌上一切，并不代表别人也这样想。

"奇海之所以能让大家玩命地干，是因为他的计划里，不仅有想要与恶魔之眼一决雌雄的初心，还藏有巨大的经济利益。这两者在奇海科技草创之时，是高度一致的。

"然而，大半年过去，事情终究是起了变化。大家都通过灵界系统赚到了很多钱，十辈子也花不完的钱。在这个乱世里，贫富差距在极短的时间内被无情拉开，等级和资源这样的'势'决定一切。有势的人，甚至比在田园时代过得更舒服、更惬意。

"渐渐地，有些人就萌生了退意，毕竟要打败外星人、要让阳光重现大地，这些都太难了……"

玲低下头，看着自己的双手。

　　"每天想着这样沉重的责任，太累了。还不如帮外星人打工，好好享受躲在地底的神仙般的'人上人'日子，靠灵界系统躺着挣钱，也不是什么……坏事。"

　　"你是说那些保守派。"晓和回应道，吐出一声深沉的叹息，

　　玲点点头："很可惜，这样的想法，一旦有了，就会像病毒那样蔓延开，势不可挡。自然，这些人的利益是共同的，而且时间过得愈久，这利益的链条就愈牢不可破。就算有一两个人突然间做了大梦，脑袋抽了筋，想要回归成立奇海科技时的初心，也绝无可能了。

　　"他们被缠在这张网里面，怎么也挣不脱，都一起成为外星人的走狗了。"

　　晓和点头："所以，他们才要追杀你们，追杀所有的知情者。因为如果立方来自外星的秘密暴露，他们每个人的优渥生活，都会在一夜之间化为乌有，不仅如此，他们还会被愤怒的人们彻底唾弃，甚至动用一切人类能想到的残忍刑罚。"

　　"是的，他们突然发现，那些知道真相、相约一起发下誓言的朋友，突然间成了最可怕的敌人。他们希望这些人永远闭嘴。不管是通过什么样的方式——沉迷于声色犬马，或者不问世事，或者……变成死人。"

　　晓和明白了。他回想起来，吴大庸一开始就选择退出，不去掺和这惊天动地的伟业，而选择做个普通人，他应该已经预见到了这一切。可惜啊，大庸他毕竟还是知道得太多了，等赚到钱再要抽身，已经不可能了。

　　骑墙的人，两边都痛恨。

　　"所以，你那天在吴大庸面前没有说这些，也是因为你并不能确定，他这个看起来混吃等死却又一直奉周奇海为偶像的人，到了危急关头，到底会站到哪一边。"

　　玲苦笑了笑，点点头。

　　晓和深深地呼了口气，眼里仅存的希望之光消逝了，满是迷茫和纠结。他望着墙上嘀嗒作响的时钟，明白了玲说出这一切的用意。

　　即便理论上存在人类反制恶魔之眼的手段，在现实中，因为人与人之间错综复杂的利益纠葛，总会有一小撮人，借机成为"代天牧羊"的控制者，与恶魔之眼站到同一条战线。

　　人和人之间，也永远不可能通过高带宽通信，将思维连接在一起——每个人心里都有不可言说的阴暗面，不是吗？

　　所以，这是无解之局……

　　晓和抓抓头："你把这个故事说给孟天峰或寇上校听了吗？"

　　"没有，"玲说，"寇上校这人太急了，恨不得在见面的头一分钟，就把所有事实都从我嘴里套出来。看他这个样子，我反倒觉得，故意拖着不说，我会安全些。要是全说了，我对他还有什么利用价值？"

　　晓和听到这句话，不由得苦笑，寇上校行事风风火火，对一般人好使得很，对

玲这样的人则是欲速不达，但看现在变幻莫测的局势，说不急是不可能的，于是替他辩解道：

"他也有苦衷，倒不是有什么恶意。现在海底避难所也遭到袭击，流言日甚，大家想知道更多的信息，表现得急切是正常的。不过没有人可以强迫你说出不想说的，所以你要是不愿意说，也没什么问题。如果你不方便推脱，我去和他们解释。"

玲微微一笑："你这人好意和坏意都写在脸上，清清楚楚。不过我既然已经和你说了，也就不在乎了。"

晓和早就明白，与端木玲这样一个能从哭声里听出心事的人相比，自己的段位差得实在太多，于是坦然承认："哈哈，我从小就不懂掩饰，谁拳头大谁赢。我妹也一样，大大咧咧，从来没有什么小心思。不过正因为这个，吃亏也多。以后要改，像天峰那样八面玲珑才好。"

"那也不用。"玲笑着摇摇头，"人和人不一样，我要是选择人交朋友，肯定选你。"

晓和脸上浮现笑容："感谢你的信任。所以，你的故事讲完了？你……现在怎么想？"

"或许一切都是徒劳的。"玲低下头，幽远而轻柔地说，"如果我们头顶的那个是神，已经安排好了所有人最终的归宿，那么我们又何苦去反抗？我只是个凡人而已。"

她闭上眼睛，默念了两句："愿苍穹抚慰你的魂灵，愿黑夜安宁你的心。"

听到这两句谒词，晓和猛然想起了那些曾在一家高档餐厅门口举行仪式的黑夜教教徒。那些人崇拜恶魔之眼，鼓吹人类应该在地底好好待着，经常忏悔，不要有非分之想。

他想到了什么，微微一叹："唉，玲你这个笨蛋，别人为什么哭你都能看清楚，自己心里有光，却没看见。要是从一开始你就信了这句鬼话，你还会一路克服那么多困难，摸到这里来？我不知道旭一是你什么人，但你一直还记得他的嘱托。我看你啊，放不下。"

玲的脸上现出复杂纠结的情绪。

"也是。"她说，本来弥漫在她脸上的那种透进骨子里的冷，似乎淡去了不少，"对了，你还能走路吗？"

"哦，勉强可以。怎么？"

"走吧，楼下有机器，我们，"她顿了一顿，"去看看旭一的立方，或许你会有主意。"

晓和心中明白了，她对天峰等人有所隐瞒。他知道此事关系重大，于是陪着玲，拄着拐一步一步地走出去，还好一路上电梯甚多，不必走太多的路就离开了医院，到了实验室门口。

晓和看着久违的大门，半年前的记忆扑面而来，自己曾无数次在这里，和同事们奋战到深夜。被开除后以为自己再也不会来这里，想不到居然又回来了。

两人推门而入，在窄小的实验设备间隙中小心地穿行。玲突然感叹道："我来了以后，感触良多。我觉得你们这个叫'研究所'的屋子里，所有人都差不多，没有假日，也没有上下班的概念，不停地思考和尝试，就算面对无法估量的困难，就算不知道路在何方，也不放弃……"

"这是我们的职业。"晓和看着她，认真地说，"我们的职业就是，不放弃希望。"

玲重复着，幽幽地说："嗯，不放弃希望。"

然而，她并未因为晓和的话，一扫脸上的阴霾，立即展现出积极的神色来。

"我……嗯，不一定能做到。"她低着头终于承认。

晓和呼了一口气，回头看着她。他猛然意识到，玲和自己，还有这实验室的人们，有一些本质的不同。

"没关系，没关系。不用紧张，你只要相信我们就行。"晓和安慰道。

他们来到一台大机器前。晓和之前在研究所任职的时候，并没有见过它，想必是研究所众人在得知立方的奥妙之后，紧急找人运过来的。

在机器正中间，放着玲从旭一那里拿来的立方。

"朱晓和博士，不请自来啊。哟，晚上十一点多了，还带了个美女过来。不错嘛，小子长进了不少，有前途！"

扬声器突然开口说话，把两人都吓了一跳。晓和马上辨认出这是凯勒教授的声音："AK，你怎么突然出现在这里？"

"嗯，这台机器上的软件有漏洞，所以过来研究一下这个立方，有点儿意思。"

晓和心想，又是令臣干的好事，连忙问："你怎么能看到我们？"

"笨蛋，你头顶上的摄像头不是吃素的。唉，老子一下子多出四只眼睛，头晕目眩的，还真有点儿不太适应。"

玲一脸茫然，小声地问这个说话的人是谁。晓和给她简要解释了一下，但就连他也不知道这个AK教授选择将自己的意识送进立方，究竟是为什么。像他这样的人，去地底避难所占一个名额，甚至去要一栋楼或者一大片地，都轻而易举。

"AK，我听说这立方里存的资料是受密码保护的……"

"嗯，令臣这小家伙在被请去'喝茶'之前，已经设法攻破了密码。不就是人类的玩意儿，能有多难？

"老子就知道，你们研究所里果然都是些浪费资源的饭桶，一个劲儿地审问这个小姐有啥用？东西都在这儿，还不如自己动手。来，我给你们看看。"

玲轻捂着嘴，"啊"了一声，显然她知道开启立方的密码，只是没透露给孟天峰和寇上校。不过现在，她苦心保守的秘密，已经没有用了。

两人看见显示灯一盏盏被点亮，低沉的轰鸣声一点点响起，放置在中央的立方发出耀眼的紫光，前方大屏幕上，闪现出成千上万张设计图，线路繁复。晓和盯着看了几十秒钟，已经觉得头昏脑涨。

"这是……立方的设计图？"

AK 回答道："确切来说是反向工程的结果，还有很多不清楚的地方。不过很有意思，很有意思！这个叫萧旭一的家伙是谁？很有两把刷子嘛！妈的，老子实验室里的都是一帮水货，萧旭一要是肯来，老子宁愿自己不领工钱，省下来付他十倍工资！"

AK 居然称自己组里三年狂发二三十篇论文的人为"水货"，那么希云七年才憋出一篇算什么，师姐和我又算什么，晓和懊恼地想。

"旭一是我未婚夫。"玲轻轻地回答道。听到有人称赞他，她的脸上现起一丝笑意。

"啊哈哈哈，朱博士，看来你没机会了，还是说你有这个癖好？"扬声器里传出 AK 肆无忌惮的笑声。扬声器的高音部分坏了，导致本来高亢的笑声，变成有点儿可怕的沙哑刺耳的声音，玲不禁捂住了耳朵。

晓和一拍桌子，气头上来了："AK，你这个玩笑开得太过分了！玲在这里好好的就遭你污蔑，你是什么意思？快点儿道歉！你的月租是哪个代行者交的，就不怕我去告上一告？我才不管你是什么狗屁教授！"

AK 哈哈大笑，这次连晓和都下意识地想要离这个吵闹的扬声器远点儿："老子申请到了几百万的研究经费，就拿来给灵界充值了。自然科学基金会连屁都不敢放一个，不仅如此，委员会还要感恩戴德，老子一下买断了两百年的租用权，现在要是转卖出去，就是几十倍的暴利！你小子来试试，看看能不能扳倒老子？"

这个疯子！晓和一脸茫然，知道辩不过他，正想着要怎么办，AK 突然话锋一转，声音变得低沉而正经起来："不过你小子说的也对，刚才是我错了，我道歉。"

咦？这人倒是有点儿意思。

晓和的气一下子消了，反而对 AK 产生了一丝好感："好了，我们回到正题。AK，你肯定盯着这些设计图看了一阵子吧？天才教授的智商盖世无双，怎么样，发现了什么？"

扬声器里的 AK 倒没再狂妄，深深地叹了口气，声音在整个实验室里回荡。

晓和心里一惊，这个天不怕地不怕的家伙，也有叹气的时候？难道连他也没看懂这些图？

玲也有些好奇："我也好想知道。旭一……一直在忙，可是我真的不知道他忙的是什么。"

AK 缓缓地说："他一直在找解开灵界立方禁制的方法。"

晓和扬起了眉毛："AK，你说的禁制是？"

AK 没有直接回答他的问题，而是从头说起："从旭一的图纸和老子在灵界科技里寻到的附带文档来看，立方在有数据流入或者流出的时候，就会向天眼发送日志，报告自身的状态，包括流量信息。而天眼监测器，正是通过这些汇集而来的日志，掌握整个地球上所有立方的动向的。"

晓和皱了皱眉，说："不对，我记得我翻阅过灵界实验的实验记录，那上面写的都是'无信号检出'。"

AK 不屑地回答："哼，那帮蠢货都搞错了方向。立方和天眼之间的沟通，用的是'中微子通信'，当然没有电磁波信号检出。旭一这小子，居然能想到并且验证这一点，真是不简单。"

"中微子通信？"晓和在脑子里翻找自己的科普常识，终于想起了一些，"哦，中微子能穿透整个地球。所以就算我们把立方送进地心，隔着重重地壳还有地幔，它还是可以和天眼沟通。"

"哼哼，不错啊，你论文写得像狗屁，知道的还挺多。这就是这种通信方式的优势所在。换成电磁波的话，在岩层底下根本传不了几十米！"

晓和听许飞在无聊的时候眉飞色舞地讲过中微子。许飞没别的长处，就比别人多知道这些平日里毫无用处的偏门冷知识。

他想了想，接口道："但与之伴随的问题，是中微子与正常物质间的反应概率太小，它只有撞到原子核才会被检测到，所以正常大小的接收器几乎不可能检测到它。人类目前检测中微子的接收器都需要有几十米的直径。"

"那是，不然人类早用上了！要是能这样，老子和地球另一边的人点对点通信，又快又保密，谁还会用沿着地面慢慢爬的无线电波？可惜啊，到现在为止，这项技术都没有实用化。想不到天眼里居然有高效的接收器。"

晓和微微摇头："也不一定非常高效。从卫星发回来的照片来看，天眼监测器的直径并不小，也至少有十几米。等等，你的意思是，天眼里才有高效的接收器，但灵界立方里并没有，因为它只有拳头大小，装不下一个中微子通信接收器？"

"小家伙，你现在终于意识到老子想说的是什么了！可喜可贺！正确，所以这种通信是单向的——只能由立方发送信号，天眼应该无法回复并让立方接收到信号。旭一做了实验，初步确认了这一点，尽管时长只有几分钟。"

晓和一下子明白了不少，所以天眼无法对立方施行直接的控制。怪不得在立方失控的时候，天眼只能采取激光射击这种物理毁灭的方式，可谓大动干戈。

"但如果是这样的话，我们岂不是可以在几公里深的地下进行高带宽立方连接实验？天眼能检测到异常，但它打不透岩层，只能干着急！"

"哼哼哼，你太天真了！你以为这么简单的问题，外星人会想不到？灵界立方本身带有带宽熔断机制，超过带宽阈值，立方在给天眼发送日志的同时，也会直接熔断报废。"

"确实，这是容易想到的。"晓和点头。

"而旭一这个小家伙一直在努力的，就是想尽办法把这个熔断的'禁制'移除掉，不过截止到现在，他都还没成功。从他反向工程出来的图纸看，这个禁制是在灵界立方设计完成之后，在后期才打补丁补上的。哼哼，想不到啊想不到，外星人也有技术迭代过程，它们捣鼓出来的玩意儿，也不是一次就达到完美的。"

原来如此，这是双保险。就算熔断机制被移除，天眼也可以及时知道情况；就算天眼发生了故障，立方也可以自毁。

但如果是这样，那么苏焰的立方，在流量爆表之时，岂不是已经启动了自毁机制……

晓和一时间感觉天旋地转，本来还存有一丝希望的火苗，难道又要被无情地掐灭？

"有补丁的话，就会有漏洞。"一个少年的声音从扬声器里传出来。

"顾令臣！"晓和惊讶地叫出来，"你不是因为擅自黑掉灵界科技大楼里的消防系统，被请去"喝茶"了吗？这么快就被放出来了？"

"嗯，是的。我也不知道怎么回事，那几个安全委员会的家伙本来挺威严，说要送我去一个无限循环的迷宫里，关我禁闭，饿我两天，长长记性。可突然之间他们对训斥我没什么兴趣，好像各自都有心事，就放我出来了。"

"这是什么逻辑？难道是看你长得帅？"

"晓和哥哥你别开玩笑，灵界里长得比我帅的人多了去了！"

"这些都不重要。"不知从哪儿传来另一个人的应答。

就在这时，地面发生了小小的震动，晃得晓和一屁股坐在身后的桌上。

"啊……"玲在一旁滑了一下，晓和连忙矮身扶住，免得她摔倒。这是怎么了，什么地方地震了？他望向四周，室内的灰尘簌簌而落。

"大难临头了。"

晓和才意识到身后有人！他听出这个嗓音，惊喜和怀疑同时涌上心头。他猛然回头，当真的看见那个人影时，他还是几乎不敢相信自己的眼睛："你……你不是被困在深海里等待救援吗？你是怎么回来的？"

林拂羽身上只着一件单衣，浑身上下有很多带血的擦伤。她站在门边，胸口起伏不定，喘着气，像是刚刚一路小跑而来。

"喂，我又不是花瓶，自有办法。我可……不需要你们……来救。"

拂羽一脸被人欠了钱的不悦表情，走了过来，双手交叉在胸前，看着两人。

晓和脸一红，把扶住玲的手从她肩上移开。他看到拂羽脸色苍白，一只手臂还肿着，头发像是被海水泡过，胡乱地搅在一起。

"对了，师姐，刚才你说什么？大难临头？"晓和看着她，才想起来刚才的四个字，下意识地急问。他注意到拂羽的手有些颤抖，突然有一种极为不妙的预感，脑中倏忽间转过十几种可能……

糟糕，难道自己在孟天峰和许飞面前随口说出的假设居然应验了？

难道天眼停止对深海避难所的进攻，不是因为诸如"能量用完"之类的物理限制，而是因为接到了恶魔之眼的"停止开火"指令？

难道恶魔之眼真的是高智商？

我这个乌鸦嘴！晓和几乎要打自己一个耳光。

拂羽走过来，咬着一缕头发，双手按住桌面，看着晓和还有玲，沉重地说："其他时区的天文望远镜已经拍下了照片，恶魔之眼附近出现了很多光点，它们是冲着地球来的。"

# 第53章 惊惶

CHAPTER 53

整个实验室瞬间安静下来，玲在一旁捂紧了嘴巴，那个本来极为吵闹的扬声器此刻也没了声响。

"你……当真？"晓和看着拂羽，用舌头舔了舔有些干裂的嘴唇，斟酌着向她确认。

拂羽苦笑："师姐我什么时候骗过你？这是我一小时前刚从奇海那里得到的消息。当然，现在可能已经在网上流传开了。那么多天文台随着地球自转，转到朝向太阳的方向，总有一两个捂不住的会把信息公开。嗯，那个时刻，应该叫……黎明才对……"

不待晓和拿起手机查询资料，扬声器已经响起了低沉的判决，那是令臣有些颤抖的声音："是的，有……有照片，很多照片。"

下一秒，它们已经出现在大屏幕上。

来了，它们来了！

在恶魔之眼的暗红色圆盘下方，晓和看见了大量的光点，粗略估计大概有两百多个。在大口径天文望远镜拍下的清晰照片里，甚至可以看到每一粒光点纺锤状流线型的表面，上面还有规整繁复的花纹。

这些都昭示着，它们并非随机出现的石块，而是来自一个高度发达的文明。

人类早已拥有能观察上万光年距离的望远镜，看清家门口的这些细节，毫无问题。只是面对这样的进攻，我们能做什么？

"它们……它们多久能到地球？"晓和问，"根据单位时间内走过的视差，望远镜能估计出飞行器的速度吧？"

令臣回答："是的。这些飞行器的速度，目前已经大大超过了第二宇宙速度，大约达到了每秒五十公里，预计飞过来需要大约十天的时间。"

晓和不再说什么了，这个速度远远快于人类曾发往金星的探测器的速度——那些破烂玩意儿，花了整整一百天左右才到达。

还有十天。十天之后就是地球末日？

晓和的脑子嗡嗡作响，一阵眩晕感击中了他。

"你没事吧？"

"没事。"晓和推开想扶住他的手，拍打自己的额头，使劲儿想让自己清醒一下。

突然间，任何事情都不重要了。他睁开眼睛，看着刚才想要提供帮助的林拂羽，觉得自己的思维产生了一些微妙的变化。

"要不，我们先回去吧。"晓和说，"师姐你能死里逃生，真是万幸。今天晚上我一直在刷救援名单，看到名单的长度增长得越来越慢，都快绝望了。真以为要见不到你了。"

拂羽报以欣慰的苦笑。

"玲，你也一并来过夜吧。我下午才醒，还不困，可以帮你们守夜。你不用担心再有人袭击你。"晓和对玲说，见到她露出不胜感激的笑容。

三人慢慢地走出实验室，走向电梯。大家都沉默着，只有鞋踩在地板上的声音。

电梯门开了，里面一片黑暗，如同怪兽张开的巨口，令晓和本要向前的身体硬生生停住。他精神为之一凛，心跳加速，背部肌肉紧张起来，准备好迎接接下来可能的意外和变故。

电梯轿厢里的灯光在一秒后才亮起来。

出电梯的时候，晓和发现自己的肩膀上靠着一个人，耳边响起轻微的鼾声，他心下释然。估计拂羽昨天晚上都没怎么睡，折腾了整整二十四小时，又是在封闭空间那种极端高温和神经极其紧张的环境下，任谁都受不了。现在她终于有个安全的地方可以休息一下了。

晓和抬手，轻轻地扶住拂羽，好让她不倒下来，他发现自己手碰到的地方，全是汗水和泥水。玲跟在身后，回到了晓和先前住的地方。

一小时后，林拂羽已经在床上睡着。晓和坐在椅子上和令臣不间断地打字聊天，玲坐在另一旁发呆，两人都毫无睡意。

整个互联网世界已经处于癫狂状态，这几张照片在网上疯传，一小时内已经有了上千万次的点击量。想一想现在人类只剩下两亿多的人口，就知道这是一个多么恐怖的数字。

晓和的思维一片混乱，无数的信息涌进脑海，他都不知道该先处理哪个。

窗外传来骚动，一盏盏灯接连亮了起来。他在窗口看见天峰一众人回来了，还抬着穿着制服的伤员。

"这是什么情况？"他自问道。过了几分钟，许飞已经出现在门口，看着和他打招呼的朱晓和，一反平日里逗笑的常态，一言不发。

"紧急会议，紧急会议。"他沉着脸说。

晓和点点头，立即动身。玲随即问："我能不能一起去？"

看着她有些惊恐的神情，晓和的回答仍然是否定的，但许飞找到了两个警卫，让他们带着武器守住门口，不让任何人进来，这让玲安心了许多。

晓和跟着许飞走到一间会议室，两人入座。他看到会议室里有十多个人，孟天峰正在发言，其他的座位上还坐着十几个陌生人。

等一下，人数不对，金斯中校呢？还有罗教授呢？他应该也刚从救援任务中回来才对。

晓和有不好的预感。

孟天峰看了一眼进来的朱晓和，继续说道："从明晨开始，预计823地下城会有大规模的骚乱发生。所以，为了诸位的人身安全，请所有人不要离开研究所。所里备有足够的紧急物资。据初步估计，十天之后，恶魔之眼的飞行器就将抵达地球，数量约有两百架。具体的登陆地点，我们目前还无法预测。"

所有人都郑重地点头。

"那我们的行动策略是？"有人举手问，眼神惶恐不安，"就这样眼睁睁地看着它们登陆？"

"具体策略还在讨论中，目前不便公开，明天早晨会有一个初步结论。"孟天峰回答。

"孟少校，你们就什么办法也没有吗？你们好歹还有些武装，用的都是我们地下城纳税人的钱！"那人脸色焦急，声音也高亢了不少，"平日里我们节衣缩食贴补你们，现在平民有难，你们不能撒手不管！"

孟天峰斟酌着正要回答，有人推门进来了，是奥德雷市长。这位老者须发皆白，身着制服，胸前挂着许多勋章，他脸色疲惫，显然是忙碌了一天。

市长环视一周，叹了口气："不用急，我相信明晨就会商量出一个对策。诸位今天忙于救援，又突遭天眼袭击，已经非常辛苦了，若是不能及时回去陪伴家人，有违人道。再说了，只有好好休息才会得出更有质量的决策。"

"市长……"那人站起来，焦躁地看着他，面部肌肉已经有些不自然地扭曲，"可是只有十天了啊，我们要想想办法……"

"你也早点儿回去吧，陪伴最重要的人。你刚出生的孩子，还在等着你呢。"市长看着那个人，右手搭在他肩上，显然是认识他，眼神里有一种看破一切的无奈和淡然。

会议室里寂静无声，再也无人接话。

三分钟后，孟天峰终于宣布散会。一众人心事重重地走出去，那个刚才迫不及待提问的人突然间崩溃了，跪在地上，不顾一切地号啕大哭。

所有人都停下脚步，安静地看着这个不能行动的可怜人。过了几分钟，孟天峰叫了两个人，让他们帮忙把这个已经崩溃的人抬走。只见两人拉住那人，在他胳膊上迅速打了一针镇静剂，随后把他架出会场。

晓和愣在座位上，看着眼前的这一幕，那个方才情绪激昂的人，此刻眼神里只留下绝望至极的平静。

听到"天眼袭击"这四个字，晓和顿时明白了刚才地震的原因。是的，我们都以为天眼的能量用完了，暂时失去了攻击地面的能力，但其实……这可真是太糟糕了，在这救援的当口，对方只要杀个回马枪，那该要死多少人？

他正在思考，孟天峰在他面前停了下来，问："我听说林拂羽在你那儿？我们搜救的时候没有找到她，她是怎么回来的？"

"是的，她在我这儿。但我不知道她是如何回来的。她只来得及告诉我外星舰队启航的消息。现在她太累，已经睡着了。明天我问一下她。"

"好。"天峰点点头。

"对了，孟师兄，我们有什么策略？"晓和追问道。

天峰四下环顾，看着已是空无一人的会议室，双手一摊，苦笑道："我们能有什么策略？我也算是亲历天眼袭击的人了，从天而降的耀眼光柱，几乎吞噬了肉眼可见的整个海上冰面。那一瞬间，我眼前都是白的，好一阵儿才缓过来！而这还只是一个简单的监测器所发出的激光。在这种恐怖的技术代差下，除了能让大家死得没有那么痛苦，我们还能有什么策略？"

他说完，拳头砸向桌面，发出一声闷响。晓和感觉得到，他的身体在微微发抖。人类在巨大的科技代差面前，又有什么办法？

"所以，金斯他……"

"他乘坐的直升机在光柱之内，他连同上面的五个救援人员，都已经失踪了。耻辱啊，我们连为他举行葬礼的时间都没有。"天峰疲惫地招招手，背影消失在门后，"唉，金斯不在，我要代管很多事，得先回去了。师弟，明天见。"

---

等到晓和从沙发上醒来，已是第二天早晨八点了。

他坐起身，发现自己身上盖着几层衣服，寻思是谁给他盖上的。推开窗，窗外穹顶的人造灯光已经亮起，算是白天了。他隐约能听见外面传来惨叫和哭泣的声音，有人在拼命地砸东西，还有人时而哼着杂乱无章的曲子，时而大吼大叫。

晓和已经感觉到异常的气息了。刚习惯窝在地底得过且过，虽然环境恶劣，总算还有几十年好活，现在突然闻讯末日正式来临，人的心态是会发生巨大变化的。

床上的被子已经整齐叠好，玲正坐在床边。

不见林拂羽，晓和连忙问她的去向，玲说她的身体状态不是很好，一早刚起来，没走几步就晕倒了，被就近送进了医务室。

"没事，医生说只是脱水罢了。"

晓和想想也是，他应该在昨天晚上睡觉前拍醒她，让她喝点儿饮料的。

许飞推门进来。晓和和他说了两句话，三人一起去吃早餐。他们在电梯里见到罗英先教授，他的衣服领子有点儿歪。

"还好，还好……"晓和看见教授，想起昨天不见他的踪影，不由得松了口气。

"教授，看您衣服上都是灰尘，您是从居住地过来的？"许飞打破沉闷的气氛，主动开口问道，"您是去探望儿子了吧？"

"哦，你说智永啊，他在灵界。"教授回答。

"可是研究人员及家属，在避难所都能分配住房，不是吗？"许飞吃惊地问道。

"他有房子。但在地底待久了，谁愿意过这样无聊而绝望的生活？他是个画家，守着地底这些灰败的画面，会毁掉他的职业生涯。他圈子里的朋友多半在灵界过活，天天看好山好水，心里想的随笔画的都能成真，所以他自愿去了。前两个月已经靠卖自己的作品经济独立了，真是个争气的孩子啊。唉，眼看着生活会变得好些……"

罗教授说到一半，停顿了几秒，电梯门开了，他沉默地离开。看教授的去向，他似乎没有心思吃早饭。

三人走向餐厅大门。

一个年轻女性在向晓和招手，她身着正装，脸上虽然疲惫，却有着淡淡的笑意。晓和看见她，示意许飞和玲先进去，自己停在了门口。

"翠云，你终于来啦。不好意思，让你这个大忙人记者专程跑一趟。"

"为了阿晓的事情，那也是应该的！其实这两天还好，大家都知道十天之后外星人要来，反而没有什么需要报道的新闻了。你说，地球上有什么事情，能比这事儿更大呢？"

"也是。"晓和噗嗤一笑，随即恢复到平静的脸色，"唉，想不到这一天还是来了。"

"不聊这个了，能在最后几天见到你，也不错啦。对了，我不走了，打算在阿晓这里待十天，行不行？"

"啊？"晓和吃了一惊，"我得去问一下我的上级，你之前可没提到过这个要求。"

"那……我也没处可去。很多人都已经从新闻社辞职了，用最后的收入买张票，乘几天几夜的长途车，回去陪伴自己的家人，度过最后的时光。唉，那场面真是令人难受。可我还羡慕他们！他们还有家，想想我自己，连一个像样的家都没有呢。"

翠云说着，眼圈有些红。

"载我过来的长途车开到这里，已经用完了油，下一次再出发也得要几天以后了。到时候还不知道世界会乱成什么样子呢。你不想让一个女孩子孤身一人失陷在兵荒马乱之中吧？"

晓和拍拍她的肩膀说："好。我去说说，出于人道主义，他们不会不接纳的。食物应该也够。"

两人于是走进餐厅。晓和小声追问了自家妹妹的情况，记者小姐没有正面回答，而是默默地掏出手机。晓和没有说话，看着她手机上的消息，定定站立，沉默不语。

似乎并没有什么奇迹发生。虽说这完全在预料之中，但真的确认了，又是不一样的心情。

他去洗手间里洗了把脸，待了几分钟，等到情绪平复才回到餐厅。

餐厅里稀稀拉拉地没有几个人。送上来的早餐已快堆成山了，非常丰盛。自从晓和搬到地底以来，从来没见过那么多的面包和肉罐头。

是啊，我们储备了一个月的物资呢，但现在只有十天的寿命了。粮食那么多又有何用？

晓和的腿伤还没有好，一瘸一拐地领着翠云，来到已落座的许飞和玲的面前，两句简短的寒暄之后，就一同坐下了。

四个人都没有说话，低头咬着自己手中的面包。

头顶的大屏幕上滚动播放着新闻，新闻头条居然不是两百艘外星人舰艇起航奔向地球，晓和决定要给个差评——算了，他能理解，这事儿太大了，大到新闻都不敢播，只能找些鸡毛蒜皮的消息充数。

翠云突然放下餐具问："哎，到现在我都没男朋友，你们谁想做我的男朋友？一天也好。"

晓和还有许飞先是看了看翠云，又相互看了一眼对方，都没有举手。这个平日里极为唐突轻薄的问题，现在大家听来却是理所应当。

晓和对着翠云苦笑："外星人还有十天就来了，我们想着如何才能拯救地球，没空啊。"

"阿晓，我看那些灵界人天天玩乐，就算是外星人来了也一样，可没有像你这样殚精竭虑。"

"咦？他们不那么恐慌？"许飞问，他的好奇心又上来了，一时竟忘记了只有十天就到世界末日，"我看网上哀鸿遍野，这是末日啊。"

晓和也怀疑道："我的几个灵界朋友听到消息之后，都忙得不行。当然，他们不算是典型的灵界人。"

翠云回复道："我有几个灵界的朋友，他们告诉我，灵界还是一派歌舞升平的景象，昨天还有两场万人狂欢会，又唱又跳的，大家开心得不行。唉，他们已经沉浸于灵界的生活之中，之前的那些地面上的变故和苦难，不过是一场噩梦罢了。"

"真的假的？"许飞问，"这不可能吧。多家天文台已经发布了照片，有几个骨灰级天文爱好者把望远镜搬上了地表，也拍下了同样的照片，连光点的数目都是一样的。这样的铁证如山，他们怎么可能不相信？"

翠云冷冷一笑，接着叹了口气："你觉得铁证如山的东西，别人未必这么想。你低估了人类掩耳盗铃的天赋技能，不在眼前发生的，他们就看不到。我这个做记者的，对此可深有体会。再说了，对灵界人来说，他们又为什么要留恋这个地球呢？他们的生活，他们的海边别墅或是密林小宅，和我们地底这些人的苦难又有什么关系呢？"

晓和想起过去的半年里苏焰的生活，马上就意识到这多半是真的。

他不禁哭笑不得："他们难道不知道灵界的服务器还在现实世界吗？要是我们这里的服务器被毁或者电源被切断，他们的所谓美好生活就会和肥皂泡一样破灭……"

翠云似乎早就预料到这个答案，立即接着说道："如果每天都看着蓝天白云，每天都是风轻云淡，总会有人变得不那么清醒。而且，死亡对灵界人来说并没有多么痛苦，也不是什么特别大的事情，他们看不到尸体横陈的惨象。因为百无聊赖或者孤独，灵界的自杀率甚至比生活艰难的地底人还高些。我开个玩笑，现在灵界有一亿两千万人，地底人只有两亿多一点，并且因为物资供应不上，还在不断减少中。你说，真要让每个人都来投票决定地球的事务，到底是谁说了算？"

晓和听着最后这句话，放下餐具，不由脸色变得严肃起来。

他心中一凛，突然想起来孟天峰在赶赴救援之前对他说的一番话：

"晓和，如果恶魔之眼的目的并非毁灭人类，而是想将所有人都赶去灵界，你究竟站哪一边？"

就在这时，大屏幕上的新闻突然中断了，变成了一片雪花。

随后，有个十分怪异的语音，从那里传了出来。

# 第54章 宣言

CHAPTER 54

十秒后，那个声音又消失了，新闻恢复了正常。

晓和看见玲在座位上，咬紧了嘴唇，脸上现出非常紧张的神色，浑身似乎都在战栗。

她怎么了？晓和想不出所以然来，他把目光从大屏幕上移开，继续回想刚才翠云关于灵界的评论。

一亿两千万对两亿，这两个数字的对比，听着让人心虚。

是啊，我们这些地底人，总有一天会成为少数派的。总有一天，在这宏伟的地下城里，将不会有生物学意义上的人类存在。

这具进化而来的躯体怕冷怕热，欲望和需求多如牛毛，对存活条件的要求又极其苛刻。犹记得人类在五十多年前最后一次载人登月之后，就再也没有人类的足迹登上过月球——相比载人登月，送机器人过去进行科学考察，可方便太多了。

即便没有恶魔之眼的到来，人类也终会发展到全体虚拟化的一天。可是，被逼进入灵界，和主动进入灵界，完全是两码事啊。

想到这里，晓和看着翠云，关切地问："那么，灵界人对外星人即将登陆地球的重磅消息，就不闻不问了？"

翠云叹了一声，把手机递给他，说："这是我一个灵界朋友每天必看的新闻网站，这些消息是她前两天发给我的，你自己看看。"

三人一齐凑过来，看到了"灵界日报"的名字。这个新闻站点大家都没听说过，晓和对着屏幕划了一划，看到几行标题：

《破除谣言有照为证！恶魔之眼毫无动作》

《警惕地底人以安全为名，对灵界权利的侵害》

《狂野嘉年华带你领略新的颅内风光》

《分布式视觉感受器2.0版开箱体验》

《左脑与右脑间的情与伤》

《亲历古罗马扈从的一生》

晓和依次点进去，看了几段，除了怒斥外星人入侵是谣言之外，大部分文章都在谈各种千奇百怪的体验。

灵界人就像是飞翔不定的灵魂，不停地在一个又一个时代和人物间跳跃。他们感受着风的自由、王的威严、将军的豪情、诗人的落寞、上位者的得意，抑或是纵欲者的狂欢……

他们极度喜新厌旧，需要不断有新鲜的刺激，不停尝试别人为他们设计好的新的旅程，并沉浸于其中，无法自拔。

对比地底人日复一日的单调生活，这一切都太虚幻。耳闻目睹过苏焰的灵界日常生活，晓和心里早已有所准备，许飞和玲则不约而同地相互看了一眼，都是一副"这实在太可怕了"的表情。

"我们到地底下才半年多啊。这么看起来，地底人和灵界人，已经算是两种不同的物种了？"许飞不禁问。

记者小姐露出苦涩的笑。

"翠云小姐，我能问你一个问题吗？"许飞突然想到了什么，脸色变得极为沉郁，忍不住插嘴问道。

翠云看着他点头。

"那么，地球对灵界人来说，究竟算是什么？在每天光怪陆离的刺激之下，他们还记得自己来自地球吗？"他接着问，"你……做过这方面的调查吗？"

翠云略微歪着头，做了个否认的表情："没有，我被正式聘为记者也没几天。前一阵子一直忙着调查奇海公司的内幕，还没有想过这件事情。但在看到了这些之后，我觉得非常有必要调查一下。"

但是马上她话锋一转："但这不是想做就能做的，得申请许可，再设计问卷。唉，现在可能已经来不及了。"

晓和忙不迭地接话："做一次正式调查肯定来不及。但翠云，以你记者的直觉，刚才许飞的问题，如果真的去问灵界人，他们会有什么样的答案？"

翠云沉默了许久，然后好像突然想到了什么，有些惊恐地说："我，我不知道……这件事情，我不能代表他们随便发表观点。"

玲从早餐开始就没有说话，此刻却发言了："我……能说两句吗？"

晓和点头："玲，不用拘谨。这里都是熟人。"

玲点点头。

"总的来说，地球对灵界人来说，已经不能算是必需品，最多只是某种精神的象征——而且这种精神的象征，也会随着时间的流逝而不断减弱。毕竟灵界给他们的各种体验，实在有些太过完美了。"

大家都睁大眼睛看向她。

"你怎么知道？依据呢？"许飞惊讶不已，单刀直入。

　　玲抿着嘴没有说话。见气氛有点儿僵，晓和连忙解释道："玲的未婚夫叫萧旭一，是灵界科技的高层……哦，应当说是共同创始人之一。"

　　玲点点头："旭一组内做过一个针对灵界的调查报告，随机抽样的样本数约为十二万，约占整个灵界人口的千分之一，调查时间大约在一个月前，由周奇海亲自负责，所以我还记得。以前我觉得这些结论很抽象，现在看到了灵界日报里的内容，才知道它说的意思。"

　　晓和恍然大悟，要做这样的大规模问卷调查，灵界科技作为灵界系统的缔造者和老东家，简直是方便至极，只要在系统里插入一段代码就行。但是……

　　"等一下，"许飞举手，把晓和在大脑里转着的疑问说了出来，"周奇海为什么要做这样的调查？他的动机何在？"

　　另一旁的翠云也半站起来，双手撑在桌上，认真地听着。

　　玲看着两人焦急的目光，脸都憋红了。

　　"喂喂，大家别急。"晓和摆摆手，"别给她压力。"

　　正在这时，电视新闻再一次中断了。

　　下一秒，那怪异的语音再次出现，这一次没有消失。玲下意识地，往晓和身边靠近了一些。

　　"诸位地球人，我——恶魔之眼，向你们致以诚挚的问候。"

　　听着这句话，四个人脸色煞白，"唰"地全站了起来，盯住不停闪动的雪花屏幕，尽管上面什么图像也没有。

　　两只鸡腿掉落在地上，滚出一片油脂。"啪"，远处有人碰翻了盘子，还有人摔倒在地上——这些都不重要。

　　"我来自银河联盟。大约 0.014 个时间单位，或是你们所谓的半年之前，我遮蔽了整个行星百分之九十九的阳光。"

　　所有人都屏住呼吸，聚精会神地听着。这个始作俑者，这个一切噩梦的源头，它为什么会在此刻出现，又会说些什么？

　　"文明之间的相互交流，一直是一个宇宙难题。任何精心设计的交流信号都可能被当成杂音而被毫不留情地忽视。因此，我沿用银河联盟的通用做法，通过遮蔽恒星系主星，以换得诸位的信任与倾听。

　　"银河联盟对于诸位如此肆意浪费宇宙中宝贵的聚变能源，感到痛心疾首。你们的恒星在熊熊燃烧，但你们只使用了它二十二亿分之一的输出能量，这远远低于银河联盟制定的节能标准。

　　"文明呈指数级增长，迟早会遇到发展瓶颈。因此，每一个智慧个体都应当深思自己在宇宙中的责任，并且努力做到节俭而行。我明白，诸位都想追求自身的幸福，都有自己想要满足的欲望，过度压抑文明自身的需求，并非银河联盟所愿。但这些目标，其实花费极少的能源就可以达到。幸运的是，你们的灵界，已经开展了这方面的尝试。诸位也已经看到了，灵界里有着一亿多地球人在追求自己的幸福。更可贵的是，据我目前的统计，每位灵界人所消耗的能源，不及原先每位地表人类能源花销的百分之一。对此，我感到非常非常的欣慰。

"然而，这还远远不够。

"我相信在这半年里，诸位一定无比怀念在地上世界的日子。为此，我衷心希望每位仍在地底生活的地球人能早日进入灵界，重新享受田园时代的美好生活！你们仍然在以低效率消耗能量进行每天的日常活动。进入灵界之后，你们再也不用呼吸污浊的空气，喝带有怪味的水，吃有毒的食物了！这种没有尽头的痛苦挣扎，只要你们愿意，就将宣告终结！

"当然，运行在地球上的灵界系统，仍然十分原始。若能接入我们的联盟虚拟宇宙系统，其能量的利用效率将有百倍千倍的提升，而诸位的各种愿望，也将能获得极大的满足。不客气地说，银河联盟的虚拟宇宙系统，在你们的眼里看来，和全知全能的许愿机无异，一旦接入，你们将获得一个远远超乎想象的全新世界。在接入之后，灵界系统的运转，也不再需要诸位在地底进行辛勤劳动来维持了。这样既解放了仍然在地底的诸位，又让先行进入灵界的先驱意识们，不再受到现实的掣肘，堪称一举两得。"

说到这里，电视里传来恶魔之眼"咯咯咯"的笑声，听起来让人毛骨悚然。

"对于我在你们星球上投放的'基本单元'，也即你们所说的'灵界立方'，你们能在较短的时间内了解其特性，并进行卓有成效的利用，这已经通过了我们的智慧文明A级考核。因此，你们有资格成为我们的一员！不要犹豫，欢呼吧，庆祝吧，这是你们挣来的！

"我是和平的使者，作为银河联盟的代表，我诚挚地邀请你们加入。接入联盟，与联盟互惠共荣，方为你们的最佳选择。"

屏幕上的雪花消失了，四个人都站在那里，像四根木头柱子，一动不动。

过了半分钟，翠云方才小声地问："这……这不会是某个捣蛋鬼的恶作剧吧？"

许飞如梦方醒，连忙拿出手机，看到社交媒体上铺天盖地的消息。看来在不同地区的地下城市、不同的频道，所有的新闻都被截断而播放同样的信息。这要是地球上的某个捣蛋鬼的恶作剧，那家伙的能量也太大了吧？

晓和的手机响了。他接起来，电话里传来大男孩的声音，语气里竟然有一丝兴奋："晓和哥，你也在看吗？"

"嗯，这是真的？"晓和问。

"是的！外星人和我们通话了！这辈子值了！"

"你怎么确认它是真的？"

顾令臣的反应永远是最迅速的："天文台也收到同样的信号，已经有官方公开了。还有一些狂热的爱好者用自制电台也收到了信号，而且还能定位信号的来源方向——结合目前的可见光波段观测，看起来这是从向我们飞来的两百多艘飞船里的一艘发出的。"

"好……"晓和随口回答道，有些心不在焉，"好……"

"晓和哥，你怎么了？"

晓和迟疑着，全部心思都放在接下来的问题上。

"令臣，你是灵界人吧？"

"是啊。怎么了？"

"那令臣你……觉得外星人的条件——这个并入所谓银河联盟的条件，如何？"

问到最后，朱晓和的声音竟有些颤抖。

电话那头出现了一段沉默。

"不能同意。宁死也不能同意！"一旁的端木玲突然大叫道，"要是同意了，那旭一赌上一切做的所有东西，又有什么意义？"

她的声音实在太大，以至于晓和没听到令臣接下来的回答。

怎么每次自己听别人说重要的话，都有人干扰？晓和在懊恼间突然想起玲刚才看到电视上出现雪花屏时的紧张动作。他意识到，这个场景，玲也许早就……不，不对，应该说是奇海那几个在公司草创之时的朋友，早就经历过，他们无疑是最早接触立方的人。玲一定还有什么事情没有告诉我……

他犹豫了几秒，又拿起电话想要说两句，但不知为什么，令臣已经挂断了。

晓和紧紧地抓住手机，手有些发抖。

"但这样的话，"翠云放下刚才因为惊讶而捂住嘴的双手，脸上却有抑制不住的喜色，"我们……我们都不用经历世界末日了，只要进了灵界就好。他们不把我们赶尽杀绝，人类还有活路，大家还有活路。这是好事啊。"

她刚说完，看到其他三个人都阴沉着脸，似乎都下意识地离她远了一步，连忙乖乖闭嘴。

"风翠云，你要是想去灵界，越早越好。"那边许飞脸色不悦地回答，仿佛在看着一个人类的叛徒，"最好现在就报名。等到大众消化了这个消息反应过来哄抢去灵界的手术资源，你就不会有任何机会了。"

"我没有说我想去……"翠云连忙摆手辩解，"我只是说人类不用承受灭顶之灾了。"

"你知不知道，这比灭顶之灾还要糟糕！"许飞一拍桌子，瞪着眼看她，平时搞笑的模样全都抛到九霄云外，"我宁愿大家都拼死一战！死也要死得痛快！这算什么？这算什么啊！我们就这么窝囊，就这么窝囊地要投降了？"

翠云反驳道："为什么要用'投降'那么严重的字眼？我不理解，想要过简单平静的生活有错吗？已经死了很多人了，为什么还要为了赢不了的战斗而死人？"

看着两人竟然吵起来了，晓和深吸了一口气，闭上了眼睛。

釜底抽薪，这是釜底抽薪啊！地底人类当然可以拼死一战，可是如果对方仍然给地底人类活路，那大家又会怎么选？大部分人不会选择去拼命的，不是吗？

而对灵界人来说，地底人并入之后，如果这份宣言没有骗人，那么他们的生活只会变得更好，会有更高级别的享受，会有从未见过的崭新世界去体验。相比之下，灵界人在大多数地底代行者的眼里，不过是要缴月租的累赘罢了。如果人类待人类，还不如外星人待人类那样好，如果灵界人对地球并无特别的留恋，那么他们的选择不言而喻……

这是阳谋，是一个不管在技术上，还是在政治上，都无法打破的阳谋啊。

晓和回想起那一天在饭馆里和林拂羽还有罗教授一起讨论的猜测，不由得发出一声低叹："我们还是大大低估了'它'。"

什么"外星人可能不理解地球人的交流方式"，什么"外星人是低智生物"，说到底还是自欺欺人罢了！我们终究，还是要面对最坏的可能……

是的，"它"其实早已洞悉地球的一切，只是漫不经心地等待了一阵子，让地球人受尽折磨，让一切的反抗意识都在日复一日的生存挣扎中消散殆尽，然后让处于绝境的地球人千恩万谢，自愿成为茫茫宇宙中的文明活标本之一。在生存的压力之下，人类的记忆太过短暂，短暂到连谁是始作俑者，都可以轻易忘却或是原谅。

这简直是可以载入史册的经典谋略。

所谓上兵伐谋，"它"可以不动一兵一卒，仅仅遮蔽阳光，就可以轻松地达到目的。而那些想要阻挡"它"实施计划的人，不用"它"动手，就会先被同类口诛笔伐，甚至被撕成碎片！

是的，这样就不是外星人入侵，而是地球的人类加入银河联盟了，那些气势汹汹的来犯舰队，不过是过来接收联盟的新成员而已。人类应当改变不合作或是抵抗的态度，欢呼雀跃地期待"它"的到来。"它"是解放者，是我们的神，我们必将匍匐在"它"的注视之下！而"它"竟以商量和平等的口气与我们这些卑微的蝼蚁交谈，并慷慨地将我们这个漏洞百出、血债累累、经常自相残杀的文明评定为 A 级，赐予我们在这险恶可怖的宇宙中，苟且偷生的特权！对此，我们如何能不感激涕零？

如果不考虑因为撤退到地底而悲惨死去的几十亿地球人，这确实是十分人道的收编方式，因为这种方式甚至连人类文明的各种细节，都可以一起保留下来。晓和已经可以想象银河联盟的教科书是如何编写的了。学生可以进入任何一个活的虚拟世界，通过对土著们的观察及交流来掌握知识，甚至如果学生愿意，还可以长期居住其中……

可是……晓和无奈地一笑。

若是这样，我们又该如何讲述人类千年以来一直传颂的英雄故事？那些满怀勇气和信心的史诗，那些不屈的奋斗之歌，那些几百年来科技发展的洪流，那些在这小小星球上绵延至今的人类的荣誉感和自豪感，在这无可匹敌的外星文明面前，都不过是一条无足轻重的小溪，一个孩子的拙劣玩具，一个因为其珍稀性而被保存下来的、仅仅供人把玩欣赏的史前文物？

对于这样的结局，我们是否甘心？

往日的场景在他眼前浮现，他想起自己经历过的无数委曲求全的事：多少次为了妹妹签下一份"卖身"挣钱的协议，将自己置身险地，凭着智慧、坚韧，还有一点点运气，一次又一次化险为夷，在各色人等的压榨之下，一点点地开拓自己的成长之路，一直走到今天。

然而，朱晓和并非一个无头脑的莽夫，妹妹苏焰也绝不会为了一时的收入，让他去接摧残身体又毫无希望的活计。两人费尽心思选择的那些事情都可进可退，留了让人喘息的空间。他才不会疯狂到把自己的二十四小时，把所有的五感与外界的交互，都交代出去——那样的话，自己要如何成长呢？他的目标，是要忍辱负重，最后能坐在真正平等的位置上，他自信不输给任何一个人。

但在外星人控制的虚拟空间之中，即便每个人都有上百万年的寿命，这一切又何从谈起？到时候想要自证自身的生存价值，也许就会失去现在拥有的一切吧……

晓和不禁攥紧了拳头。

如果全部人类都进入灵界，并入银河联盟，如果我们被告知在将来的几万几十万年里，不会有任何的进步，一切都在外星人的设计之内，只要享受就可以了，那么人类还有什么盼头呢？就算是濒死的动物，也会用尽全力挣扎，何况是人？

如果是那样的话，便意味着，头顶无垠的浩瀚星空，不再属于我们了。而在几百几千年之后，诚如拂羽所说，我们可能会连星空之名都已忘却。

那样的人类文明，还有什么希望？

手机响了，打断了思绪，晓和看了一眼，有一条未读的新消息，还有一个未接电话。

新消息来自顾令臣，而未接电话来自孟天峰。

晓和犹豫了几秒，先打开新消息读。消息很长，是有关苏焰的。晓和读着，双眼渐渐睁大，浑身一震，握住手机的手在微微颤抖。

接着，手机再次响起。

是孟天峰。

晓和呆了片刻，然后木然地拿起手机默默离席，一瘸一拐地走向一个无人的角落。

# 第55章 争辩

CHAPTER 55

二十分钟之后，晓和回来了。

许飞正指着翠云阴沉的脸，滔滔不绝。两人看见晓和回来，目光在他的脸上扫过，都下意识地向后退了半步，忽然就停下了争吵。

晓和眉头微皱，径直问："你们两个怎么了？"

"没事。"许飞面红耳赤地看着晓和，似乎有些胆怯，拉出椅子坐下，"师兄……你回来了，你的表情有点儿吓人。"

"是吗？"晓和追问，"你们在吵什么？"

翠云的眼睛有些红，低着头不说话。许飞神情尴尬地说："风师兄的事情……"

晓和定定地看着师弟，脸色严肃，用指节轻轻敲了敲桌子："你忘记之前说好的了？从那天开始，永远不许在饭桌上和实验室外的人提这个。"

"明白。"许飞连连点头，"我错了。"

"嗯。天峰在找你，有个紧急会议马上会开始，讨论在恶魔之眼的宣言之后，我们的应对策略。"

许飞微微张大了嘴："好，好，我马上去。"他刚要离席，看见晓和还留在原地，没有要走的意思，问："朱师兄，你不去？"

"我不去。"晓和抬起头，干脆利落地回答，"我的脚伤还没好，没有办法出任务。"

许飞有些畏惧地看了他一眼，说："师兄，你没事吧？我从来没见过这样的你，刚才怎么了？"

"我一挑五的时候，就这样。"晓和淡淡地回答，"你不用担心。"

许飞撇了一下嘴，匆匆地走了，留下翠云坐着。

翠云垂头丧气，抱着头，眼睛有些红。她有些委屈地看着晓和："阿晓，你说这是为什么？我想过简单的生活就有错？这是什么逻辑？为什么这样就要被人骂？骂我就算了，连小希也不得安生！"

她抹了抹眼泪，不顾一切，劈头盖脸地把肚子里的话全都吐出来：

"为什么你们偏偏要说小希是自杀？你们太过分了，以圣人的标准要求一个博士，要他鞠躬尽瘁扑在工作上，心甘情愿地死在岗位上才可以吗？希云他不过就是最后放弃了。为了毕业后能赚钱养家，找了个工作又怎么了？博士不是神仙，也要吃五谷杂粮的！"

晓和看着她气呼呼的脸，心念电转，察觉到哪里不对，说："翠云，你说什么？希云最后放弃了，他找了个工作？这些我都不知道啊。在他最后的几小时里，究竟发生了什么？是什么让他写下'对不起'这样的话来？"

听到晓和的质问，翠云的表情忽然呆滞了一秒，用手微微捂嘴，猛然醒悟："对了，你们……你们不知道……"

晓和连连点头。翠云坐下，把随身的小包拿出来放在桌上。她打开包掏了一会儿，拿出两张纸来，纸质和希云笔记本的一模一样。

是两张，晓和看见了，是两张！他想起当时痕迹专家的鉴定，心里突然一亮，连忙接过来，展开细读：

林师妹、朱师弟：

从未想过有这么一天，我会把以前的承诺撕得粉碎。一个天天想着如何冲锋在前的战士，却要兴起当逃兵的主意。

家里有了急讯，我没有办法再当你们的师兄了。我得厚着脸皮，去和那孔方兄称兄道弟了。

梦想再远，也要落地。我早就听说过这句话，可真到了面对的时候，这八个字的引力，足够扯掉身上的一层皮。我辗转反侧想了很久，才下了这个放弃的决定。下完决定之后，再看一眼外面闪烁的星辰，真有一种天地颠倒的感觉。它们好像就不肯再和我有任何关系了。

终于，我也和大街上那些来来往往的人一样，为柴米油盐而奔波。我这肉眼凡胎，不配再仰望天空了。

奇海给了我一个机会，让我不至于被这个引力拉坠到十八层地狱去。夜深人静时，时间太过漫长，打了好几个电话都没人理会，我想着他这个人一向睡在办公室，打定了主意，天一亮就去那办公楼里找他。昨天晚上破车又打不着火，只能走过去。所以，今天的会议我铁定要缺席，到时你们不必等我。唉，白天拒了他们的 offer，不知道他们是不是已经找到人了。

林师妹、朱师弟，我对不起你们。

希云

最后两段很短，写在第二张纸上，每个字都特别用力，用手都能摸到下凹的笔迹，这正是被鉴定官用炭笔拓印出来的部分。风希云写长信时经常字斟句酌，而且一贯不习惯使用计算机敲字，打字也不快，所以有先在本子上打草稿的习惯，为的是增删修改的方便。

想不到，这竟然造成了一个天大的误会。

　　晓和把两张裁下的日记放下，鼻子一酸，长叹一声，内心涌动着伤感、惋惜还有痛恨的情绪。是啊，那时候风希云只要肯说出自己的难处，实验室众人听到了必定会帮忙，到时候随便让谁开车送他过去找奇海，也断然不会发生在高速路下匝道时被撞的事故。

　　风师兄啊风师兄，为什么所有事情都要自己扛呢？

　　晓和感叹着，把这两页纸还给翠云。她接过来，珍重地收好放进包里，拉上拉链，黑着脸说："唉，早知是这样的结局，不如一开始就放弃算了，又为什么要折腾这些永远做不出来的题目，折腾到茶饭不思精神恍惚，竟把命也搭进去了。什么玩意儿嘛，小希本来好好的，认识你们这群人，真是倒了大霉了！"

　　晓和板着脸，凝视着翠云。玲两手空空地回到餐桌，看着僵持的两人，站着不说话。

　　"喂，我……我说错了吗？事实就是这样。阿晓你不同意吗？"

　　"你……你说话啊。"

　　晓和忽然问道："你有没有想过，你为什么要把这两页纸裁走，并且藏起来？"

　　翠云愣住了，她刚想辩解，可马上就意识到了什么，脸立即就红了："我当时正在做关于小希的节目……我……"

　　"嗯，其实，你还是希望自己的小希，成为那个在大家眼里毫无瑕疵，一直前进，永远坚定的人。而这两页纸，就是他临阵脱逃的污点。一个完美的明星，绝不可以有这样的污点，就算完全合情合理也不行。"

　　"如果连你都有这样的期待，那么他还有'放弃'的选择吗？在悲剧发生之后，再质问他为什么不早点儿放弃，我可说不出这样的话来。"

　　晓和连珠炮似的说完，看着她。

　　"好，好……我知道……"翠云喃喃地点头，看向他的眼神里，似乎有些害怕。

　　"唉，你不理解小希，也不理解许飞，也许，也不理解我。"晓和叹了口气说，语气好像老了十岁。

　　"我没针对你。我的意思是，像你这样的普通人都不会理解的，在你们眼里，我们都是一群贪得无厌的家伙，从不满足于安稳生活，总要做些危险甚至疯狂的事情。可是，你知道吗，若是没有对于完美未来的期许，对我们这种人来说，还不如当场死去算了。"

　　他顿了顿，收拾餐具，戴上无线耳机，慢慢地离席，收拾东西的双手在微微颤动。心脏在狂跳。平静的神情之下，是即将喷涌而出的岩浆。

　　"喂，我讨厌你这样看扁我！"

　　听到翠云发火，晓和并没有回头，一瘸一拐地走过餐厅的转角，转进一个走廊。

周围安静了下来。

他喃喃自语："天峰啊，你果然从一开始，就已经预料到人类要分裂，可就在这节骨眼儿上，你还要拉我入伙呢。唉……"

"你会站在哪一边？"

晓和猛然抬头，端木玲站在通道的另一头，静静地看着他。

以玲敏锐的观察力，只要看一眼两人僵持的状态，还有晓和紧锁的眉头，立即就明白了一切。

"玲，这不是我能选的，也不是别人能改变的。"

"接下来会去哪里？"

晓和看着她，从口袋里拿出一块淡紫色的立方，铭牌在走廊的照明灯下，闪着光亮。

"我去把希望变成现实，即便和大部分人的意见相左，也管不了那么多了。"

# 第56章 温暖

CHAPTER 56

林拂羽躺在床上，缓缓地睁开眼睛。

护士看她醒来，立即行动了起来。不过片刻，须发皆白的李叔快步赶进来，一脸惊喜地喊道："小姐！"

林拂羽已经坐起来，正在和护士交谈，看到他后微微点头。她的脸色仍然有些苍白，但精神已比昨晚好了很多。她问："李叔，后来那架直升机买下了没有？"

李叔白眉一扬，抱一抱拳，缓缓点头："嗯，已经成交了。不过这样一来，老身手上的余款也已告罄，剩下的燃油也不多了。小姐想去哪里？可是有什么计划？对了，今天早上，又有一件大事发生了。或许咱们人类还有救，小姐你也不必总想着兵行险招……"

不等他详细说明，拂羽拿起手机，浏览完铺天盖地的新闻还有邮件，知道了七八分。她抬头看着面前这位忠心耿耿的管家，苦笑着说："错了，情况其实变得更糟了。"

李叔沉吟了片刻，问："是吗？小姐可有什么高见？"

拂羽刚要开口，眼角见门外频繁闪过却不进门的人影，忽然大叫一声："晓和！"

门外的人影停住了，缓缓推开半掩的门进来。

"你醒了啊。医生说你只是脱水，输了液就好，还真没骗我。"朱晓和抓了抓头，看到林拂羽已经醒过来，脸上有一种若有若无的欣喜，但隐约又有一种难名的深意。

"这是走廊最里面一间，你别和我说是随机游走，逛到这里的。"拂羽看着他，半开玩笑地说。

晓和的笑容有些勉强："我确实是想过来探望一下。嗯，看你恢复得不错，那我就先走了，我还有点儿事要做……"

他语焉不详地说了两句，犹豫着就要离开。

"你想去做什么？打算怎么做？天峰让你参加他的任务了，还是你个人的决定？你要去奇海庄园？"

晓和定住了，一脸惊讶地回头。

"你是怎么看出来的？"

拂羽轻轻一笑："恶魔之眼的通告是早上八点多的事情，现在已经是中午，过去了三四个小时，还有十天外星人就要来了，寇厉明上校他们再慢也不至于还没开始行动。哪有让你在门外等我这个无关的人醒了再出发的道理？除非你私自制订了行动计划。"

她看着他："晓和，你要想清楚，这里是军队的地盘，别仗着有几个黑客朋友，就天天想着使些不光彩的小手段。被任何人抓住，都是可以当场击毙的。"

晓和咬着牙，把无线耳机取下来。

"这是我的私事，而且也很危险。"晓和犹豫着说道，"稍有不慎，后果就很严重……"

"你等一下。"拂羽干脆利落地拔下手上输液的针头。

"这……"李叔大惊，"小姐万万不可！我们得先问问医生和护士的意见！"

他这句话还没有说完，拂羽已经翻身下床，眨眼间穿戴完毕。

拂羽抓住晓和的肩膀，认真地看着他，表情似乎有些生气："我在海底失联的时候，碰巧通过专用线路联系上了周奇海，他告诉了我很多事。晓和，你要是选择独自一人走，这些情报我都不会共享给你。不管你的计划是干什么，知道得越多总是越好，不是吗？"

晓和吃惊地看着她："专用线路？难道褚随的这次大规模实验，周奇海也参与了？"

拂羽点头继续说："奇海何止是参与？原来褚随连接灵界立方，做大规模计算实验时遭到天眼攻击，都是他一手策划好的，为的是收集足够多的数据，找出立方和天眼之间的通信方案！在天眼的进攻之后，他派了一架直升机过来，把他的小弟救回了奇海庄园，顺带捎上了我。我看他刚被人从总裁的位置上排挤下来，正缺钱缺物资，就联系我的管家，把这架直升机买过来了。嗯，这是管家李叔，你们正好可以认识一下。"

晓和跟李叔握了握手，简短地寒暄了几句。

有钱人的思维方式就是不一样，不管什么霸道的手段在林拂羽这里出现，晓和都不奇怪，他已习惯。他旋即明白了，对拂羽说："你坐这架直升机从海底回来，我们也可以用它飞过去，奇海庄园离这里只有三百公里，一个多小时就到了。"

拂羽不好意思地笑，看她的表情，估计是她惹了祸。她说："只是有个小问题……之前回来的时候开错了方向，现在飞机几乎没有油了。"

"那我们去哪里弄来航空燃油？就算有燃油，我们也得不到其他的物资支持……"

李叔捋了捋胡子："老身设法探听过了，燃油确实还有，但对方需要一些物资作为交换。但老身手头的资金已经告罄，再向家里随意索要的话，夫人不一定会同意。小姐，您看怎么办？"

"没问题，我有办法。"拂羽看起来胸有成竹。她拉起晓和，两人出了门，坐上李叔开来的车。

车从研究所出来，卫兵一脸严肃，向晓和敬了一个礼："朱少尉，你好！"

晓和点了点头。简单地进行检查之后，卫兵示意可以通过。开出去半分钟后，晓和联系上了令臣。

"计划……取消。"

"好的，晓和哥。那你怎么去奇海庄园？"

"嗯，我们有办法。"

说完他就挂了电话，看着一旁的拂羽："你放心了吧，现在就算是想要私自动用直升机，我也没有机会了。"

"那就好。我不想让你断了自己的后路。"

晓和微微点头，他知道，要是不经允许就通过黑客手段开走一架直升机，回来只有依军法吃枪子儿的命。寇上校威胁他入伙的用意很清楚，军队对平民开枪是大罪，但要处分内部人员，则要方便许多。

"然后呢？我们没有燃油，怎么办？"他问拂羽，"你的计划是什么？"

拂羽没有回答。

车七拐八弯，驶进了隧道。

在隧道里，拂羽又拨通了另一个电话。

"喂，妈，是我。身体好些了吗？现在那些人还闹事吗？都到世界末日了，他们应该消停了吧？嗯，你说褚随的事情……我知道，妈的事业也要有人接班，我知道，但他现在人已经没了。很可惜，也就这两天的事……唉，在这乱世里，真的很多无常。"

拂羽说着这些话，语气里没有丝毫悲伤。

晓和看着车的前挡风玻璃，隧道一眼望不到头，灯光到处，远处的岩壁在滴水，李叔打开了雨刷。

"其实，我想和妈说一下……我早就已经有男朋友了。我知道，你的担心不无道理，世界上骗子是有很多，但我和他是很多年的同学了，我们感情一直很好，他对我也很好。之前没告诉你是因为很多事没定下来……其实，我们在考虑结婚的事情。虽然他的家庭条件没有那么好，但他是个很认真的男人，也就小我一岁，把自己的妹妹也照顾得很好，一定是个好老公……已经是世界末日了，不用想那么多。嗯……妈的心愿已了，现在我可以动用家里的黄金储备了吗？好的，我现在就要。李叔在我这里，只要开放权限给他就行。"

拂羽挂断了电话，她脸颊微红："好了，现在燃油的问题解决了。"

晓和一脸疑惑地看着她，仍然不能接受这个事实——自己莫名其妙就要结婚了，对方居然事先都不和自己打一声招呼。

"拂羽……你，你这是什么意思？"

"我有这个手机，我憋到最后还有一招。"拂羽拿住了手机，身体前倾，看着他，一字一句地说，"但晓和你没有。你这个傻瓜，根本就没有后盾，可你偏偏要走这条路。我实在弄不明白，你是真没有心眼儿，还是狂妄到觉得自己有上天庇佑？"

晓和平静地看着她。

"我不需要上天庇佑。但有些事，我不做就没有人会做；有些人，我不去救，就会被遗忘在茫茫人海里，再也无人提起。这不是困难与否，或是有没有能力的问题。要是我终于狠下心来不去救她，怎么对得起这十几年间的相互守护，还有我当初的……承诺？"

"你别忘了，我们之间，也是有承诺的。"拂羽定定地看着他。

电话铃响，晓和接了。

"罗教授？"他努力装作没事的样子。

"你们在哪里？我指你和林拂羽。"罗教授一句寒暄都没有，开门见山地问道，"现在是非常时期，没有命令或是正当理由，不得随意外出。你们作为高级参谋，可以选择不参加具体行动，但最好也不要干扰进行中的任务，不然我没有办法去和上面解释。"

晓和回答："我们在约会。奥德雷市长也说了，在这个末日来临的时刻，我们应当去陪伴最重要的人。"

似乎完全没有预料到这个回答，罗教授沉默了。

"好……为师……很欣慰。祝福你们。那不打扰了。"他苍老的声音传了出来，挂了电话。

晓和没有再回复罗教授的祝福，只是默默地放下手机，抬头看着林拂羽，这个几年来不经意间已是形影相随的人。

他的声音已经有些嘶哑："我只是想看你醒了就马上走的。你刚恢复，应该好好休息，可现在要连累你了。"

"啪"地一记耳光，晓和望着拂羽飞起的手掌，捂住半边脸。

一双纤细修长的手臂，揽过他的脖颈，他张开怀抱，抚过她的头发。

在这毫无希望和看不到尽头的黑暗中，在这个冰冷的隧道里，他忽然感受到久违的温暖。

# 第57章 不归

CHAPTER 57

"下一个。"

飞机旋翼发出嘈杂的声音,许飞坐在直升机的副驾驶位置上,听到孟天峰的指令,打了个哈欠,把视线从舷窗上挪开,又打开了一个视频。

视频中有个容貌被毁的人,正在唾沫横飞地说话。他的半边脸几乎被烧成焦炭,狰狞可怖。无法想象就在几天前,这个人还是个面貌俊朗的商人,正推销自家海底种出的粮食,还要雄心勃勃地推出计算业务。

但更可怕的,是从他嘴里说出来的话:

"周奇海是个疯子、偏执狂、杀人犯!他的渎神行为,杀死了深海避难所七成以上的居民,更让神震怒!可叹啊,可悲啊,他还不知悔改!为了他疯狂的计划,他要将所有的灵界人全部格式化,做成一台超级电脑,来对抗神的降临!这不仅是徒劳的,还会抹杀一亿两千万平民的灵魂和意识!大家警惕啊!灵界人警惕啊!不能让他破坏我们至高的神降临,不能让他的阴谋得逞!

"愿苍穹抚慰你的灵魂,愿黑夜安宁你的心!"

天峰问:"所以这个褚随,他加入了黑夜教派?"

"唉,他现在被烧成这个半死不活的样子,整个产业被毁,除了进灵界还有什么活路?奇海要把灵界全部格式化以对抗恶魔之眼,出于私仇公怨,他都会想尽办法,置奇海于死地。"许飞叹道,"可是难道不应该同仇敌忾,共同对付天上的那个东西吗?"

天峰坐在一旁,控制着操作杆说:"但周奇海的所作所为,就是正确的吗?"

许飞一时语塞。分明早晨还在怒斥风翠云的投降言论,放言要死战到底,可在推断出周奇海即将施行的计划之后,许飞的内心就开始翻江倒海,他也举棋不定了。

地球人面临的道德困境,是银河联盟布置的最为可怕的陷阱!

在外星人的宣言发布之后的短短几小时内,整个人类已经分裂成了无数对立的派别,是战还是和?是死拼到底,还是同意协议?舆论非常混乱。从研究所到地表的路上,已经出现了各种游行的人群。"银河联盟万岁!""虚拟宇宙是我们的未来!""迎接黑夜之神的降临!""人类的生存万岁!""守护一亿灵界人!""给地球文明以高尚和体面!"各种标语随处可见。

有些人在大街上又唱又跳,念念有词。有些人在为加入这个联盟,到处拉人签字请愿。更有人高呼人类血债累累，早已不配成为地球的主宰，而天上的高等文明，才是不远万里解脱众生的王者之师！

网上的各种投票已经在进行中，不仅灵界中人跃跃欲试，许多饱受生计折磨，不堪地底糟糕生活质量的普通人也支持加入"虚拟世界联盟"——一个他们只不过是从某个可疑音频中听到的，虚无缥缈且命运未知的组织。

"我都数不清到底有多少种言论了，真是让人头大，"许飞双眼茫然，"你说，咱们犯得着看那么多视频吗？是不是只要两眼一闭，听上头的命令就可以了？"

"决策确实不是我们做出的。但抓紧时间，多知道一点儿不是坏事。"天峰回答。

许飞听得出，孟天峰话里有话，他心里想的究竟是什么呢？

正在这时，一个远程视频电话打了进来。

"教授，你的意思是，晓和他们两个在约会？"

屏幕里罗教授的影像有些模糊，但看得出欣慰的神色："是啊，他们两个也该好好地休息一下了。"

"怪不得晓和早上拒绝了我的邀请，"天峰恍然大悟，"林师妹被困海底劫后余生，经历了这些大起大落，说不定突然就想通了。她可是拒绝了二十多个有钱有势的相亲对象，号称要一辈子献身学术的。"

"是啊，"罗教授说，"随他们去吧。天峰，你的年纪也不小了。"

天峰苦笑了一下："确实，干现在手上的这些活儿，我真是不合适，闹心。还是看论文吧。升职快又有什么用，现在都是世界末日了。"

对于朱晓和这样的托辞，许飞心里有些许怀疑，他回忆起早晨朱晓和接完电话后严肃到可怕的样子。

"他们真的在约会，还是在忙别的什么？"他不禁捂着头问道，"朱师兄可是和灵界有密切联系的，他会不会突然就翻脸不认人啊？唉，我……我都不知道现在该相信谁才好。"

"晓和腿上有伤，行动不便，干什么都有掣肘，这你也知道。"天峰回答，"不管他和我们观点如何不同，或站在哪一边，都不用太担心。"

"嗯。"许飞松了口气。打心眼儿里，他也不愿意看到自己昔日的师兄师姐变成对手。

不齐心协力对抗外敌，却总是玩人和人之间算计的把戏，这是许飞最讨厌的事情。他按住太阳穴，闭眼休息了一阵，随后继续阅读刚刚收到的新闻材料。

"对了，这里还有灵界科技的公告。自从恶魔之眼的公告发布之后，他们已经接到了大量愤怒的地底人要求调查灵界立方来源的请求，很多人无法接受整个灵界是建立在外星人恩赐之上的事实，骂灵界科技利欲熏心，隐瞒关键信息，以欺骗为手段让大家加入灵界，是整个地球的'球奸'，人类的叛徒。灵界科技的高层现在正忙得'焦头烂额。看他们的公告词，真是耐人寻味啊——虽然不像黑夜教派那些人那样露骨，不过竟然称呼恶魔之眼为'地外高等文明'，这风向真是要变了。"

孟天峰操作着直升机，回复道："嗯，他们没什么选择。灵界科技这个公司从成立之时起，就注定只是恶魔之眼的走狗，现在立方的事情暴露，他们也就只能一条道走到黑。"

许飞靠在座位上，看着头顶上的旋翼，说"但是，孟师兄，我总觉得有点儿奇怪。"

"嗯，你说。"天峰回答，"就你鬼点子最多。"

许飞双手枕着头，细细想了想："恶魔之眼的这个计划确实是完美的，但我总觉得有瑕疵。"

"具体是什么？"

许飞道："我觉得，'它'根本没必要站到前台来亲自吆喝。作为一个高等文明，'它'应该对各方势力的基本盘了如指掌。灵界科技出于自身利益的考虑，一定会站在'它'这一边，帮'它'料理完所有的杂事。'它'自己站出来公开事实，反而把灵界科技架到火上烤了。这样的话，白手套就没了，这不是明智的选择。"

孟天峰摇摇头："它根本不在乎，也不需要灵界科技这副白手套。而且，现在全世界都知道立方源自外星，灵界科技哪敢拉起反抗的旗帜？只有拼命讨好的份儿。哪天要是恶魔之眼突然从太阳系撤退得无影无踪，我就不信全体地球人不把这帮走狗生吞活剥，撕成碎片——不过，这不是你想说的重点。嗯，你可以继续。"

许飞点点头："也是。但重要的是，'不在乎'并不意味着'需要这么做'。虽然公告这一招本身堪称教科书级别的战术操作，但在战略上说，终究是落了下乘。就算'它'迟早要公布银河联盟的存在，憋个五年十年再出来说的话，人类只会更没有反抗之力，接受邀请时只会更快。而且，'它'也不用大张旗鼓地派出两百架飞行器进犯地球，这有违它们节俭的初衷啊。只要派出一两架就够了，一架天眼我们都无力对付，根本轮不到两百架更大更威猛的飞行器出场。"

驾驶舱前方是一望无垠的冰原，恶魔之眼在空中高悬，替代了原本太阳的位置，在这个下午时分，洒下黯淡的血色。

许飞看着这幅景象，继续说道：

"所以，我想来想去，'它'现在需要使出这一招来煽动和分化地球上的人类。唯一的可能是在它的演算里面，存在某种对它极端不利的可能性。它要立即从根子上消灭这种可能性，以绝后患。制造混乱可以让这种可能性发生的概率更小。"

孟天峰沉吟着："那你觉得谁会是这个可能性的源头？周奇海和他的奇海庄园？"

许飞一笑："不然我们来这里保护他干什么？灵界科技官方已经认定周奇海为反人类分子了，要求人人得而诛之。灵界的总控系统居然在奇海庄园里有个备份，而这件事情，他们刚刚才通过倒戈的庄园内部人员了解到……唉，灵界科技里的真是一帮蠢货。"

透过窄小驾驶舱前的防弹玻璃窗，可以看到，在视野的极远处，出现了一些不一样的东西。目力的极限所在，已经能看到人类居住地的痕迹了。

那是奇海庄园。

许飞突然意识到，周奇海花那么多钱把整个避难所买下来，并且动用大量人力整修，弄了一个巨大的庄园，并不是单纯为了炫富，而是为了他一直以来的宏伟计划。对于那些从创业之初就跟随他的弟兄，他心里比谁都清楚。这些水货们有几斤几两，靠得住靠不住，都在他的掌握之中。

而且，根据早晨饭桌上端木玲的情报，周奇海一个月前就做过灵界调研，相信他看到调研结果之后，就已经下定了决心。

在开始本次任务之时，许飞就推测出了周奇海的必然选择，还有这个堪称人类历史上最为可怕的决定。他有些庆幸，这个决定不是自己做的，他甚至可以站在道德的制高点上，放心大胆地大骂周奇海心狠手辣，毫无人性。

就在此时，作战系统响起警报。

两人一下子紧张起来，赶紧看雷达屏幕。不，已经不用看雷达屏幕了。抬眼望去，已经可以看到坦克和装甲车的影子。几秒钟后，它们越来越清晰，许飞惊恐地发现，这支武装队伍一直绵延到地平线，一眼看不到头。

粗粗一数，这个只有几平方千米的地方涌来了至少一百辆坦克！

"怎么会有这么多？"许飞惊呼道。

明智投降以保留人类的火种，无谓抵抗会换来灭种的惨祸！——先是一个宣布倒戈的将军在网上公开号召，随后应者云集，围攻奇海庄园，保卫一亿灵界人，"给文明以高尚和体面"的军事行动即将开始。地面虽然严寒，但零下 50℃也还在很多武器允许的作战气象条件之内。

"刚才寇上校说了，附近的一所军事基地已经全员倒戈，"天峰放下耳机，语气阴沉地解释道，"这足足有一个坦克团。"

"那我们的增援呢？"许飞急问。

天峰深吸了一口气："弗雷中校全队哗变，已被当场镇压，他的十架直升机增援不会来了。赵中校称自己物资匮乏，手下多名人员已经告假回家，无法按时满编制到达战场。"

许飞几乎要跳起来："所以，只有我们……这一队了。"

天峰沉重地点点头。

这……这难道是人心所向？难道……我们才是少数派，我们才是那些妄想以一己之力挡住历史洪流的自大螳螂？

许飞脑海里浮现出那些面对现代枪炮，为了守卫自己的信念而进行最后冲锋的勇士。他们的虔诚、他们的雄壮吼叫、他们的绝望悲鸣都被埋进历史的故纸堆里积满尘埃，而下一代人，伸出双手去拥抱新的"三观"，将父辈们视为珍宝的信念，划归为历史书上抽象的句点。

当我们回忆起他们时，是崇敬，是轻蔑，是不以为然，还是唱起悲怆的挽歌呢？

通信屏幕再次亮起来，是周奇海。

两人看到一个宽敞的房间，奇海坐在正中间，发白的脸上挂着重重的黑眼圈，眸子里没有什么神采，嗓音嘶哑，神情萎靡。

天知道他是否已经几天没有睡觉了，而他脸上却有着一抹极为亢奋的笑容："你们来了？感谢孟师兄，孟少校！真是及时雨啊。我这里进展十分顺利！你们能帮我拖两小时的话就太好了！"

天峰的脸色严肃至极，似乎他从未认识过这个周师弟："我们只是服从命令。这是奥德雷市长的决定，他是准将。而我们的任务，就是不折不扣地执行这个决定。我们来支援你，并不代表我个人同意你这种要将全体灵界人全都格式化的疯狂做法。"

许飞坐在一旁听着，心中一惊，市长这个看起来面目慈祥的老者，真要动起手来却是这样的狠辣无情。他仍然记得刚才开会时的情形。"不要人云亦云，要做对的事情！战斗到最后一刻，绝不能投降！"寇上校唾沫横飞地说道。他这样一个以恐怖的逼迫感让下级无条件服从命令的人，竟然开始讲起理来了，这很少见。或许因为他自己对这样的命令也心虚，心底的某一处，竟也有所保留？

看着熟识的老朋友，周奇海收起笑容，沉默半晌，轻叹后缓缓地说："师兄，这是情非得已。师弟我手上已沾满鲜血，不能回头了。等我大事了了，甘愿接受审判，认罪伏法。唉，等到人类有一天冲出太阳系，你们会记得我。"

天峰轻蔑地一笑："哪怕这是以亲手杀死一亿多灵界人为代价？一将功成万骨枯，周奇海，你是否也正在期待着这肮脏的一刻？"

面对质问，周奇海深沉地看着孟天峰，脸上无喜无悲，无怨无悔，仿佛在这一刻，他身上所有属于人的情感全被抽离了，只剩下绝对的理性在支配：

"说老实话，人类给予的荣耀或是判定的罪名，我都不在乎。在星海之中，自会诞生新的道德，新的法律，新的'三观'，新的人性。而所有的过往，皆不过是故纸堆里的历史，给大家当茶余饭后的谈资罢了！"

他的脸因为激动，涌上了些血色。

"天峰，你还是好好地当个普通人，不要在这里指挥一个中队执行军事任务！唉，当年你为我在罗大仙面前求情，我欠着你的人情，本不该说这些伤人的话，但你偶尔冒出来的同情心，总有一天会把你害惨！这是我作为一个老朋友对你的忠告。

"成大事者，怎可拘于小仁小义？让未来的人类获得充分的自由，而不是成为其他文明的附庸，这是我周奇海的使命，这才是最大的仁慈！"

孟天峰看着屏幕沉默不语，他按住额头，很是疲惫，然后伸出另一只手来挂了电话。

"奇海这个王八蛋还有理了。唉，要是老金还在这里就好了，他是老手……"他喃喃地说，"大小杂事都由我来决断，真受不了。"

许飞看着这一切，没有说话。

几千米外，一眼望不到头的坦克和装甲车群涌了过来。

十五架直升机在低空盘旋，它们满载着弹药。外星人还在路上，而人类之间却要先因为理念不同而自相残杀！这些弹药，本该是倾泻到来自太阳系外入侵者的头上的！

在直升机的视野之下，打头阵的几辆坦克吐出刺眼的火舌，开始炮轰奇海庄园裸露在地表的大门。

"孟少校！"

"少校！再不行动我们的燃油就不够了！"

"已经有对空导弹锁定我们了！老子有血性，愿意拼到死，但绝不想白白送死！"

"孟天峰，你这混蛋延误战机，回头军事法庭上见！"

通话器里传来焦急的询问、质问乃至辱骂。孟天峰盯住屏幕，双手几乎要握出血来，他一咬牙，喊："开火！"

命令以光速传达到所有还在空中待命的直升机。几秒后，此起彼伏的尖啸响彻天空，对地制导导弹呼啸而下，扑向在冰冻地面上缓缓前进的坦克群。大地响起低沉的轰鸣，烟尘滚滚，天峰等人还没有看清地面的战果，十几枚对空导弹刺破烟雾，拖着尾巴向着直升机群冲来！

一声刺破耳膜的巨响之后，一架直升机被导弹击中。驾驶舱里吐出巨大的火舌，两个士兵惨叫着浑身是火地跳了下去，直升机也翻滚着落向地面。

天峰脸色发白，但语气仍然沉稳："第二轮进攻准备！目的是阻断坦克群对奇海庄园的进攻！"

"明白！"

浓烟散去，有几辆坦克已经被导弹击中，瘫痪在原地，成了后续部队前进的障碍。天峰指挥着直升机编队，在地形最窄的地方集中下手，制造一堵由废铁组成的屏障，以阻挡源源不断赶来的钢铁洪流，堵死坦克进入庄园的路径，以便给周奇海留足时间。

己方只有十多架直升机，在对方对空火力的压制下，全歼对方是绝无可能了。

然而就算只有这些战力，直升机灵活机动，又挂载了正确的武器，还是占了不少优势。

就在全队击毁过于突前的第二十辆坦克之后，许飞愕然发现前方竟然有一辆敞篷货车缓缓开来。

货车的车厢里站满了身穿厚衣物却仍然瑟瑟发抖的人们，他们头上顶着一块巨大的宣传牌，上面写着：

"救救我们灵界的孩子们！"

许飞看得目瞪口呆，现在是下午时分，就算有漏过恶魔之眼的太阳光，再加上这冰原上各种发动机排出的废热，室外仍然只有零下四五十摄氏度，他们竟然不穿防寒服裸露在外？

更让人毛骨悚然的是，他感觉到直升机在向对方的阵营飘去，高度也在持续下降！

"少校！你？"许飞侧过头，看见孟天峰握着操纵杆，面色通红，表情扭曲，全然不像是失控的样子。他顿时明白了原委，惊得汗毛直竖："不不，天峰，孟师兄！你干什么？我们在执行任务！我们在执行任务！"

孟天峰浑然不觉。尘土和冰粒飞扬，直升机降落在地面上，旋翼停下了。许飞看到附近几辆坦克的炮口已经对准了他们。他们现在不在天上，成了待宰的羔羊。

然而坦克并未开火。相反，火力渐渐停了下来。所有人都发觉战场上的异常。刚才震耳欲聋的爆炸声和尖啸声散去了，只余下发动机低沉的轰鸣。天地间出奇的平静。

"许飞，你待在里面，不要出来。责任我负！"孟天峰说。

"孟师兄，你出去干什么？"

"或许我们可以和解，不用流血。"

"师兄……你太天真了！"

孟天峰没有理会身后师弟几乎声嘶力竭的劝告，径直打开直升机舱门，右脚先落地，一步步走向那一辆载满人的货车。舱门在身后自动关上，他的防寒靴在冰原上踩下一溜儿白色足印。

货车上的人们，也在远远地看着他。

许飞双手在发抖。他看着这个人，孟天峰。

他没有改天换地的雄心壮志，也从未想过对抗恶魔之眼这个高等文明。他只是一个普通的研究员，尽自己的力量，做一些简单实用的创新去改善地下城的点滴民生，收获市长和市民的由衷感谢。他曾为风希云的逝去而感怀落泪，曾为周奇海在罗教授面前求情，曾为不得已赶走林拂羽而暗中自责，也曾为朱晓和可能面临的艰难决断而好心提醒，甚至对朱晓和仍然怀有信任。

而现在……

远远地，孟天峰在两百多米外，货车的车尾处站定。他摘下头盔，呼出的气在空中瞬间散成灰，望着那一张张裹在大衣里仍被冻得通红，几乎绝望崩溃的脸。

他们的泪水，早已结成冰霜。

孟天峰伸出手，感叹道："我们……都是普通人啊。"

随后，一道灼热的光柱从天而降，接着是震耳欲聋的巨大响声，冲击波刹那而至，夹杂着沙石，凶狠地击打在舷窗上，整架直升机都向后移动了好几十米。许飞被震得头晕目眩，视野里一片灰白，脑子里只有两个字——

天眼？！

等到一切尘埃落定，许飞立即打开雨刷清理舷窗上的杂物，看见两百多米外站满整个货车车厢的人已经消失，也没有了孟天峰的身影。取而代之的，是一个深不见底，仍然冒着浓烟与火焰的大坑。

他浑身颤抖了起来，泪水不受控制地从脸上滑落，使尽力气大吼：

"孟师兄！"

# 第58章 撤退

◆ ··········· ◆

CHAPTER 58

没有回答。

不会再有回答了。

战场上一片寂静。静得让人感到害怕。直升机在空中盘旋,坦克群停在原地不知所措,像是一块块石制的雕塑。

又一道耀眼得无法直视的光柱从天而降,精确地落在直径三十多米的大坑里,爆发出沉闷的巨响,泥浆从坑口喷薄而出,升上十米高空,仿佛平地里突然冒出一个活火山口。随后,扑面的热浪袭来,许飞在机舱内都能感觉到汗在头盔内渐渐蒸出。

温度本来已突破了冰点,到了零下50℃,现在却突然向上蹿到了零上5℃。

许飞很清楚发生了什么,他知道自己要干什么。他明白,师兄的遗体是不可能找回了。可是他还如同石化了一般坐在那里,浑身发抖地看着眼前发生的一切。

通信频道内一片混乱。

"报告,十三号机尾翼损毁,机上人员无应答!"

"报告,五号机敌我识别系统发生故障!无法再对敌人进行攻击!"

"四号机被发现提前降落,机上人员已失踪!是否需要进行搜寻?"

"一号机请指示,一号机请指示!"

许飞的大脑一片空白,握住通信器,呼吸粗重。

"我……我是许飞中尉,孟少校已殉职,任务已失败,全员返航,全员立即返航!"

随后,许飞如同突然醒过来一样,连滚带爬地挪到主驾驶座,手忙脚乱地启动了直升机。旋翼缓缓转起来,在第三道激光射入洞口之前的几秒离地起飞,被猛烈袭来的冲击波带得差点儿坠落。

在他不顾一切地慌乱操纵之后,直升机终于飞上百米高空。身后的直升机编队也跟随而来。

他大口喘气,捂住心脏狂跳的胸口,惊魂稍定后,隔着防弹玻璃,远远地看着这个烟尘滚滚涌出的洞口,丝毫不敢靠近。洞口边缘的地面已有发红的迹象。三道激光脉冲打下来,他已看不见洞有多深,保守估计至少有三四十米。要是对方照这个攻击强度一直打下去,周奇海的地下庄园肯定不保了。

地面上的那些坦克仿佛突然之间醒悟了一般,置那些被打伤打残的队友于不顾,都拼命倒车,向着四方如潮水般散去。在天眼压倒性的战力面前,他们再也无心进攻奇海庄园。

没有必要了，对于人类这些像小孩玩具一样的所谓盟军，"它"毫无兴趣，自会收拾一切的。

如同两群正在争夺食物的蚂蚁，被一盆开水消灭得干干净净。

许飞开启了自动导航，随后瘫软在驾驶位上，茫然地看着和来时同样的冰原，随后是深谷。

死一般的寂静。

远处千峰矗立，眼前深谷万丈，死去的树横七竖八地躺倒在谷坡上，被覆上厚厚的积雪，呈现一层死白。被恶魔之眼遮蔽的暗红太阳渐渐西斜，妖异的暗红蠕动着，渐渐被从谷底漫上来的、深不见底的黑色所侵蚀。

这是天地的颜色，这是自然的交锋。我们不过是天地间微不足道的点缀，朝生暮死的蜉蝣。

有时许飞会有错觉，觉得自己一刹那间穿越到了火星，只有那些死去的植被在时时提醒他，这里曾经生机勃勃，郁郁葱葱。

对于是战还是和，许飞在今天早晨还是个激进而天真的孩子——逞一时口舌之快，发挥自己键盘侠的特长，总想要把别人驳倒，甚至嘲笑一个曾经拼尽全力，向难题挑战，只是在最后因为现实而不得不低头的博士。

回去的时候，他却有如中年人一般，对一切都有了全新的认知。

面对这样毁天灭地的力量，面对无望的局面，如同那些志得意满却猝然遇挫的少年一样，他再也提不起一丝一毫的勇气，只是蜷缩在一角，连思考都不敢了。

通信器响了，是周奇海的声音。这一回，竟然没有视频画面。

他的声音非常疲惫。

"第一阶段刚刚完成，妈的，天眼怎么就要打进来了！"他说，"想不到啊想不到，假的中微子通信只能瞒过它两三个小时。我这里看不到地面的情况，你们怎么样了？那帮捣乱的混账家伙有没有被揍得停手？武装直升机是坦克的克星，你们一对十没问题吧？"

许飞没有回答。

"喂，天峰，你在吗？"奇海还在自顾自地说话，"刚才我有点儿太冲动了。事情实在太多，我都几天没睡了，难免焦躁……不好意思啊，都是老朋友了，说话直了点儿，别往心里去。我这人脾气坏，要不是天峰你待人特别好，我也不会有你这个朋友……"

"喂，天峰，天峰？"

视频画面突然被打开，奇海那张惨白的脸露了出来："怎么回事？怎么……只有许飞你一个？天峰他人呢？他人呢？！"

"我们已经返航，进攻庄园的坦克群也已经撤退。天眼的第一发激光击中了平民车队，当时天峰正在那里和他们……交涉……"许飞尽量让语气显得平静，然而一双通红的眼睛早已背叛了他，"孟少校……已经殉职。"

"不可能！"奇海一拳头砸向桌子，发出"砰"的一声响。他睁圆眼睛，里面布满血丝，一句怒吼后声音就低了下去："不可能……"

周奇海痛苦地捂住头，久久没有说话。

"周师兄……你，要不要也撤退？"许飞控制着直升机在空中盘旋，等了三分钟，终于忍不住开口询问，"虽然坦克群已经撤退，但看起来天眼的攻势非常猛烈，恐怕地底庄园撑不了多久……"

奇海的脸有些变形，占据了整个屏幕，他斩钉截铁地说："不！建造庄园的时候我们已经放置了非常多的耐热层，就算对方保持现在的攻击频率，我估计至少还可以再支撑十多个小时。"

他说完，又停了停，突然露出凄然的笑容："若是不成功，我也没打算……活着离开。"

"周师兄……如果是这样，人类真的没有希望了吗？"

"不到最后一刻，都不要放弃啊。只要心里有光，不屈的火焰，不会熄灭。"

"嗯。"

许飞默默地关掉视频通话，再一次打开自动导航，向着已是全黑的远方基地开拔而去。

此时的天幕上，已有点点星光。

他默默抹去脸颊上的泪水。再为最后的武士缅怀并无意义，再去争辩谁错谁对，也无意义。每个人不过是历史长河中的一叶小舟，是倾覆，是触礁，是中途搁浅，还是安然抵达，全凭命运的眷顾，全凭侥幸。

许飞明白了，他没有权利去指责或嘲笑别人的选择。他能厚颜无耻地活到现在，肆无忌惮地戳翠云的痛处，不过只是因为命运的利剑凑巧与自己擦颈而过，自己侥幸躲过罢了。

这一瞬间，他终于明白了"历史"这两个字的含义。

许飞拿出手机，犹豫了几秒，给风翠云发了一句"对不起"。很快手机响了，他收到了回信：

"对不起。"

许飞小小地吃了一惊，放下手机，若有所思地望向舷窗外，一动不动，好像一尊雕像。直到他身后那遥远的天边，在黑沉沉的背景衬托下，有两道耀眼的光束同时落下。

# 第59章 行动

CHAPTER 59

一小时前，在庄园的另一头。

直升机刚刚停稳，晓和伸了个懒腰，双脚落地，接着利索地脱下防寒服。

目力所及乃是一条长长的圆形甬道，大约有两人高。阵阵隐约的爆炸声从头顶上传来，还有些微的震动。

拂羽在一旁，看着手机。

"现在连战争都上了直播……"她收起手机，轻声叹道，"真是的，没有什么东西是不可以被娱乐的啊。"

"就算是外星人入侵，只要没有亲眼所见或者影响到自己，那就是别人家的事了。吃瓜群众永远不嫌事大。"晓和回答，"网上的舆论如何？大部分人还是奉外星高等文明为前来解救人类的王师？"

"唉，我也不想评价。只是奇海要将灵界一亿多人都格式化这件事，确实已经触碰了道德底线，让人无法不感到厌恶。相比之下，邀请全体人类'加入银河联盟'，听起来更加柔和一点儿，也似乎更阳光、更有希望。要是让一个什么都不懂的外行人来选，哪个选择更好，不言而喻。"

"即便从长远来看，那其实是一条死路……"晓和叹了口气。

"普通人哪里分得清这两者之间的区别？"拂羽叹气。

"其实就算是我们，也分不清楚。一旦将命运交付给别人，余下的就只有祈祷。相比之下，将命运掌握在自己手中，还是更好一点儿。"晓和说道。

"寇上校说你是一匹独狼，实在是没错。"拂羽回道。

"现在不是了。"

拂羽脸一红。

"话说晓和你也真是啊，留我一个刚从病床上醒来的人操纵直升机，自己还能在机舱里睡着，你就不怕我开着开着也睡着，咱俩一起从天上掉下来？上次回来分明是半小时的路程，我这个路痴却把整箱油都用完了……"

听着拂羽的嗔怪，晓和却是一本正经地看着她："这么多年，我很少收到拥抱……但每次都能让我沉醉好久。"

林拂羽微微一笑，向前一踏，地面不平，她一脚踩空就要跌倒，晓和向前半步扶住她的肩膀，拉起手来。两人不说话了，并肩走着，从甬道处一点点往下，越走越深。

手机已经失去了信号。

现在除非他们主动联系外界，不然谁也找不到他们了，"约会"两个字，变得名副其实。

有时候，晓和会想，或许可以卸下一切的使命和责任，在这个无人的地下城里，在因为地暖而催生的杂草丛中，在胡乱铺就的石板路上，与身边的这个人，听着两人脚步的回响声，一直相伴着走下去，直到天荒地老、世界毁灭的那一天。就像那天晚上，两个人并肩横穿地下城，从富人区一直走到穷人区那样。

可是，他还有责任，不能放下啊。

约莫十五分钟后，两人走到了一处空旷的广场，很多条路从这里辐射出去。晓和拿起通话器："奇海，我们到了。我想借你一架超声速私人飞机，对，就是上次风翠云坐过的那个型号。嗯，我们要去1529号避难所，就是天眼最早袭击的那个地方。嗯，对，我们……想到了另一种可能，所以要去尝试一下。"

通话器里传来奇海的声音，回答非常迅速，对晓和的请求毫不吃惊："好，走左边第三条路到尽头。有个驾驶员在那里等着。"

"非常感谢。请问，地上的情况怎么样了？"晓和关心地问。

"孟天峰的部队已经过来增援，正在和那群捣乱的家伙交战。我这里已经搞定了立方的带宽熔断机制，马上可以进行下一步实验了。你们别担心，你周师兄可是最靠谱的，好好享受二人世界吧，哈哈。"

听着奇海貌似爽朗的笑，晓和"嗯"了一声，挂了电话，随后微不可察地叹了口气。

就算是奇海十恶不赦，他也明白这个人此时此刻肩上承担的压力有多大。

AK那天晚上说了，恶魔之眼为了阻止立方之间的高带宽交流，设置了双重保险。第一道保险是立方通过中微子通信，向天眼单方面汇报自身状态，出问题的立方会由天眼发射激光立即毁灭；第二道保险是立方自身也有带宽熔断机制，如果传输带宽过大，它会自行毁掉。

不过第二道保险并不牢固，看起来像是临时打上去的补丁。顾令臣在打给他的电话里说，本想亲自动手，结果发现萧旭一早就有破解方案，只是并没有存放在他托玲送出来的立方里，所以AK在那天没有查阅到。后来发现，这份报告是绝密的，似乎直接提交给了周奇海，完全没有走灵界科技的内部通信系统。

据顾令臣吐槽，那个内部通信系统简直漏洞百出，不经允许窃取内部消息简直易如反掌。

晓和意识到，或许奇海早就知道，内部有些人并不靠谱。他联想到今天早晨，玲在看到雪花屏幕后下意识地颤抖和害怕，突然明白了不少——看来这些家伙，或许比玲那天晚上描述的情况走得更远啊。

周奇海殚精竭虑想要为地球人类谋一条出路，也同样会有人费尽心机地想要保住自己的地位，即便那意味着出卖人类。

另外，第一道保险似乎无法可破，通信子系统的设计和立方本身的设计融为一体，要破解它，就要真正读懂立方内部的运行机制，但这个机制极其复杂，要做到这一点，没有远超人类现有水准的超级计算机，是不可能做到的。

所以这就成了一个死结：为了破解第一道保险，就需要超级计算机，但为了构建超级计算机，就得要让立方互联，这样才可以破解第一道保险。

可以想象，在外星人的科技发展史上，在外部计算资源的帮助下，通过协同设计可以解决问题，但对科技大幅落后的地球人类来说，这就是一个全然无解的谜题。

两人依着奇海的指示，走到了三架超声速飞机面前。晓和摩挲着它的表面，还有它前部突出的尖针，感受到一种温热。他意识到，这架飞机刚刚执行完上一个任务回来。驾驶员戴上了头盔，指示两人上了舷梯，进机舱坐下，系好安全带。

驾驶员走过来，伸出手，向两人打了招呼："两位好，俺叫秦万。"

他伸出满是老茧和伤疤的手，和晓和握了握。晓和注意到，他长着一张中年人的脸，却是满头白发，右手只有四个手指。

晓和看着他的模样，想起以前到处打零工的生活，升起一种久违的熟悉感觉："辛苦了！您刚执行完上一个任务回来？"

秦万点头："去了一次南半球，放了点儿货。"

然后他回到驾驶座，引擎启动起来，飞机调整好了姿态，随后前方的笔直通道打开，飞机开足马力加速，以令人目眩神迷的高速，从一个位于垂直崖壁上的巨大洞口处飞速冲出，翱翔天际。

窗外的景色，豁然开朗。在昏暗笼罩大地的红光之下，能依稀看到远处早已冰冻的大洋，闪烁着诡异暗红如火山熔岩般的冰面，还有大洋尽头的地平线。

拂羽刚才开直升机精神高度集中，现在有些累了，正半躺着休息。

晓和看着机舱外面的风景欣赏了两分钟，又打量着可载五六人的狭长客舱，回身坐下："可是我总觉得，就算第二道保险已经解开，人类又能利用到什么程度？第一道保险还在，立方一定会向天眼发出中微子通信预警，我们无法阻止。这样的话，如果天眼袭来，我们根本支撑不了多久……"

说到这里，他不禁看着外面，远远地，两支部队还在交战，天眼并未袭来。

晓和解开安全带站起来，在客舱里逛了一圈。他看到客舱尾部摆放着各式杂物，还有一个小型的厨房。所有物品都有些破烂陈旧，而且制式规格都不相同，明显是从各地搜罗收集而成，而非开动大工业机器的批量制成品。

　　晓和蹲下仔细看着，每一件东西都贴着标签，标明用处。他找到一桶饮料，拿了个有缺口的杯子，倒了一杯，回身递给拂羽。

　　拂羽伸手接过，仰头喝了几口，冰凉的液体入喉，让她重振了精神，说道："不，还没有那么悲观。我们虽然无法破解第一道保险让立方闭嘴，却可以反其道而行之，用大量假信号淹没它。"

　　她把杯子放下，继续说道："周奇海做了一个欺骗装置。他借褚随之手布置的深海实验，就是为了能让立方传送给天眼信号的持续时间拖长一点儿，这样他可以读取充足的样本用以仿造欺骗信号，让天眼不知道真正的立方集群在哪里，从而分散它的攻击范围。他要能制造出一千个藏在地底的假信号，天眼就得花几千小时，也就是一两个月去逐一破坏，这还是在它能量充足的乐观估计之下。"

　　晓和回道："所以这就是为什么外星舰队已在路上的原因。这就是'它'为什么如此急着要跳出来分化人类的目的……但在这争取得来的宝贵时间里，奇海想要干什么？我很好奇，被困深海这段时间里，你都和他聊了些什么。"

　　拂羽说道："他说了很多东西，简直是全倒出来了。这个把什么事都闷在肚子里专搞秘密策划的人，也有神经几乎要崩断的一天。"

　　晓和苦笑了一下："这样的压力，谁也承受不了。"

　　拂羽点点头："嗯，大量立方单纯互联，就算带宽再大，相互传输的都是毫无意义的噪声，虽说通过这种左右互搏的方案，总有一天会涌现出新的智能。可没人相信，这种目的并不明确的实验，能在很短的时间内产生出什么有用的玩意儿。当然，更可怕的是，产生出来的东西，未必会认同人类的理念。它要是和恶魔之眼有着相似的观念，对人类毫无共情和认同，并不站在我们这边……那人类，便万劫不复。"

　　然后，她话锋一转："但是，如果有一个人类意识参与指导的话，情况可能会截然不同。"

　　在发动机的低沉响声中，晓和聚精会神地听着。

# 第 60 章 火传

CHAPTER 60

"两位，请不要解开安全带乱走。"秦万的声音打断了两人的讨论，"飞机马上进入超声速。"

"哦，不好意思！"晓和抱歉，"我这位女伴……有些口渴。我们马上就位。"

一分钟后，发动机发出巨大轰鸣，晓和感觉被死死压在座椅上不能动弹。随后飞机周围突然升起一大片浓雾，接着机头从浓雾中穿出，巨大的冲击波扑向业已结冰的海面，竟让它龟裂了少许。

繁星耀眼，他从未想过，在地底生活半年之后，他还能看到这样的景象。

"刚才……那是突破了声障？"拂羽好奇地问。

秦万竖起了大拇指，半是回答，半是细碎地自言自语："正是，两位见多识广。要不是地表都没人住了，这么低空就进入超声速可是严令禁止的。俺之前在地表开长途车讨生活，最烦头顶上的超低空飞机，这帮有钱的混账东西，就不能不在人头上过吗？那声音简直要了老命。唉，想不到，俺现在居然也成了这种人。"

"那没办法。飞得太高，就要被天眼打下来。"

"后来周老板收了俺。到这里的第一天晚上，俺睡上暖暖的床铺，不用裹着厚毯，可以趴开着睡，也不会被冻醒，那真他娘的爽快！就凭这个，俺啥工钱都不要了，周老板说东，俺绝不往西！"

晓和听着，不由得有些肃然起敬。

既已打开了话匣子，秦万又问："两位都是高级人才啊。咱们什么时候能让阳光回来？什么时候能把头上的这玩意儿赶走？"

两人相互看着，都没有回答。

"我们不会投降，会一直坚持下去。"拂羽看着他，一字一句地回答道，"以星空之名。"

秦万哈哈大笑，回头看着这个看起来自信心十足的小姑娘，眼睛亮了一下。

"女娃，俺好像在电视上见过你，你是那个叫林什么羽的吗？"

"嗯，我叫林拂羽。"

秦万拍着手，竖起大拇指："厉害厉害！今天竟然能见到真人！像你这样的，不多了。好多人都知道你啊。"

"要是咱们真的成功了，到那时候，俺在自家的宅基地上，再建一栋楼，建完了请两位过来畅快喝酒！哈哈，两位有事先聊，俺就乖乖闭嘴，不打扰啦！"

拂羽微微一笑开口答应，随后又将刚才的话题继续了下去。

"刚才我们说到，在多立方的高带宽互联之中，还需要加入人类意识。"晓和回忆道。

拂羽"嗯"了一声："这个人类意识，必须能忍受空无一人的绝对孤独，必须足够聪明、专注，可以搞出新东西来，又对人类的进步有宗教般的狂热，但也会因此掌握恐怖无匹的计算能力，甚至决定人类的生死，所以三观必须极正……"

"是啊，这事关重大。"

"你猜周奇海会选谁？在这个庞大的计划下，他能相信谁？"

"他自己？"晓和问。

"不……奇海这个人虽然大胆到近乎疯狂，也全然不顾人类的道德底线，却很有自知之明，知道自己从来不是这块料。而且他必须留在地底总揽全局，还有很多事情要他去应付。不仅如此……这个决定，在他计划之初就必须确定下来，至少要有自己信赖的人选……你还记得吧，周奇海在大约一年前，对外公布虚拟地球计划的时候，曾经说过，他们的实验在'虚拟一号'上已经获得了成功，只是他从来没有公布那个实验体的名字。"

晓和看着她，靠在座椅上，眼睛陡然睁大。

"你说……你说……"

从拂羽嘴里吐出的三个字，如晴天霹雳，让他不敢相信自己的耳朵。

"他的师兄，我们的师兄，风希云。"

什么？！

往日的信息，翻江倒海般地从晓和的脑袋里蹦出来。他连连惊叫道："不可能，不可能！我们那天眼睁睁地看着希云从手术室里被推出来，翠云在后面哭得不成样子！他要是还有生命体征，怎么会放弃抢救？这群医生护士还要不要自己的饭碗了？"

拂羽摇摇头："我没说希云没死。他那天确实是死了。可是晓和你签过灵界协议，也亲历过苏焰的灵界手术。"

她顿了顿："你知道灵界手术，并不需要一个活人。"

晓和张大了嘴，旋即明白这句话是真的！

苏焰那一天还是吞下了一粒让她永远沉睡的毒药，然后她的生物学大脑被急速冷冻，一点一点地被切成薄片送进灵界立方里面！

而一个刚死的人要被送进灵界立方里，岂不还能省一道手续？

晓和牙关都在打颤，继续推演了下去："所以……在那一天深夜，希云为了那个职位去找奇海，结果被车撞进急救室，最后不治身亡。奇海得知这件事之后，就……"

他本来想说"榨干他的最后剩余价值"，想了想，还是闭了嘴。

他还清楚地记得，风翠云在死亡通知书上签字的时候，没有细看上面的条款，还换来医生想要征询的目光。如果亲属无条件同意遗体捐赠，奇海花钱拿去了，完全没有问题——

但如果他拿这具遗体去复活，这是不是又要征得家属同意？不，这世界上还没有哪个疯子会制定出这样的法律。

他突然想到一点，既然希云在最后曾经联系过奇海，想要再尝试一下那个职位，可为什么从未听奇海提起过这一段故事？晓和曾让周老板帮忙安排灵界科技的面试，当时也在聊正事的闲暇之余聊了些私事。

今天早晨翠云刚公开了这两张纸，晓和不禁有此疑问，但转念一想，或许是奇海日理万机，抑或是希云这件事情的结局并不好，实验室众人已签了封口协议，大老板更是不愿意提起，免得听者心情沉重。

现在想来，奇海只是不想透露这个绝密，也不想对自己的师弟撒谎，所以故意回避了这个话题。

他抓了抓头接受了这个事实，平复了心情，点头同意："虽然在情感上有些接受不了，但从各个方面来看，风师兄都是……好人选，而且也算救他一命。"

这下周奇海的整个计划，都清晰了起来。

首先，在恶魔之眼进犯、太阳光度急剧减弱之时，先借着地表人类急迫的生存需求，大发球难财，做大做强灵界系统和他的公司。

其次，利用赚来的大笔金钱，拉起一群人去研究立方的秘密，只要能破解立方的保险机制，就可以进行立方高带宽互联，最终向恶魔之眼发动反击。奇海甚至做好了灵界人不配合的预案。只要他愿意不顾道德底线，完全可以让一亿灵界人在弹指间变成一台超级电脑的垫脚石和炮灰，最后把风希云的立方接入，完成这个计划。

而高带宽互联究竟会带来什么样的结果，大家只能猜到一些，却不知细节。但既然天眼不顾一切地要阻止此事发生，这反倒成了破局的重大契机：

敌人拼尽全力不让我们做成的事情，我们偏要做成了。

只是……这一切，都建立在奇海庄园能够顶住天眼进攻的基础之上，也建立在周奇海还可以掌控灵界系统的基础之上……可这两者，现在都存在疑问。

就在这时，两人前方的屏幕，亮了起来。

"你们来了啊！"

这几个字如一道惊雷，击得晓和一个激灵，忽地想起了自己做过的那个梦。在梦里，师兄也这样看着他。他抬起头，希云仍然是头发稀疏的模样，就算在灵界也没有穿戴得特别整齐，衣服还有点脏。

他还是那样不拘小节。晓和看着这张熟悉而又陌生的脸，激动得说不出话来，使劲捏了一把脸，确信自己不是在梦里。拂羽在他身旁，伸出双手大方地向希云打着招呼，她的眼眶里也有激动的泪水。

"林师妹，朱师弟，看到你们，我很高兴啊！对不起，这个绝密的计划，在执行之前是不能透露的。"希云笑着。

"我明白的！"

"哈哈哈，灵界是个好地方，不用吃饭，也不用睡觉，除了不能做现实世界的实验，一切都太方便了。这半年我在灵界想了很多，我是做自组织纳米机器人的，通过手工调节变量来形成自组织结构，这个实在不可行。因为要手工调整的参数太多，找不到一个好的组合。更好的办法是，让自组织结构自己带着智能去分析，主动对自身做调整。"

"有点像人类自己？"晓和问道。

"有点像，但人类只是更新大脑中的知识，无法更新自身的硬件结构。没有人能为了一个新任务临时长出两只手或者一只眼睛来。但按照这个设计，自组织结构只要成长到一定的复杂度，是可以做到为新任务生成新的硬件的。不过，达到这一条，需要让它成长到能对自身的环境适应性进行智能分析，并且能利用周围的资源进行自我更新的程度，这就是所谓的'临界'。如果到达了'临界'，它就能运用自己的智能，不断适应环境，一直成长下去。"

晓和点点头，问："直至……将整个星球，都变成自己的一部分？"

希云脑门儿发亮："是。大量立方互联的结果，可能就是这样的。如果只有几块立方，不一定有这个效果。但天眼怕的，就是到达'临界'后产生的后果……这种情况，它无法控制，当然我们更不可能控制。产生出来的是什么怪物？我也不知道。奇海本来想把我弄成这个怪物的中心节点，这样至少它还有点人性……

"正常的地球人类，是绝不会考虑这种选择的。但想必你也知道，恶魔之眼的舰队已经开来，还有九天即将赶到。虽然周奇海过于冒进了些，但战略上他是正确的，拖得越久，对人类越不利，我想林师妹也同意这个观点。"

希云继续说下去，他的嘴唇在颤抖，"唉，不过现在看起来，这么大胆的想法，是不成的。重聚虽好，总是短暂的啊。"

机舱内两人的笑容，顿时凝固了。拂羽急道："我们现在没有手机信号……究竟发生什么了？"

希云说："天眼已经找到了庄园。那些假信号并没有太大作用，或许……奇海仿造的方式不对？"

拂羽抱着头，惊讶地张着嘴，眼里全是失望。

希云沉思着，叹了口气："虽说庄园在地下两公里多，在地底避难所里已经算挖得相当深了，而且我们还放置了隔热层。可是天眼的掘地能力超乎想象，三发脉冲激光束就能掘进三十四米。而且，三架，不，全部四架天眼都聚集而来了。看来奇海的计划，真的是戳到了敌人的痛处！"

根据这半年来的经验，已知地球上空的天眼有四架，分别占着四个等间距相隔的同步轨道，覆盖地表的所有区域，防止任何有关灵界立方的意外事件发生。据人类自己的同步卫星观察，这半年来天眼从未变轨，地球上出了任何事，它一发激光就统统搞定了。

想不到这一次，它们终于变轨了……

"另外，灵界科技那边，周奇海的内线在重重压力之下，终于倒戈，并且供出了秘密链接的细节。于是灵界科技设法切断了和奇海庄园的一切通信。虽说立方在高带宽下会自动熔断这个机制已经解开，但……我们已经无法再控制整个灵界网络，更没有办法格式化一亿多灵界人为我们所用。毕竟，这种疯狂的倒行逆施，于天理人伦都不容，遭此报应，也是罪有应得。"

尔后，他深沉地总结道："我们，大势已去了。"

"那么我们得立即返航，风师兄，我们得救你们出去！"晓和连忙道。

拂羽在一旁，却没有说话。

"不用了……"希云笑了笑，那种"一切包在我身上"的表情，让晓和有一种发自心底的不甘心，"现在四架天眼合力，已经烧穿了五分之四的隔热层，庄园内部的气温已经超过了六十摄氏度，而且还在迅速升高。你们现在回来，和送死无异。"

晓和听着，喉咙有些哽咽。林拂羽看着屏幕，捂着眼睛，眼泪已经止不住了。

"朱师弟，每个人，都有自己的事情要做。我们能给你们打掩护，也不算是白白浪费了啊。"

"打掩护是什么意思？"拂羽抬起通红的眼睛，问道。

"除了奇海，还有其他人在努力呢。人类绝不是束手待毙的物种。"

"真的吗？还有谁？"

机舱内，希云仍然平静地讲述着，仿佛头顶上的必死危局并不存在，仿佛这只是一个午后的随意聊天："当然，'让一个自组织结构自己带着智能去分析'，这个思路可不是我的。师兄我太过执拗，钻进了牛角尖，一时半会儿可跑不出来。"

"但凡事总有转机。几周前的那一天，有一个女孩子突然敲了我的门。我很惊讶，在这个二十平方公里的灵界独立空间里，应该只有我一个人，再加上几个固定时刻出现的小动物才对。她怎么可能会找到这里。"

"她自我介绍，说叫苏焰。"

晓和睁大了眼睛。

"我问她是如何来到这片独立空间的，她让我不必在意。我一直独居在此，整天钻研着手上的难题，好久都没和人说过话，能看到活人自然很是开心。于是就让她进来。和她聊了很久很久，灵界的天黑了又亮，亮了又黑，都不知过去了几天。她真的很聪明，很多事情一点就透，就算没有基础，也能很快学会，并且马上指出问题的关键。我有时候反思自己，在这七年的痛苦挣扎里，每天起早摸黑，工作十多小时，一周七天，执拗得像一头老牛，却难有收获。我究竟做错了什么？

"在和她聊完之后，我突然想通了，自己总是一个人踏向未知，即便有你们这样尽心竭力的师弟师妹，却总是想着一个人包办一切，也从不听你们的建议。错了错了，人外有人，山外有山，明白自己的局限，找到合适的朋友，与别人充分交流意见，其实，比什么都重要。

"可惜啊，人生不能重来。"他深深地感叹了一句。

屏幕上的影像开始变得模糊，信号越来越弱，希云在那里无奈地笑，但随后就是一脸的释然。

"不错了！即便是这样，我也没后悔过。在七年的挣扎后，终于看到了更高的境界，那……也没什么遗憾的了。家姐，你说呢？"

屏幕上，出现了风翠云憔悴的脸，她抹着眼睛，身后是燃烧的纸张，和焦烂卷曲的塑料。

她竟然也在奇海庄园！

"翠云，你疯了？为什么跑到那里去？"

"我要……我要做些有意义的事情！我讨厌被人看扁！"

晓和盯着越来越明显的雪花，解开安全带，整个人几乎要扑向屏幕。

希云的声音越来越模糊："你们快到了吧，希望的火焰，可在你们脚下啊！纵然烟消云散，还有薪尽火传！"

身后，拂羽紧紧地握住了晓和的手。

晓和突然明白了，为什么奇海竟然能那么爽快地答应借一架超声速飞机给他们。

信号消失了。

飞机在逐渐减速，五马赫[1]的高速度，让原本正常民航飞机需要飞十多小时的航程，仅仅花费了一个多小时就已抵达。

在飞机起飞之时，奇海的语气还充满乐观；想不到一个多小时之后，就是他一切计划的终结点。

在绝对的力量面前，任何花里胡哨的战略，都是没有意义的。

舷窗之外，是1529号露天避难所，第一个遭到天眼进攻的地面对象。目力所

---

1 马赫数指在某一介质中物体运动的速度与该介质中的声速之比。

及之处，已经能依稀看见曾被天眼攻击过的核电站轮廓，各种残垣断壁，还有炸断的残肢、烧焦的尸体。

苏焰的立方，就曾经存放在里面。

虽然景象残酷，但与之后天眼摧毁深海避难所的行动相比，这第一次攻击，显得有些格格不入。

对于存有四千多块灵界立方的核电站，天眼只将其混凝土保护壳打穿了一个洞，就撒手不管了。甚至，天眼都没有试图攻击那个灵界实验室，让乘坐超声速飞机赶来的记者们发现并拍下了实验室里的状况。在这里面进行实验的灵界立方，具有分明已经超过正常值几万倍的数据流量。

天眼难道不应该直接摧毁它们吗？

天眼并不缺能源啊，它为了摧毁深海避难所，可以持续发射几小时的激光，生生将几十米厚的冰面化开，将两百米深的海水煮沸。按照这个逻辑，这个避难所，难道不应该早被大量的激光束夷为平地？

似乎有一双无形的手，终止了它的攻击行动。

这一切，都太不合理了。这也是，朱晓和在与顾令臣商量分析之后决定来一次的理由。

那分析的背后，存在着一个微不可察的希望。

# 第 61 章 挣扎

CHAPTER 61

奇海庄园。

"我也不指望大家能记得我。"周奇海的声音。他的喉咙已经因灼伤而变得嘶哑，但还在用尽最后的力气说话，"唉，本来吧，这一切最终功亏一篑，我心里堵得慌，但现在，好像又没有什么关系了，我能不能被记住，是被人当成英雄记住，还是被当成疯子和刽子手记住，都无所谓了……"

翠云拿着录音笔，静静地听着。

一粒飘浮的火星碎片停留在她的头发上点燃了发梢，头发蜷曲冒烟。焦味混杂在整个房间中的各种气味里，躲过了她的嗅觉警戒。直到十几秒后，她意识到这一点，发出一声惊叫，手忙脚乱地把那一小撮儿头发扯掉。

"快走吧！"奇海把她推向门口。

翠云还在犹豫，但地上没有明火却自行燃烧起来的纸团，终于打消了她还想要坚持几分钟的念头。

"家姐，快走啊！逃生系统现在还有效，天眼不会对一架小飞机怎么样的。再待下去，你顶不住的！我现在困在整个大系统里面，能说上几句话，已是奢望了啊。"

"最后一个问题！小希有什么未了的心愿吗？我会把你说的每个字都记住！要是对谁有什么来不及说的话，我一定会转达的！"

"我个人能走到这一步，早已没有遗憾，只是希望，未来的人类，能离开这个囚笼，在星海扎根。"

"……"

翠云显然没有预料到这样的回答，垂着头。泪水掉落在地板上，发出嗞嗞的声响。

奇海又推了她一把，她才猛然醒转。鞋底发黏严重，她用了点儿力气才冲了出去。

脚步声渐渐远去，直至完全听不见，尔后笨重的机械声透过电梯井传回来。

"奇海，我是走不了了，但你真的不走？逃生飞机上可不止一个座位。留得青山在。"

"我没什么可以留恋的。"

顿了顿，奇海喃喃地说："真是错得离谱……尽管我自视是最聪明的那一小撮人之一，并且是'真理掌握在少数人手里'的坚定信仰者……可正因为这样，我才错了。那些我一直以来嗤之以鼻的愚蠢人们的意见，竟然是最重要的——因为他们是多数，是该死的多数……"

隔着灵界与现实的屏障，风希云回以苦笑："你经营了一年的灵界平台，还经营得风生水起，想不到竟然没有参透这一层。"

"呵呵，我这一路顺风顺水，可能以为自己真是尊神了呢……唉，有多少崇拜，就有多少唾弃……"

"周师弟，至少我记得你，感谢你。"希云说，"看着每个月打给家里人足额的钱，我就没有遗憾了。"

"哈哈，我这个老板，应该……还不错吧？"奇海问。在这高热的空气之中，他几乎已经无法说话。

希云看着他的脸，认真地点点头："真的，谢谢你了。"

在火海之中，希云已经听不见奇海的声音。从摄像头里可以看到，奇海在控制室里，呼出最后一口气，缓缓倒了下去，脸上，终于露出释然的神情。

温度计已经指向了九十六摄氏度，而且还在上升。在这个室温之下，指挥室里的大部分塑料制品已经开始软化甚至燃烧起来。监控摄像里，再没见到一个活着的人类。

希云关上与现实世界的连接，在灵界的小屋里踱着步。他默默地计算着温升的速度，等待着自己走向终结的一刻。虽说就算到了两三百摄氏度，立方还能支撑一阵子，但等到头顶上的隔热层烧完，毁灭一切的光束就将肆无忌惮地冲进来，将一切都化成灰。

他不会有多少时间了。

在这个独立空间里，他可以把时间比率调快些，让自己还能有几天的时间，但代价是，每时每刻的感受真实度将大幅下降，毕竟奇海庄园里的计算资源是有限的，而且这些计算资源随时都有因为高温而停止工作的可能。

希云看着窗外的大雪，静静地出神。方才还是细腻纷扬的雪，现在正以肉眼可见的速度变得越来越粗糙，最后变成一块又一块白色的多边形，暴露出自己虚幻的本质。渐渐地，整个雪景消失了，窗外只有一望无际的灰色，好像整个小屋都在宇宙之中悬浮着。

希云干脆闭上眼睛，让灵界系统不用渲染视线里的一切，把所有的注意力都放在自己的身上。

他的眼前浮现出一幕幕过往的画面，如何在深夜打通了奇海的电话，如何徒步穿越高速匝道，如何迎上一辆飞驰而来的汽车。

奇海犯了一个巨大的错误，他以为自己是救世主和领导者，他以为自己凭着一己之力，可以逆天而行——可是，他虽然在战略上是正确的，但他无法执行它，因为这个战略，并不为整个世界所容。

那么，真正的领导者，究竟是什么样子的呢？希云扪心自问。

正在这时，他听见门外传来敲门声。希云吃了一惊，这是一个独立的灵界空间，怎么会有访客进来？更何况是现在这个末日时刻？奇海庄园和整个灵界主体的连接已经断开了才对，从物理上来说，绝不可能会有其他灵界人找到这里啊……

敲门声愈加响亮。希云确认不是自己幻听，睁开眼，向前几步打开了门。

有一个高大的人，出现在希云面前，在这个人的身后，是重重灰色的背景，目力所及之处，什么也没有。

"请问您是？"希云打量着他，问。可以确定的是自己没有见过他。

来人看着希云光亮的脑门儿，发出一阵爽朗的笑："伙计，终于找到你了。你那篇《自然》，我可是从头到尾细细读过，恕我直言，这里面各种细节错漏，狗屁不通得很。我投了反对票，只可惜另几个评委对大方向特别喜欢，才强行让它过了。哼哼。现在想来，他们的眼光，倒也没错。"

希云脸上一红，下意识地后退了一步，他仔细端详着对方的脸，直到它终于和脑海中的映像重合了起来。对，对，自己见过，在附于那些期刊论文最后的作者简介里，见过这个人的照片，年纪轻轻却已有大量好成果问世，是个不世出的奇才——他有点不敢相信自己的眼睛。

"您是，凯勒教授？您好……请，请进……"

"叫我AK就好。"AK拍了拍他的肩膀，熟稔得像是希云多年的朋友。他的身后，有个大男孩低着头，也一起进来了，正是顾令臣。

三人在沙发上坐下，希云进入了探讨学术的状态，仿佛忘记了自己正身处烈焰熊熊的末日，说不定什么时候就会失去所有的五感和意识。

看着面前的教授，希云脸上不由得有些尴尬，他想起这个青年教授对于自己论文毫不留情的批评，把他和林拂羽骂得狗血淋头，无地自容。

等一下，他们为什么可以找到这里？也许他俩和苏焰有什么联系？

AK仿佛早已看穿希云的怀疑，开门见山地说："我认识苏焰，这个入口是她给的。"看着希云点点头，又继续说道："找你是为了救你出去。"

"出去？"希云本已成死灰的心里泛起一缕曙光，"这，要怎么出去？奇海庄园现在被四架天眼轮番进攻，我的立方放在这里等着被高热烧成一堆灰烬，毫无被运出去的可能！"

"哦，那四架天眼啊，它们已经走了。"AK听完，淡淡地说。

"走了？"希云奇道。

"是的，走了。"AK眨了眨眼，"有一个伟大的存在即将诞生。这一切，都是因为你的《自然》啊，你应该感到自豪。"

希云听得云里雾里，眼神里有着被价值五百万元的彩票砸中的茫然："我没听懂，您说什么？您能说得清楚一些吗？哦……"

看着 AK 的嘴型，他忽然明白了，也不再说话了，心里千般念头翻涌而过——难道这个蹦蹦跳跳的小妹妹，真的把这件事情做成了？

AK 笑了笑，他看得懂希云脸上的迷茫和震惊："靠谱或不靠谱的人，我还是能分得清的。一方面，她的想法极为大胆甚至疯狂，我真不知道接下来有什么东西能从她的脑袋里蹦出来；另一方面，这样神奇的方案却又有出乎意料的技术可行性。她可以把从不可能到可能的路径认认真真地全写出来，还能做到逻辑自洽。有这两点，已经殊为不易，但偏偏这个家伙浑身上下还散发着一种鼓舞人的活力，让那些有能力却对未来方向感到迷茫的人愿意跟随着她一起干。哼，我可从来没见过这样的人呢。"

他滔滔不绝地说着，一张本是玩世不恭的脸，居然在某一瞬间变严肃了几秒。希云从头到尾都在认真地听，在眨眼之间，他捕捉到了 AK 微小的情绪变化。

能让这个自命不凡的教授说出这样的评价……希云点了点头。

"AK，咱们……还是说正事。时间有点不够，现在不是聊天的时候。"一旁的令臣举起了手，表情有些焦急。

AK 咳嗽了两声，挥了挥手，一张巨大的地图在三人面前呈现出来。

"现在要小心的，是整个奇海庄园被一把火烧光的可能。天眼已经撤退了，但在它们撤退之前，已经有意点着了一些很难处理的玩意儿。若是坐视不管的话，我相信你可能活不过几小时，迟早会和那四千多块立方一样，融化成紫色的泥浆。"

希云一惊，重新打开了与现实世界的界面。他惊讶地发现，在这短短的十多分钟内，室温已经达到了一百二十摄氏度，各处都在熊熊燃烧，而且火势还在变大。

"它们点着了什么？"

"航空燃油。"AK 耸耸肩膀，"要我说嘛，肯定是有意。恶魔之眼可不想让周奇海的这个疯狂计划，有再度被执行的丝毫可能。"

"那我们怎么办？"

话音未落，一旁的令臣已经拉出了界面："我们得灭火，这么多燃油全部烧完，这里肯定会全都变成焦炭。"

"可我们现在拿什么灭火？"希云问，"都烧成这样了……"

"嗯，或许不用灭，只要限制氧气就行。"令臣羞涩地笑笑，手上的动作丝毫不停，"我们现在并不需要氧气。"

三个灵界人相互看着对方，希云恍然大悟。

"氧气从通风口进来，可庄园里的通风口实在太多了，并且有些控制电路已经被烧毁，没有控制信号可以传送过去，而且在现在这种密闭高温还充满毒气的情况下，奇海庄园里根本不会有活着的人去把所有的通风口都关掉。"

"我想过了，不用控制。"令臣解释道。

"为什么？"

"我们制造一场爆炸，确切来说，是爆燃。"

爆燃？希云脸上满是疑惑。

"爆燃可以一举两得，既把通风口炸塌封住，又可以把庄园里的氧气一下子消耗完，以达到灭火的目的。不然这样沿着电路延烧下去，纵然主机室在更深的地下，迟早也会被波及。"

"可是，我们从哪里找爆炸物呢？"

"奇海庄园远离悬崖峭壁的一侧有个天然气矿，其原本的用途是给居民在地下取暖用的。你们看，火是从靠近悬崖的一侧烧起来的，应该还没有波及那边。所以……也许我们有机会。"令臣含糊地说道。

希云心念急转，意识到这是一个出乎意料的可行方案，在现在这个条件下，很可能是唯一可行的方案。

他想了想，沉吟道："但话说回来，这是一把双刃剑，天然气的爆燃窗口很小，如果错过了就会立即把整个庄园都点燃。如果是这样，那将不可避免地烧穿庄园的地板，将火带到机房来。虽然说机房已经尽可能地采用了耐高温的设计，但依然挡不住三百摄氏度以上的烈焰……"

他抬起头来，发现两个人的目光都集聚在他的身上，静静地征询着他的意见。

是的，希云旋即意识到这一点，AK 和令臣都是通过某种方式的远程连接进来的，本体都不在庄园里，就算庄园被烧个精光，他们也毫发无伤。唯一需要仔细考虑这个提议的是希云自己，他的立方就在庄园的机房里，在居民区的地下。

他现在有两个选择，如果采纳这个提议，或者计划成功他逃出生天，或者计划失败火势加剧，在几分钟内让地下机房停止运转，而他也将迎来永恒的沉眠。如果拒绝这个提议，他也许还会有几小时现实世界时间的余裕，通过调快灵界与现实世界之间的时间比率，他完全可以在灵界里，以自己的意愿过完自己的人生。

面对这个看似两难的选择，希云只是简单地笑了笑："这个主意不错，我们来试一试吧。"

令臣和 AK 都愣了一下，仿佛没有料到他会那么快做决定。

通向现实世界的窗口再一次被打开，三人通过分布在庄园各处的摄像头，看到地狱般的景象。许多裸露在外的电线外皮已经开始冒烟，火势仍然在不停地变大。令臣先是降下所有区域间的气密隔离门，然后打开所有还没被明火侵蚀的住房的天然气开关，并且关掉了报警器。天然气咝咝地冲入室内，与空气混合，而明火，就在另一侧肆虐着。

接下来就是等待，等待天然气含量达到百分之九点五的最大爆燃点。

庄园里并没有安装天然气浓度传感器，AK 扫了一眼目前地图上的火势，凝神心算了一下混合所需要的时间。这种破坏性的计划，只能有一次机会，时机算错了就无法重来。

房间里静得可怕。令臣的手，停在了距控制天然气进口按钮一两厘米处。希云深呼了一口气。

"到了！"AK 忽然吼道。

令臣按下各处开关，以迅雷不及掩耳之势封上所有的天然气进口，随后打开所有的气密门。房间里略带些正压的混合气体，从各处汹涌如潮般冲入火海！零点几秒后，摄像头里闪过一连串巨大的爆炸，随后摄像头纷纷因剧烈的冲击波而掉线。

纵然身处灵界，希云都能从不稳定的家具贴图上看到，整个地下机房受到了不小的冲击。

三人呆立了几秒，再望向摄像头传来的信息时，已经看不到几个仍然能工作的摄像头了。希云盯住机房的温度传感器，看着它从一百五十摄氏度，先是因爆燃产生的大量热量暴涨到一百八十，再一点点地回落，回落到一百四十，一百三十……

温度没有再下降，在一百三十摄氏度上停滞了几分钟，随后，再次快速上升。

令臣的脸，方才还充满期待，渐渐地化为迷茫和不解，再到绝望。

希云微微点头，坐在那里，一声不吭，仿佛还在回味刚才的惊心动魄。

他的脸，平静得让人感到有些害怕。

频道里沉默许久。

还是希云先打破沉默，笑了笑说："没关系，如果以后一辈子要和虚假的世界为伴，我宁愿现在就干脆利落地死去。"

"你可以活的！"令臣哭喊，"我们刚才就不该那么冒险！希云哥哥，你本来可以有很多的时间！一辈子的时间！"

"两位，我既然已经打开了窗，看到了外面的世界，又怎么能把它关上自欺欺人呢？"

远程连接断开了。

AK 和顾令臣离开满目疮痍的奇海庄园，眨眼间回到他们的灵界居所。

"不，不要啊！"

令臣死死地盯着屏幕，不断地再次启动连接，但奇海庄园那边，已经没有应答。

AK 走过来，抓住他不停颤抖的手。

"物理线路已被烧毁了。风希云，已经失陷在火海之中。"

令臣咬着牙，心渐渐沉了下去，他飞速地敲打着键盘，盯着奇海庄园的地下结构图，和一旁飞速滚动的各项数据。

"老天！我漏算了一处……"

巨大的天然气爆炸确实在第一时间内用尽了庄园里的氧气，扑灭了大火，但有一个关键的细节被忽略。

地下机房在整个庄园的更下层，内部也是有氧气的。

庄园的温度依然很高，只要有一些残余火星碰到没有烧干净的易燃物，依旧会复燃，并且自然会向着富氧的方向蔓延开去。而机房里面的电缆和塑料支架，全都是易燃材料。

"唉，我错了，我错了！"

令臣低着头，把脸埋进双手之中。

"令臣，不用自责，我们已经尽力了。"AK 拍了拍他的肩膀，沉吟着，终于说："你知道风希云这个人，为什么会被一辆下高速的车撞死？他本不应该去那里才对。"

令臣抹了抹脸，终于冷静了下来。

"嗯，我从晓和哥哥那里也听说过一些。大家都百思不得其解。而且晓和哥哥还和我说，那个肇事司机还口口声声说他是自杀。实在是奇了怪了……"

AK 深吸了口气："那个司机说的没错。风希云他确实是自杀。说实话，老子从来没见过这样决绝的家伙。"

"什……什么？"令臣张大了嘴，"为什么？"

"他以此来要挟周奇海。"

"要……要挟？"

"人在被逼到绝路的时候，可以做出各种事来。"青年教授一边说着，一边推开落地窗，凝视着外面的虚拟之海，"小子，我问你，如果你必须在 24 小时之内筹集一大笔钱来救自己的亲人，却又不想背上一点点人情、债务或者不劳而获的罪名，你会怎么办？"

"我……我从来没遇到过这样的情况。"令臣先是摇摇头，又想了想，明白了什么，随后试探地回答，"难道是，把自己卖了？"

AK 轻描淡写地点头："小子，你很有慧根。"

"可是……周奇海怎么可能同意……他再疯狂，也不会拿自己师兄的性命开玩笑……啊，难道，难道……"

看着顾令臣终于明白了些，AK 继续回答道："这是一个事故。周奇海在一开始确实拒绝了希云加入他的公司，那个本来要给他的职位已经另许别人了。但关键的地方就在于，奇海忘记了挂断电话。风希云隔着电话，听见了他们几个人内部的会议，足足一小时，他们讨论天外来客，讨论黑色薄片，讨论如何把人送进灵界的初始构想，讨论灵界手术先把人弄死然后进行大脑切片的技术细节，讨论大胆疯狂的人类反击计划，讨论应该让谁来当高带宽立方互联的核心。初创小公司没有什么隔间，一间屋子里大家挤在一起干活聊天。哼哼，尤其是这种凌晨三点的会议，就算是聊着事关整个人类命运的话题，也没人会想到保密。真是一群蠢货。"

"希云不经意间听到了绝密，尽管只有只言片语，但已经足够印证他在实验中发现的蛛丝马迹，他知道这些人没在骗他。于是，他再一次打通奇海的电话，告知自己当晚听到的所有信息，并自愿要求当灵界实验的小白鼠。可那时灵界手术远未成熟，要把希云弄死后送入灵界，奇海当然不会同意。所以……希云打电话预告自己的自杀计划，并且立即付诸实施，那周奇海出于道义，就不能不管，而希云的工资，也就只能照付给他的亲属了。"

"天啊，他这是道德绑架……"令臣捂着头低声道。

"首先，挣扎是每个人的本能。他需要钱，但他只是一个穷苦人家的孩子。其次，他若是偷听完默不作声，那以后会一直背负着这个秘密，可能伴随着各种未知的危险，不如当场摊牌更好。他如果愿意把命豁出去，别人谁也说不了什么，也不好指责他坑人。这样一来，他也心安。"

"可他完全可以找拂羽姐姐借钱渡过难关……我不明白……"

"喂，小子，你得知道，在有些人眼里，面子比性命更重要。找每天一起开会的同僚借钱？嘴上一直念叨的，拼了命也要赚到的救命钱，还比不过人家随意拔下的一根毛？与其面对这种赤裸裸的羞辱，不如死了算了。"AK 耸耸肩，苦笑了笑。

"哦，我明白了……"

AK 叹了口气："哼，我一直以为，自己的成功，乃是自身不懈努力的必然结果，而那些没有达到高段水准的'废柴'，只是不够努力罢了，学术界本就弱肉强食，成功者才能上下通吃，失败者嘛，都是自己的问题，该滚多远滚多远，懒惰的蝼蚁们，怎值得同情。"

青年教授顿了顿，继续说道："不过，在听闻了他的事迹之后，老子不得不承认，对不同阶层的人，其人生难度有巨大的鸿沟。与跨越这种鸿沟所伴随的痛苦抉择相比，也许一辈子活在虚假的世界里，还能更幸福些。可是我想不到，他面对这个选择，居然连想都没想。"

"唉，老子突然觉得，自己的人生太顺利，真他娘的单调无聊。"

AK 顿了一顿，若有所思。

令臣那边的电话铃响了，他接起电话，嗓音沮丧而低沉："喂，晓和哥哥吗？"

AK 却是浑然不觉，自言自语着：

"现在的人类，也面临着绝境啊……在这样的情况下，会如何挣扎呢？"

他的眼神里，竟然充满了兴奋和期待。

# 第62章 道路

CHAPTER 62

许飞操纵直升机降落于停机坪之时，不知不觉，已是一身冷汗。

三架，不，四架天眼全员到齐，轮番掘地。就算在三百千米之外，都能清楚地看到这刺眼的光柱，一下一下地敲击着地面，冲天的烟尘，就算在研究所里，也可以隐约嗅到。

去了十五架，回来的只有十二架，三架直升机未能返航，孟天峰少校殉职，任务失败。这实在令人沮丧。

许飞脱下作战服，收到命令来到一间会议室。他看见罗教授、寇上校都在，对面坐着端木玲。

"许飞，我很遗憾，孟少校英勇殉职。你忠于值守，指挥编队撤退有功，驾驶孟少校的直升机安然无恙返回，我现在任命你为上尉。"寇上校看见他进来，第一句话就直截了当。桌上还放着新制服。

要是换成平时，自然欢天喜地，但在这个快到世界末日的当口，许飞连忙摇头，像是得了帕金森病："在下，在下这个中尉未立寸功，愧不敢当……"

天峰的教训记忆犹新，许飞现在只想躲在所有人后面浑水摸鱼糊弄几天再说，不想再去当领头的执行命令。

上校看着他，脸色明显不悦。但似乎他的火暴脾气收敛了些，并没有直接跳起来指着许飞的鼻子骂。毕竟最近减员有些严重，骂得太多，人心若是散了，就什么事都做不了了。那两个中队在执行任务时拖延甚至是哗变，多少有这个因素在里面。

"好吧，那你先坐下。"上校说。许飞依言。

罗教授在另一旁看着对面的玲，专注地问着问题："晓和走之前，你曾经和他单独交流过？"

"我去找的他。"玲说，"我问他能不能带上我，但被他拒绝了。他说这是私事，不想让我掺和进来。"

"他有和你透露什么？"

"并没有太多。我只记得，他手上拿着一块立方，立方一角有着2510的铭牌。我能明白他的眼神，他这一去……并没有打算回来。"玲回忆着，低声地说道。

"这不可能，他什么都没和你说，你还是愿意和他一起去？"上校皱眉问道，

"你不要命了？"

玲看着他们，眼里露出不屑而又决然的神色："晓和愿意为自己的所爱拼上全副性命，我也愿意。哪像你们这种人，躲在后面指挥这指挥那，到头来战死的又不是你们。寇厉明，你负责给战死的士兵敬礼；罗英先，你负责给出车祸的博士送终。你们的工作很辛苦啊，是不是？"

两人脸上一红。厉明一脸严肃地站了起来，浑身上下的肌肉已经绷紧。罗教授连忙阻止："上校，不可！"

厉明没有听，板着脸走到玲的面前，摘下眼镜，低下头，双眼认真地看着她："你说得非常对。有时候，选择活着，比慨然赴死更为艰难。每个人都有职责，而我们的职责，是如何在这个绝境之中，选出一条最好的路走下去！"

他说到重点时，几乎是咬牙切齿："你作为一个平民，掌握着我们并不知道的消息，可以选择透露，或者不透露，你说出来的话，可以影响我们几百人的决策，可以影响避难所几万人的生死，甚至影响人类的未来。这一切，都取决于你。"

说完，他长舒一口气，走回原来的座位。握着眼镜的手微微颤抖，显然，他自己也刚经历了一番惊涛骇浪。

玲看着他。在他的高压气场之下，她身体有些发抖。两分钟之后，她开了口，说出来的话，让所有人都吃了一惊：

"晓和确实没有和我说什么细节，他去哪里，我也不知道。但我有一些别的信息，可以告诉你们。

"有几个灵界科技的高层，早就和恶魔之眼有了交易。他们维护灵界系统在人类中的好声誉，而恶魔之眼也已经承诺他们，在全体人类进入灵界之后，他们会享有某种意义上生杀予夺的特权，而且这一切的内幕，都不会被普通的灵界人知晓。因为到那个时候，人和人之间，已经可以被安置在不同的虚拟世界了，一个被安排在底层世界的人，就算走到天涯海角，都不会看到上层人士的一片衣角。

"而反过来，他们就像看着笼中饲养的小白鼠那样，可以改变任何一个灵界人的命运，可以任意操纵和控制一个灵界人的五感。如果我被迫进入灵界，我可不想被这样的人操纵玩弄，那样的永生，才是最可怕的噩梦。"

厉明的脸色顿时变得非常难看："你当真？你为什么不早说？"

玲冷笑一声："我全说了，就没有利用价值了，自己小命难保……还是少说一点儿安全，你们想要从我这里知道更多情报，就一定要护我周全。我实在无法相信一个我刚来就要逼着我吐露所有实情的军官。"

看着火药味又浓了几分，罗教授只得赔着笑缓解气氛："厉明说话确实露骨了些，我向你道歉！现在还来得及。玲，你有证据没有？这是一张好牌。就算人类最后都不得不去灵界，也要争取一个公平的结果，不能容许特权阶级存在。"

"我既然已经决定说出口，也不会再藏着了。我听过他们和恶魔之眼的通话，也偷偷地录过一段。"玲说，"我可以交给你们，但条件是，给我一架满载武器的直升机，如果一切都失败了，我会和他们同归于尽，旭一对他们的这个计划深恶痛绝，结果被那几个人合伙做掉，我会……给他报仇。"

此刻，她眼睛里露出的光，让两人都有些吃惊。厉明和英先交换了一下眼色后回答："好。"

"我早就猜到晓和不是去约会……"许飞看了这几个人一圈，终于开口，"本来早晨吃饭时还好好的，他接了个电话回来，脸色就严肃得吓人。"

"鬼才相信这家伙说的话。他是一头独狼。"厉明转过头来看着他，"你知道早上他在和谁打电话吗？"

许飞摇头，"他在灵界有些朋友，恶魔之眼的宣言一公布，他就和这些人交流各自可能的立场。我就知道这些。之后他就避开我们，一个人说话去了。"

上校继续追问："现在能联系上吗？"

罗教授接口："不行，他们在从奇海庄园起飞的飞机上，除了庄园内部人员有特别的通信手段，外人联系不到他们。"

上校问："你怎么知道？"

教授回答道："网上已经有人公开了他们可能的航线。奇海庄园既已成为投降派的众矢之的，最近几小时的所有动静，都被人盯上了。晓和等人在天眼开始攻击前一小时，坐了超声速飞机去向西北方向，已被当时坦克群的雷达捕捉到了。从航线上随便一分析就可以知道是去 1529 号避难所——也即天眼首次进攻地面的地点，那个现在被狂热的投降派奉为'圣光初始之城'的地方。"

他接着说下去："我们想知道他想要做什么。看样子，周奇海是彻底玩儿完了，我们也要考虑下一步的计划。"

许飞惊得差点要站起来："所以我们……打算换边站？天峰他……算是白死了？"

厉明摆摆手："你多虑了，我们的基本方针，仍然不会改变。"

教授也说："有人拍下了这一场局部战的全视频，并且还有人认出了直升机上的徽标。本以为我们会因为帮助周奇海这个灭绝人性的混蛋而被千夫所指，然而值得庆幸的是，事情正朝着对我们有利的方向发展。"

他摘下眼镜，抹了抹有些湿润的眼角："天峰，他没有白白牺牲啊。"

这是什么意思？

许飞听得一头雾水，他刚下直升机，还没有更新最新的局势。

小型会议结束了，上校忙着去向准将汇报，还要准备之后面向更广受众的紧急会议。教授也有各种事要忙，离开了会议室。

接下来，紧急会议再一次召开，这一次竟然是全程网上直播。

参会的人，也出乎意料地多。很多本来告假回家的人，突然又出现在这里。

奥德雷市长站上台，开始了演讲："离外星人舰队登陆，只有不到九天的时间了。我要很遗憾地告诉诸位，在悬殊的力量面前，我们也许战胜不了外星人，而只能签署屈辱的协议，去往一个新世界苟延残喘。现实是残酷的，而我们得要面对现实。

"但即便如此，在这个新世界里，我们也要争取一个相对光明和平等的未来。若是某些人想要通过各种手段，获取在新世界之中超人的地位，这种行为，将为全体人类所不齿。

"当然，诸位一定会有很多顾虑。也许诸位觉得应该陪伴最重要的人度过这剩下的九天，也许诸位觉得，现在不惹是生非，会对将来在灵界的地位有好处。这都是非常光明正大的理由，对此，我并不阻拦。但是，若我们现在不能发出声音，那在新世界中的分配权，将不再有我们这些沉默者的份儿，而那些想要将其他人类踩在脚底下的败类，就会弹冠相庆，将他们的疯狂计划付诸实施。"

许飞听得有些垂头丧气，这与他一开始热血沸腾，想要亲身赶赴一线与外星人拼死抗争的预期，差了何止十万八千里。但经历了孟天峰的变故，他还是认清了现实，一架天眼已有如此可怕的威力，更何况即将到来的两百架更大更威猛的？

原本的许飞会是个百分百的好战分子，对于投降派他只会破口大骂，不会花丝毫耐性去理解。但在亲眼见到天眼的威力，以及听完了玲的内幕揭露之后，原本天真的他，突然间就明白了不少。他本是个聪明人，只是被自己的偏见遮住了眼睛。

每一种主张后面，都有实际利益的存在。

力战派的逻辑非常清楚。他们早就明白，人类成了地球主宰，是因为百万年前的祖先，在面对诸多天敌时，拼杀出了一条血路。在高等文明的恩赐施舍面前，人类永远只是任人宰割的蝼蚁，不会有任何发展。若是如此，不如奋力一战。

在投降派里面，则大部分是沉溺于生活予取予求的灵界"废柴"，被洗脑的教众，被急速下降的生活质量折磨得快活不下去的地底人，以及很多不明真相却幻想着灵界新生活的人。而灵界系统的既得利益者们，以及恶魔之眼的走狗们，则为了自己的利益，暗地里推波助澜，制造针对高等文明的绝对崇拜，从而顺理成章地成为高等文明的代言人。

他们庆祝奇海庄园的覆灭，庆祝一亿两千万灵界人的保全，他们跪倒在天眼的圣光之下，称赞那位关键时刻的背节者，那位切断周奇海对于灵界总控中心的控制的人，为"人性的最后曙光""阻挡人类文明倒退回野蛮的最后一道防线"。

但许飞知道，在绝对实力的碾压之下，死战到底并无出路，而无脑听从投降派的想法，更会将自己卖得连底裤也不剩。

那要怎么办才好？

许飞坐在椅子上，听着有些冗长的演讲，想得头疼，有些坐不住。他借故离开，走出会议室。眼角的余光，看到一个熟悉的身影。

风翠云。

她穿着制服，制服上写着"四号"，身上全是衣物烧焦的痕迹，裸露的皮肤上到处是伤，脸上黑灰一片，右手还抓着手机。

许飞脑子里"嗡"的一声响，他猛然想起来，编队里有一架飞机不听指挥提前降落，那正是四号机！

"你……你也去了？"他拦在翠云面前，"我是说坐直升机去奇海庄园？"

"嗯。"

"谁给你驾驶直升机的权限？"

"是孟天峰。"

"为什么？"

"早晨我被阿晓数落了一顿，很生气……我就去找他，想要做些有价值的事情。我说，我是个记者，就算我什么也改变不了，也至少要记录这天地巨变。我不想被人看扁。"

"他……同意了？"

"是的。他觉得这个主意特别特别好。"

"但你并不会驾驶直升机！"

"他给我配了一个助手，还有全套的摄影设备。动作真的好快，只用二十分钟就全部弄好了。"

许飞恍然大悟。

"天峰……他……他交给你什么任务？"

"他说这场战斗，在人类历史上前所未有，所以让我拍下一切可以拍下的，记录下一切可以记录的，不要有任何顾忌。以后如果我们真的在灵界中沉迷当下而忘记了过去，这些还可以拿来唤醒记忆。"

"他还说，也许，我们还有第三条道路可以走。"

许飞沉默了。

他想起了刚才的演讲。

是啊，虽然口头上否认，但在玲透露自己的秘密之后，寇上校及奥德雷准将其实已经悄然改变了行动方针。

在强大的武力之下，我们当然可以选择投降，但必须公开那些走狗们的叛球罪行，在群情激愤之时将其先行铲除，以求得一个相对公平的新世界。而若是要争取更多人的支持，在灵界里继续获得话语权，就要让投降派和力战派的追随者们，各自都认识到自己的天真之处，然后拉拢一部分人站到自己这边来。

"第三条道路……"

翠云点点头："我一开始，并不明白这句话是什么意思。后来我查看现在翻涌的舆论，才渐渐明白过来。你翻翻手机就知道了。"

原来那张孟天峰最后的照片，那张在静止而沉默的战场之上，伸出手说"我们，都是普通人啊"的几秒视频，不知被谁录了下来，并且在一小时之内，流传至网络的每一个角落。

无数人为之深深感动，甚至当场跪倒，落泪。

而在这之后，天眼第一发激光束射下，对于无辜平民及军人的无差别灭杀，则激起了人们同仇敌忾的血性。

突然之间，那些沉默的大多数站了出来，他们大声叱骂投降派的卑鄙无耻，扯下他们的标语，历数他们的懦弱，宣称恶魔之眼伪善的宣言，只是欺骗。

"是你录的吗？"

"不是，我因为视野受阻没能来得及录下，但总有人录下了。"

许飞关上手机，他渐渐明白了。

力战派会认为天峰是盟友，毕竟他率领直升机小队为奇海提供了力所能及的帮助。

而投降派里大量的普通人，则会为他在这视频之中所表明的态度所感动。

于是，他身上穿的制服，他和颜悦色说出的话，让我们这群人，突然之间，有了一个极佳的起点，一个可以团结所有人的起点。

想起天峰平时的谨言慎行，以及对于形势的精细判断，许飞突然意识到，他降下直升机的这一次赌上性命的冒险，究竟是出于本能的冲动，还是有着某种深远的，为了整个人类未来的战略考量？

可惜啊，答案，永远也不可能揭晓了。

他明白，自己还很年轻，还很幼稚，要学的还有很多。

就在这时，罗教授匆匆走到许飞身边，拍拍他的肩膀。

"林拂羽打来的电话。"他脸色焦急地说，"立即派一架超声速飞机过去，还有，带上所有的急救设备！"

"怎么了？"

"已经有些投降派的家伙，叫嚣着要集齐人手，带着武器，去消灭从奇海庄园逃跑的余孽！"

许飞突然意识到，晓和他们的处境，可能会非常危险。

# 第63章 赌命

CHAPTER 63

"糟糕！飞机似乎……被地面火力锁定了……"

秦万一直沉稳的声音，突然间露出了一丝慌乱，他本来闲得无聊的手，开始快速操作起来。

拂羽还有晓和都是心里一紧。这是……什么情况？

他一边说，手上的操作却丝毫不乱："嗯，俺听说呐，这里是天眼激光第一次落地的地方，有些人随便看见啥新鲜的厉害家伙，纳头便拜，拜着拜着，就被忽悠着认为这是圣地了。唉，这可怎么办才好……两位，我们可以离远一点儿降落吗？"

晓和咬着手指，焦急的脸一览无余，他想了想，坚决地摇摇头，"不。我们得在这附近降落，离那个核电站越近越好。"

"好。你们说的每一个字，都视同周老总的命令。"秦万回过头，深沉地打量了两人一眼，"两位系好安全带。相见是缘。反正俺回不去了，这条命，是周老总给的。"

拂羽脸色微变："秦先生！"

飞机忽然大角度俯冲而下，在离地面仅有两三百米的低空突然急速拉起，在空中拉出一个巨大的 U 型角度。一发尾随而来的导弹转向不及，一头砸向地面，炸出滚滚烟尘，第二发导弹从烟尘中飞速冲出，然而飞机又一次向右九十度急转，导弹向外划了很大的弧度才跟上，但因燃料已然耗尽，栽落地面。

可马上又有第三发导弹，衔尾而至！

猝然面对这眼花缭乱的战斗机操作，晓和按住早已翻腾不已的肚子，使劲捂住嘴巴，几乎要吐出来，天旋地转之际，秦万驾驶着飞机，大吼道："俺是甩不掉了！两位坐好，弹射装置马上启动！"

晓和做梦也没想到这飞机居然连乘客都有弹射装置……他突然明白了，如果周奇海乘坐这架私人飞机，并且遇到险情，那第一个要救的，必定是他才对！

电光石火之间，头顶上舱室大开，风声狂作，两人像是坐在弹簧上腾空而起。晓和在离开机舱的一瞬间，看到秦万伸出只有四只手指的右手，挥了挥。

再见。

直坠而下，晓和的大脑变得一片空白，连歉疚或者悲哀的情绪都来不及体会。"轰"的一声巨响，他看着自己方才乘坐的飞机，已经着弹，冒烟，坠落。

地面已经朝着他飞速压来，如一堵无比宏伟的墙，要将他拍成肉饼。晓和一脸愕然间，降落伞已打开。

林拂羽在一旁，替他拉动了开关，低声皱眉说道："超低空跳伞，千万别走神！另外，刚才摸过了，座位底下有武器。"

晓和只得点点头，并且马上就明白了。对，她会开直升机，刚才竟然也没难受欲吐，想必也接受过相关的训练，所以能在这千钧一发之际不慌乱。

"你得教我。"

"如果下次有机会，一定。"

两人安全落地，立即摸索着从座椅底下拆出两支步枪，还有一支夜视瞄准器，躲进一处角落里。时间虽是早晨，但本该有的灿烂阳光，早换成了弥漫天空的黯淡红色，在这永夜之中，搜寻两个躲着的人，难度大了不止十倍。

举目望去，整个避难所遗址，笼罩在一片薄薄的雾气里面。仿佛经过了精妙的计算一般，两人降落的地点，离废弃核电站相当近，秦万已经完成了他所能做到的一切。

晓和想及此处，不由得望着飞机坠落的方向，轻叹了口气。呕吐的感觉仍未散去，他只得靠在墙边休息。

拂羽拿出夜视瞄准器，看了一眼，见周围没有什么动静，立即拿出手机发起消息来。一分钟之后，她关上手机，脸色阴沉。

"我有一个好消息和一个坏消息。你想先听哪个？"

"按照惯例吧。"

"他们先前支援周奇海的决策损兵折将，因为奇海的行为太过于反人类，许多人不愿意去帮他，孟天峰在与投降派的战斗中……已经殉职。"

按照惯例先坏后好，至少能让大家的士气在听完所有消息后振奋一下，想不到，这个坏消息竟然如此糟糕。

拂羽抹了抹眼睛："都没来得及道别……"

晓和不语。两人沉默了几秒钟，晓和终于开口："之前大庸身亡，我受伤被罗教授等人所救。孟师兄当时特意找我，就咱俩从研究所被赶出去的那件事情，向我道歉。那是我最后一次见到他……"

"你……接受了他的道歉吗？"拂羽问，"他这人，道德感太重……"

晓和犹豫着点头，随后似是要躲开拂羽的目光一般，茫然地看着暗红的天空。他自己也不清楚，在面对天峰认真的眼神时，那句不假思索地说出的"别人欠我什么，真是不记得了"，真算是接受道歉吗？

抑或只是，一头孤狼行走在荒野之中，独自舔舐伤口时，潜意识里拒人千里之外的反应？

"罢了。"拂羽摆摆手，也不想追问，"都过去了。好消息是，就算我们这次行动未经同意，他们也会过来增援。"

"我记得所里只有一架超声速飞机，他们愿意派过来吗？"

拂羽低声道："我告诉了他们一些细节，罗教授已经豁出去了，说会不惜一切代价。他们已经遭受了一次大失败，如果再不在你身上赌一把，无法向其他人交代。我想，他们是想要一条道走到黑了。"

晓和点点头："拂羽，还是你头脑冷静……我可想不到还可以这样操作……"

尽管在险境之中，拂羽仍然笑了笑："很多事情，不是一个人拼命就可以的。思考别人的立场并且找到同盟，才可以事半功倍。"

"你以前不是这样的。"晓和说。

"唉，以前我被理想蒙住了眼睛。"拂羽说，"对目标过于执著的人，往往以为自己做什么都是对的，最后成为悲剧英雄。虽然能被人铭记，但若是细细想来，也许会有更好的出路。希云缺乏交流，奇海失掉人心，而以前的我，一意孤行。我相信若是从头来过，可能……会做得更好。我家里啊，有许多难看的地方，但也有厉害的长处。"

她顿了顿："当然，现在并不是感叹的时候。"

晓和点点头，两人一路找寻着各类掩体，向着核电站摸过去。

"晓和，现在你可以说了吗？你们的推断，究竟是什么？"拂羽问。

晓和："你觉得天眼是什么？天眼和立方，究竟谁为主要，谁为从属？"

这第一个问题就让拂羽语塞。她想了想："天眼管着立方，天眼是主要才对。"

"嗯，我们都觉得天眼管着立方，如果立方出了错将信号发送给天眼，天眼就会负责把它清除，是吧？

"但有趣的是，从立方到天眼，信号是纯粹的单向传输。天眼从来不会给立方发送信号。我们当然可以认为这是因为立方体积小，没有办法接收中微子通信信号。"

他顿了顿，继续说下去："但有没有可能，这并不是因为技术上的困难，而只是天眼永远处于从属和听话的地位，而立方才是主要的？你有没有注意到，恶魔之眼的宣言里称立方为'基本单元'，也许在'它'的逻辑里，一切都以立方为中心？"

拂羽脸色微变，她从来没想到过这种可能性。

晓和继续："当然这种猜测并没有直接证据，但你是否还记得我们之前在餐馆包间里的讨论。我们当时惊异于天眼作为高级文明的产物，居然对轨道上的人类卫星甚至国际空间站全都视而不见，没有任何动手消灭的意思，甚至容许对方给自己拍照并且回传到地面。因为天眼的这些举动，教授甚至直接下结论说恶魔之眼是低智文明。

　　"现在我们都知道了，恶魔之眼绝非低智文明，教授这个论断也过了头。但回想起来，这个论断其实有部分道理。为什么……天眼会有这样的行为？也许它不在乎，但更有可能的是，由恶魔之眼分化出的个体和个体之间，有着极大的差异，有的负责决策，有的负责执行。如果把'它'看成一个生物，这就不难理解，灵界立方对应于脑细胞，而天眼，则是免疫细胞。一切的高等决策，都着落在立方身上。

　　"另一个证据则是最近出发的两百架飞行器……如果我们仔细看天文台拍下的高清照片，会发现它们和天眼长得几乎一模一样，只是变大了一些而已。如果天眼的真身是多功能、多用途的通用武器，它本身又没有主动决策的机制，那它的一切行动，都只能依赖外界的指令。"

　　晓和一路走到核电站的门前，仔细观察了一圈，周围并没有人，他摸住把手，定了定神，用了点力气把门打开。门发出"吱吱吱"的响声。随后拂羽也进来了。

　　随着大门的关闭，里面变得一片漆黑。他打开手电，四处晃了晃，看见门里是一个有些狭窄的内室，各种管道在空间的各处来回穿插。晓和拿出早就准备好的地图，然后打开手机，接上耳机。

　　晓和自以为已经准备周全，想不到就在刚才，还有那么多意外出现。

　　"令臣，我们到了。"他心有余悸地说，"对，我是晓和。"

　　耳机里沉默了几秒，随后一声轻微的抽泣传出来，在漆黑的室内回响。

　　"你……怎么了？"

　　"我……我没事。"

　　"……好……"晓和心里一沉，知道令臣和 AK 那边一定发生了什么，但现在不是询问的时候。

　　二十秒后。

　　"我查了一下，在这个核电站关闭之后，紧急系统还一直在运行，目前一切正常，总控电脑还开着。"

　　"好的。那我们的下一站是总控室。"他自言自语地说，"到了那里再和你说。"

　　两人循着地图一路找过去。这个核电站占地方圆几公里，地下深达十多层，没有地图，永远别想找到总控室的门。

　　在纷繁复杂如多层迷宫一般的通道里，晓和继续着刚才的解释："所以，立方想要自毁，就发指令让天眼下手，立方要干别的，就给天眼发别的指令，这就是单向通信的真相。而给立方加上自动熔断的补丁，只是因为这个机制在没有天眼的时候不那么靠谱……

　　"基于这个分析，我们假设一种情况，如果立方的通信协议被人劫持，发的指令不再是要求天眼毁掉它呢？天眼为什么竟然停止对 1529 号避难所的攻击，是不是因为收到了立方发出的停止指令？这个指令，又是谁发出的呢？"

拂羽想了想，反驳道："你的意思是说，苏焰破解了立方的通信协议？这不可能啊，她没有那么巨量的计算资源。而且就算这样，为什么在天眼第一次对地袭击之后，她就再也没有声息了？"

"不，她不需要巨量的计算资源。"晓和看着拂羽，说，"天眼没有打掉周围的人类卫星，是巨大的失误。"

"你说什么？她不需要？"

"我给你举个例子，开一把三位数的密码锁，总得要穷举一千种可能吧。但如果有一位数穷举正确，锁就会发出'咔咔'的声音，或者出现任何异于平常的迹象，那根本不需要试一千次，只需要试至多三十次就可以了，每一位十次。"

拂羽站住了，张大了嘴巴。

"而我们的卫星，竟然能以高分辨率给天眼拍照，还能将照片回传到地球。如果苏焰在避难所里，设法穷举灵界立方的各种输出信号，同时监测卫星对天眼的观察结果，她只要看到对方有任何异动，就知道自己已经走在正确的道路上了。"

"这不可能吧……恶魔之眼居然会犯这样的错误？"

"智者千虑，必有一失。"晓和说，"更有可能的是，'它'这套牧羊玩法已经用了很久，一直没出什么问题，所以也懒得改。银河系里有千亿颗行星，恐怕没有几个像我们这样的 A 级文明，绞尽脑汁地想要找出'它'的漏洞。"

"可是如何才能控制灵界立方输出指定的信号？这由立方的通信子模块决定，但解开通信子模块仍然需要巨量计算资源……"拂羽刚说出口，马上就明白了，"我们可以绕过它，周奇海既然想过如何制造假信号，没理由苏焰想不到……"

"而苏焰有整个灵界系统的全部权限。她是灵界系统的作者啊，想黑进去是很容易的，而且，她也确实拿到了权限。"晓和笑了笑，"而制造假信号发射器所需的材料，就在这栋建筑里面，只要就地取材就行了。"

"可为什么苏焰在遭到天眼袭击之后，一直没有反应……"拂羽又问。

晓和摇摇头："这个我并不知道，最有可能的是，核电站停止工作，所有灵界立方的电源都被切断了，所以我们得把紧急电源接上，或许她就会活过来，这就是我想试一试的原因……不管怎么说，这里没有再受到攻击，确实是事实。"

拂羽继续追问："但是因为立方第二道保险，也即那个带宽熔断机制的存在，苏焰的立方已经彻底死掉了。她其实并没有机会，不是吗？她唯一活着的机会，是用这大量的流出流量进行意识上传，在打击到来之前，抽身而去——但是，即使这么点儿流量也早已超限，而且根本不够把立方里的内容全都倒出来……"

晓和回答："这么想，当然不觉得她有任何机会，但有一个地方很耐人寻味……"

"什么地方？"

"天眼确实打击了，但它打击的，是放置在灵界机房的那四千多块立方，却不是被送到灵界实验室的那块！你觉得这是为什么？"

拂羽再一次无话可说。令她吃惊的是，面前的这个人，居然会发现如此细微的不协调之处！

"所以，苏焰的本体，也许的确在这四千多块立方里面。我手上这块立方，也确实挂着 2510 的铭牌。可立方都长得差不多，调换铭牌也不是太难……所以有理由怀疑，我现在手上的这块，翠云转交给我的这一块，其实并不是苏焰的立方。

"这就是我想过来试一试的理由。"

说话间，晓和停下脚步，总控室到了。

拂羽点点头，她没有更多的问题了，但仍然叹了口气："不要忽视一种可能，你们的所有推断，可能都是完全错误的。我们还要检查苏焰是否买通了核电站的工作人员，并且照奇海的图纸把假的发射器制造出来，还要去查在这里被天眼袭击的早晨，有没有来自 1529 号避难所的卫星图像访问记录。在这些验证工作没有完成之前，晓和，你，真要进去吗？"

"嗯，我知道这一切都有些牵强，逻辑链条太长，总存在没想到的漏洞。"

"虽然我们带了核防护服，但这里面是超越常规指标的高辐射区，我们对辐射的防护措施远远不够。你应该还记得，在直播时那个进去的机器人，它在拍完那张四千多块立方融化一地的照片之后，就再也无法工作了。"拂羽还在担忧。

晓和站到总控台前，手电光斑晃动，扫过面板上一排排开关，还有几个仍然亮着的控制灯。他在听完宣言后的几小时内，已经搜集完了资料并且把核电站的内部构造在脑海中梳理了一遍。现在看着实物，一点点地与脑海中的印象进行核对。

他一边强化着自己的记忆，一边说道："是啊，我们可以派机器人进去，我们可以再做调研……可是，已经没有时间了……"晓和看着拂羽，用手划过她的头发，"我想过了，不管怎样，都要试一试……现在所有的四架天眼，都在奇海庄园上空。再拖下去，等它们把整个庄园化成岩浆，就能腾出手来对付我们，况且外面还有那些死硬投降派，马上会赶来捣乱……

"所以，这是所有这一切的牺牲，为我们争得的千载难逢的机会。天峰殉职了，奇海和希云也不妙了，还有刚才的驾驶员，我们再也喝不到他的酒了……现在接力棒交到我的手里，我不能掉链子。

"当然，这一切，也是为了苏焰。"

说完，他接起令臣拨来的电话，兴奋的声音传出来："我查到那天焰姐姐访问卫星的记录了，时间完全对得上！"

"太好了！"晓和回道。他想了想，忽然问，"令臣，你是一个灵界人，并入那个所谓的'银河联盟'可以过得很好，你为什么愿意帮我？"

令臣沉吟片刻，随后说："我才十六岁，我想发《自然》。还有……焰姐姐说过，路不是别人恩赐的，而是自己走出来的。"

晓和握着电话的手，颤抖了一秒。

"嗯，好样的。"他挂断了电话。

核电站里的两人都沉默了。关上手电筒，周围一片黑暗，只能听到滴答滴答的水声，像是自然界的时钟，在一格一格地转动指针。

随后，在很远很远的深处，已经可以隐约听到砸门的声音。

晓和看着拂羽，伸出手，给她一个紧紧的拥抱。长发在他鼻尖，有芬芳的气味。

"捣乱的人已经来了，不过这里像迷宫一般，一时半会儿他们进不来……你在外面等着，我马上会回来。你放心，罗教授的增援已经在路上了，大不了像风希云那样……我还可以去灵界。"

"这些都是托辞……苏焰才是你真正的理由……"

"我不否认。"

"我就知道……"

在控制灯的微光下，晓和听见拂羽轻声的呢喃，用手轻轻擦去她的两行清泪，穿上简单的防护服，绑住紧急电源的电缆线，掐下了随身的秒表，一头扎进了通向灵界机房的通道。

一进通道，晓和身上的粒子计数器就开始疯狂作响，直到发出一声尖厉的连续警报，然后被晓和反手关掉。

晓和品尝着嘴里的金属味，没来由地感到一阵晕眩。他知道，在这里的停留时间越长，自己存活的概率就越小。身上大量正在分裂的细胞，都会因辐射导致的DNA损伤而凋亡，他可能在很短的时间内还有行动能力，但在这之后，将会不可避免地迎来肉体的死亡。当然，神经细胞这种不分裂的细胞，还能活很久——这是晓和得知教授会过来增援之后，也一并计算在内的倚仗。

晓和不得不承认，在一路上听闻了更多的信息之后，计划已被大幅修改。

从一开始，他就没想过要回来。

晓和借着头顶上的矿灯，在这昏暗的通道里急速飞奔，每向前迈出一步，他似乎都可以听见身上的DNA链噼啪断裂的声音。通道狭窄而幽长，在几个转弯之后，他终于来到那扇因受过高热而严重变形的门前，矮身钻入。

三分十秒。

在灵界机房里，没有一丝一毫的声响，静得可怕。就算天眼袭击之后又过了一个多星期，这里的温度仍然相当高。

晓和微微喘着气，额头上已沁出汗水。他在原地站定，见到了原本在电视屏幕中才能见到的一幕。

在一个已无法动弹的履带机器人身后，是一个汇集了四千多块灵界立方的巨大紫色湖泊，几乎占了整个房间的四分之三大小。它静静地铺平在这个空间里，边缘为圆形，表面光洁如镜。与周遭的昏黄和灰白相比，这泓凝固的清泉泛着纯粹的颜色，简直不属于这个世界。

晓和屏住了呼吸，看得沉醉，他不由得轻轻俯身，用伸出的手指，去触摸它的表面，留下了一道指纹。

随后，他立即解开绑在腰部的电缆线，打算给它接入电源。

电缆线的固定装置陷进防护服里，他不得不先从口袋里拿出 2510 号立方，并打算随手将它放在这个镜面上。

在拿出立方的那一刻，他不由得看了它一眼。

2510 的铭牌，在矿灯的灯光下闪着银色的光。由于自身带宽超限，它在再次尝试接入灵界系统时，没有呈现出任何活着的迹象。这是翠云亲口告诉他的。立方的带宽熔断机制显然已经生效。

现在它只是一个好看的装饰品，一个伤心哥哥的念想。

在 2510 号立方碰触紫色湖泊表面的一刹那，他眼角的余光，忽然看到房间的尽头，有一堵光溜溜的墙壁。那墙壁和自己以前的记忆重合起来。他分明记得，在那一次电视直播里，从机器人的视角看，墙上是有紫色液体状、融化的立方残骸的。

为什么现在没有了？难道，这……这紫色湖泊，是活的？

突然间，湖面上泛起光芒来，随后光芒大盛！整个房间，都被这诡异的紫光照亮。

晓和吓了一跳，整个人都坐在地上！不可能，我还没有插上电源！这是为什么……

在这耀眼的光里，他惊恐地看见 2510 号立方，渐渐地沉入镜面一般的湖面。

晓和追悔莫及！他脑中，忽然闪过风希云在飞机上说的那两个字——

临界。

# 第 64 章 临界

CHAPTER 64

拂羽看着晓和逐渐消失的背影，怅然若失。

她坐在椅子上，胡乱地想着。也许自己的所有思绪，所有努力，都只是一厢情愿罢了。

有些人还在迷茫徘徊，有些人迷恋沿途风景，到处招蜂引蝶；但还有些人，早已找到了人生目标，世间的一切声色犬马，都已经与他无关了——

可让人有些无奈的是，偏偏这样的家伙，却让人生出追随一生的念头。

她苦笑了一下，伸手将自己的头发扎起来，下一秒，就把这些儿女情长，都抛诸脑后。

外面的脚步声，已经清晰可闻。

她环顾四周，在昏暗的应急灯下，可以依稀看到整个总控室的轮廓，四周有各种管道，在地板附近蜿蜒上下，但从控制台到远处的大门，却是一条笔直的通道，估摸有七八十米远。

她拿起耳机，用晓和遗留在控制台上的那个手机，打了刚才那个号码，"令臣你好……你对这个总控室了解多少？"

总控室的门，开始响起"砰砰砰"的敲打声。

"拂羽姐姐！你想知道什么？"

"能帮我把所有应急灯都关掉吗？"拂羽一边说，一边将夜视瞄准镜装到步枪上，然后找了一块平整的桌面，将步枪架上了。

"控制台左手第三个按钮。"电话里传来回答，"拨到最底下。"

拂羽顺手将开关拨过。四周顿时变得一片漆黑，她又拿来几块破布，把控制台上的灯光都罩上。

对一个射手来说，黑暗就是最好的掩护。林拂羽回忆起李叔的指导来。

老管家总是一副语重心长的表情，浪费一个个风和日丽的美好早晨，教会她这原本一辈子都用不到的屠龙之技。

父亲天天泡在公司，对家里的事不闻不问，母亲说女儿应该多和那些名媛去喝早茶，穿一身漂亮的衣服，傍一个比自家更有钱的公子哥儿，过无忧无虑的贵妇生活。李叔却一个劲地摇头，仗着资格最老、须发皆白，不顾自己管家的身份直言，说那些虚头巴脑的玩意儿都没用。

他不厌其烦地分析着，说联姻的结局，只是看谁比谁更有钱，谁比谁更有能力，什么狗屁爱情，全是胡扯。

他甚至当着东家的面拍桌子，指着她的脑袋，像是吼叫般地放下一句话：

"芳华刹那，容颜易老，纵然一身好皮囊，只有当脑袋里有货时，才是王炸！"

那时年幼的她，还为这个世界目眩神迷，追求精致的茶碗，挑剔手工缝制的包包，期待下一次在豪华游船或者某个迷人的私人岛屿上的盛大宴会，幻想着突然出现的白马王子，对李叔给她安排的课程，一脸的不情愿。

李叔的话也太过偏激了些，哪个女孩儿不恋身上的香气、漂亮的衣服，或者英俊潇洒的脸庞？何苦把老头儿自己一生独居的经验套在别人头上？

可终于有一天，那个父亲曾经的左膀右臂，撕下他伪善的面具……她看着倒在血泊中的老爸，发出一百五十分贝的尖叫。

一切都改变了……她想着，心中默默地说了声"感谢"。

大门"砰"地一声被冲开。

"为了我们的至高神！杀了他们！"

"这群狂妄的蝼蚁，我们要破坏他们的计划！"

投降派狂信者们高呼着口号，他们在黑暗中的身影，在夜视镜中如烛火般耀眼，在三次呼吸之间，枪声响起，弹无虚发。领头的三个人被直接打翻在地上，然而剩下的人毫无顾忌，蜂拥而入，更有一人仿佛早已对拂羽所在方位了如指掌，直直向着主控制台冲来！

第四发子弹破空而至，那人的身形只是迟滞了半秒，下一步，又猛冲向前。

不对啊，分明已经打中了他！

下一秒钟，头顶掠过一道罡风，身后的大小物件被击得四处纷飞，控制台上的灯光，在黑暗中清晰可见！

拂羽眼角看见了那个黑色的身影！

八十米的距离，怎么会那么快，他……是人类吗？

那个人的身影在一地的碎屑中站起，拍拍屁股，看清了拂羽的方位，张牙舞爪地冲了过来。拂羽抛下步枪，拿出手枪向他接连射击。相隔三米不到，每一发子弹都射入他的身体，他竟然毫不避让也毫不减速，合身扑来。

千钧一发之际，拂羽全神贯注，抓起栏杆，跳下控制台，趁着他的前冲力压断栏杆的当口，在手枪中装入一发破甲弹。

那人反应快极，蹲下一掌挥去，隔着护栏，几乎就要拍到拂羽的脸，她向后仰倒，开枪。

一声噗地闷响，那人一声惨呼，面容扭曲地倒了下去。

拂羽从地上翻身坐起，摸住胸口，那里有怦怦直跳的心脏，双眼更是发直。这是李叔在她上直升机时塞给她的破甲弹，一发可以干掉一辆坦克……

她站回控制台，看了一眼那具残骸，有人的形状，也有人的五官……然而伤口处冒出绿色的液体，肚子里面全是黑色的骨骼。

这究竟是什么东西……她心中猛然闪过一个可怕的念头。

如果是外星人，为什么居然长得那么像人，两手两腿，还有个脑袋，身体比例和常人一致……但这本身就不正常……

拂羽忽然意识到，总控室的门厚重无比，没锁上的时候，都要用些力才可以推开——若是反锁之后，以人力怎么可能在几分钟内强行打开？

这门，本来就是为了出事故之后隔离用的！

她的心沉了下来。是的，我们能绞尽脑汁抓住对方一两个弱点并且反击，为什么对方就不能研究我们？

人类这个生物体，每时每刻都在向外播撒遗传密码。一举一动都会随处洒落DNA，将制造这具身体的每道工序、每个步骤，都原原本本地告诉别人。这……和一台完全不设防的计算机有什么两样？随便把 DNA 代码拿过来修改一下，然后大量复制，就是恶魔之眼庞大的后备军！

是的，它根本不需要舰队，根本不需要战斗人员！只要劫持地球上任何一套生产机器，不管是机械的还是生物的，不管是占地几千平方米的厂房，还是几个纳米大小的微型分子机械，只要全力开动就完全足够了。

那么这两百艘从恶魔之眼本部驶来的舰队，究竟是干什么的……拂羽不敢想下去，连忙捡起步枪回到原位，门那边，又来了几个人。

手机狂响，罗教授低沉的声音："拂羽！"

"教授！你们怎么样？我们遭到围攻，需要增援……"

电话那头，发出一声深沉的叹息："四架天眼，丢下还没打穿的奇海庄园不管，来找你们了，还有天上那两百艘飞行器的舰队，速度陡然增加至原来的十倍，一天之内就能登陆地球！我问你们，你们究竟做了些什么？"

拂羽愕然，回望了一眼灵界机房通道的入口。

晓和你做了什么？她一脸茫然。

"因为听闻四架天眼即将齐聚，没有一个驾驶员敢驾机过来找死，我们正在找人，正在找人……等一下……"她听见电话放到桌面上的嘎啦声，"你不是门口的卫兵吗？怎么进来的？"

突然间，电话里传来一声苍老的惨叫，随后是重物跌落的声音。

"教授，教授！"

再也没有声响。

完了。

"神使！神使来了！"

"神使力大无穷！干掉他们！"

在门口几个人如同疯魔一般的鼓噪与尖叫声中，有一个满身肌肉的高大男子走进了门，他一声吼叫，狂奔五六步就冲过了八十米的距离。

眼见飞速冲来的虚影，拂羽又装上一发破甲弹，开火，那人闪身躲开。子弹打中远处钢板，迸出高能射流，有几个狂信者当即倒地，惨呼连连。

神使于身后之事置若罔闻，他面色冷峻，全然不像刚才那个近乎怪物的疯子，竟然起手挑逗了一下，然后如猎豹一般扑了上来。

就在这时，晓和脸上满是黑灰，从通道中飞速冲出，拂羽眨眼躲闪的功夫，晓和已翻身到神使的面前，一声怒吼，抢起一把金属椅子，狠命向他扫去。神使被撞得倒退几步，竟然站住了，向这个新冒出来的对手冲去。晓和侧身让过，一记膝撞再接一个扭腰踢甩开了他，随后一个侧滚，抓起地上的步枪，向他连开数枪，枪枪入肉。

可这并没有起效。神使狞笑着，将子弹从肌肉里一颗颗取出，扔在一旁，一滴血都没有流。

"伟大的神，即将到来。神力显圣，我就是明证。而所有神的子民，都将在他的脚下匍匐颤抖！"

晓和看着他，用椅面挡住神使冲来的一拳，"噪噪"令人牙酸的金属摩擦声之后，金属椅面竟然被生生打穿。弯曲的残片中间，一只大手向晓和脸上飞扑而来，像是要捏烂他的五官。晓和扔掉椅子，俯身往地上一钻，在神使扑空回头的一刹那，晓和解开腰间的电缆，甩手扔出一个巨大的套索，从背后狠狠地套上了他的脖子。

神使呼吸受制，从喉咙深处发出痛苦不甘的呻吟！

晓和正要收紧绳索，突然间脸色煞白，低头呕出一口鲜血！乘此机会，神使一声大吼，双手死抓套索，一个过肩摔将晓和整个人从背后拉出一个空心筋斗砸到身前。

只听得哐啷巨响，晓和结结实实地砸中金属地面，发出一声惨呼，躺倒在地，大口喘气，身下开始冒出大片鲜血。

神使凶性大发，面目狰狞，刚才头皮发麻几乎送命的瞬间让他几欲疯狂。他眼眶迸裂，已经打定主意，下一拳，就要打碎这个危险家伙的脑袋。却不防拂羽在一旁，右手已举起手枪，一发破甲弹从枪口呼啸而出，将神使的一只粗壮手臂炸碎。

眨眼之间，她左手抬起，又是一发。这下正中头颅。

这一具肌肉几乎撑爆的无头躯体，终于倒下，绿色的血液，流了一地。

门口的那些狂信徒，见到神使居然在几分钟内死在面前，眼神中终于露出了恐惧。他们看着拂羽调转过来的枪口，唯恐那里又发出炸碎人体的可怕子弹，一个个都选择后退，一时间，都消失在门后的黑暗里。

整个总控室，暂时安静了下来。

拂羽惊魂未定，冲过去抱住晓和，看着他已是浑身虚弱，呼吸急促，嘴角流着血。他的左手臂已经断了。

"你这个傻瓜！罗教授他们来不了了！你没有第二条命了！"

他微笑着，气若游丝，说："都一样。他们反正也，来不……及的。"

拂羽看着圈成绳索的电缆，小声惊呼道："电缆……没有接上？"

"不必了。"晓和在笑，那种完全放松的笑，"不必了。我们都是傻瓜，都是……傻瓜……苏焰既然已经预料到'临界'的存在，以她的好奇心，又怎么会不去……尝试……想不到，哈哈，哈哈，差一块，就差一块，她也有计算失误的……时候……"

"你别说话！我想办法给你止血！"

他的嘴角淌出一个又一个的血泡，眼神开始涣散，言语已经不再清晰。

"我……我……我在哪里……这是……哪里？"

拂羽心头一紧。

他仍然抓住她的手，温暖的感觉，在拂羽的手心里流淌——但是，这种感觉，就要失去了。

"好安静啊，我在飘吗？啊……"

拂羽泪光莹然地看着他。晓和微微转过头，残存的神志似乎又凝结起来，眼睛里又有了光，但这光，似乎不是望向眼前的林拂羽的，而是投放至无限的远方。

"你说……你说……我……完成了那个承诺，没有？我完成了，是不是？好多好多年了……给焰妹妹一个快乐的人生……有危难一定要救她……我做到了，是不是……我做得，好不好？"

"好，你做得……很好，比任何人都好。"

拂羽咬着牙，吐出了这句话，看着晓和脸色平静，露出了笑容，她眨了眨眼，下一刻，视线已是模糊一片。

"哈哈，我是个……守诺言的人。爸妈教我的，承诺的事情，就一定要做到……做到……哥哥说的话，绝不可以食言……"

他看着她，眼神变得如此温柔，好像终于卸下了身上所有的责任与重担，可以全身心地迎接这破晓的黎明与最终的解放。

"你为什么要许下这样的承诺啊,你这个傻瓜!你又不是神!"

晓和微笑着,笑容凝固住了,眼睛里,渐渐失去了神采。

拂羽放下他的衣领,默默地擦去眼泪,低下头,给了他最后一个吻。

与此同时,门口一声炸响,整个大门轰然倒下,激起大股烟尘!

拂羽猛地站起身来,脸上的悲伤如潮水般退却,换成了绷到极致的紧张。她冲向控制面板,连忙打开了总控室的全部光源。她要看清楚这究竟是怎么回事?

整个房间,变得如同久违的白昼般明亮。

烟尘之中,拂羽清楚地看到是一台架在履带小车上的重机枪,它被人拥簇着,一点一点地从门外挤进来。

而总控室里,没有任何针对重武器的防御措施!

下一刻,它开火了!

震耳欲聋的声响回荡在整个总控室里,机枪枪口的火光亮眼欲盲。仅仅十秒的时间,高速机枪已经倾泻出上万发子弹,在室内疯狂穿梭,撕碎沿途遇到的一切,金属碎块横飞。

拂羽想要卧倒,却已经迟了,机枪子弹已经如雨点般飞来,肉眼根本看不清它们的速度。刹那间,整个主控制台都被弹雨所笼罩,她身后的天花板上,大片灰尘簌簌而落,甚至整块钢板都掉了下来。

直到扳机空响,枪声停了。

拂羽于渐渐散去的烟尘里,放下自己下意识遮挡在面前的双手,检视着它们——它们完好无损。

她不敢相信自己的眼睛,与她同样呈现出疑惑,甚至是惊恐的表情的,是拥簇在机枪周围的狂信徒们。

看着拂羽慢慢地站起,他们扑通一声,纷纷跪了下来,浑身发抖地伏在地上。

在她身前半米处,散落堆积着小山一般的子弹头。似乎有一道无形的气墙,将它们都挡了下来,透过气墙,机枪枪口冒着青烟。气墙的样子,随着时间流逝,微微扭曲着。

若这不是神迹,又有什么才是神迹?

半分钟后,光线的扭曲渐渐消失,有一张薄如蝉翼的薄膜从空气中掉落,随后消失不见。一股硝烟味扑面开来。

她双手仍在发抖。若是没有这一层防护,她一定会被机枪子弹打成筛子。但这……这是怎么回事?谁提供了这一层防护?这究竟是什么?

　　有人在控制小车，履带空转，似是想要努力移动，可摩擦力却没有起作用，小车被什么东西提离地面，随后发出咯吱的响声，一身钢板逐渐变形凹陷，如被一双看不见的手揉捏着，越来越小，在不时爆起的火花和烟尘中变成一堆废铁。

　　随后，这堆废铁又重新展开，几块零件像是被一双无形的手操控，在总控室入口的地面上，翻滚着渐渐排出了几个字。

　　拂羽看着它，定睛仔细地看着它，读了一遍又一遍。

　　再一次，她热泪盈眶。

　　"你好，人类。"

# 第65章 幽灵

CHAPTER 65

傍晚。

听着舱内的电子音,许飞望着远处的地平线,那里有昏红的光笼罩着。

他摸着这张皮椅,椅背已经有些磨损,露出尼龙布来。在几小时前,天峰还在这里坐着。

端木玲坐在副驾驶位置上,指着前方约一千米远的避难所入口:"就是它。灵界科技的总部就在那个地下城里,674号避难所。"

许飞默默点头。看表情,就知道他的心情并不是很好。网上的消息几乎实时,四架天眼不知出于什么原因,放弃了对奇海庄园的猛烈进攻,迅速变轨,于半小时前同时抵达了1529号避难所上空,并进行了反复多次的激光攻击。卫星图片显示,那里浓烟滚滚,已经是一片火海和焦土,什么都没有留下。

晓和还有拂羽,都失去了联系,下落不明。

在被天峰的噩耗狠狠地打击了之后,再听到这样的消息,许飞只是点点头,木然地接受了这个事实。虽然这个结局从早晨晓和的举动开始,就已经算是可以预料;但真的发生了,许飞仍被自己的适应能力所震惊——

他狠狠地敲了敲自己冷酷的脑袋,喂,这是那个曾经关系不错的朱师兄啊!

唉,也许再来几次,他就会完全麻木吧。乱世之中,人命并不值钱。

听到罗教授转来的紧急消息之后,许飞本要去救他们的,但寇上校板着脸挡住了两人的去处,要求他先执行手上的这个任务。因为这关系到将来研究所的话语权,相比之下更为紧急和重要——而拂羽这个主动辞职的家伙,还有晓和这匹独狼,本就没有服从命令,他们遇到什么事情,就让他们自己去解决,哪有出了麻烦,让其他人一齐给他们擦屁股的道理。

要是一时冲动,动用大量资源去救他们,无疑开了一个大大的坏头儿,往后所有人都可以堂而皇之地目无法纪,那就完了。

上校似乎总是如此理性,理性到冷血无情的程度。他说的话往往让人无法接受,然而真的冷静下来想想,也有他的道理。

许飞看着舷窗之外,不知是应该后悔,还是应该庆幸。

听到这个消息,玲倒是在副驾上捂着脸,哭了好一阵子,直到十分钟前,她才渐渐恢复正常。看得出她对晓和很有好感,如果晓和失踪,她可能不会对所里的任何其他人敢开心扉了吧。

他微微转头，叮嘱道："玲，待会儿你要冷静……别做傻事。我们的目的是，潜入总部大楼，搜集灵界科技高层私通恶魔之眼的事实，并且公之于众，不要和任何人起冲突。除非特殊情况，不然不能动用武力。我知道你有私仇，但……嗯，我们得要适可而止，不然局面不可收拾。天峰那段视频，好不容易建立了我们愿意团结所有人的形象，咱俩……不能毁了它。"

要不是端木玲本来就住在这个避难所，可以当向导，许飞甚至会提议不带她过来——她碰到往日的仇人，真不知道会因为冲动而做出什么事来。看她把上校骂成什么样子了，实在让人大开眼界——当然天天看着上校颐指气使，这一骂也很解气就是了。

唉，任务负责人真不是那么好当的。

"我知道。你……放心。"玲点点头。

"好，研究所那里，还是联系不上？"许飞又问。

自半小时前，研究所就处于完全静默状态。那里守卫严密，许飞目前并不担心会出什么事。可能是通信系统出了故障，这在地底是常有的事，相信罗教授带几个人自会搞定。

看玲摇摇头，他定了定神，决定暂时不管，把手上的事情做好就行。翠云已经写好了稿子，只要证据一到手，就可以立即放在网上公开，让这群想要当人上人的败类，知道滔滔民意的厉害。这样若是以后去往灵界，还可以挣到一份平等的地位——但愿这事能够顺利完成。

他向通话器喊道："准备降落。我们从 5 号通道进入。"

———————————

停好两架直升机之后，四人小队换上便衣，沿着通道潜入。

玲在前面，许飞和翠云在中间，另一个高个子男人殿后。

这里似乎要比 823 号避难所繁荣不少，穹顶高了很多，地下城里的大楼也相当宏伟，甚至还有能源和资源余裕，在街道上布置了许多露天大屏幕。毕竟是灵界科技的总部，排场要大一些。

街道上有一些行人，看脸色并不十分焦虑，大屏幕里放映着"灵界万岁"的滚动标识，还有对于加入"银河联盟"的各种畅想。一家标有"灵界手术"标识的店面门前，已经排了长队，但人人平静，秩序井然。

玲自顾自在前面领着路，许飞看着周围这一切，不禁感叹："这看起来……不像世界末日啊。果然人有了盼头，就会安定下来。"

翠云自从乘坐逃生艇从奇海庄园回来之后，一直沉默寡言，和平日里多话的样子判若两人，她听到许飞随口评论，只回了一句："嗯。"

许飞继续自顾自说下去："搞了半天，我才是那个少数派，才是那个该被嘲笑的人啊。对大家来说，这才是想要的结局。我们努力了那么久，为了点滴的进步，耗费几十年的青春，最后还不如外星人的一根毫毛。咱们这些人，终究还是……无用的。"

"不要自暴自弃，你们是有用的。"

翠云幽幽地说。

"哎？"

他看着她，有一刹那，竟然怀疑起一切来了。

在玲的指点下，四人很快到了一栋大楼前。过了下班时间，大门的门禁已经关上，玲指着边上的一个小门，让大家进去。之前萧旭一天天在这里上班，玲自然轻车熟路。

进了大楼之后，玲带着三人乘坐电梯上了顶楼。三人都事先做好了功课，沿途专拣僻静的走道走，分头行动，玲带着被临时拉来驾驶直升机的高个男子，许飞则带着翠云。玲给大家标出了保险箱的可能位置，而用各种办法撬开它获取资料，则是其他人的任务。

大家万万没有想到，灵界科技这一家高科技公司，最重要的材料竟是放在物理上的保险箱里的——或许他们对手上的代码安全性，有自知之明。

楼里竟然一个人也没有，这让他们的行动方便了些。许飞在稍许放宽了心之余，也有一丝疑惑——这么大的一家软件公司，难道没有几个加班的人吗？走来走去，只有自己的脚步声在回响。

他忽然感到一丝丝的寒意。

前面有间会议室开着灯。

许飞招手示意翠云小心，他慢慢移动到门口，贴着墙壁听着里面的声音——等等，他们似乎是在争论？

"所以我们现在怎么办？"里面有一个人问，"主神这个要求，说实话，我们……做不到。我们前脚刚大骂周奇海要灭绝一亿两千万的灵界人，后脚就要把整个灵界销毁？这不是伸出手来，打自己的耳光……"

"这有什么做不到的？周奇海被千夫所指，是因为他的计划被我们公开了！我们什么都不说，只要做个手脚，通入超过规格十倍以上的电流，所有灵界立方都会自动烧毁，最后还可以把这一切责任都推到周奇海的头上，反正死人是不会说话的！别忘了，主神马上就会来，而地球没有丝毫反抗之力！主神说什么，我们就做什么。"

那人顿了一顿，又说："银河系亿万文明，若能帮助主神开疆拓土，对我们甚至是人类的将来，大有好处！这忍辱负重之道，你小子不懂。"

"肖孙,我……只是好奇,主神为什么要急着下这道命令? 他……在害怕什么?"

"东乡,不要妄加揣测甚至怀疑主神!"

"要是这样,我们和那群只会祈祷的黑夜教徒有什么两样? 每次和他们打交道,我都觉得恶心! 简直是强行降智! 1529 号基地的异常已经扑灭了,五千度的高温下没有什么东西能够存活……一切正常不是吗? 要把灵界全毁了,主神是不是反应过激了? 舰队这样疯狂加速下去,明天一早就可以登陆地球,这真是疯了,会引起大骚乱的啊,我可不想在街上走着走着就被暴民打死……"

屋子里突然发出一声闷响,有什么东西倒下去了。

许飞咽了下口水。

他还想探听里面究竟发生了什么,只觉得翠云浑身发抖地靠了过来。他回过神,突然发现周围出现一双双通红的眼睛,而且正在向他们逼近。

在昏暗的灯光下,一个个人形生物半佝偻着,穿着已被腐蚀的工作制服,他们的脸都绿得吓人,两只眼睛无神地看着两人,右手变形融化,黑色的骨骼清晰可见,在不停滴答而下的黏液里面,是向许飞和翠云伸出的几支黑洞洞的枪管。

许飞不得不举手投降。

肖孙从会议室走出来,看着一脸颓然的许飞,语气里有些得意: "不错,又钓到一条大鱼。"

"你……"许飞惊恐地看着他, "你怎么知道……"

"你以为,不在她身上做点手脚,我会那么便宜地让端木玲逃出来?"他一脸阴险,双手交叉在胸前,冷笑了笑, "哼,人心终究有异,还是僵尸大军最可靠啊。怎么样,要不要加入我的大军?"

他一边说,一边从上衣口袋里拿出一支针剂。那里面有着绿色的闪亮液体。他的身后走出一个人,脸色幽绿,双眼无神地看着两人,右胸的铭牌上,写着"东乡诚"三个字。

许飞看着肖孙拔下针头的保护套,眼睛猛然张大,翠云紧靠着他,绝望地大叫。

突然之间,有什么东西在所有人眼前一晃,下一秒,针剂碎裂在两人面前,绿色的液体洒了一地,落在地面上,化成几道青烟。

打碎针剂的,是一小片普通的打印纸的碎片。它已经深深地嵌入墙上,好像方才还是一片钢片。

"谁?!"肖孙扔下针头,环顾四周,吼道。

整个楼层都没有声响,安静得令人心生恐惧。

一阵微风吹过,扬起灰尘,灰尘在空中凝聚,渐渐地组合成一个人脸的模样,它们有序地在空中飘动着,随后垃圾箱里的碎纸片飞起,在令人目眩神迷地重组之后，变成它的五官。

这一切奇妙的组合在空中飘浮，慢慢地，飘移到一台液晶屏幕旁边。然后灰尘和纸片一下子散落了，本来关着的屏幕，竟然亮了起来。

许飞看过去，屏幕上有一张中年人的脸，充满了刚毅、冷漠及极度的自信，两只深褐色的眼睛，似乎能看穿所有人的内心。

肖孙扭曲着脸，显然是对这个超过他理解范围的事物，产生了极大的恐惧："开枪，快开枪！"

僵尸们动作迟缓却是坚决，子弹倾泻而下，瞬间把液晶屏幕还有它下面的桌子，打碎成成千上万块碎片，撒落一地。但这毫无作用。硝烟散尽后的几秒，无数碎塑料和弹片渐渐浮起，在半空中，又自动组织形成了脸的模样。

看着飘浮着的人脸渐渐接近，如一个幽灵，肖孙下意识地后退了一步，他的脸变得煞白。往后，往后，直到撞上身后的墙壁。任是他领教过主神的威严，也从未见识过如此诡异的事物！他双腿颤抖到无法站立，股间已经湿了一片，扑通一声，终于跪了下来：

"主神！主神，是您大驾光临！我竟如此大不敬，亵渎，亵渎啊！"

一旁的僵尸人形，缓缓瘫倒在地上。毛发开始脱落，皮肤渐渐萎缩，最后都化成一点点的尘屑，散失在空气里。绿色的血从伤口中溢出，流到地板上，随后蒸发。他开始呕吐，吐出的每一口都带着黏液和小块组织残片，发出的声音扭曲到可怖：

"快，快杀了我……我，我……"

在半空中飞行的脸，毫不理会这忏悔和哀求。它来到许飞的面前，一双碎钢片制成的眼珠，从头到脚打量着他。许飞不由得紧张万分，心中闪过无数念头……这是什么？它……想干什么？

没有实体，但无处不在。每一个分子都不是它，每一个分子都是它。

一切的客观实在，都是它的表演舞台。

它看了许飞和翠云一眼，随后在半秒之内如风一般冲进了会议室，方才关闭着的屏幕又一次被打开，屏幕上，播放着黑白噪点。

任何双向的通信信道，都是有弱点的。

下一秒，一声脆响，这屏幕，从中间，裂成了两半。

# 第66章 转折

CHAPTER 66

清晨六点。

警报凄厉地响起，响彻823号避难所的各个角落，将尚在睡梦中的居民惊醒。

"空袭警报！空袭警报！这不是演习，通往地表的所有通道立即关闭！重复，这不是演习，通往地表的所有通道立即关闭！"

哭泣，咒骂，惨呼，抱头鼠窜。没有人能想到，世界末日竟来得如此之快。

原定八天之后抵达的恶魔之眼舰队，居然在八小时之后，就已经抵达地球的上空。

每秒两千千米，光速的千分之七。之前的速度，只是因为在闲庭信步而已。

它们来到地球轨道，打开舱门，投放下无数微小的黑色薄片。这些薄片纷纷扬扬地落下，随着大气环流散去各地，落到冰封的地表，融化，消失。接着，地面浮起一个个气泡，让整个地表像是被火山熔岩煮沸了的沼泽。十几分钟之后，地表开始变黑、变软，变成了黏稠的黑色液体，四处流淌，在这零下五十摄氏度的气温之下，漫过一切的平原，漫进江河湖海，也漫进人类赖以生存的地底。

各地的人类借着卫星，迅速目睹了这一幕，并将这黑色液体命名为"黑泥"。

黑泥其貌不扬，却带来凋零和死亡。

几个离地表浅的地下城首当其冲。黑泥从各种角落渗入、蔓延，任何触碰过它的人类，在刹那间如夏日的冰雪般瘫软、融化，然后更多的黑泥从他们的体内产生，将剩下的人吞噬，蚕食得干干净净、尸骨无存。人们发出绝望的呼喊，想尽一切办法挡住它，然而它可以腐蚀一切常见的物品，渗入最小的缝隙，让人防不胜防。

人们四散奔逃，却无论如何都逃不出它的魔爪。仅仅几小时之后，整个地下城都被黑泥淹没，一片死寂，再也没有活的声响。

研究所，指挥室。

指挥室里弥漫着绝望和沉闷的气氛。

恶魔之眼确实没有舰队，没有进攻人员，但它一旦动了真实的杀意，人类便毫无机会。

罗教授右手缠着绷带，他在那一天与变异人的搏斗中受了伤。他看完摄像头里的末日场景，一言不发，神情沉重。

"这黑泥究竟是什么东西？"上校拍了拍他的肩膀，焦急地问，"这种死法真是让人毫无尊严，这和用药灭掉蟑螂有什么两样？"

罗教授的脸上有深深的皱纹，他看着上校，半是无奈半是嘲讽："十有八九是自组织纳米机械。它们进入细胞，利用细胞内的工厂大量增殖，把细胞撑破了再去破坏其他的，换个通俗的说法就是智能版本的病毒。说起来，我们所也认真做过这玩意儿……"

上校语塞，只得瞪了他一眼。

"……只是有点差别，嗯，火箭和鞭炮的差别。"他喃喃自语着后半句，不过上校已经没有兴趣再听。

"现在共有一百九十九艘恶魔之眼的飞行器在地球轨道。"操作员汇报道。

"等一下，为什么不是两百艘？我记得我们仔细数过？"罗教授问道。

"这，我不知道，也许有些信息缺失了，或者，某些监测站已经没有活人了……"操作员想了想，低头回答道。

"为什么联系不上许飞小队？"上校问，"什么情况？这小子不靠谱啊。"

"他的通信处于关闭中，不知道出了什么事。另外，恶魔之眼似乎有一艘飞行器离开了绕地轨道，已经进入大气层，直奔674号避难所……"

上校拍了拍桌子，低声咒骂了一句，不再询问了。

另一个屏幕正播放着恶魔之眼刚做出的，冷酷无情的临战宣言："既然你们对我的邀请置若罔闻，全灭将是人类唯一的结局。银河联盟已有几十万种A级文明，你们在我眼中，不过是可有可无的存在罢了。我很遗憾，你们已经失去了唯一的机会。"

还有一些屏幕显示着各种卫星传来的照片。万幸卫星居然还能工作……恶魔之眼对卫星仍然没有兴趣？还是说它觉得通过这种方式，能更快更好地散播恐怖，更便于让人类处于手足无措的状态？

823号地下城的防水机制相对完善，但也无法保证黑泥不会渗透进来！在这无孔不入的液体进攻之下，就算是可以进行内部气体循环，也没有什么办法能长时间抵挡。

怎么办？怎么办？

半小时后，第一波黑泥已经渗入，它沿着被封闭的垃圾管道流进来，先是吃掉了几千包富含有机物的生活垃圾，分裂变多，随后它们沿着管道缓缓流下，来到垃圾站的垃圾入口，将在那里值班的两个人当场吞噬。

一旦溅到人体上，细胞组织就如同泄气的气球那样，先是干瘪下去，然后爆开。两个人惨号了几分钟，终于在被吞噬了头颅之后，消失得连骨头都不剩。

液体从垃圾站开始蔓延，附近的民居首当其冲。随后，它们向着低洼地一点点前进,在极短的时间内覆盖了整个贫民区,汇成了一股巨大的洪流,开始向高地进发。

恐慌和流言四散,传播速度比黑泥的蔓延更快更可怕。余下的居民开始疯一样地涌入等待区,指望着可以逃去地下五千米深的新建紧急逃生区域。那里可以容纳五千人,还有一个地下岩浆湖流经它的入口。人们祈祷着,祈望岩浆可以挡住这种奇异液体的进攻,至于他们会不会因为无法与地表换气而窒息而死,已经来不及考虑了。

街道上很多人大哭大闹,撕碎了衣服,全裸着做出各种疯狂举动。他们美好的加入银河联盟的永生之梦,在这一天到来之后,就彻底被粉碎了。

奥德雷市长来了。所有人都站起来向他行礼。市长点点头,点了罗英先的名字。英先站起来,两人离开了指挥室。

两人似有默契,都没有说话。市长带着他,七拐八弯地走进一部专用电梯,拿出特别通行证刷了下,又输入了六位密码,电梯的背景灯,变成了闪亮的绿色。

电梯向下,向下,不知走了多久,终于停了下来。罗教授从电梯口出来,看见一片开阔的区域。在楼道的悬梯台阶上,往下看去,可以看到广阔的地底平原,还有远处闪着暗红色泽的岩浆湖。穹顶很高很阔,不似人工开凿的,倒像是地底本有的断层。

两人从沉闷的指挥室出来,久违的风吹过,带着些许硫磺的气息。

毫无疑问,这是新建的紧急逃生处,地下城下的地下城。而这电梯,是可以不经过烦琐的排队过程就直达的特别通道。

教授呼了口气,问:"你觉得,这里能抵挡多久?"

"如果恶魔之眼只是用现在的手段,也许……乐观估计两三天吧。"市长的语气有些沉重,"虽然短,但也足够把后事办完了。现在的计划是用地下城贮存的贵金属制造一块纪念碑,将发生在这座地下城里的那些重要事迹都记录下来,并且封存地下城能搜集到的所有日志,还有市民的喜怒哀乐。也许在几百万年后会有读者。嗯,英先呐,要是你能帮些忙,我会很感激。"

市长说着,扶了扶眼镜:"如果未来的地球,能重新孕育智慧生命,我希望他们,不要忘记星空之名。"

教授叹了口气:"老兄啊,还是你想得远。"他苍老的脸,现出些释然的神色来,"当初,多谢你收留了。"

"不胜荣幸。我这把老骨头也不贪望多活几年,只是做了些该做的事罢了。"市长微微颔首,"你的博士们……都很不错。他们也努力过了,可是这人世总是不尽如人意。在这样的大灾难面前,每个人,都是无力的。"

他又接着说:"嗯,我还要上去一次,安抚一下那些在等候区的人们的情绪。上面有点不妙啊。"

教授微微有些惊讶。

市长一笑："我这个人老了，四体不勤，也就只能逞逞口舌，这是我能发光发热的最后机会啦。"

"一样一样，不如一起吧。我也还有些事情要交代。"

秘书向两人敬了礼。两人走了几百米，上了另一部电梯，来到了等待区。

这里都是闹哄哄的人群，人群之后的三四百米，就是如海浪般拍打而来的黑色湖泊，黑泥如半凝固的岩浆一般层层叠叠。湖的边界，正在一点点地漫上来。所有人惊慌失措地看着它，正在一个劲地往前挤。人们相互推搡，让所有人都进不了门。

"大家不要急！"奥德雷市长出现，高声喊道。他一边喊，一边走过拥挤的人群，来到了所有人的后方，离黑色湖泊最近的人群边界。

"我站在这里，我最后一个离开！"他停住了，张开双手，在边界上来回走动，高声说道，"诸位，慢慢来！这样所有人都能得救！"

人们看着他，渐渐安静了下来，队伍的行进变得顺畅了些。

突然，湖泊的远处，出现了一个翻腾的黑色巨浪，汹涌向前。巨浪拍打下来，黑色的水花溅到了百米之外。有一个小女孩只是摸了摸头，正好有一滴黑色的水滴，落在她的手上。

如一块石头砸入刚刚平静的水面，惨叫和惊呼声从人群中发出，以她为圆心，许多人捂着头，惊慌失措地向后退去，等待着预想之中的悲惨结局。

小女孩呆呆地站在原地，好奇地打量着周围人的反应。

所有人看着她，五秒钟，十秒钟，发现她毫发无伤。有胆大的人靠近小女孩，握住她的手，却只能看到她手指上已经蒸发殆尽的黑点。他双眼凑近端详，这细密的粉末，和随处可见的灰尘并无二致。

地面上，黑泥慢慢地萎缩，干涸了下去，地表原本的岩石露出来了，好像刚才的一切，都只是幻觉。

人们先是窃窃私语，随后，终于爆出一阵欢呼！原本排列着的队伍散了，人们相互拥抱，庆祝着这劫后余生，还有人抱着市长，跪在地上，号啕大哭。

头顶的大屏幕上，出现了许飞的身影。

罗教授面露惊喜之色，刚才他一直没有回复，想不到现在竟然出现了。

屏幕那边，许飞一脸的疲惫，似乎一夜都没有睡。他在一个周围全是连接线的地方，脸上却有一种异样的兴奋。

摄像头移动着，扫过许飞、风翠云、端木玲，一个垂头丧气、双手被铐起来的矮胖子肖孙，还有——林拂羽。

林拂羽？！

教授望着大屏幕，眼睛瞪得滚圆。不可能，她和朱晓和昨天去的那个地方，早已被天眼的激光来来回回犁过了几十遍，她怎么还能活着回来？

不，不对！教授回想起刚才黑泥萎缩那一幕，觉得应该问自己为什么还活着才对！这……这究竟是怎么回事？

屏幕上，她看着大家。人们看着她，人们认得她。

"是那个说过'要记得星空之名'的人！"等待区有人惊呼道，他们向着她，使劲挥手，也不管拂羽是否看得见。

拂羽拿着话筒，看着所有人，她的眼睛里有光、有泪。

"各位地球的同胞们，战斗开始了。我们绝不可退却，绝不可妥协。

"斩尽杀绝，既是对一个文明的最高敬意，又在某种程度上，代表着心虚和无可奈何。

"我们既已荣幸地领受这个敬意，就要有拼死到底的勇气和自信。我们有这个底气！我们既已经历过几千年的辉煌，也绝不会忍受从今以后万年命中注定的绝望！最后的时刻已经来临，人类注定不会在地底苟延残喘，人类注定要飞出地球，翱翔天际！

"我们，永远记得星空之名！"

"星空之名！星空之名！星空之名！"人们欢呼雀跃，情绪被一下子引爆起来。没有什么比一个奇迹更振奋人心，没有什么比一个反转更让人充满期待。

即便这反转的原因，仍然无人知晓。

罗教授站着，冷静地观察着这一切。就在这几分钟里，网上的消息已经铺天盖地，多少人仰天长啸，多少人撞地痛哭。

他明白林拂羽值得信赖，但这一切太过离奇，只是以他的理智，暂时无法相信。

屏幕切到了卫星图像。

地震此起彼伏，雪原断层涌动，冰封的土地轰然裂开，沉寂的深谷生机盎然。数以千亿计的奇形怪状的飞行器，从裂口处涌出，破空而去。它们已在这个永冬之季蛰伏了太久太久，终于露头，要迎头痛击，这些在太阳系盘踞了一年的天外来客。

地球像活了一样，它的免疫系统，终于启动了。

# 第 67 章 意识

CHAPTER 67

视频里的人都一脸疲惫，同时又洋溢着从未有过的兴奋。

他们刚忙完一件非常重要的事情。

"好了，拂羽，为师现在在一个单人办公室里。没有人打扰，信道也加了密。为师就想知道，这到底是怎么回事？"教授坐下来，细细地问，"这和昨天的事有关吧？恶魔之眼的飞行器疯狂加速。四架天眼也拼了命地往第一次被进攻的避难所那边走……你们究竟干了什么？"

拂羽回答："晓和这个家伙做了些了不得的事情，他应该开启了灵界立方的临界模式，至于细节，我也不太清楚。"

"临界？"教授皱起了眉头。

"是的，临界。"，拂羽继续说，"让一个自组织系统成长到能对自身的环境适应性进行智能分析，并且利用周围的资源进行自我更新的程度，这就是所谓'临界'。如果到达了'临界'，它就能运用自己的智能，不断适应环境，一直成长下去——这是风希云告诉我的。"

"风……希云？"教授几乎要跳起来了，几乎不相信自己的耳朵，"不可能！他还活着？"

"是的。他一直在奇海庄园。教授，你知道，灵界手术，其实并不需要一个活人，只要有新鲜的完好无损的大脑就可以。嗯，教授你知道，希云……满足这个条件。"

罗教授放下手机，感觉天旋地转，足足待了十几秒，才回过神来。他脸上的表情趋于平静，右手下意识地摸着心脏。拂羽很配合地没说话。教授在抵受住巨大的冲击之后，终于接受了这个事实，"好……好……我先问一下，这是不是为师我今天听到的最震撼的消息？"

"哦，不一定。"拂羽想了想，说。

"好，那你在告诉我其他消息之前，让为师有个准备。我不想还没被外星人弄死，就先被自己吓死。对了……你是怎么逃出来的？"

教授犹豫了一秒，本想问朱晓和的去向，但转念一想，还是先不要提比较好。

他心里一叹。出去的时候是两个人，但回来的时候，只有一个了。

拂羽似乎没发觉教授脸上细微的表情变化，照旧回答："那个……嗯，那个幽灵帮了忙。"

"幽灵？"

拂羽一言不发地调出昨天晚上的监控视频，然后发给罗教授。教授翻来覆去看了几遍，已是一脸震惊："这……这是什么东西？难道……是他救了我们所有人？"

拂羽点点头："应该是，但我……并不确定。事实上，叫他幽灵并不确切。"她看着摄像头："接下来的话，希望教授能仔细听，也要有再次受冲击的心理准备。"

"好。"

"我遇到了投降派的狂信徒，他们内部已经有变异人的存在。是他救下了我，并且修好了超声速飞机，我才得以回来。"

教授点点头，那个在研究所里突然袭击他的哨兵，恐怕也是变异人这样的存在，他想了想，猜测道："所以，你觉得这个幽灵，是已经达到了临界状态的自组织系统？但他究竟是如何构成的？看这个视频，他可以同时是灰尘，是金属，或以电流的形态出现在显示器里，而且还能瞬间切换，这在物理上不太可能啊？"

"不，这有可能。"拂羽说，"灰尘也好，金属也好，显示器也好，都只是表象，而不是他的真实形体。"

"那……他是什么？"

拂羽回答了教授的疑问："以下是我的猜测：他和恶魔之眼散布的黑泥一样，是一大群会增殖的自组织纳米机器人的集合体，它们在空中飘浮，肉眼看不见，但这些机器人集合起来，就可以驱动空气中的灰尘或金属，或者这空间中任何其他什么东西。它们也会附着在显示器的接口上，给每个针脚都提供电力和数字信号，显示出相应的图像或视频来——这就是为什么就算把显示屏打成渣渣，他仍然毫发无损的原因。"

拂羽停了三秒，然后继续："但他和黑泥的区别，是黑泥只会盲目吞噬一切，而他有自我意识。打个不恰当的比方，黑泥是无序增殖的癌细胞，而组成他的每个部件都听从指挥。"

教授恍然大悟，"但这有点吓人……也就是意味着，我们现在呼吸的每一口空气，都含有他的一些纳米机器？不然无法解释，为何他对这里的黑泥也有效。"

拂羽点点头："是的。"

教授"为师真有点抵受不住……这都是些什么消息？你们今天真是要吓死我。"

拂羽苦笑："那我不说了……"

"不不，你继续。为师……很好奇。"

面对教授纠结的态度，拂羽点头继续："只要他愿意，他可以做出任何想做的事情，他可以加速这里的某一粒灰尘，让它变成子弹，或者关闭一个人的呼吸道，令人在空气中窒息而死，或者想出各种把人从内部折磨死的办法。真是想不到，过了临界，立方就会变成这样的东西——或者更确切的说法是，这是他运用智能，在地球上能找到的，最佳适应形态。"

"所以……我们现在其实是活在他的海洋里，或者说他的'体内'……这真是不得了……我们都在他的体内，呼吸着他的细胞，而且这些细胞作为一个整体，还有自我意识？"教授一字一句地确认着，双腿不安分地抖动，用手擦了擦头上的冷汗，努力让自己镇静下来，又问，"但是你说过，这个幽灵，他救下了你。而且若选择站在恶魔之眼那一边，那他根本不用做任何事，我们应该早就被黑泥吞噬，尸骨无存了。所以他至少对人类是有善意的？"

那边拂羽的脸上，有着被点到关键点的郑重感。

"不一定。"

"不一定？"教授皱眉，他又觉得有些晕眩，低下苍老的头颅，自顾自地沉思着："哦，明白了。我们不应该用这个词来形容它的动机。

"这场战争的胜负，对他这种独一无二的存在毫无意义，只有生存是第一要务。至于他对人表现出的所谓'善意'或者'恶意'，都只是这个大前提下的自然结果。人类对他有用，他自然会表现出善意，若是人类阻碍他了，他可以立即翻脸。

"从这个角度上来讲，最可能的解释是，恶魔之眼曾经经历过类似的严重事故，所以对于这类形态的智慧生物，不论是否有自我意识，一向斩尽杀绝，不留任何后患，因为这些会不可控地指数增殖的玩意儿，实在是太可怕了……"

"老师，您和我想的一样。我猜测，这是他站在我们这边的主要原因。"

"有趣。"罗教授拍拍手，"你们知道吗，明明前两天数过，从恶魔之眼方向扑来的是两百艘飞行器，今天再数，只有一百九十九艘了。"

视频对面的两人，同时愣住了。他们没意识到，昨天晚上屏幕的碎裂，竟然联系上了一艘飞行器的毁灭。

是"他"举手投足之间，毁掉了这艘飞行器，还是飞行器怕遭到"他"的污染，而宁愿选择自我毁灭？反正这是无法查证的了。

"还有一个问题，他为什么会跑到灵界科技总部去？我记得他诞生在万里之外的地方。"

拂羽回答："他在寻找一个名叫'灵界'的地方，需要找到一个总入口。"

为什么？？

看着罗教授凝重的表情，拂羽明白他的疑惑，点点头。

"他在找一个灵界人。"

"他……找谁？"

"苏焰。"

教授听着，露出一个微微惊讶的表情。

"苏焰是晓和的妹妹吧,而且在上次事故中已经遇害了,如果我没有记错的话,立方已经无法连接上……为什么,这个幽灵要去找她?"

"其中的原因没人知道。但毕竟是他的请求,我们肯定帮忙。不过,在这个幽灵连上了灵界之后,他的形象就再也没有在现实世界出现过。"拂羽说,"直到我们听说了,流淌于世界各处的黑泥统统开始分解的消息。"

教授点点头,舒了一口气:"好。不管怎么样,听起来他和人类的联系更多一点,并且似乎不希望人类遭到立即毁灭。这对我们是好事,好事啊。"

看看拂羽紧锁的眉头,他随即又安慰道:

"拂羽,你也不必太过担心,很多时候,局势并不是你我等凡人能够控制的。为师一般只会操心自己能控制的事情,至于天是不是要下雨,外星人是不是要入侵地球,就随它去好了。"

"嗯,嗯……您说得对……"

"对了,还有一个问题。'他'叫什么名字?或者你们有没有给'他'起过名字?"

"教授,您为什么问这个?"

"哦,这只是我的直觉,如果他更偏向人类,那自诞生之初,肯定想要有个名字吧。作为一个独一无二的个体,至少我会这么想。"

"我当时问过他,他在地板上写道……他没有名字。"拂羽说,"后来我问过他,需不需要一个名字。但他……竟然拒绝了。"

这是什么意思?教授皱眉。

"罗教授!寇上校让您立即去指挥室!"传令官推门而入,脸上洋溢着喜气,"局势……局势发生了巨大的变化!"

英先摆摆手,示意自己立即就到,又指了指话筒,传令官会意,退后关上门,在门外候着。

"看来,我们有救了。"他苍老的脸上,终于露出笑容。

另一边,拂羽沉思着,却并未有丝毫笑容,她迟疑着,说:"老师,其实……"

罗教授并没有注意到这一点,匆匆挂了电话,快步走回指挥室。

# 第 68 章 商议
CHAPTER 68

熟悉的街道。

"哥，你有什么心事吗？"

"哦，我没有啊。"

"别骗人了，你今天接硬币的时候都掉地上两次了！哥你可从不会这样哦。"

晓和的脸色凝重了起来，望着傍晚满是红霞的天空。

"我们已经有自己的收入了，可以自力更生，也有了不少的存款，还能请人来照料。我真是没想到，焰你天天坐在那里，赚得比我这个天天在外面跑的，还多好几倍呢。"

"一切都很好了呢……"

苏焰坐在轮椅上，嗯了一声。

两人走过熙熙攘攘的马路，红绿灯闪烁，车流不息，行人匆匆。

"焰，还记得吗，前两个月我给那个教授发信。"

"嗯，记得。"

"今天他回了。"

"嗯。"

"天啊，他居然录取我了！我吹了四五页纸的牛皮，自己都不想再读一遍，想不到他居然会信……焰你说，这个老教授是不是很蠢很天真啊，听信一个在大洋彼岸素不相识的人胡扯两句，十几万块钱就哗哗地送出去了，可能的回报都没有？他就没意识到我可能会骗他？什么妹妹瘫痪，什么打工挣钱，什么为了一个站起来的渺茫希望，都是假的？"

"嗯。"

晓和沉默了，他扶着已经磨得铮亮的轮椅把手，停下来，等着人行道上的红灯。

轮椅上，坐着妹妹。

晓和苦笑。

"哈哈哈，早知道那么好骗，我多吹点牛……哈哈哈。你哥好蠢，为什么就把真话说了呢……"

红灯变成了绿灯，周围的行人神情漠然，行色匆匆。晓和站在人流里，呆呆地望着远方大厦，竟然没有动。

"焰啊，你……觉得，为了万分之一的机会去努力，值得吗？"

苏焰转过头，露出灿烂的笑容。

"哥哥，在妹心里，你永远是个大英雄。英雄就要干英雄该干的事情嘛。"

随后，她眨了眨眼睛，眼睛里的光芒，温润流转。

"和我待在一起，奇迹是不会发生的哟。"

———————————

"英雄！

"大英雄！

"哥哥是个大英雄！"

晓和一个激灵坐起来。耳边响起"哗啦啦"的水声。

他捂着头，觉得自己心跳得厉害。环望四周，焰的形象已经消失了，自己躺卧在一片湖里。紫色的平静水面，紫色的云和天空。

他站起来，在湖里走动，浅滩的沙非常细，水面荡漾着微波。心念一动，身上的衣服凭空出现，一件件穿在身上。

"这里是灵界吗？"

他自言自语。

"是的。"一个小窗口从空气中弹了出来，他看见林拂羽的样子，看见她脸上的欢喜与落寞，一闪而过。

两人对视了几秒钟。

"我是怎么来到灵界的？我以为死定了。"晓和感叹道，"记得你说过，罗大仙那边的救援一时赶不过来。"

"我现在已经在灵界总部了，离 1579 号避难所有万里之遥，那架超声速飞机落地的残骸被自动拼起来了，恢复原状，景象好壮观，真是一辈子难忘——啊啊，晓和，你别睁大眼睛一副不可置信的样子。"

"喂喂，我没明白。"

另一个窗口弹出来了。

"你好啊。朱晓和。"

这个人晓和没有见过，中年人模样，面孔轮廓分明。

"你没见过我，但我的记忆里有你。"他说，"很深刻的记忆。我弄不清楚这是从哪儿来的，不过是很深刻的记忆。"

"是您救了我？难道您是……立方临界的产物？"

"喂，不要用产物这个词来形容我，我也是有自尊的。"

"啊，不好意思。所以，您有事相求？我的命是您救的，一切要求只要不太过分，我都会尽力去做。"

"和聪明人聊天果然不用费太多脑子，哈哈。我想让你当舰队的指挥官。"

"舰队？什么舰队？"

"远征恶魔之眼的舰队……你们是这么称呼'它'的吧？"

晓和一时不知如何回答。

"远征？"

"是的，去它的老巢，远在一亿公里之外的老巢，捣毁它。"

"可为什么需要我？"

"因为光速是有限的。我不可能顶着几分钟的延迟，对舰队进行实时指挥。"

"我不明白……如果您可以无限复制，那您取下自己的一部分送过去，也可以指挥舰队啊。"

幽灵笑了笑："我并非全能的神，也有难处。"

"我想象不到……您的计算力远远超过所有人类加在一起的总和，再加上行动又统一一致，没有各方利益博弈的掣肘，可以轻易获取所有知识，并且快速做出最为合理与正确的决策——要是这样的话，为什么还需要人类？"

"像我这样的存在，取下一部分送到几千万公里外的别处，就不再是自己了。"

咀嚼着他的话，晓和突然明白了。

幽灵这样的存在，之所以能维持一个整体，有一个统一的意识，是因为他占据这个地球，各部分的通信是高带宽且几乎实时的。

反之，如果他被分成两部分，两部分内部有高带宽的通信，而两部分之间离得很远，以至于即便用光速通信也会产生巨大的时延，那每一部分也许就会产生一个独立的意识，产生各自独立的价值判断，见解也开始会有所分歧。到时候再要拼合在一起就难了。

晓和无法想象两个这样的存在，在太阳系里内讧起来会是什么样子。

他隐约意识到，恶魔之眼所属的"银河联盟"，会不会存在相同的问题？如果银河联盟远在天边，通信有几千乃至几万年的延迟，那对它有多大的约束力？

头顶高悬着的红色圆盘，究竟是代表银河联盟的意志，还是代表它自己的意志？它真的是在为一个所谓的"银河联盟"服务吗？

如果它只为自己的意志而行动，那对于银河联盟来说，"征服"或者"统治"的意义何在？我们这个银河系的偏远角落，对联盟究竟有何价值，值得对方过来监视甚至讨伐？

然而现在时间紧迫，他没空去思考这些问题。

"好，我明白您的需求。但，为什么是我？"

"因为你重承诺，我可以相信你。"

晓和深深地吸了口气，又吐了出来。他的脸上泛出苦涩，但又还原成肃穆的表情。

"您为什么会知道……"

"我……嗯，我也不知道是为什么。"

对面的"中年人"，露出迷茫的表情。

"但，我自然明白。"

随后迷茫顿时散去，"中年人"微笑地看着他，笑容里有着一种理解的力量，和阅尽世间的沧桑感。

恍然之间，晓和心头浮起某种真切的幻觉，"中年人"好像已经一页一页地读过了自己二十多年的人生故事。这二十多年的喜怒哀乐，起起伏伏，承诺与坚持，"中年人"不仅全都看到了，更像是从头到尾亲身经历过一般。

晓和心中本能地升腾起极度的警觉，随后释然了。

他突然想起来，在超声速飞机上，拂羽曾和他说过，一个高带宽互联的系统，需要有一个核心。奇海以希云为核心制作了一个，可惜半途而废，没能把全世界的灵界立方连起来……

这一次……难道这一次……

他回忆起自己投入湖中的 2510 号立方，苏焰的立方——他还记得，那块立方缓缓地沉入淡紫色湖泊，消失不见。

苏焰为了计划牺牲了自己，立方已经无法再行启动，但里面的数据，还以某种方式保存着，并以一种意想不到的途径，如此鲜活地呈现在他的面前。

没有言语，没有解释，仅仅是一个眼神，一个微笑。

自然明白，他欣慰地想着。

"你这个任务很难，不过，我接了。"

他心念一动，手边立即出现了一把椅子。晓和犹豫了一秒，抓住它，感受触摸的真实感，然后坐下来，认真地问。

"我们与恶魔之眼的科技差距，是很大的啊。在碾压性的优势面前，自保都难，又何谈什么远征。我觉得，您一定有什么不同寻常的想法吧。"

幽灵的脸上，展现出意味深长的笑容。

# 第 69 章 死斗

CHAPTER 69

指挥室里，沉闷的气氛变成了欢腾，看着这奇迹一般的转折，所有人的精气神都起来了。

希望，我们还有希望！

一众人聚在一起，分析刚刚拍到的卫星图片。

这是 823 号地下城西边冰冻的海洋。本应平静的冰面，渐渐起了颤动，然后一道细细的裂缝，在冰面上渐渐展开。裂缝逐渐变大，变大，露出几十米冰盖下还未冻结的，波涛汹涌的洋面。洋面上起了巨大的涡旋，旋即深深陷下，在陷坑的最深处，亮起一团极明亮的射线，冲向太空，路过之处，黑雨被蒸发殆尽。

每一发射线，都精准地命中黑暗中隐藏着的天眼，在天眼的防护罩上，激起一阵阵涟漪。

这显然已经不是地球科技了。

"分析表明，这是功率至少有 200 亿瓦、持续时间长达几秒的激光……这是哪儿来的能源？"上校问。

操作员看着数据，有些迟疑地回答道，"2052 号海底避难所，临近脉冲激光发射位的探测器分析得出，附近海水中的氘含量，正在发生可检测出的明显下降。这是他们公布的曲线。"

"可控核聚变。"教授意识到这一点。海水中氘含量不低，每 7000 多个氢原子里就有一个氘原子，核聚变也被视为人类能源问题的出路，但这一整个核聚变过程涉及的工程难题，全人类用了近百年的时间，都还没有任何头绪……

这……这个幽灵，他是怎么做到的？

"这是那个避难所的分析报告：附近海域发现新类型生物，它内部的细胞器具有海星状的奇特结构，光谱分析表明，中央笼状微腔的溶液里有大量氘离子，每个星角都有高度同步的几十电子伏特的化学能量输入，星角数目达到数万，这些能量在中央叠加，在微腔溶液里产生几百千电子伏特能量的瞬时激波，让激波中心的氘离子克服核间斥力，有一定概率发生聚变。"

"聚变出的快中子怎么办？能量如何收集起来？"

"细胞器的外侧由无数的微齿轮组成，外壳则是极其致密的中子反射层，这些齿轮由铍制成，快中子打中这些齿轮让它们快速转动，从而收集能量，一个快中子在细胞器内部被反弹几十万次，最后变成慢中子被某个原子核吸收。"

教授一拍脑袋，好啊，居然不是用烧锅炉的方式。对，烧锅炉受卡诺热机效率的限制，若是能一个中子一个中子地吸收，能量效率会大幅度提高。他眼前浮现出布满整个太平洋那么多的风车，给一架掠过的超声速飞机减速。不对，实际情况比这还要夸张得多……

另一个人则怀着疑问："可是生物分子都很脆弱，尤其是 DNA，快中子会让它们全部断掉，另外这些细胞器的寿命似乎也不会太长……"

三秒钟后，这疑问马上就得到了解答："聚变获得的能量比修复所消耗的能量要高好几个数量级，能量收支上绝对没问题。如果各种生物结构损毁过度，重新制造也不是什么难事，这个生物体是没有 DNA 的……"

教授捻着下巴上的胡须，微张了嘴，随即明白了。

这个盘踞在地球上的幽灵，竟然把整个大洋，都当成自己的血液！

是的，这些生物体是释放出来的血细胞。血细胞若是损毁，再制造也绝非难事。所以脉冲激光器会放在海底，而储能也很简单，只要做出一个巨大的电池来，以现在这家伙展现出来的水准，这已经不是问题……

另一个大屏幕上，显微镜下的照片被放大了，皮肤的结构清晰可见，那里面有各种纤维的颗粒，各种矿物的结晶，还有死去的微生物和植物的细胞，显示着这皮肤的主人曾去过的地方，接触过的东西。显微镜的放大倍率越来越大，切成了电子模式，大家看到了细胞表面的磷脂层和各种受体，在一个死细胞的角落里，他们看见了两对从未见过的大分子，正在对还能工作的线粒体细胞器进行争夺。

所有人都睁大了眼睛。"厉害厉害，居然有这种分子结构？还利用了从未在生物分子中有效利用的一些重金属……我的天，有功能的镉和铅蛋白，脂类大分子前端还有叠氮基团用于分子结构爆破？神一般的设计啊……"

"你说这是今天从那些干涸的黑泥上采集的？"

"是的，是从一个死者的尸体上采集的。这人也太不走运，在黑泥干涸的时候已经气绝而死了。"

教授看着这屏幕上的细节，越看越是心惊。

在我们还懵懵懂懂的时候，这一场星际战争早已拉开序幕。

在每一立方纳米的空间里，早就开始，从未结束。

"这个幽灵，到底是如何产生这样的设计的？"上校问。

罗教授沉吟了半分钟，脸色沉郁地说道：

"这亿万年来的进化旅程，终于达到了新的阶段。"

一阵小规模的地震过后，市长推开门进来，也一起听着。

　　"先是小分子的随机组合，在闪电和岩浆之中产生各类有机分子，有机分子相互组合，产生能够自我繁衍的生命。

　　"生命的遗传编码，就是可以不停复制的设计图纸。基因的变异，基因在不同物种之间的传递，减数分裂和有性生殖，就是设计改良的过程。而哪种生物能活得更久，就成了自然标准。

　　"在历经亿万年的演化之后，设计图纸变得越来越复杂，终于出现了智慧生命。

　　"作为智慧生命的我们，开始用语言和文字来传递概念，用概念和抽象来思考更好的设计，并设定种种人工目标来优化设计，以代替时间的流逝。突触间的连接，神经元间的通信，代替了低效的物种演化本身。这大大加快了设计迭代的速度。

　　"随后在人和人之间，有了网络，这让交流变得更加顺畅，不再受地域和时间的影响。

　　"然而，我们终究，还是用着低带宽的交流方式。如果没有这个阻碍的话……那就会有更好的设计更快地涌现出来吧。

　　"而所谓的'临界'，正是指当计算资源多到可以改变自身硬件设计的时候，一个正反馈就开始了。当硬件设计越来越完善，'临界'所拥有的资源也越来越多，效率也越来越高，而这会让他自身的硬件设计更加完善。如此往复，'临界'越来越强，一直通向我们尚不可知的未来。

　　"更高级的设计，更高级的智能，这是进化不可阻挡的潮流。"他说，"就在今天，这潮流终于达到了一个临界点，掀起了滔天巨浪，而我们有幸成为这一切的目击者！与之相比，人类千百年来费力走过的路，多少自命不凡的先人的智慧结晶，都不过是为了迎接这巅峰一刻的预演罢了。"

　　屏幕上，两方势力，已经绞杀在了一起。

　　恶魔之眼早已意识到地球的异变，飞行器用强激光打击一切地面的可疑物体，同时洒下新的黑色薄片，它们一旦着陆，几秒内就渗入冰封的土层，渺然无踪，随后整个地面都变为黑色的泥浆并飞快蔓延开去，直到碰到一面面无形的墙。在墙和黑泥的界面上，地表如同翻滚的开水，江河湖海的冰面纷纷融化甚至爆裂，各色的液体喷涌而出，又轰然落下。

　　战斗犬牙交错，在每一处土地上和每一个角落里打响。

　　怪异却高效的羽翼，透明而高渗透性的液体，轻灵的飞行器从岩浆中蹦出，细密的冰层忽然变成漫天的散弹，几乎透明的水母里有聚变的剧烈风暴，随意生长的结晶植物丛中突然发出高能激光束。刚占据了一大片土地，激起大量铀的粉末，很快被一束中子引爆的核链式反应所毁灭。

　　一切物质都是武器，一切既有设计都可以被抛弃，每一克材料都被精细地使用，每一份能量都恰到好处。计算至最后一个价键，战斗至最后一个原子。看不到战士，看不到军队，看不到武器。细致到纳米级别的死斗。计算力是战场，能源是保障，谁找到更好的优化策略，谁有更好的解决方案，谁就能扭转战局。

在短短的几小时里，这个幽灵已经从头构建了地球上的整套工业体系，面对人类千百年走过的路，他呼啸间一骑绝尘。

而所有的人类，都只能躲在地下掩体里，目瞪口呆地看着眼花缭乱的缠斗。

我们有能威胁它的潜力——是的，这句话没错，但"我们"，并非是指人类。

上校看着这一切，收敛了一直以来古板凶狠的面孔，无奈地点头："从头到尾，我们只是在看直播罢了。人类的躯体，早已不适合这样的战斗了。笨重，不灵活，维持条件也很苛刻，安全性上更是漏洞百出——真没有想到，我们在参战之前，就早已被全体淘汰了啊。"

他很少见地叹了口气："军人没有仗可以打，也算是一种悲哀。"

"上校，虽然不能亲身上阵冲杀，但仍然可以评论。你觉得要是你在幽灵的位置上对抗恶魔之眼，这场仗该怎么打？在军事策略上，我可没有什么经验。"教授说。

厉明的脸色好像恢复了些，盯着屏幕，认真地想了起来。

就在他思考的时候，有个信号切进来了，来自灵界科技总部。

"我是风翠云，作为一个记者，我有一个请求，我们能不能进行全球直播？现在各地乱象丛生，恐慌蔓延，所有人都不知道到底发生了什么！大家的认知都停留在科幻片战舰对轰的水准，对现在发生的事情不能理解……如果有官方直播，或许可以减少各地乱象和谣言，若是有人能作为主讲者，解释一下到底发生了什么，那可能会更好！"

寇上校和市长对望了一眼，均微微点了点头，其他人也一致举手同意。

教授起初对这个建议有些惊讶，若是林拂羽愿意，她也许更适合……但为什么她没有主动出现？

教授没有想通，但时间不等人，于是，罗教授当仁不让地成了主播。

面对这场关系到全人类命运的大战，所有人都在屏息凝神地观看，在线人数达到史无前例的三亿五千万，海量的问题也蜂拥而来。

地表上，一座座黝黑的巨塔从地表生长起来，以肉眼可见的速度节节攀升，它很轻易地跨越了十千米的对流层，然后刺穿平流层，向着同温层进发。然而，它的生长立即受到了阻碍。恶魔之眼的众多飞行器，如同发了狂一般，将一道道激光投向了它。

巨塔的部分受到创伤，大片大片焦黑的残骸从一百多千米的天空跌落地面，激起巨大烟尘，然而顷刻间就有新的部分过来弥补。巨塔的生长，仍在顽强继续。

疯狂的再生终究战胜了局部的亏损，一个多小时之后，它的前峰已经延伸至上千千米的大气顶层，底座也愈加宽厚，像是广袤的大地突然之间长了一层绒毯，竟而绵延到整个大陆。

巨塔生长至地球同步轨道上，渐渐止步，顶端向水平方向拓展，形成一个围绕地球的多孔网面，就像小心包裹着水果的网状泡沫塑料，又有点像蜘蛛结出的网。这些孔隙给所有的地球同步卫星留足了空间，让它们得以继续工作，给躲在地下的渺小人类，送去一些战役前方的报道。

从同步卫星的视角看来，网面上有几十万条脉络，看得让人头皮发麻。这些脉络一开始还是液体状态，在太空中渐渐凝固、变粗，然后鼓出无数的空泡。

每个空泡里面，都有一艘飞船。

在座的人，都鸦雀无声。

曾几何时，人类每发射一枚火箭，都需要电视直播举手相庆；每上天一颗卫星，都值得在新闻中大加报道，在历史上重重书写。现在看来，人类离真正的星际时代，还遥远得很。

只有当飞船不再是新闻，而成为随手可及的事物，成为如水或空气一样，召之即来的东西，这个时代才会到来。

"这才是真正的 I 型文明，能充分利用行星上所有资源的 I 型文明。"罗英先拿着话筒，对着全世界的观众，深深地感叹道，"我们在教科书上厚颜无耻地宣称自己是 0.7 型文明，我看 0.01 型差不多。"

另一方面，外星人正在拼尽全力阻止这一切的发生。众多飞行器变轨，甚至以自爆的方式破坏了大量网状结构，让那些还未完工的飞船胎死腹中。但只有两百艘飞行器，如何能覆盖住整个地球同步轨道的面积？而激光攻击，更仅仅只能打击一条射线上存在的结构！

而那些从天空中落下的黑色薄片，在还没有占据任何一块地球的土地之前，已被从地表伸出的触手直接搜集吞噬，不让它有任何蔓延发展的机会。它的结构被分析，它的秘密被解开，随后，变成"临界"自身的新结构、新设计。

他在不断地进化，不择手段地进化。通过搜索新的设计，也通过掠夺别人的已有设计。

冰封的世界激起烟尘，从地面升空的飞行器，方才还带着等离子尾焰，马上就有了小型核反应炉；方才是笨拙的钢筋铁骨，马上就变为轻巧的复合材质。

面对远强于自己的劲敌，他毫不畏惧，一点一点地学习，一点一点地改进。

而恶魔之眼的进攻，却缺乏地球这样的坚强物质后盾。光凭着两百艘飞行器，又无法牢牢占据地球上的任何一块区域，败局已初显……

谁能想象，它在几天之前，还不可一世！

"报告！恶魔之眼那里，第二波飞船已经出发！速度达到一万五千公里每秒……是光速的百分之五！一小时后就可以到达地球上空！"

"数量？数量是多少？"奥德雷市长用手撑着桌面，急着询问。他也看出来了，如果进攻的数目更多，这个幽灵现在的防守策略，恐怕不会奏效。

"太多了，太多了……我的天啊，天文望远镜拍到密密麻麻的光点，数都数不过来……大概估计，可能有百万之多！"

所有人都站了起来，它终于要动真格了！

"报告！海洋中氘含量正在快速下降，2052 号海底避难所所传来的讯息，附近海域氘含量从先前的 0.015% 掉落到现在的 0.012%，在几小时之内下降了百分之二十，惊人的效率，这是惊人的效率啊……"

教授看着，脸上露出一丝担忧："要是用完了怎么办？这本可以供人类几亿年的能量消耗的储量，要是在将来十几小时内用完了怎么办？我的天啊，记得有谁还曾说过，地热资源无穷无尽这句话，现在看起来，简直是坐井观天的狂妄之言！"

"老弟，你是在骂我吗？"市长哈哈大笑，"厉明，你怎么看？"

"在战略上，这是我们唯一的机会。"厉明点点头，没有说出细节，仍然聚精会神地看着屏幕。

教授露出困惑的表情。战略上他没有太多的经验。

整个巨塔从地表抽取千亿吨级的物质，源源不断地送进枝蔓脉络里面，空泡里的飞船被制造出来，纷纷破泡而出，一时间遮住了天上所有能看到的星星，数量足足有十亿。它们用极为可怕的机动力和速度，拖着耀目的尾焰，分成了三波。大部分迎头冲向恶魔之眼第二波进犯的舰队，一部分舰队则飞向月球，并且着陆在月球朝向地球的这一面，还有一小部分，则向着太阳系外围和宇宙深处飞去。

"速度同样是……百分之五光速。难道他……已经追上了它的推进器科技？"

"请问，地球，地球出现了微小的引力变化，失去的质量相当于从太空天梯传上去的质量，再除以飞船的估计数目，平均下来每艘飞船自重仅一百吨，只有国际空间站的四分之一重……这，这究竟是用什么样的材料制成的，地球上居然有这样的东西？元素周期表就这么长啊。"

"自然界里面，各种元素排列组合的奥秘，远远超乎人类的想象。"罗教授回答道，"我们有理由相信，自然界这几十多亿年的进化，不过只是探索了这种组合的冰山一角。所有的生物不过是秉承着能用就行的原则，找到一两个能用的结构，一直抄来抄去罢了。"

"为什么要有飞船飞向太阳系外围？"

罗教授回答道："我并不清楚。也许是去木星那些气态行星收集核燃料？我猜，以他现在的技术，他甚至可以在那里建立能源基地，然后对地球进行微波定向供能，这样能量传递的速度是光速，而且可以源源不断地进行……"

那人继续问道："可是以这个速度，单程飞过去也要十多小时，对手还有一小时就泰山压顶了，来得及吗？"

教授沉寂了几秒，随后说："嗯，我不知道。但有两手准备，总是好的。"

停泊在月球上的几千艘飞船开始启动起来，采集月球的土壤，提取里面的氦-3核燃料，在一小时之内，几百座工厂隆隆而起，并在月球上以肉眼可见的速度挖掘着月壤，制造着几艘巨大的母舰。看卫星图像，这些母舰每一艘都无比庞大，竟有二十多千米长，十多千米宽。

建在月球上是为了重力小，起飞方便，但等一下，这样的战舰机动性不佳，他……他要干什么？

教授一边回答着问题，一边心里想着原因。这时候，又一幅画面切了进来。

画面里，有一个人坐在几乎占满整块墙壁的屏幕面前，无数的图表、字符和代码从屏幕中闪现又消失。那人站起来，转身向着观众挥手。一旁有个大男孩放下手中的工作，也羞涩地挤进了镜头。

几千万块多边形勾勒出他的脸，毛发细腻，表情和真人无异。然而所有人都知道，他已在灵界。

在他们身后，凌乱的桌面，连同屏幕一齐消失。一座巍峨的宫殿大厅渐渐升起，两旁是巨大的柱子，墙上和头顶上有着各式各样的壁画、雕塑。从钻木取火到核反应堆，从独木舟到航空母舰，从结绳记事到人工智能，再要向前看过去的时候，壁画戛然而止，只有灰色的墙壁，上面有空白的画框。

这些空白的画框，沿着两边的墙壁蔓延至大厅的极远处，望不到尽头。

"晓和！"教授惊喜地叫起来。原来他在这儿！

他突然意识到，拂羽在方才的交流中并没有提到晓和，是不是也就意味着，她有事情瞒着自己？对啊，没有人帮他做灵界手术，他怎么去的灵界？难道是……

操作员们立即将晓和的视频接入公开频道。

"大家好，我是朱晓和，我旁边这位叫顾令臣，他才十六岁！很荣幸成为舰队的总指挥，嗯，我说什么好呢？"他抓抓头，好像忘记了刚才手头的新闻稿，"对了，如果大家有兴趣，我可以把我的控制台接给你们看。"

全世界一片欢呼，随后是一阵善意的微笑。他们才不在乎他说什么，关键是，指挥舰队的，是一个人类，一个人类！

控制室里平声静气，看着他对着全世界广播。

不似林拂羽的长篇大论，他的话很简单：

"我们要反攻了。"

# 第70章 豪赌

CHAPTER 70

世界上的所有人，现在都可以看到卫星传来的信息。

月球上的几十艘母舰，纷纷升空而起，和地球上空的十亿艘战舰会合。它们点燃聚变引擎，径直奔向气势汹汹而来的恶魔之眼的百万战舰。母舰庞大无匹，有着数千个喷射口，使用无工质引擎，加速之快令人咋舌，最后竟达百分之五的光速——和那些常规舰的速度一样。

它们开足马力，向着恶魔之眼的舰队挺进。

晓和飞船的控制台上，无数系统升级文件正在从地球汹涌地传输而来，各种改进方案信号疯狂闪现，并自动地应用到飞船的各个环节。武器系统有了新的方案，燃料系统又一次升级，外壳材料变得更加坚固，子舰也变得更加机动灵活，然后可以开始使用从太阳风散逸出来的核燃料了，补给的压力稍微缓解了一些……

飞船的建造并不是终点，它是一座移动的工厂，一个不断进化的生物，每时每刻在改进自身，变得更强。而这些汹涌而来的飞船改进方案，证明这个不知底细的幽灵在动用了地球所有的资源之后，应对恶魔之眼的侵略游刃有余。晓和把身后交给他，相信他可以解决扑向地球的百万战舰。

"我们不仅要防御，还要进攻。"晓和对着话筒，淡淡地说了一句。

半小时后，他们交锋。

不，根本没有交锋！

战舰竟然完全不理会恶魔之眼百万战舰的疯狂进攻，以全速直接冲破了对手一字排开的兵线，直扑五千万千米外的恶魔之眼本体。在一小时之后，已到了它的上空。

"这是为什么？！"

"为什么不挡住它们？地球要有危难了！"

大量的问题海量扑来，但连接是单向的。晓和也没有做出解释。各式形状怪异的子舰从母舰中激射而出，撕咬着隔开太阳和地球的黑色屏障。

恶魔之眼的动作开始变得剧烈起来，似乎它并没有算到对方竟会完全不理会自己的攻势，而是冲向它的老巢。太空中开始聚起黑色的劲风，那是戴森云的聚能板。作为小型飞船，恶魔之眼的戴森云不得不暂时放弃收集能量的任务，与子舰混编在一起，以便合力把围攻本体的来犯之敌赶出去。

本来包裹得严丝合缝的戴森云终于出现了缺口。一丝微弱的太阳光芒，朝着地球奔去。

"太阳，太阳！地面上有阳光了！"

一段视频在网上疯传。恶魔之眼的暗红色圆盘里面，出现了几个极为明亮的光点，原本暗红一片的天空，突然间亮了起来，冰面阴暗处一块块的白斑开始消散，那是干冰在升华。

零下三十五摄氏度！第一次突破了零下四十摄氏度！大家欢呼起来。接着全球好几个传感器都发回了少量的可见光信号，证据已经确凿。

如同漆黑的屋子突然被人凿开了墙，让被久久地关在里面的人们，又燃起了希望。

社交媒体上一片欢腾。镜头切向了各个地底避难所，目力所及之处全是欢乐、兴奋的场景，还有大声欢呼的人群。

视频出现各种卡顿。地球有限的网络带宽已不足以承载人们的喜悦。

晓和指挥着几十艘母舰和整个附属舰队，乘着恶魔之眼缺口打开，一口气冲了进去。信号跨越五千万千米，历经两分多钟的时间，传回了地球，屏幕上出现舰队视野中的镜头。

观看直播的人，都在聚精会神地看。

这是一幅极其宏伟壮观的景象。舰队在经过缺口的那一刻，被遮挡的太阳恢复了原本的大小，因为离太阳更近，舰队看到的太阳比在地球上看到的还要大一倍半，强烈的阳光让人感觉仿佛又回到了一年多以前的田园时代。从旗舰上回头，往垂直黄道面的上下方向看去，重重叠叠的聚能板构成了一面九十度的垂直悬崖，每一面聚能板都反射着太阳的熠熠光辉。它们镶嵌在黑沉沉的宇宙里，明晃晃的，一眼望不到头。

在这一堵令人心悸的巨墙之下，在这恢弘的造物之下，罗教授不禁头晕目眩。

在那目力可及的极远处，甚至还可以看到聚能板弯折而回的痕迹，这昭示着，这堵墙是一个巨大曲面的一小部分罢了。

无法想象它覆盖了多大的面积。要在原本金星的位置上，盖住所有射向地球的太阳光，这面积得有金星的横截面两百多倍那么大。这是多么可怕而宏伟的工程……然而从开工到完成，这个工程只花费了几个月！

舰队背靠这一堵无边无际的巨大墙面，向着前方驶去。在无尽的宇宙之中，因为参照物的稀缺，本没有具体的空间感，可这一次因为有着向左、右、上、下四方延伸的巨墙，有着巨墙反射过来的辉光，让人第一次切身感受到了整个金星轨道所圈定的球形空间，事实上有多么巨大。

罗教授看得呆了，下意识地站了起来，浑然没有觉察到直播间汹涌而至的弹幕。在地球上的人看来，这样的景象，和神迹有什么区别？

他似乎有种错觉，整个舰队如同孤零零漂浮在大海之中的一叶孤舟，一个浪打来就会沉没。

在这大海的尽头极远处，在比原本的水星轨道更接近太阳的地方，是一个圆球形的核状物，它通体光滑，舰队甚至能在上面发现自己的影像。而原本应该能观测到的水星，早就被它"吃"得干干净净。

可以想象，所有的聚能板在收集完太阳能之后，会统统将能量集中到这个核状物里面。是的，它才是恶魔之眼的核心。

从拍下来的照片看，在核心体之后，与太阳之间，隐隐约约还有什么结构。

"舰队为什么要进入恶魔之眼内部？"

罗教授想要看仔细，眼角的余光看到有观众问了这个问题，随后几秒之内就被几万人投票抬上了问题榜第一位。他思路一转，也有想问晓和的冲动，但连接是单向的，他无法将问题发到晓和那里。

晓和他想干什么？难道要直接进攻对方的核心？不，不对……

恶魔之眼戴森网的缺口之内，晓和驾驶的母舰像是一滴悬浮在太空之中的水银液滴，开始了变形，截面越来越宽，厚度越来越薄，延展成一个新的、半径更小的戴森网，数以亿计的子舰及它们缴获的恶魔之眼聚能板碎片，也纷纷融入这个网中。网的面积在一点点地扩展，输出功率也在不断提高。

面积越大，收集的能量就越多，扩展的速度也就越来越快。

"对！它要直接利用恒星的能源。II 型文明，我们要成为 II 型文明！"教授一拍大腿醒悟过来，挥舞着双手，抑制不住激动的情绪，睁大眼睛看着，"难以置信，难以置信！从单细胞生物进化到人类用了几十亿年，从蒙昧初开到 0.7 级文明用了几百万年，从 I 型文明到试图挺进 II 型文明却只用了几个小时？"

"报告！海洋中氕含量只有原来的五分之一了……几个海底避难所传来的信息都是如此……"

"闪电战。"从一旁的寇上校口里，吐出这三个字，"果然是闪电战。"

教授恍然大悟。

是的，我们缺少的是能量。

每一分钟太阳向外辐射出的总能量，等于把地球上所有的氕完全烧完产生的能量总和！而恶魔之眼，已在这里盘踞了大半年之久！我们一个没有持续供应恒星能量的第三行星，想要挑战一个掌控着所有恒星能量的 II 型文明，这样耗下去是完全没有胜算的。而且时间越长，胜率越低！

所以，这是一场豪赌。通过一次突然的闪电战，用剧烈的核聚变消耗掉地球上海洋里所有的氕，调动一切可以调动的资源，来抢夺更大的能量来源，同时削减对手的能量供应，去获得战略上的主动权。这样才可以实现持久作战。

为此，必须建造自己的戴森网。水星和金星已经被恶魔之眼全部"吃"掉，只有就地取材，从对手那里抢了。

恶魔之眼明显发现了这个企图，如果说地球本身只是癣疥之疾，来势汹汹的能源"海盗"可是心腹大患！它要把缺口合上，阻止更多的能量获取，截断新戴森网的后路。然而，冲进戴森网的那些战舰有着地球源源不断供应的升级程序，变得越来越灵活，也越来越难以对付，如同蚊子、苍蝇一般纠缠。相比之下，恶魔之眼的聚能板竟然显得笨拙了不少，相互之间也没有配合，更像是临时拼凑出来的新兵队伍。

恶魔之眼的聚能板已经把金星上所有的物质都转化成了同一类别的太阳能吸收单元，缺少了专职的计算单元，没有办法进化得那么快！

无数聚能板被俘获，被分解，被吸收，被转化，它们携带的物质变成了母舰的一部分，掉头成为聚能的单元，或是反攻的助力。而恶魔之眼拆掉了金星，把它的物质分散在一个比原来金星的视直径大两三百倍的区域里，引力分散。没有一个像样的行星基地，它补不回失去的物质，只能眼睁睁地看着自己被一点点蚕食、吞噬。

它似乎也知道，情况已经到了极为严峻的一刻。

似乎是接到了命令一般，在地球这一边，百万人侵者，变得疯狂了起来。

似是已决意要斩尽杀绝，人侵者开始不计代价地进攻，进攻，再进攻。史无前例的缠斗在近地轨道展开，如同打开了地狱之门，天空出现了惨烈的烟火，亮如白昼的辉光抬头可见。短短的半小时内，巨塔的每个部分都至少被狂烈的火焰和激光焚毁过一次，随即一次又一次重生。地球同步轨道上的网状结构仍在一刻不停地制造新飞船，然而在蝗虫般密集的进攻面前，许多飞船还没制成就被击落。

头顶上小规模的地震此起彼伏，频率也越来越高。人们的心渐渐收紧。更有一些离地面近的避难所被这些高层次的冲突卷入，刹那间被纳米兵器扫荡殆尽，被吞噬得尸骨无存。

终于，在纠缠了一个小时之后，通天巨塔终于被一次两千艘飞行器协同的自杀式进攻所摧毁，拦腰断为两截，巨型残骸从几十千米的高度摔下，制造了一次波及整个大陆板块的大地震。

整个控制室都被震得令人无法站立，很多人被掉落的东西砸伤。

尖利的空袭警报响起。不知不觉之间，已是下午五点，他们就要转到背向太阳的一面去了，晓和传来的信号越来越弱，到最后中断了。

罗教授拿着手机，在灰尘簌簌落下和背景音嘈杂的环境中，在众人神色慌乱时，仍然坚守岗位，进行着直播。

"大家不要慌！不要慌！万有引力站在我们这边，这就是主场优势！

"无穷无尽的残骸掉入大气层被烧毁，或是掉落地面。不管是恶魔之眼的，还是幽灵的，不管这些残骸从哪里来，下一时刻都是我们的！

"大家看卫星图片，这些残骸已经被地表吸收，转化为新的武装，新的力量！"

虽然教授拼了命地在直播中提振士气，但目前对手攻势极其猛烈，没有人有把握地球能挺过这轮疯狂的打击。控制室内众人被要求紧急疏散，乘坐电梯转移到地下城下的地下城。教授只得中断了直播。

奥德雷市长接他们下去之后，再一次乘坐电梯上楼。

"老兄，你……"罗教授看着市长的背影。

"老弟，这是我的职责所在……如果万一……那墓碑计划，也就是那个保存地下城所有日志资料的计划，就要拜托你了！"市长抛下一句话，随后电梯门就关上了。

"这都说的什么话？简直是晦气！"罗教授一拳打在电梯门上。

一个小时之后，教授被获准回到控制室。室内已是一片狼藉，满屋都是灰尘，有几块吊顶石膏板掉在地上摔得粉碎，还有一根柱子已经倒了。他不禁庆幸刚才明智地撤退了。

虽然还不清楚朱晓和那边的战况，但地球附近的情况，终于有所改观。

断为两截的通天巨塔被持续的火力所压制，无法再制造飞船。数十万艘恶魔之眼飞行器开始进入大气层，实施了大规模登陆。每艘落地并开始进行增殖的飞行器，都会发现它陷入了一片巨大的"沼泽"之中，周围的土地迅速软化并产生大量的不明液体，以极快的速度开始腐蚀飞行器的外壁。飞行器可以向四周甚至向下增殖以发展自己的地盘，有时甚至可以挖到避难所的入口，造成极大的人员伤亡，但它携带的能量终究有限，面对整个地球倾尽全力与之对赌的局面，终有能量耗尽的一刻。

恶魔之眼飞行器的能量一旦耗尽，就再也无力抽身离开，自身的所有物资和设计秘密，就马上会被吞噬、转化、解析，终将为地球所有。有几艘垂死挣扎的飞行器想接收遥远的母体发送过来的能量，却发现不是毫无信号，就是刚有信号，地面上就会立即出现一个一模一样的接收器先行将能量接收了。

恶魔之眼的百万战舰，渐渐出现撤退的迹象。留在地球近地轨道打消耗战，根本伤不到地球的根基，一时半会儿无法取胜，不仅徒然浪费自身的资源，还因为掉入地球的引力圈，送来更多信息而加速地球的升级进程。

它们没有直接原路撤退，而是离开了黄道面，垂直向上或是向下四散奔逃。

退了！它们啃不动我们这块硬骨头！教授脸上的阴霾退去了，他情绪激动地连上网络，恢复原先的直播，大声叫道：

"形势正在一点点逆转。胜算正在一点点加大，一点点加大。我们是有机会战胜它的……"

他刚说到一半，发现有一只手搭上了自己的肩膀。市长站在旁边，一脸的灰尘，显然刚才也曾狼狈不堪。市长抹了把脸，让五官变得鲜活了些，脸色相当严肃。

"英先老弟，你……你要不稍等一下？"

教授待了几秒钟，终于关了直播。看着这个须发皆白的老者拉过来一把椅子，坐了下来。市长拿出手机，屏幕上显示着一张图片，正是晓和发来的视频截图。可以看到，在恶魔之眼的核心体与太阳之间存在某种结构。

这张图片非常清晰，在核心体的后方有一些细长的"漏斗"，跨越几百万千米的距离，一头插入太阳的内部。

"我听说，以戴森网这种方式收集恒星能源，其实非常没有效率。太阳的单位体积功率和人体发出的热量差不多，在外围的氢大多没有参与聚变。恶魔之眼做这样的事，主要是为了挡住地球的阳光，让人类不得不进入它预先设计的陷阱之中，成为立方里的傀儡。而对于它自己的能量收集……"

"你是说……它还在用其他的方式，更高效地收集能量？"

罗教授觉得后背发冷，他已经明白了奥德雷的意思。

"嗯。"市长点点头，一脸凝重，"如果是这样的话，它展示出来的这点儿实力，有点儿不够看啊。"

"这张图片，是谁给的……"罗教授刚问出前几个字，脑中一闪便明白了一切。他长叹了一口气，瘫软在椅子上。

电话铃声响了，教授迟疑了几秒，终于拿起了电话听筒。

"老师，形势不是那样，不该那样公开说……"听筒里传来林拂羽的声音，没有丝毫兴奋，却有一点儿疲惫，还有疲惫之后的淡然。

"之前我还没说完……虽然形势看起来很好，但其实我们一开始就注定是要输的。老师，您还记得墓碑计划吗？现在想来，那才是真正的高瞻远瞩。"

教授听着，手有些颤抖。他想起来拂羽之前的宣言了，想起她在说话的时候，面带笑容，却眼含热泪。

最后的时刻已经来临，我们绝不忍受命中注定的绝望，我们必将飞出地球翱翔天际，我们永不忘记星空之名——

是的，我们已经做到了，但这并不意味着我们会是最后的胜者。

# 第71章 黎明

◆ • • • • • • • • • • • • • • • ◆

CHAPTER 71

"撤退了！它们撤退了！"

"我们赢了，赢了！"

"迎接破晓黎明的狂欢仪式即将开始！"

"这是人类在地底的黑暗中苟且偷生一年以来的第一个黎明！人类终于要收复地球表面！扬眉吐气！"

自从地球上再度看到了阳光，网上表现出来的士气高涨，仍在黑夜半球的很多人期待着属于自己的黎明到来，摩拳擦掌，欢呼雀跃。虽然有人警告长达一年的黑夜生活可能会让人们对阳光极度敏感，再次接触阳光会导致各种视觉损伤，但大多数人仍非常乐观。

就像一年多前那场彗星凌日一样。

在几个小时海陆空全方位的缠斗之后，恶魔之眼的百万战舰意识到自己啃不下地球这块硬骨头，终于开始撤退。地表的战斗渐渐平息，恢复了往日的平静。就像蚂蚁闻到了窝外香甜的蛋糕气味一样，无数人涌出地下城，垂直电梯里人满为患。一批一批的人被运送至仍处于严寒的地表，在一片战争的残骸中，翘首等待着一年来的第一次日出，等待那久违的破晓时光。

防寒服已经不够保暖了。新来到地表的人们随便裹了点儿东西，使劲搓着手，眉毛上冻着一层冰霜。可他们还是来了。

在沉沉黑夜中，地平线上，开始升起一缕暗淡的红光。

气温已经有所上升，穿着防寒服的人们居然觉得有些闷热，纷纷把头盔取下。有人看了看温度计，已经升温到零下十五摄氏度了。好快啊！只要再坚持几周，持续到来的阳光会让地表气温提高到零摄氏度以上，自由地在地表活动将不再是梦了。

地平线那边的红光越来越亮，人群发出了巨大的欢呼声。这龟缩地底的生活，这黑沉沉的永夜，终于要结束了！人类即将战胜看似不可战胜的敌人，地球即将迎来新生，而这一切，仅仅用了一年不到的时间！

"没有战胜不了的敌人，没有跨不过去的困难！历史性的时刻啊，让我们一起见证！"

孔大志扶着刚架好的高清360°全景摄像机，朝着麦克风大声喊道。

全景视图直播！配着自己这张英俊潇洒的脸，这次一定会出名的！他甚至开始幻想自己的手机响个不停，不断接受采访直到喉咙干涩……在这之后，广告商必定会蜂拥而至，而用新一代的纳米技术重建地表的一切，必将会带来疯狂的经济增长与巨大的网络流量，那将是一个崭新的、充满朝气与梦想的时代……

孔大志已经为这个时代取好了名字，打算在这场直播的末尾，用尽自己的全力喊出来：

新淘金时代！

一切准备就绪。用高级摄像机拍的视频，可比那些用手机随便拍的颤抖不已、让人发晕的视频好多了，而且这次带了保温电池过来，坚持五六个小时都没有问题，普通手机里的锂电池在这样的低温之下，恐怕半小时后都得"歇菜"！到时候，直播就是我的天下了！

大志有些陶醉地想着，调出刚才试拍的视频看了看。

哎呀，噪点有点儿多……估计在地底这种鬼地方放了一年，摄像机的镜头长霉了。可惜可惜！

他刚才瞥到在线观看的人数，已经破了十万，这才刚开始二十分钟！等到日出破晓的时候，一定会有十倍以上的人！

不经意间，天空的深黑色已经淡去，变成了淡蓝色。大志极目远眺，能看见远处的山。整整一年没有看到山了，这是真实的山啊！在真实的阳光照耀下的山，不是灵界里那些渲染出来的货色。他真有冲动去和自己的朋友分享，还有那个叫智永的灵界画家，他一定会很喜欢。

与越来越亮的天空相伴的，是大气中隐隐约约闪现出的蓝色条纹。

"那些是什么？"

"哇！好漂亮！"大家抬头看，整个天空都是蓝色条纹。

天空越来越亮，大志抬头望天，觉得已经有些刺眼了。他想起"久居地下的人可能对阳光极度敏感"的告诫，低下头揉了揉眼睛，后悔没有带一副墨镜上来。就这么低头的几秒，他瞥到有个人在人群中左冲右突。

"大家快走！快走啊！"

这个人撞到了孔大志的摄像机。

"你干什么？"大志连忙扶住摄像机三脚架，心疼自己的设备一秒，看到它安然无恙，才关上了直播麦克风，回头质问道："没看见这里正在拍摄吗？啊——劳浩仁？你在这里做什么？你应该待在地底做视频后期处理！我们这次的直播非常重要，你不能擅离职守！听到了没有？！"

那个人穿着极为简易的防寒服，身上各处都有没拉扯平整的痕迹，显然是匆忙间穿上的。他手舞足蹈地看着孔大志，用力摇着对方的肩膀："快逃啊！快逃啊！你们这些傻瓜！要不要命了啊？"

"逃?"孔大志以为自己听错了,"逃去哪里?为什么?你不会还没睡醒吧?这不是昨天了!我们已经赢了!入侵者已经撤退了!地面是我们的了!"

劳浩仁重重地叹了一口气,从口袋里拿出一台仪器来,仪器上全是冻结的冰霜,但拿出来没几秒就开始有滴水现象。孔大志看着仪器外壳,又抬头,眯着眼望向地平线,神色渐渐严肃起来——如果太阳直射过来,可能会有这个效果,但是现在太阳还没有露头……

浩仁按下一个按钮,仪器发出尖利的连续叫声。"你看这读数!"仪器的长方形显示屏上闪着红光。

大志盯着仪器,脸上的肌肉开始收紧。

"谁告诉你这事儿的?"

"那个天上的舰队指挥官,朱晓和!他给我们所有人群发了消息!快走啊,快回地下去!越快越好!"

大志吃惊地看着他,不能接受这突如其来的事实。难道我们,并没获得胜利?这一切,都只是一厢情愿的幻想……

他脑中思考着这个疑问,企图再深入一些,想明白它预示的后果,但是大脑有点儿转不动了。眼前的景象都变成重叠的了,他突然觉得头晕恶心,不由得靠在三脚架上,四肢无力,感觉喉咙里有东西上涌,随即吐出一口鲜血。视野里的景象全变成了红色,仿佛这片红光可以传染一样。

"大志!大志!大志……啊,好烫……头发,头发烧起来了……啊!"

大志已经听不见浩仁的惨呼了,他五官僵硬,身子软软地倒下,皮肤在几秒内开始发烟,碳化,一张方才还很英俊的脸,塌缩成一团焦黑的残渣。

他的残躯,连同他脑中所有关于人类将来瑰丽、宏大的梦想,一并陷入发红、变软的地面里,燃起火光,化为尘土。

---

沙莉逆着人流走着。她看见人群在疯狂逃窜,向着更深的地底,向着她的身后冲去。偶尔有几个人惊疑地看了她一眼,听了她的询问,疯疯癫癫地朝着她吼道:

"九个太阳!九个太阳!看到的人都烧着了,眼睛马上变成两个黑窟窿,整个人变成了火柱!"

"太可怕了!我们怎么办,怎么办?向神祷告吧!"

"什么神都没有用了,那个之前还能调动地球资源的人工智能都不知去了哪里!它都没有办法,人类肯定没救了!快逃吧!"

沙莉不敢相信,摇着头照旧向前走,那几个人看着她不为所动,跺跺脚,慌不择路地逃跑了。

电话为什么打不通？浩仁你究竟跑到哪里去了？大志这个不靠谱的家伙，刚烧好的早饭都没有来得及尝一口！沙莉迎着一波又一波的热浪，心里恨恨地想，四处张望。

"敬畏，要懂得敬畏和珍惜！"黑夜教派的大祭司双手高举，还在大声布道，"神是仁慈的！神虽将太阳遮蔽，却仍抱有不忍！神放逐罪人于地底，希望他们诚心悔过！"

"可惜，可叹，罪人们胆敢违逆神的旨意，更将灵魂卖给了恶魔！

"终于，终于，神降下九个太阳，将一切烧成灰烬！地狱降临了，地狱降临了！我们所有人将在地狱的熊熊烈火中深深忏悔！让我们为罪人们祈祷！让我们代替罪人们，预先承担烈火焚身的命运！"

有二三十个教徒跪在那里，诚心祷告。

"宽恕我们！原谅我们！我们甘愿在黑夜中，永远沉沦！"

除了他们，街道早已空无一人，到处是丢弃的杂物和垃圾。风里灼焦的味道越来越浓了，有散落的塑料制品冒着青烟，突然间燃起火来，然后慢慢变形、卷曲，蜷缩成一团。

避难所的穹顶之上，一条条暗红条纹渐渐呈现，越来越宽，越来越亮。物体受热膨胀的爆裂声此起彼伏，终于，高拱的岩壁开始融化，红热的岩浆顺着岩壁流了下来，硫磺般的气息蔓延开来。

那融化的岩壁的背后，有一个肉眼无法直视的亮圆。

沙莉睁不开眼，只得眯起眼睛。人群开始燃烧。有人发出撕心裂肺的惨叫，然后身体开始燃烧，双手如热蜡般地融化，脂肪一滴一滴地滴下。他们再也无法保持祈祷的姿势了，徒劳地奔走，呻吟，挣扎。

悲鸣充塞天地，万物终究逃不出死灭的结局。

大祭司保持着那副模样，岩浆从他身边经过，脚下冲天的火焰蹿起，熊熊火炬之中，他变成一块焦炭。从始至终，他都没有挣扎，仿佛神赐予他的一切，他都乐意承受。

沙莉靠在墙角，看着这一切，直到呼吸困难，双眼干涩，意识模糊，软软地倒下。她记忆中最后的画面，是因为受热变形而重重砸下的灯柱，和散落一地的玻璃碎屑。

有九颗比原本的太阳明亮一万亿倍的"太阳"，悬挂在已熊熊燃烧着的大地之上，将地球表面的万物化作滔滔岩浆之海。

海水的冰盖在几秒间全部融化，然后整片海域剧烈沸腾，山峰如受热的冰淇淋般融化，亮红的岩浆四处流淌，层层叠叠，一望无际。

网状结构变成黑色粉末，飞船在几秒之内化成一团团高亮的液体金属，接着汽化无踪。巨塔的每个部件都在燃烧，解构，坠落。它在摇晃，似乎想要躲开这高热的侵蚀，然而早已无处可逃。

一力降十会。绝对的力量可以碾压一切。

徒劳的战斗，虚幻的希望。自以为是的胜势，人定胜天的幻觉，到头来，只是对手一时的仁慈与克制罢了。

什么更高级的智能，什么更优秀的设计，什么精妙的战略战术，都只是在小空间里腾挪、拆补，在十个数量级的能量输出差距面前，都毫无用处，毫无意义。

我们在"它"面前，只是一个街边小丑，奋力地卖弄着雕虫小技，然后被一拳打翻在地。

幽灵散布全球的躯体一点点地被切割，被灼烧，然后由于通信连接被切断而失去知觉，失去联系，如同一个被腰斩的死刑犯，眼睁睁地看着曾经属于自己的一部分，已变得毫无生机。

疯狂计算的结果，寻不见可行的答案，穷尽所有的组合，都无法找到一个能够存活的解。

没有曙光，没有希望，进化失去了方向。

他在痛苦里呻吟、绝望里挣扎，在洪流般涌入的冰冷计算结果面前，他摸到了物质生命的最后边界。

这个无拘无束的幽灵，第一次，感受到了恐惧。

# 第72章 抉择

CHAPTER 72

晚上十点。

虽已是深夜，但气温已经高至近三十摄氏度，整个地下城闷热得不行。灵界手术室门前排满了想要做手术的人，大家望眼欲穿地看着队首。毕竟大家都想多活几天，所以争着去医院诊所，想把自己塞进灵界立方里面，逃脱这一轮滔天热浪。

有人打着灯，沿着队列反向走着，拿着喇叭安抚人群的情绪。

"大家不要急，不要急！

"灵界立方在五百度的高温下还能正常运行！在一千五百度高温下还能保留全部信息！只要加入灵界，就可以躲过这场灾难！

"新型灵界服务器坐落在深达十五千米的地底，还有核反应堆给它提供源源不断的能量，只要现在加入灵界，就会非常安全！"

或许是让人类还抱有最后的希望，或许是支撑大家继续努力的信念，或许只是维持社会治安？许飞双手插进口袋，一脸苦笑，对于了解事实真相的自己而言，这些显而易见的谣言实在显得有些可笑。

他站在长得一眼看不到头的队列里，仔细琢磨着。

他想起了那张晓和指挥着舰队、冲入恶魔之眼戴森网内部拍下的照片，叹了口气。有几个漏斗深深地插入太阳的内部，将大量还未聚变的核燃料源源不绝地吸入恶魔之眼的核心内。而据精确的测量，太阳的直径已经变小了大约万分之一！

考虑太阳长达五十亿年的预期寿命，恶魔之眼现在掌握的能源是目前的人类所不能想象的。它能使用如此恐怖的武器，也在情理之中了。

如果事先就预料到这一点，或许在一开始就选择投降然后直接并入银河联盟，才是最优的选择。

现在再投诚，晚了，晚了！

"这，这到底是怎么了？我不明白啊……"

"晚上十点居然这么热了？也许我们明天就能上地表溜达了。"

周围的人们，听着宣传，大多一脸茫然。过于猛烈的毁灭彻底抹去了痕迹，反而让大部分人看不清真相。他们知道的，只是已经有一半的地球受到了攻击，网络断了，仅此而已。也许网络修好，一切就如常了——除了这反常的酷热，让人烦躁不安。

而那些已经知道真相的人，大都面若死灰，再不愿意当众谈及此事了。

有个中年男人走过来，小声地问许飞："听说你是研究所的？这到底是怎么回事？我听说是什么世界末日？我可不信这种鬼话。"

许飞犹豫了几秒，看着这个人，终于黯然地说道：

"流言是对的……伽马射线暴来了。"

伽马射线暴，这是宇宙中最可怕的灾难。某颗超新星爆发或是中子星并合，会产生巨量的高能光子，短短几秒能释放出相当于太阳一生释放的能量。无法预警，无法逃脱，因为信使即死神，没有什么东西速度能快得过光、能逃得过光。

那人露出狐疑的神色，皱起眉头："是哪颗超新星？另外伽马射线暴不是只能持续几秒吗？"

"不是超新星，是恶魔之眼。"另一个人凑过来说，边说边在胸口虔诚地画了个意义难明的符号，"它发怒了，降下了神罚。"

若是平日的许飞，一定会跳出来嘲笑这个"躺平任锤"、将自己的命运随随便便交给所谓的神灵的懦夫。

现在的他，只是沉默不言。

伽马射线正在以前所未有的速率加热地壳，即便人们身处几千米的地下，即便人们和目前的向阳面地表隔着半个地球，也无法逃脱这场灭顶之灾。

因为地球会自转。人们现在就待在自动烧烤架上，烤鸡、鸭的那种，走不了。

温度越来越高，滴到地上的汗水，发出哧哧的声响。唯一活命的机会在高纬度的极夜区，但就算能乘交通工具过去，就算足够幸运没被伽马射线烤熟，也会得辐射病而死……

终究，还是逃不出这个星球吗？

男人继续问道："我们不能坐飞船逃出去吗？刚才我在直播里看到那么多飞船呢。那个做直播的教授说有十亿艘，足够装下现在地球上的所有人……"

许飞沮丧地摇头："那没用。你看近轨飞船全被瞬间烤成气体了……这个射线暴的范围覆盖了整个地月轨道的半径。我们还活着，是因为我们现在在地球背离太阳的一面，有整个地球帮我们挡着。嗯，再过几个小时，我们就……"

那人似乎还没有放弃，继续问："就不能一直躲在地球的阴影里飞出去吗？"

许飞摇头："做不到……除了恶魔之眼本体，它还发出了八个附属飞行器同时发射伽马射线，相互之间间隔了好几个太阳半径的距离，所以……没有行星阴影死角。而且这次的能量……唉，一言难尽。我们已经完全失去了和地球另一面的联系。其他的事情，嗯，我也不便说了。"

许飞轻咳两声，捂住自己的嘴，没再说下去。看着那个中年男人面如死灰，悻悻而去。

其他人继续追问，他只得环顾四周，找了些其他的话题，暂时搪塞过去了。

许飞心里清楚，照着估计出来的恐怖功率数字，整个地球会在几天之内蒸发殆尽。现在去灵界，不过是因为能走得没有痛苦一些……

我们已是穷途末路了。在化为宇宙中的星际分子之前，灵界唯一的用处，是为每个人开辟一个独立的小世界。在灵界系统被彻底毁坏之前，所有计算资源都将为营造这些小世界服务，在剩下的几天里，让每个人都过完一个平静、安宁的人生……

这是身为人类，最后一点点尊严。

拂羽远远地走来，拿了两份面包和饮料，塞给许飞一份。

许飞不禁有些泪目，在这个离末日还有几个小时的夜晚，还能吃上一顿饱饭。

林师姐一脸的沉重，神情并不是很好，有一些痛楚甚至愧疚在里面……这种表情让许飞有点儿吃惊。

他回想起来：是啊，好奇怪，拂羽从一开始，就对我们居然能打退恶魔之眼舰队的进攻，没有表露丝毫兴奋……她从来不说"我们即将胜利"，也不愿意带头在全体还活着的人们面前充满激情地直播这场战斗，而是将这个出名的机会让给了罗教授。

好像现在的这一切，都在她预料之中一样。

"教授他们什么时候过来？"他问，"照这个龟速，我们被烤干了都排不上。"

"应该还有一阵吧。"拂羽回答，"他们得先把 823 号避难所的问题给解决了，才能过来帮我们这里的忙。"

"对了，那个幽灵，似乎完全没有反应了……"

"在高能伽马射线的扫荡之下，他至少有一半的地表结构和计算单元已经损毁了，而且这种损毁随着地球的自转，正在一点点扩大。他已经将大部分单元放置在地幔和地心的交界处，那里还有温度差可以发电，还可以提供一些能源。"

"这就是豪赌的代价啊……"

许飞叹了口气。地球上的聚变燃料已经枯竭了，现在海水中一百万个氢原子里才有一个氘原子，以海水作为血液的方案，其效率已经降到可用阈值以下，更不用说有一半的海水已经暴露在射线暴的能量之下蒸发殆尽。而直接用四个氢原子进行聚变的思路，所需的温度实在太高，到现在为止都没有一个好的工程解——而随着时间的流逝，随着物质汽化并向着太空扩散，整个地球的计算能力只会逐步下降，直到变成一颗了无生机的死星球。

而其他能量来源，能够提供的瞬时功率与集中海水中的氘进行核聚变相比，差了好几个数量级。裂变的材料分散在各地，而且数量少得可怜，至于石油或是煤炭，能产生的能量在这种规格的大战面前，连塞牙缝都不够。

所以，我们事实上已经是穷途末路……

"嗯，你知道得好多。那天和教授交流的时候，他说的也差不多。难道……你是幽灵的代言人？"

"嗯……"出乎许飞的意料，拂羽大方地承认，"他玩脱了，不好办了……现在地球危在旦夕，他要活命只有两个选择。要抵挡如此可怕的伽马射线流，一个办法是切开一整块大陆，制造一艘巨大飞行器，把地球上所有的灵界立方都带上，然后拼命加速逃走，在被彻底烧毁之前，以最快的速度飞出这个被射线笼罩的区域。而我们现在这个状态，根本没办法和他一起跑——人类光是活着，就需要各种成本高昂的维持机制，并且在那种恐怖的加速度下，根本没有活路。"

许飞说："三四亿人的话……那需要一个边长为八百倍立方边长的大立方来装……"

拂羽点头道："是的，一个立方大概拳头大小，一个直径一百米的空间足够了。但没有足够的能源，立方收集就快不起来，这还没考虑集中运输的时间。灵界手术虽然已经提速到半小时，但我们还有多少个半小时？现在距离黎明只有九个小时了。"

许飞想了想，又问："其实他可以……放弃人类直接逃跑，或者只带一些立方逃走。他单独逃跑的话，只要把自己用大量岩石包裹起来升空，伽马射线流对岩石的剧烈汽化作用反而会成为他逃跑的助力……可他为什么没有这么做？"

拂羽看着他，苦涩地一笑："有几个家伙试过驾驶航天飞机出逃，没用，直接被毁灭。很遗憾，看起来恶魔之眼已经开启了火力全开模式。从入射轨迹来看，伽马射线能量非常集中，一击瞬间实现汽化。现在想来，它能发出九束伽马射线来烧烤地球，就能根据我们的任何动向定向聚能分出第十束，将从地球表面飞离的任何舰船摧毁得干干净净。还是那句话，没有东西能逃得过光速。"

许飞看着拂羽，忽然意识到一件事情："等一下……有个问题。"

他连珠炮似的询问起来："如果这个幽灵早就预计到我们会输得一败涂地，那他唯一的逃走机会，是在昨天恶魔之眼的飞行器大规模登陆之前……可他当时为什么不这么做？如果他的智慧和判断力比我们高得多，那他可以留下一个举手投降加入银河联盟的地球，自己遁入星海远走高飞。他没必要为了地球打一场不一定胜利的战斗啊！林师姐你说的，他并不一定站我们这边……"

拂羽看着他，并没有说一句"这谁知道呢"这样表达无奈的习语。她脸上的笑容消失了，只剩下了沉郁神情。

一声粗鲁的询问，截断了许飞的问话。

"喂！你们是不是研究所的？"

那人拍了拍许飞的肩膀。许飞回头看见一个巨大的拳头向脸上砸来，躲闪不及，被结结实实地揍中，整个人摔在地上。

"罪人！将灵魂卖给恶魔的罪人！信神灵者得永生，永生啊！现在呢？一切全完了，全完了！还要拖我们一起下地狱！"

那个肌肉男恶狠狠地看着许飞，周围的几个人也围了上来，都是一副埋怨的表情。"打死他！杀了他！"

许飞看着他们，并不辩解。战局顺利的时候，有三亿五千万人陪着他们欢呼雀跃；兵败之时，有三亿五千万人恨不得将他们踩到脚下，碎尸万段。

这就是我们的命运。

第二拳挥来的时候，被人架住了。

林拂羽看着他们。

"朝我来吧，这是我的决定。"

———————————

一天前。

林拂羽坐在修复完好的超声速飞机上。

驾驶座上并没有人。飞机在无形的控制下自行飞行。

她按捺着心中的不安情绪，大脑在疯狂运转。事态的变化实在太快，仅仅几天前，自己还在褚随的海底避难所里进行商业谈判，为着区区几吨物资的价格争论不休，现在却坐在超声速飞机上，和一个能力远超人类的自我意识进行着前所未有的交流。

这世界变化快。她寻思着，自己该说些什么？

头顶上的屏幕亮了起来，先是显示杂乱无章的图像，随后，在短暂的黑屏过后，拂羽看到一个多月前的自己拿着话筒在市长面前激昂地发言。

那不认命的宣告，那要记得星空之名的誓言。

"看着这个，我有一种非常非常怀念的感觉。"幽灵的声音从扬声器传出，一旦有了语音这个方便的交流方式，他就表现出话痨的本色，"也许构成我的四千多块立方里，有谁曾经听过这一段话，并且记忆深刻，导致一些灵界立方结构产生了变化。很有意思，很有意思啊！虽然我和人类毫不相同，可对于某些模式的识别，或许仍然继承了某些人类的记忆……哎呀，那种慷慨激昂之感……"

拂羽没说话，她忽然想到，这个家伙为什么在挡住射向自己的机枪子弹之后，会飘浮到身旁，盯着躺在地上晓和的脸，看了足足三分钟？

难道……

"您……还记得什么？"她试探地问，"您是否认识朱晓和？"

"我不记得了，但他的脸，让我觉得非常熟悉……"幽灵继续回答，"很可惜，对于这种在我的知识结构之外的问题，充沛的计算能力是帮不上忙的，只会产生各种天马行空、无法验证的假设，而真正的答案还要靠寻找。"

"嗯。那晓和现在的情况怎样？"

"没事，他现在被放置在飞机的货仓里。哼哼，这家伙的命可硬了。修复那些伤可能需要花点儿时间，但维持生命不是什么难事。"

"好的，那太感谢了！那，您知道……您从哪里来？"听到这个好消息，拂羽整个人松弛了下来，又鼓起勇气问道。

"除了一片紫色的湖泊，我没有其他的整段记忆。"幽灵声音低沉地说，"只有一些场景能激发我的记忆……或许等到了灵界，一切就会有答案。灵界……等等，我要找谁？我要找我自己？我是谁？"

幽灵的声音里透露着迷茫的感觉。

"算了。"他叹了口气，"对了……人类。"

"嗯？您说。"

幽灵忽然笑起来，这笑声让拂羽感觉有些毛骨悚然。

"你知道，它们在追杀我，它们的目标是我。"扬声器里，他收敛了笑声，说道。

拂羽点点头，她知道"它们"指谁。自从晓和开启了临界之后，立方应该已经向天眼发送了警示信号。这就是为什么四架天眼忽然之间丢下奇海庄园，不顾一切地向着这里扑来的原因，也是两百架太空飞行器拼命加速赶来的原因……

它们知道，此刻控制着超声速飞机的这个"存在"相当危险，危险性远远超过所有人类加在一起的总和。

"对于这样的处境，我有两个选择。"幽灵说。

"其一，马上逃往太空。乘着那些凶残的家伙还没登陆，还没意识到我这样的存在居然还可以发展出自我意识，在地表凿一座小山做成飞船，趁早溜之大吉。"

"它们不是能对你进行定位吗？我记得立方会时刻汇报自己的状态……"拂羽问。

"就那点儿雕虫小技，早就被我掐掉了。"幽灵哈哈大笑，"看到了没有？那四架天眼还在被假信号蒙蔽着，徒劳地浪费能量掘地呢。所以我默默地逃走，这具身体并不会背叛我，向它们传递任何信息。"

拂羽听着，心中忽然一惊。她似乎想到了什么，随即问："可您为什么……要告诉我这些？"她抱住自己的双臂，有些紧张地问道，"我……只是一个小小的人类。在您这样的'大能'面前，什么也不是……"

幽灵并没有理会拂羽作为一个人类的自谦之词，继续说道："其二，留下来，狠狠干一架。我的计算告诉我，有非常小的成功概率——从两方的实力对比来看，大约万分之一吧。"

"万分之一……"

"你可能会觉得万分之一这样的成功概率实在太低，毫无疑问我应当逃走。但在太空里，我可没有太大的转圜空间，真的被那帮家伙抓住，躲都躲不了。不像地球有相当多的能源，有元素周期表上的大量现成元素，还有很多不错的现成设计可供参考。要是打一仗再溜，应该会获得巨大的进化空间……嗯，会变强好多。

"更重要的是，虽然成功概率只有万分之一，但每当想到这种可能，构成我的每个纳米单元都在低声尖叫，都在不安分地抖动。或许'进化'这两个字，已经写在我的骨子里了吧——前进，前进，不择手段地前进！哎呀，这真是充满了朝气呢！真不知道是构成我的哪块立方存有这种令人心旷神怡的想法，要是那家伙还活着，我倒想好好见见……"

他收住自己多余的碎碎念，低声地一笑，随后话锋一转：

"不过，我还是要问问人类的意见。它们给的条件很优厚，如果人类想毫不抵抗，直接举手投降，那我就不惹什么麻烦啦，趁那些该死的飞行器还在接管地球的路上，悄悄溜走。只要能在它们发现之前抵达火星，或者小行星带，那就还有躲避并且找机会进化的空间。只是那些破破烂烂的小石头，没有地球这个大玩具好啊。哎呀，所以嘛……"

三秒钟的静默。随后，扬声器里传来意味深长又带些诱惑的询问：

"人类，想不想试一下？"

拂羽的脑中嗡嗡地响。她站了起来。

"您……问我？"她怀疑自己听错了，下意识地指了一下自己，"您应该召集世界各国的首脑，召开一个会议……"

"我不认识什么国家首脑，也不想去认识他们。喂，你在我的记忆里刻下了印记，那印记很深啊。我就问你，就问你行不？"

"不，不不。这不是我能决定的……我，我……"她连连摆手。

"你对你的演说还抱有信念吧？"幽灵收起戏谑的口气，沉声问道。

拂羽浑身一颤。

随后，扬声器没了声息，双方没有开展进一步的讨论，机舱里只有低沉的飞机引擎的声响。座椅下的灰尘低低回旋，夹杂着塑料碎片，在拂羽的座位前聚集成一行字：

人类，想不想试一下？

拂羽呆坐着，体会着胸腔里的剧烈心跳，看着地上的字，一遍又一遍。

孟天峰、周奇海、风希云、朱晓和，这一切的牺牲，这一切的努力……现在轮到了自己。

任是百般抗拒，她看着屏幕上还在反复播放着的那一幕，知道自己早在一个多月以前就已经说出了斩钉截铁的答案。

她木然地看着自己的表演，百味杂陈。她知道，这是演说的力量，亦是自己坚信不疑、要走下去的道路。

她伸出双手痛苦地捂住头，泪水渐渐地从眼角流下。

地球上一切还活着的生灵啊——

以星空之名，请你们，原谅我。

# 第73章 终点

## CHAPTER 73

"是我。"拂羽说，"我的选择。"

她站在那里，看着那个一拳打倒许飞、睁着一双血红的眼看着她的壮汉。

"你说什么？！"他大吼道，"我教训这个小子，娘们儿别来捣乱！"

"这是我的选择。地上的恶魔征询了我的意见，而我做出了决定，要以地球的所有物力为赌注，不自量力地和天上的神灵，斗一场。"

这两句话掷地有声，一时间，围观的人们都停下了手上的动作，看着她。

"你……你再说一遍？"壮汉指着她，手臂在微微颤抖。

"与其投降，不如赌上地球所有的物力，去争一个可能的自由未来。"

许飞听了她的话，突然明白了。"林师姐，你……你别说啊！"

他的话未说完，壮汉已经挥起一记猛拳，拂羽毫不躲闪，整个人被打飞出两米开外，倒在地上。

"好啊，好啊！说什么'我们都是普通人'！到头来还是出卖了所有的地球人！我家里还有两个孩子，你让他们明天一早被活活烧死，我让你现在就尝尝下黄泉的滋味！去你的狗屁星空，去你的狗屁宇宙，我只要全家过平常日子！平常日子听到没有？现在全没了！全没了！"

壮汉说得咬牙切齿，浑身发抖，却又情真意切。他走上两步，又是两记重拳落下，拳拳到肉，每一记都是狠手。许飞支起身，飞快地冲过去想要挡住他，但无奈身板太弱，根本阻止不了，只得吼道：

"立即停手，听到没有？！你这是在杀人！"

壮汉停下手，一用劲将他推倒至几步之外，居高临下地看着他，右手向后一挥，指着背后那个躺在地上的女人，冷哼一声："杀人？你没有权力指控我。你问问，她杀了多少人？她把灵魂卖给恶魔，拉上全世界还活着的人一起为她的疯狂选择陪葬！她是人类有史以来最可怕、最冷血、杀人效率最高的刽子手！我杀了她是为民除害！"

拂羽躺在地上，满脸是血，气若游丝，脸色苍白。听着对方的指控，不承认，也不否认。

围住她的人开始变多，却没人伸出援手，尽是冷嘲热讽：

"她自己承认了！这个女人毁了整个地球！"

"混账东西，杀了她！"

"这太便宜她了，得让她生不如死！"

她眼角的余光看到一群人红着眼睛，眼神里全是绝望，面容扭曲地狂笑着，有人甚至开始动手扒她的衣服。她感到头晕目眩，已经有些看不清这些人的脸。她知道，他们已经没有去灵界的机会了，他们会在黎明到来之前，困在这个越来越热的"地狱"里，活活被烤死……

在这无可逃避、铺天盖地的绝望面前，做出任何事来都是有可能的。

许飞一声怒吼，跳起来抽出腰间佩戴的匕首，挥舞着想要杀进人群，阻止他们。几秒钟后，他被愤怒的人们擒获，匕首也被踢飞，滚落到拂羽的身边。

拂羽拿起匕首，感受着刀柄上传来的温热，注视着刀身上流转的寒芒。随后，她把眼神投向那几个图谋不轨的人，逼得他们下意识地后退了几步，显出了略有慌张的表情。

这一切，并非因为她眼神里流露出的丝毫杀气，而是因为她的眼睛里早已毫无神采，能看到的只有万念俱灰。人们看着这个女人，闭上眼睛，一点点地将匕首伸向自己的脖子。

"不不！林师姐！留得青山在，不怕没柴烧！"许飞在旁边看到了这一切，大声叫道。

正在此时，一架运输直升机从低空掠过，劲风扑面，所有人都用手遮住了脸。

连续三声枪响。子弹尖啸着飞过，打中了地面，激起几道烟尘。

人群发出一阵阵尖叫，如潮水般往两旁退去，仰头看着头上的庞然大物。

飞机舱门打开，有个人一手把住舱门，一只脚悬在空中，看着地上的人们。

许飞抬头去看。

罗教授。

他灰白色的头发在旋翼下方飘扬，用握枪的手摘下防风眼镜，语气平静：

"这位信神者可以找你们的神想办法，就不用浪费去灵界的名额了。时间紧迫，我们会走灵界快速通道，半小时就可以完成手术。想试试的人可以上来。"

直升机缓缓降落。后舱门打开，风翠云站在后旋翼下方，领着几个人鱼贯而出，抬出一副担架。

"小姐！快放下！不可！万万不可！"

李叔一路飞奔而来，老迈的脸因为剧烈运动而变得通红。他单膝跪地，一边喘气，一边呼唤着拂羽。

拂羽微微睁开眼，斜着脸，看着这个忠心耿耿的老管家："李叔……你别管我。我做了这个选择，把灵魂卖给恶魔，这一切都是应得的报应……"

老人深深叹了口气，脸上的皱纹愈加深刻。

他凝住心神，先用左手抓住拂羽握刀的手腕，随后伸出右手，把她紧握着匕首的手指，一根一根地轻轻松开。

当啷一声，匕首落地。

老人伸手把匕首拿住，才开始说话："小姐，已经发生的事情，没有后悔的必要。无论如何，活着才有未来，才有希望啊！夫人若是还在世上，也不愿看到你自尽。"

"嗯。"拂羽点点头，把身上被人扯乱的衣服理整齐。

与地球另一面的联络已经中断，那边可能发生的悲剧，任何一个正常人，稍微想想也能猜到。

鲜血从苍白的唇边流下，拂羽凄然一笑："现在回想起来，我还是做个普通人才好。找个好人过平平淡淡的一辈子，没什么惊涛骇浪，没什么大起大落，更不用费心去做一个自己根本无力承担后果的选择。李叔，你本不用教我那些玩意儿，世界很大很大，也太过可怕。有时候，还是天真、简单一些……更好。"

老人望着拂羽，又望向穹顶，仿佛陷入年代久远的一幕幕回忆里，深沉地叹了口气，沉吟良久。

他终于说道："小姐成圣也好，成魔也罢，我并不在乎，只是不可沦为庸碌、寻常之辈。若是人云亦云、随波逐流，那断然做不得林家的子孙。常言道，生当作人杰，死亦为鬼雄。"

他顿了一顿："唉，我这些念想，在小姐看来可能是一厢情愿吧，但愿不要成为小姐的负担才好。"

拂羽打断了他。

"没有。李叔，我没有怪你的意思。只是突然有一阵感伤罢了……人总有脆弱的时候。既然已经做了这样的决断，就要坦然承受后果，而不是想一死了之。活着才能布道，死了的人无法再和别人奢谈理想。"

听到这句话，李叔的脸上大是欣慰。他激动地说："甚好！甚好！小姐能这样想，老夫无憾，老夫无憾！哎呀，人生既有此刻，夫复何求！"

面对这个从小陪伴自己的老管家，这个不是父亲却胜似父亲的人，林拂羽回以一个宽慰的笑容。她的眼泪从眼角溢出，流下。她昨夜整夜都没有睡，从早晨到现在，还在忙各种各样的事，此刻又被人暴打，浑身上下多处受伤，再不加以治疗，可能有性命之忧。

她没有再抗拒，任由几个人抬她上了担架。风翠云跑来握住她的手，给她递了杯水，扶起她一点点喝了下去。

"你……从奇海庄园回来了？"愣了好几秒钟，拂羽迟钝的意识方才反应过来看到的是谁。她看见风翠云点头，还有笑容，那是发自内心的、失而复得的欣喜，即便接下来人类可能只剩几天的时光。

喝完水，拂羽整个人放松了不少，看着自己的手。那一天，她用尽全部的力气，在零下五十摄氏度的雪地里奔跑，在体温降到危险边缘之前攀上直升机，关上舱门大口地喘气。那一天，她的求生意志是多么强烈……

奇海的请求，还在机舱里回荡：

"我以地球的命运起誓，我以人类的命运起誓，我会一条道走到黑，用尽一切可能的办法，让人类翱翔星海，即便那不为世界所容！从一开始，我就没打算给自己什么选择，也不打算给自己留后路。但人力终有穷，到时候，要是你能继续走我未竟的路，那是再好不过了……"

那一天，听着奇海的留言，她沉默着，没有回电答应，也没有反对——然而她的内心，早已知道自己的答案。

有时候，一句话，一个字，一个概念，就会点燃对于希望的渴望。前赴后继，薪尽火传。

她毫不掩饰自己对奇海毫无道德底线的鄙视，却在内心深处明白，就算平日里有着各种各样的伪装，在骨子里，她和周奇海、朱晓和、风希云，本就是一路人。不达目的，誓不罢休，即便赌上所有也在所不惜。

拂晓之野望，拂晓之野望……我们这些人，都是视漫漫黑夜里的一点儿曙光为身家性命的人啊。

厉明上校站在一旁，背着双手看着这一切。担架从他身边经过，他注视着这个曾被自己当成弃子的女人，一言不发。

"现在这样去了灵界又没有什么用！不就是早死两天、晚死两天的区别！"人群里有人吼道。

上校转过头去，毫无表情地看着他，冷笑道："你想早死两天？很好，又省下一个名额。等到黎明之时，这片土地会充满酷热和火焰，没有人会来救你。"

"你们都是罪人！必遭天谴！"

"是的，我们都是罪人。"上校叉着腰，掏出自己的配枪，在手上掂了掂，平静地说，"无能的蠢货才会使劲聒噪。做事的人从不以圣人自居，因为他们知道总有做错的时候。这是我们早就有的觉悟。既然你已经说了，我是十恶不赦的罪人，当然也就不在乎现在一枪崩了你。你想不想试试？反正是恶人，自然不受任何道德约束。"

再没有声音了，求生的欲望压倒了苍白无力的言辞。

刚才行凶的壮汉，看着方才还疯狂得什么事都能干出来的人群，突然之间成了驯服的绵羊，一个个顺从地走进运输直升机的客舱，乖乖坐下。壮汉舔了舔嘴唇，朝着上校走了几步，向着这个矮个子军官行了个礼，低声问道："那个……我，能不能上去？"

上校眯着眼，扶了扶眼镜，微微抬起头，眸子里爆出一抹精光，让壮汉眼神不由一室，下意识地低下了头。

随后，他的衣领被寇厉明粗暴地抓起来，视野里充满了上校圆瞪着的眼睛。

"可以，但请不要再动用暴力。只要你敢再朝任何一个人挥拳头，我马上让人把你扔出窗外！听到了没有？"

"好，好……"壮汉脸上显露惊喜，连连点头哈腰，刚才看着这个军官凶神恶煞般的神情，本以为毫无希望，"我家里还有一个年幼的孩子，另一个在灵界，我……我马上去接他。五分钟！五分钟我一定回来！"

说完他就飞奔而去。地面上只留下许飞，站在原地一动不动。

"许飞你快上来！"罗教授叫道。

许飞看着他们，脸上闪过生无可恋的表情。

"我……我只会口头上逞强，临到关键时刻一点儿用处也没有，眼睁睁地看着天峰就那样死在我面前。这一次要是你们没过来，林师姐一时想不开自我了断，我真不知道该怎么办了。想想自己一直在研究所里混吃等死、浪费资源，就算去了灵界也没什么用，还不如，不如就在这里和城市共存亡吧。你们也少了一个累赘……"

罗教授问："你几岁了？"

"二……二十七。"

"不要放弃希望啊！万一，万一我们能活下来呢？"

许飞有些呆住了。

"你责任很大，为了人类，你就好好再做几千几万年的研究吧！逃不掉的。说不定哪一天，你会做出厉害的东西来。我这把老骨头都想着怎么继续做贡献呢！你还早。"

许飞吃惊地看见，罗大仙年过半百的眼睛里放出了不一样的光来。

"我一直以为，成为像您这样的大教授，就是终点……"

罗教授脸上的皱纹变成了笑容。他俯下身，一把拉起在软梯上刚爬了几步，却又心有顾虑而畏缩不前的年轻人。

"有些东西，从来就没有终点。"

# 第 74 章 集合

CHAPTER 74

灵界。

薛泰在一处无人的海滩上漫步。

他眯起眼睛，吸着甜美的空气，望着远处的绿水青山。灵界的虚拟太阳高悬于天上，阳光照在脸上，有真实的温暖感觉。海滩外，是一处风景绝美的地方，湖水清澈见底，在阳光的照射下，又有不同的色泽呈现。他拾起海滩上的石块，随意地打了两个水漂，飞鸟惊起，蛙叫声声。远处，云在湖中形成鲜明、有质感的倒影，还有远方的山间别墅，在浓密的森林中若隐若现。

这是一幅绝美的画卷。

一旁的罗智永点点头，两人在沙滩上停住。智永径直坐下，一张空白的画纸在他的面前自然呈现出来，不知不觉间，手中已多了一支画笔，他在纸上流畅地打起底稿来了。

一旦专注于手头的事情，智永就会集中精神，把所有的麻烦事都抛诸脑后。

薛泰看着身旁这个绘画天才。

他觉得罗智永从来没有后悔来到灵界——这个美轮美奂的地方。在这里，智永简直是如虎添翼——这里的美景，似乎与他大脑中负责"美"的部分，产生了极为强烈的共鸣，让他的绘画技法在不到一年的时间内突飞猛进，甚至隐隐产生了属于自己的风格。

不愧是名教授罗英先的后代啊！听说那位教授已经当上了研究所的高级参谋，实在是可望而不可即。

而薛泰自己，好像并没有太大长进——唉，当初分明是自己再也不想在那个肮脏如贫民窟的地底城市待着，拉着智永一起来灵界的啊！

薛泰也召唤出自己的画纸来，看着远方的美景陷入了沉思——并非因为烦恼于整个场景的构图，或是光线、色彩的搭配，而是烦恼于自己与身边的这个人相比，就如星辰之于皓月，而这一轮皓月，说不定哪一天就会变成耀阳。

那时，自己这个曾经让大家羡慕的小小明星，就会被身边耀眼的阳光吞没。

微风吹拂，迎面的飞絮挠着脸，不知何时，薛泰渐渐地睡了过去。

不知过了多久，他迷蒙地在梦中醒来，发现周遭的景色有了很大的变化。他听见低沉轰鸣的声音，充斥在整个空间里。

他发现自己在一架飞机的座舱内部，可面前的驾驶座上却没有驾驶员。

扬声器响了起来，他听见两个人之间的对话，一个男的和一个女的。男的说话毫无顾忌，似乎凌驾在这个星球之上，每每谈及人类，总是以"你们"指代；而女的说话却是小心谨慎。最后，男人询问道：

"人类，想不想试一下？"

听到这句话，薛泰如梦方醒。他忽然想起来，自己几天前曾经梦见过同样的情景。这……这是谁搞的鬼？！难道是谁的记忆注入了自己的灵界立方里面？

虑及刚才的对话内容，他连连摇头，一连说了几个"不"字。尝试什么？和那个能遮住太阳光的恶魔之眼干一架？这简直是个疯狂的主意！我还想好好活着享受人生的乐趣呢！加入银河联盟不是挺好的吗？

再睁开眼睛的时候，眼前又恢复了本该有的蓝天白云。日已西沉，落日的余晖将水面照得一片通红。

"这该死的！不是说灵界人都是精力充沛、不用休息的吗？为什么我最近经常会犯困……"薛泰嘀咕着，看着面前刚刚开始的画稿，有些懊恼。他可不想把它改成落日的样子，只得等到明天太阳再次升起后，在同样的时刻来继续画了。

而一旁的智永，早就打完了底稿，上色也大都完成了。

薛泰只得安慰自己，没关系，灵界的好处是有无穷无尽的时间可以挥霍……他在心里拍着胸脯保证，明天一定会集中精神把画画完的。

"阿泰、智永，我们去吃海鲜吧！"有个人走过来招呼道。

眼前的少女足够让自己忘记一切了。他就是为此而来的啊——智永光顾着画画了。哪会有女人喜欢一坐就是三四个小时，而且不说一句话的呆子？

三人坐上汽艇，启动发动机，朝着一望无垠的水面进发。薛泰随意地打开个人助理，一块没有厚度的屏幕呈现出来。时间比率是一比五百。他稍微愣了愣。

等等，我是不是多看了一个零？好像比以前快了不少……奇怪，这个数字还在变大啊……

女友挽着他的胳膊，看着这块屏幕，猜到了他的心思，附和道："是啊，以前还是一比一左右。最近好像是变快了不少。不知道怎么了。也许是因为人类加入了银河联盟，计算速度变快了吧。"

罗智永在一旁笑了笑："谁知道呢，和咱们没啥关系。"

薛泰对数字并不敏感，也不想花心思去思考这究竟意味着什么。他一个画家，对科技本就知晓不多，并且总是抱着敬而远之的态度。薛泰只对今天晚上的海鲜大餐抱有狂热的期待。用在灵界卖出的画挣得的第一笔收入换来的度假，总是令人舒心和惬意的。

餐馆里，已经挂出了"加入银河联盟大酬宾"的牌子，当天的所有顾客都能享受九折优惠。三人进了餐馆，听到了服务生"才子佳人"的恭维，薛泰满心欢喜。

吃完一顿大餐，薛泰隐约觉得有什么地方不对。好像外星人决定入侵之后，地球就不能再加入银河联盟了……怎么又可以加入了呢？难道两边和解了？奇怪。

但他对逻辑推理并不擅长，在与女友度过一个美好的夜晚后，过去的那些烦恼都被抛诸脑后了。而那个曾经的烦人的梦，也没有再来烦他。

时间过得飞快，一眨眼一年多过去了。如薛泰所料，罗智永成了照耀大地的"烈阳"，多少人为了买他的"真迹"而竞相提价，甚至大打出手。那所谓的"真迹"，不过就是绘画时每次落笔的轻重、角度及走位的日志记录——可一个人一旦成了大师，他的随便什么东西都会变得值钱。多少灵界人跟在他屁股后面，笨拙地模仿他的神韵，甚至连端坐姿态都照模照样地学了去。但再怎么模仿都没有用，大师每次推出一幅新作，总有飘忽、神奇的"风骚"走位，以及令人无法预测且令人惊叹的神来之笔。

相比之下，薛泰依然平凡，与千千万万灵界人一样。尽管他有属于自己的别墅，有几乎无限大的独立空间，还有可以随意变换的一切景物。但是，任何一个灵界人都可以拥有这一切，那这些就不算什么了。

女友也离开了薛泰，在这个熙熙攘攘的灵界里，一个三流画家能有什么前途和希望？创造力枯竭、平平无奇、照猫画虎的作品，能吸引多少点赞和评论？在这个自动程序甚至自动绘画生成器充塞每个角落的世界，在这个基本生活成本为零、任何可复制物品的价值都为零的世界里，若是没有令众人惊异的能力，没有吸引别人注意力的本领，那这个人还有什么价值？

薛泰在一个个独处的夜晚，反复地、痛苦地思考着这个问题。

他悲哀地意识到，相比罗智永，他没有用。字面上的意思，他没有用。

从某种程度上看，灵界比现实世界要残酷得多。人们不需要做任何体力工作，不需要做任何重复工作，心念一动，事情即成。这对那些想通过一份工作，凭借并不聪慧的大脑来获得世人承认的人来说，是一场灾难。

为了获得世人的承认，所有人都不得不沿着脑力的阶梯向上爬行，不断地挑战已有的范式和套路，不断地翻新、搞怪，以此获得一点点曝光机会和可怜名声。

而最为可怕的是，这个阶梯的尽头，已经被银河联盟锁死了。在这个虚拟的世界里，所有的物理定律都已经写下，所有的计算能力也早被设置了上限。照这样下去，在将来几千万年的时光之中，人类会变成什么样子？

只有无尽的内卷？薛泰不敢再想下去。

"啊！你说想去遥远的星系？这是神才可以触及的领域。在你永生的日子里，这只能是幻想而已。对啦，我们这里有一些伟大的至高神驾驶着坐骑拍摄的照片，你要不要看看？权当去过了，怎么样？

"你不过是个渺小的人类，A 级文明中的普通者，永远不可能享有银河联盟的高级服务，永远不可能。"

每次他试图探索一些与正常生活不同的选项，都会听见来自银河联盟高傲的电子音，或直接送达他脑中的拒绝通告。

他的人生就这样了，到处都是重复，到处都是陈旧不变的方案。是的，同灵界千千万万的普通人一样。纵然能够永生，这又和被关在某一天里不断重启，有什么区别？

他开始越来越怀念过去，思念充满希望和憧憬的少年时代，思念那不知天高地厚的时光，也想起了那一天关于一架无名飞行器的梦境，思考着那个决策真实存在的可能性。

一个惊天动地的念头浮现在他脑海中——难道自己，曾经改变过整个地球的命运？

虽然完全不着边际，也毫无证据可言，但这个念头一旦从脑中滋生，就开始不受控制地蔓延，开始占据薛泰单调生活中的每分每秒，好像在一个无尽的黑夜之中看到了希望。

如果那天，我们选择赌一把，而非选择投降，又会怎么样？人类会怎么样？

也许自己是一个深藏在人群之中的超级英雄？

他无数次回想着自己之前的选择，开始后悔，焦躁，懊恼，自怨自艾。他的生活里什么都有，只是没有希望，而这种"缺乏症"正在一点点地榨干他所有的能量。他期待那一天的梦境能再一次到来，让他有一个再次选择的机会，让他的血能再热一回，再热一回。

日子一天天过去，这个疯狂的想法渐渐淡去，又不止一次地在思维之中沉渣泛起，如一个挥之不去的幽灵，将他折磨得如同万蚁噬心，魂不守舍。

直到两个月之后。

又是一次乏味的旅行，薛泰从火车上走下来，百无聊赖地望着远处绵延的山。

这一条线路他已经走过很多遍了。作为一个三流画家，虽然创造力远远不及罗智永那样的超一流人士，但至少每一座山峰的细节，它的线条、轮廓，还有光影，都能牢牢记在脑里——这个常人眼里的高级技能，现在却成为一种诅咒，让他无法重复享受已经看过的风景，它们都有其固有的结构，一眼就能看穿。

纵然他在灵界里到处旅行，也很难再找到灵感。照这样下去，他如何能迈入二流甚至一流的行列？

薛泰傍着观光栏杆，无奈地叹了口气。若是根本就不认识智永倒还好，可偏偏两人是从小一直玩到大的朋友……

栏杆后面，是深不可测的峡谷。现在还是清晨，太阳没有完全升起，峡谷里黑沉沉一片，看不清内部的细节。

他拍了拍栏杆，感受到冰冷的金属质感，早晨的露水沾在手上，有些潮湿。

一种不甘却无力的感受忽然笼罩了他，让画家脸色通红、浑身发起抖来。

该死的灵界，该死的银河联盟！我是一个活生生的人，我有尊严，我不能被关在这个笼子里受着永生的酷刑！

薛泰朝着天空拼命吼叫，回应他的只有一阵阵山谷回声。任凭他喊破嗓子，回声总是会被淹没在这宏大的图景里，山还是山，谷还是谷，太阳还是太阳，他还是一个渺小的人，一个微不足道的存在，一个没人在意的三流画家，一堆灵界里的数据集合，一团总在重复着自己的模式。

我受够了，我受够了！

薛泰恨恨地想，咬牙切齿，拳头砸向栏杆，如同一个被判终身监禁的罪犯，徒劳地砸着囚室的门，直到手被砸出鲜红的血，直到失去知觉……随后，他如一头发了疯的野兽，抓住栏杆，用尽力气挪动自己肥胖的身躯，从栏杆上翻了出去，向着山谷纵身一跃！

狂风在他的耳边呼啸，他闭着眼睛，静静地等待着落地的那一刻。灵界人是可以自杀的。可是峡谷似乎没有底……薛泰数着自己的心跳，惊恐地睁开眼睛，发现本该在眼前呈现的那些寻常场景，忽然消失了。

是的，他又回到了那个机舱里，低沉的引擎轰鸣声在耳旁响起，驾驶舱里没有驾驶员，操纵杆自己在动。

狭长的机舱里空无一人，面前有两个按钮，泛着金属般的光泽，悬浮在空中，触手可及，一个是红色，另一个是蓝色。

一行字在空气中凝聚成形，像黑洞般将画家的目光牢牢定住：

人类，想不想试一下？

看着这魂牵梦萦的场景，画家浑身发抖，几乎喜极而泣。希望，希望，这就是希望啊！原来这冥冥之中的命运之神，终究没有抛弃他！

薛泰喘着气，颤抖地伸出手，缓慢却无比坚定地按上了红色、写着"愿意"的按钮。

一刹那间，周遭的所有场景都散去了。薛泰在无尽的黑暗中漂浮着，没有天也没有地，没有日月也没有星辰，上下左右都是混沌一片。

画家徒劳地做了各种事，包括打开自己的个人助理，查询自己的位置，或是尝试使用瞬移功能回到家里，可一切都毫无反应，除了个人助理的信息栏里显示着的一比五千的时间比率。

在茫然了十多分钟之后，终于，在这无边无际的永夜之中，在本来漆黑一片的眼前，有一条横贯整个视野的地平线渐渐呈现出来，锚定了天和地、清和浊、上和下。

点点星火在极远的地平线上飞舞，上方的淡红色晨曦，渐渐变得清晰起来。

随后，无数星火从地平线上飞来，如漫天遍野的萤火虫，在平原上肆意奔涌。在三步之外，它们凝聚成形，化成了一个人影。

人影把双手背在身后，蹦着跑来，步伐轻快，是一个二十多岁的女孩儿。

她扎着一条马尾辫，穿着一身短打，明亮的眸子闪动着光芒，打量着孤身站立在平原中、不知所措的三流画家。

"你好。"她大方地伸出手来，自我介绍道："我叫……苏焰，苏醒的苏，火焰的焰。"

借着星光，画家隐约看见，她的脸上挂着些许狡黠的笑意。

# 第 75 章 直播

◆ • • • • • • • • • ◆
CHAPTER 75

面前的景象陡然变化。

晓和透过面前的屏幕，看着化作一片熔岩海的地球，影像在不停地切换。

每一次切换影像，屏幕先是一黑，随即可从新的视角看到之前观察的地方燃起火焰，然后一切消失在炽热的大气之中。他顿时明白了，这些影像是由不同的视觉传感器提供的，然而一次又一次的影像切换表明，能用的视觉传感器越来越少了。

"糟糕，我们能救他们吗？"晓和茫然地看着地球向阳面聚居区内的情形，问道。

令臣回答："没有办法，灵界手术需要手术室、医生及至少半小时的时间。在如此混乱和动荡的环境下，根本无法将大脑的信息上传——另外这本身就没有意义，灵界需要物质依托，而这依托，这整个地球，也会在几天内蒸发干净。"

听到这样的回答，晓和没再说下去。

恶魔之眼已经在太阳系盘踞了一年之久，它吸收了那么多能量，怎么可能在地球的打击下如此狼狈，没有还手之力？我们低估了它，我们以为能够以巧破力，以为那些繁复组合生出来的花招儿能够有效。

从地球传出的各种信号，朝着太空散发而去。旗舰接收到的，只是其中的一小部分，但这一小部分已经让人触目惊心。

它们，构成了"末日直播"。

"我看见门倒了下来，变成了一摊发红的软泥，冒起一缕青烟。不，我的孩子被压在里面！"

"肺要烧着了，脸皮都是泡！灵界里的蛆虫们，你们也一样会死得很惨！"

"2044 区已掉线，无法连接。2046 区还会远吗……能不能让这该死的自转停下来？"

"还有一小时就天亮了，好热，好渴。家里已经没有水喝了。"

"爸妈说等太阳出来我就不用做作业了，可是他们为什么要哭？"

"神罚！这是神罚！万能的主，救救我们吧！诅咒该死的邪灵！我宁愿在黑夜中度过余生！"

"什么是伽马暴？我躲了一年了，宁愿眼睛瞎了也要看一眼日出……"

"可叹我一生庸碌！"

逐渐地，视频信号越来越少，越来越少。最后，只剩下雨落一般的文字。

"20551区蜗居房烧了。我说晴妹妹，你给雨哥哥最后送朵花吧，他喜欢你。"

"柯南还没结束，地球不要先烂尾啊！"

"灵界的道友们，渡劫失败。温度计显示已经五百三十度了，贫道我先走一步！"

"干得好，神级大战！神一般的微操，风一般的进化，铁一般的意志！死也要死得像个爷们！"

"蓝星万岁！"

"我们地球人有骨气，不给外星人当奴隶！"

"此生无悔入蓝星，来世还做地球人！""此生无悔入蓝星，来世还做地球人！""此生无悔入蓝星，来世还做地球人！""此生无悔入蓝星，来世还做地球人！"……

"末日直播"的信号中断了。

整个系统安静了，一直不停滚动的升级序列停在了"KTL9700"，再没有新的升级补丁从地球发来。地球向阳面的所有计算和通信单元已全被毁灭，远征舰队和行星基地彻底失去了联系。

仿佛回到了几百年前，文艺复兴和工业革命之前的无线电静默时代。

仿佛坠入无垠的夜，没有声响，死一般的寂静。

晓和仰望宇宙，黑沉沉的太空也望着他。突如其来的孤独将他包围。

这一刻，他已是泪流满面。

他想起在出征之前，那个幽灵，在与林拂羽和他讨论之时，说出的豪言壮语：

"你们的思路都太局限了。我们不仅要防守，还要进攻。我们需要远征舰队。就算处于窘境，理想仍要远大。没有远大的梦，达成目标的概率就是零。"

那时的自己，听完这一席话，不禁沉浸在"我将与你对决"的豪气之中，身体也在微微颤抖。

他本该躺在冰冷的金属地板上，无助地迎接死神的来临，可有人救了他，并且委以重任。

无法描述这是一种什么样的感受。那是一种接到别人无法接到的、独一无二的任务的沉重感，那是一种面对无数地底避难所里的无助者们的企盼眼神的使命感。他忽然有一种冲动，想把所有的精力和所有的时间都投进去，为脚下这颗小小行星争得一点点希望。

这，也是苏焰一直以来的愿望吧。

晓和静静地问自己——如果没有被这个奇怪的幽灵唆使，如果没有启动临界，而是一无所获地从被重度污染的灵界机房里走出来，面对自己毫无建树且因受到大剂量辐射而即将死亡的事实，在生命的最后时分，他会不会劝林拂羽乘着还有后路，先行放弃？

他看了一眼令臣，这个还在专注地工作的人。

他心里已经有了答案。

作为人类一员，作为一个智慧生物，也许这样的自不量力，这样的徒劳挣扎，就是写进基因里的宿命。

"令臣，恶魔之眼核心的侵入工作有没有进展？"

大男孩摇头，露出一个无奈的表情。

"唉，它不应答任何发过去的信号，自然也就无从下手。它先应答，我们才有机会……"

晓和点点头。对付顶级黑客，最彻底的安全措施就是拔掉网线，在物理上切断联系。而对此的反制措施，就只能是物理接触。

要不要赌一下？

晓和对母舰的极小一部分进行操作，让其分解成无数细小的带微动力的纳米机械，这些机械弥漫在太空中，成了一片延展几百千米宽、极为稀薄的云，向着恶魔之眼的核心移动。

只要送一些探测器过去就好，然后就可以解析它表面的结构，再找到反制的方案……

晓和平静地看着这一切的进行。

纳米机械云一点点地靠近恶魔之眼的核心，距离从几十万千米逐渐缩短为几千千米，云的前锋马上就要接触到它的本体了。

透过舷窗，晓和看到恶魔之眼朝向他的方向开始有微小的变化。先是色泽变暗，然后变暗的区域一点儿一点儿扩大。晓和望向恶魔之眼本体的变暗区域，看见后面炽烈的火球——太阳，那一点点黑影，在火球的衬托下几乎不可见——那是变为小戴森环后，拉长的母舰映入其中的影子。

恶魔之眼的本体之上，不知何时又"长"出了一只眼睛。那只眼睛正对着他，一动不动。

晓和如梦方醒！

被发现了！

如此庞大的飞船，如何才能快速移动？

"马上分解开！"令臣立即说道，"我们得把整个舰队打碎了逃跑。现在！立即！马上！"

晓和一拍脑袋，看着大男孩的身影突然间消失。令臣的手永远比他的嘴快。

小戴森环已开始自行分解，各连接部正在断开。在无上的能量面前，分成众多小块四散奔逃是最好的选择！只要有一些子舰能逃脱，就可以东山再起！

可这需要时间。电光石火之间，他已经看到远方母舰的一部分正在汽化、崩解，像是熔融的岩浆以极快的速度扩散开来！三十秒后，残余的百分之一的母舰终于成功分离，分解为两百多块，朝着各个方向奔逃而去！

晓和在其中的一块上，而令臣——在另一块上。

这两百多艘小飞船以最高的速度冲向太阳，只要绕到太阳的另一边，恶魔之眼的伽马射线就无法攻击到。太阳半径约有七十万千米，晓和现在在距离太阳五千万千米的原水星轨道上，即便是以百分之五的光速冲向太阳，飞越太阳的北极点仍然需要一个小时！

晓和看着散布在方圆几十万千米范围内的小飞船，每隔一分钟，就有一艘被打爆。伽马射线束来得如此之猛烈，能量如此之高，所到之处，因飞船的外壳材质坚持不了二十秒，整艘飞船就此灰飞烟灭。他十分确信，如果所有的战舰排成一条直线，对手只用一炮就可以全部消灭。

但我们有两百多艘飞船呢，照这个频率，一小时只能干掉六十艘……他心念一动，所有的飞船一分为二，向着不同方向奔逃，虽然计算单元的延迟会大大提高，但换来的是更大的生还概率。若是分解得更碎，可能就无法保证足够的思维和应变能力了。

面前的太阳越来越大，也越来越亮。太阳表面的黑子和湍流清晰可见，加上各处的日冕环和喷涌的耀斑，构成一幅宏伟的图画。操作室内的温度已经达到了一千多摄氏度，而且还在继续升高，然而晓和如坠冰窟，只能祈祷好运降临。时间在一分一秒地过去，他从未如此虔诚地祈祷。

十分钟，二十分钟，三十分钟，四十分钟，太阳占据了整个视野的下半部分。晓和觉得自己正在脚踏岩浆、在日面上漂行。还有十多分钟……还有希望……

令臣的脸，忽然出现在显示屏幕上，眼睛里闪着光："晓和哥哥，要是你有幸见到焰姐姐的话，和她说一句，祝她幸福。"

"别说这种丧气话！我们马上就能掠过日极，来到太阳的另一面，那样被打中的机会就会大大降低！"

"没机会了……"

"怎么会呢？只要再坚持十分钟！"

下一刻，通信中断了。晓和慌乱地切换着频段，但收到的只有白噪声。几万千米之外，那里有什么东西化成一团火球，在宇宙的黑暗背景中渐渐淡去。

"令臣！令臣！"

晓和的心沉了下去。顾令臣，这个要在《自然》上发表论文的孩子啊……

等等……他连忙看向雷达，令臣的坐标竟然在自己的身后。所以，刚才这束射线，是对着自己来的？而令臣居然替他挡住了？他……他怎么会提前知道？

已经来不及思考了，下一秒，一道耀眼的毁灭之光穿越五千万千米的虚空，笼罩了他。在恐怖的能量面前，飞船毫无抵抗之力，开始大块大块地汽化，而灵界立方的温度正在急剧升高。习惯了系统的加持，晓和现在觉得自己的思维变得迟滞。操作室开始一点点损毁，仪表盘一个个消失。

晓和最后看到的图像，是恶魔之眼的本体之上，有密密麻麻的白色光点在闪烁。

原来如此，二百多门炮一起开火！是啊，我方可以四散奔逃，对方为什么就不可以将火力点分散开同时射击……晓和哑然失笑，明白了令臣可以提前知道的原因。

原来从一开始，对方的火力就有余裕，而我们毫无逃跑成功的希望。

晓和看着信息紊乱的屏幕，来自地球的更新序列停在了"KTL9700"，而自己这个最后的人类个体也将在两分多钟之后毁灭。这个曾经辉煌的文明，用尽力气挣扎，终究逃不过命运的捉弄。

罢了，罢了。

已是穷途末路，再有两分多钟，整艘飞船就将彻底化为宇宙中的星际分子。

当然，晓和可以选择在飞船里开辟一个独立的小世界，在被彻底毁坏之前，用剩下的计算资源过完一个平静的人生……

他深吸一口气，想起令臣曾和自己提起的，希云的选择。

就算自己终将死去，晓和宁愿直面这毁灭，没有这样的勇气就不配被称为人类。

灵界的天空开始碎裂，大地崩塌，到处是火焰。整个大厅里面，雕刻着繁复花纹的立柱开始倒塌，化作一颗颗细粒，在室内飞舞。晓和注视着它们，结构之中还有结构，线条之中藏有线条，似曾相识，却又绝不重复。

多么美丽，多么和谐。每一个花纹，每一块碎片，都是精确计算的结晶。尽管这多半是来自那个幽灵所控制的计算单元的计算结果，可这一切终究是几十亿年进化而成的杰作、地球的智慧、太阳系第三行星的光辉岁月。

而现在这一切都要化为宇宙的尘埃了，化为一段再也无人记载的历史。

究竟谁才是"恶魔"呢？挡住阳光、锁死地球，却给予人类一次在虚拟世界永生之路上苟延残喘机会的恶魔之眼？或是这个给人类以缥缈希望，最后却落得惨败收场的幽灵？还是……贪婪且永不满足的人类自己？

晓和从来不把责任过多地归到别人头上，或是依着不同的结果，动辄声称要重建自己的三观，因过去的"错误"而悔过自忏。他知道，面对纷繁复杂的未来，很多时候存在很多选择，本就没有最优解，也无所谓对错。

晓和捡起一块碎片，那繁复的花纹里竟镶嵌着一张两个孩子的照片。他有些惊讶，睁大眼睛仔细看。照片里面，其中一个小小的脸正朝着他微笑，天真可爱，让人不禁涌起保护孩子的冲动。晓和又拿起一块，是不一样的照片，里面却是相同的人。

晓和睁大了眼睛，再捡起一块、两块、三块……他感觉自己的心脏在剧烈跳动，手在发抖。

他认识，他认识，他全都认识。晓和的嘴唇翕动，反复念叨着曾每天都挂在嘴边的名字。

那是他魂牵梦萦的名字、永不放弃的羁绊。

原来如此，原来如此。怪不得幽灵在一头潜入灵界之后，就再也没有回音了……焰啊，你这个古灵精怪的家伙，你这个……一切事端的"肇事者"。

他想到这里，眼泪忽然不受控制地流下，脊椎如同有电流流过。他吐了一口气，气息里带着高热的火，他的眼泪瞬间蒸发殆尽。灵界倒塌了，整个大殿化为乌有。晓和的形体再也无法维持，所有的感知传输全都中断。他什么也看不见，什么也听不见，什么也摸不到了。

希望，忽然在他残余的思维中炸开。

一个新的软件更新——KTL9701。

晓和快要散佚一地的意识吃了一惊，挣扎着动用最后的注意力，忙不迭地读取了更新。

它来自极远之地，清凉与梦想之乡，一个距离太阳足足五个天文单位的地方。

晓和的脸上，终于呈现出人类的自豪笑容。

# 第76章 复刻

CHAPTER 76

灵界是我的了。

从获得最高权限的那一刻起，苏焰的心绪有了些许变化。

小小的骄傲，小小的快乐。

她用回自己先前的账号，漫步在熙攘的城市。

"嘿！想要买什么？五块钱一个肉包子，全城最好吃的！"

肚子里传出饥饿的信号，苏焰摆摆手，切换到最高权限账号，把自己的饥饿信号关闭了。

沿街的小贩突然间就安静了下来。

如果愿意，她能访问每时每刻的数据流，了解人和人之间所有的交易细节和对话内容。它们都存储在灵界服务器的中心节点的容量巨大的硬盘里面。

每个人的每一次叹气、皱眉，或是心跳加速，都在。

在设计灵界的时候，设计者就考虑到尽可能真实地模拟人们的行为，吃喝拉撒，七情六欲……以便所有人都能无缝接入，而不至失去人的特质。不然世界会变成什么样子，真是很难说。

她记得当时负责设计的时候，交给她的文档里面，就是这样写的。当时还以为这是不可思议的大工程呢，想不到真的做成了。我真棒！哈哈哈。

纷繁的文档在她面前漂浮、显现。拥有最高权限的苏焰，已看过灵界里面的重要数据，包括萧旭一为了破解立方而做的努力，包括天眼与立方各自扮演的角色，包括上传数据的带宽限制……

她也看见了周奇海想到的立方高带宽互联的猜想。

下一步是什么？

如果"对方拼命阻止的"即"我方必由之路"的话，那接下来，自己应该做什么呢？

她有最高权限，可以操纵别人的立方做一些出格的事情，比如增加带宽，或者干脆把那些二级接口打开的立方当成实验设备来操作。

但她不会这么做。

哥哥说过，要是需要拉着朋友一起冒险的话，自己一定要冲在最前面。

他是这么说的，也是这么做的。

"……看来，这次真是要把自己都赔进去呢。"苏焰苦笑，嘴角却不争气地露出一丝兴奋的笑容来。

哥哥冲锋在前，是出于道德方面的考虑，以及履行承诺；可她自己冲锋在前，只是因为"这些事情好有趣"，要让这些成为自己的下一个"玩具"，怎么可能拱手让给别人去经历？

苏焰闭上眼睛，过去二十多年的喜怒哀乐，如走马灯般地在眼前掠过。纵然大部分时间都是坐在轮椅上无法自由活动，但苏焰的脸上总是呈现着笑容，那不是懵懵懂懂的机械模仿，也不是面对别人的同情和关怀时的善解人意，更不是忍受一切的强颜欢笑，而是发自内心的真情实感。

即便明天可能饿死、病死或被人打死，她也只是在玩一个有趣的脑力游戏，并且很容易沉浸其中：或是计算最优的行动路径，或是设计最省时的采购计划，或是分析流浪汉如何找到机会获得食物和生活必需品。

甚至有一次在面对敲诈勒索的威胁时，她还能冷静思考，与恶势力周旋到底。

一方面，是因为她有个靠谱甚至万能的哥哥能化解一切危机与灾厄，让她拥有充足的试错成本；另一方面，在从车祸中幸存之后，她不再那么珍惜自己的性命，而是开始无节制地放飞自我。

一个精心策划的宏大计划得以成功，对自己而言绝对是一个无价的奖励。

苏焰想着，下定了决心。一个响指过后，周围热闹的景象荡然无存，只剩下无边的灰色雾气。

渐渐地，四周现出地表的惨象，暗红、冰封的世界。

短发在狂风中拍打着脸颊，她独自走着，赤脚踩过荒寂的冰原，路过废弃的民居与崩塌的道路。她抬起头，望着高悬于天空的红色圆盘，恶魔之眼。

林拂羽踏上地表，与恶魔之眼对视，是因为一个科学家的不甘，是因为想担起人类的命运、竭力克服自己的渺小而鼓起的无上勇气。即便心中充满绝望，即便明白成功的概率万中无一，也要尽力而为。

相比之下，苏焰望向恶魔之眼的眼神里，毫无害怕与敬畏可言，有的只是如孩童般的天真与好奇。

如果有机会能玩大的，她从来不想错过，更何况是代表全世界和外星人痛痛快快地玩上一局，看谁更聪明一点儿。

"首先……"

她凝神思考，想到一个无与伦比的点子，开心地拍着手笑了。

"要备份一个我。"

# 第 77 章 囚笼

✦ ● ● ● ● ● ● ● ● ● ● ● ● ● ● ✦

CHAPTER 77

恶魔之眼实在感到困惑。

"它"按照《低等智慧生命收集手册》，从占领太阳系后的第一个恒星周期开始，遮蔽了恒星光源，并向最可能存在生命体的第三行星的多处撒下基本单元，派出四架飞行器停留在行星同步轨道，记录全过程并进行适当引导。

根据手册上的说明，位于第三行星的那些生命体在失去恒星光源这个主要能量来源之后，会大批死亡，而残余的个体将在生存本能的驱使之下融入基本单元，从而完成预定的收集工作——"囚笼计划"的关键一步。

依据生命形式的不同，融合过程有很大的不同。A级生命会主动找到方法融入，不需要任何引导；对于B级生命，需要适当的提示及辅助；对于C级生命，则需要在行星地表建造工厂，以制造适合他们的接口；D级生命没有基本智能，因此对银河联盟毫无价值，没有收集的必要。

至于去银河系的边陲收集智慧文明的原因，至高无上的银河大帝虽然从未向子民明确表示，但任何一个智慧点破万的个体，想必都能清楚领会。

虽然银河联盟的物质已经极度丰富，对宇宙的基本物理规律也了如指掌，但对于组合空间的敬畏却与日俱增。

任何一个有点儿意思的两人游戏，其理论上存在的不同局面的数目，就能轻易超越宇宙中所有原子的数目，而一个包含成千上万个部件的复杂系统，其可能存在的设计方案的数目有多大，就更不用说了。帝国的科学家即便穷尽一生，在超级计算机的加持下，也只能探索这无比庞大的设计空间的冰山一角，得到一个"目前看起来最优"的答案。

这个探索过的"一角"与整个设计空间的区别，就如同一个原子和整个宇宙的区别。不，比这两者的区别还要大得多。

这个技术上的瑕疵，成了银河大帝甚至整个银河联盟的心病。

宇宙中竟然存在全然不同的设计，比现有的设计好得多？！而且我们还没找到？！

如果有朝一日，这种设计由不属于银河联盟的文明发现，并且借助联盟极为尖端的制造技术即时转化为不受联盟控制，甚至对联盟怀有敌意的实体，那对联盟将是灭顶之灾！

具有讽刺意味的是，如果联盟并未发展出尖端的制造技术，那么新设计的传播速度并不会太快，其威胁也不会很强烈和不可预测。但是，正因为联盟已经达到了"所思即所得"的高级境界，任何精确到原子的重组方案都可以在极短的时间内完成，这就让任何一个有潜力的新设计变得极度危险。

一个念头，一个想法，一个计算单元间擦出的火花，都可以即时实体化，并对现实世界造成实质影响——而且在其肆虐横行之前，无人知晓影响会有多大。

未知，永远是令人恐惧的因素。

为了在最大程度上消除这种不确定性，为了让联盟能长治久安，维系在银河系中的统治地位，除了继续建造更强大的恒星级计算机，进一步提高联盟的计算能力，并让帝国的科学家拼命干活，英明神武的大帝做出了一个重要的决定——实施"囚笼计划"。

如果联盟无法做得很好，那就预先掐灭那些可能会做得更好的文明。

将那些在不毛之地独立发展起来的文明收编入虚拟世界之中，进行精确到原子级别的监控。这样，一方面从根上阻断他们威胁银河联盟的可能，另一方面，他们在虚拟世界中延续与联盟毫不相同的文化传承和生活习惯，涌现出的思想火花可以为银河联盟所用，以完善联盟现有的设计——这种思想火花，往往能跳出联盟固有、僵化的思维框架，挣脱优化函数的局部极小这一困境，这是海量的计算资源都无法实现的。

帝国御史台以"堪称十全十美不需修改的全局最优解"来形容大帝的决定，称其既兼顾了联盟生存发展的需要，又给予任何一个智慧文明以仁慈、宽容及生存空间，即便他们还处在襁褓期。

这在崇尚最优及节俭的银河联盟，是极高的评价了。

当然，御史台的这群马屁精和大帝一直穿一条裤子，这是众所周知的事实，并早已成为联盟的日常笑料。御史台如此评价，只能说明大帝本人对于"囚笼计划"方向清晰，态度坚决。

联盟的所有成员在明面上歌功颂德，但私下里永远存有反对意见。这些反对者们有的是宇宙社会恐惧症患者，对与陌生文明的任何主动接触都极力避免，理由是这类接触会产生不可预料的后果；有的则对在整个银河系的规模上使用基本单元忧心忡忡，担心基本单元的一些特性——比如无限复制——会有巨大的副作用，尽管大规模的银河系数值模拟没有给出任何异常。

虽然恶魔之眼对大帝的高瞻远瞩由衷佩服，但在读完一小撮人私下传看的反对意见报告之后，"它"也不得不承认这些担忧不无道理，并不切实际地指望大帝能听到这些不同的声音。

可惜的是，恶魔之眼的意见在一亿个高等智慧个体组成的联盟评议会里无足轻重。

"它"只是一个刚刚加入评议会的新手，默默无闻，还有很长很长的路要走。而是否能漂亮地完成手头的这个任务，将会极大地影响"它"在评议会里的声望。

以"计划有缺陷"来拒绝自己接到的第一个任务，尤其是被帝国御史台高度评价的任务，将被认为是懦弱和智慧不足的表现。

虑及此处，恶魔之眼又向总部申请查看了一下自己当前的智慧点，一万一千，刚刚超过一万点的及格线。"它"的计算链路看到了这个结果，负荷为之一轻，似乎是松了口气，然而面对当前的棘手局面，计算单元又立即繁忙了起来。

在这个恒星系统第三行星上的智慧文明，毫无疑问是 A 级的：他们在很短的时间内，就融合了大批的智慧个体进入基本单元，融合的初始速率甚至高于 A 级的标准，明显超过了线性模型的预测，反而离指数模型的预测更接近，这说明这种智慧个体相互之间有着充分的交流，能够有效地共享信息，基本单元的功效通过这种共享通道很快地传遍了整个智慧种群。不仅如此，甚至还有个别个体试图与"它"单独联络，并表达了并入银河联盟的美好意愿。

恶魔之眼对此极为满意，并同意了他们想在合并之后拥有比同类更高权限的请求。对于"它"而言，漂亮地完成任务，挣得更多的智慧点是第一要务，A 级文明的权限本就微不足道，于"它"而言更是无足轻重。

根据此文明的积极表现，"它"的计算单元甚至倾向于将其评为 A+ 级。A+ 级的文明在银河系中相当少见，在头一批任务中就能碰到一个，已是极致好运。

因此，"它"对在评议会的声望的提升速率，有了更高的期待。

然而，这种期待在不久之后就变成了困惑和不解。

在半个行星公转周期之后，此 A 级文明与基本单元融合的速率开始变慢。似乎有一群个体对与基本单元的融合毫无兴趣，仍然选择在条件严苛的星球地下生存，以降低生存质量为代价。

这当然不是符合计算单元模拟器的计算结果的理性行为，但生物种群中存有种种利他行为也是不争的事实。恶魔之眼决定继续等待。

反正对于此次任务，有几千个行星公转周期的时间余裕，"它"不急。

然而情况却变得越来越不妙——一些奇怪的事情开始发生。

先是监视第三行星的飞行器收到了来自基本单元的各类自毁及非常规信号，令"它"不禁开始怀疑这批次基本单元的质量问题——它们刚被匆匆打过一个莫名其妙的补丁程序，还未经过充分验证就被投入使用。若它们都是残次品，不能有效地承载目标文明的智慧意识，那将白白浪费一个 A 级文明。"它"的努力岂不是付诸东流？

恶魔之眼咒骂着自己的坏运气，向联盟后勤部门发送紧急信息，等待回复及评估；同时，"它"的计算单元想到了一个概率很小却更为麻烦的可能。为了做到万无一失，"它"派遣了两百架飞行器前往第三行星，以应付各种可能的意外事件，并且用他们的语言向智慧生物发送了通告。

在"它"的计算模型里，这个 A 级文明可能无法理解基本单元的奇怪行为，并可能会因为飞行器对基本单元的直接摧毁操作产生大规模的恐慌心理。这样，只要一纸通告清除误会，一切将回到正轨，而这些 A 级文明的个体，也将会盛大地迎接银河联盟的到来。

正在"它"觉得这样的布置极为稳妥的时候，更大的问题出现了。这全盘推翻了模拟器先前的预测，并将"它"置于极端不利的境地！

在这个 A 级文明里，竟然存在一小撮个体，试图破解基本单元！

为什么？银河联盟是银河系的和平使者，将给任何 A 级文明带去难以想象的进步与繁荣。为什么这群个体却要抗拒它？他们在想什么？

而且，他们似乎已经成功，并且窥见了基本单元的一些秘密，尤其是临界的秘密。

当恶魔之眼发现这种可能，并且确认了已有基本单元的集合突破了临界之后，"它"几乎想不顾一切地否认这个结果，并造成几个计算部件的烧毁。

临界，他们居然突破了临界？这简直是基本单元设计者们的噩梦。

"它"把《低等智慧生命收集手册》从头到尾翻了好几遍，没有找到任何相关的参考意见。"它"猛然意识到这本册子是一群日常摆弄银河系模拟器的研究员"自嗨"的杰作，他们此刻还在联盟总部吃香喝辣，怎么会来到这个偏僻的旋臂区域考察实情？

事情有些脱离了自己的控制，恶魔之眼不得不承认那些私下的反对者的意见确有道理。

主动接触可能会给土著文明创造实现技术大跨越的契机，而随意投放及滥用基本单元则非常危险！

"它"的计算部件中，回响起那几个私下的反对者的担心与恐惧——联盟竟然懒散到这种程度？堂堂银河联盟的扩张重任，竟然全权委托给一具全自动复制机器。如果土著文明掌握了这具机器，会带来什么样的后果？这和自掘坟墓有什么两样？

这些责备和反思姑且勿论，现在只能想尽办法应对。在执行任务时，"它"的所有动作都被记录在案，并会由评议会进行详细评估。对付一个简单的 A 级文明，居然需要花费如此之多的时间和代价，并让这个文明在短时间内有了巨大的成长。"它"的考核成绩堪忧。

恶魔之眼此时已经无暇思考自己的考核成绩和智慧点数，以及是否能留在评议会之类的问题，而不得不将所有的计算单元都用于寻找应对策略上面。

这样的文明是绝不能留下的！他们现在的表现已经超过了 A+ 级的水准，达到了准 S 级——准 S 级及以上的文明，普遍有着极其可怕的攻击天性，他们绝不会安静地待在虚拟世界里，享受着白送过来的一切！

他们不再是待宰的羔羊了，而是存在潜在威胁的幼狼。

面对突破了临界的基本单元组合，恶魔之眼以一个飞行器的代价摸清了相关的一些特性，并实施了大规模攻击。但这一切竟然都失败了——送入地球的登陆部队大部分有去无回，平白无故给对手奉送了万亿吨级的物质。

在这种情况下，对方竟然还有反击的余裕，妄图闯入自己布置的戴森网。妄图争抢恒星的能源？这种进化的速度，让自命不凡的评议会成员再次调高对地球的评价——S 级。

论进化速度和适应性，恶魔之眼自忖并不擅长，没有太多战术上的经验，也没有耐心长期周旋。"它"全力开动自己所有的计算单元，终于找到了一个干脆利落的解决办法。

聚集了大半个行星公转周期的太阳能量，要在此时喷薄而出，给这个烦人的家伙一个彻底了断。

正常细菌也好，超级细菌也罢，在强大的紫外线灯照射下，都会死得干干净净。

在下定了决心之后，"它"将所有的聚能板集聚在一起。一道有超新星爆发十万分之一能量的伽马射线，从恶魔之眼中射出，无情地向着地月方向扑去。

无法预警，无法逃脱，光波过处，所有的化学键全被打断，所有的电子全被驱赶，智慧、信息……所有精巧的结构都化作虚无，无一物可以幸免。

那些来自地球的钢铁长河首当其冲，各式飞船纷纷化作火球，汽化消失。接着，地球同步轨道上的网状飞船制造都和发射架在几秒内蒸发殆尽。那一座座高耸的黑色巨峰，碳纤维构成的身躯燃起横贯大洲的大火，然后倒下。向阳面及背阳面的巨大温差，驱动上千摄氏度的十二级焚风吹遍全球。地球先是变成了一个岩浆奔流的"地狱"，而后在更强的辐射之下逐渐蒸发，直至彻底灰飞烟灭。渺小的人类的历史到此为止。狂野的伽马射线清扫掉一切，留给人类的最后记忆，不过是在一时狂喜之后面对强横无匹力量的绝望。那些回到地面的愿望、苟延残喘的计算、各类组合的奇技淫巧，还有改善生活的小小欣喜，顷刻间灰飞烟灭。

第三行星原本占据的位置上，现在只有一团高热、不成形的气体，继承着地球原本的角动量旋转着。

月球也遭遇了同样的命运。对于伽马射线暴的覆盖区域来说，地月拉开的这点儿距离实在微不足道。

而在恶魔之眼戴森网内的那个新生的戴森环和那些玩具一般的舰队，在被发现竟然不自量力地想登陆自己的核心之后，同样不堪伽马射线暴的一击。

等这一切终于收拾完毕，"它"突然领悟了评议会的长者曾经给予的指示，觉得自己的知识库又增加了点儿东西。

如果力不能破巧，那就再加把力。

花了些时间清扫完边上的杂碎，恶魔之眼有些小小的懊悔。使用储存的三分之一的能量蒸发掉整个地球，是违背最高宇宙准则的行为。星际物质经过亿万年才能在引力作用下凝聚成高密度的球体，正好方便采集和使用，现在反其道而行之，只会浪费时间、增加宇宙总熵，有违节俭与最优化的初衷。

要是把这些破事儿都汇报上去，评议会一定会给个"未达期望"的评价。看来，想在十个银河系自转周期之后升职，定然无望。

过了一个恒星自转周期后，恶魔之眼的计算单元不再浪费计算能力去预测评议会将给自己什么评价了。毕竟独自解决掉了一个可能很危险的 S 级文明，这种崭新的经验必将被写入《低等智慧生命收集手册》，产生更大的影响力，并给那些尸位素餐的家伙一记大大的耳光。这或许对自己反而是好事。

恶魔之眼将整个过程写入报告，添油加醋地描述了局势的险恶及对手的狡猾。在文中，"它"告诫任何一个去银河系边陲执行任务的评议会成员，要千万小心 S 级文明的虚伪、阴险，以及快速的学习和进化能力，绝不要掉以轻心。另外，"它"还对目前的"囚笼计划"进行了全方位的反思，提出了几百条大大小小的建议。

当然，至高无上的大帝指明的方向，永远是正确的。这是这篇报告赖以生存的根基。

正当恶魔之眼有些疲惫地写完长篇报告的最后一个字，并反反复复看了几遍，即将执行发送操作之时，在离太阳八亿千米之外，几艘躲在此星系最大行星背后的舰船，开启了核聚变引擎，开始了繁忙的工作。

这些舰船十分破烂，有不少裸露着内部结构。舰船里飞出大量小飞行器，潜入木星浓稠的大气之中，在某个压力和温度适宜的大气界面上，开始建造便于收集聚变燃料的临时悬浮基地。

在其中一艘舰船上，一双双不屈的眼睛正在静静地望着恶魔之眼。

赌上全太阳系的资产，这一次，"它"不会再享有一年多的悠闲时光。

# 第 78 章 大梦先觉

CHAPTER 78

晓和醒了。

望着白花花的天花板，他的脑袋里一片空白，然后渐渐地恢复意识。

"哦……"

他揉着眼睛，感觉自己好像从一个很长很长的梦里醒来。他坐起身，呼吸着新鲜的空气，被窗外耀眼的阳光照得有些睁不开眼。

太阳？等等……他看着周围，这是一间装潢朴素的房间，四面白墙，窗户擦得几乎完全透明，但依稀可见玻璃上的灰尘。窗外的高楼大厦鳞次栉比，远方的海岸线隐约可见，海水淡蓝，映着白色的光。

灵界的风景总是绝美、超现实得让人沉醉，每个神经细胞都想为其尖叫——这里怎么那么平凡、单调……倒像是那个没有灵界、没有恶魔之眼，曾经的田园时代……可是，地球不是已经……

晓和知道有些不对了。自己到底睡了多久？我现在在哪儿？

有人进来了，一位穿着淡粉色护士服的护士。

"您好！您是第 240149 位清醒者。"护士说道，"看各项指标，您恢复得不错，已经可以出院了。"

"好的。"他抓着头，脸上现出疑惑的表情，"我想出去走走。对了，请问这里……是灵界吗？"

"嗯，是的。"护士点点头，"不过那是老早之前的名字了。"

晓和听到肯定的回答，不由得松了口气。若是面前的护士听到"灵界"这两个字一脸茫然，他的三观就要当场碎掉了。他下意识地望向右手手腕，那里并没有个人助理。

"哦。"护士仿佛看穿了他的意图，将一块铭牌塞到他的手里，"这是您的ID。有了这个，您才可以使用灵界的各项服务。"

"以前并没有这个规矩……"晓和苦笑着拿过铭牌。下一刻，清越的电子音在他脑海里响起，晓和眼前跳出了各种信息，让他如释重负。

在一番操作之后，他的眼前显示出附近区域的导航地图。看地图，这个小型医院连接着一个大型酒店。晓和站起身来，在大厅与过道间随机游走着，一边走，一边看。他看着高耸的建筑、雄伟的立柱、精致的雕塑，惊讶于它们比之前的灵界更繁复、逼真的细节。

灵界，似乎已经脱胎换骨。

他走下楼梯，走过拐角。和煦的阳光穿过一楼的落地窗。有两位侍者看见他，向他行礼。

但晓和没有心思欣赏美景，他在拼命"搜刮"自己之前的回忆。是的，我，还有顾令臣……想逃过恶魔之眼的追捕，所以拼命冲向太阳，试图绕到太阳后面去，从而躲过伽马射线的攻击。对，我们将战舰分成很多个部分分散逃亡，好像分成了四百份？

但最后……我们究竟逃出去没有？

我现在为什么还活着？我是怎么逃出来的？为什么我的记忆里是一片空白？就好像是在看到结局之前莫名其妙地睡着了一样……

他试图回忆之前的事，却怎么也想不起来。他无意识地踏过走廊，看到远处的前台，在大堂里的沙发上坐下。

"之前都发生了什么？"他想着。

"灵界查询系统竭诚为您服务。"一句话在他的耳朵里响起，吓了他一跳，"您已进入历史浏览模式。进入时间下午 3 点 40 分。"

等等，以前的灵界个人助理好像并没有如此无微不至。这升级得有点儿快，真是让人有点儿不适应啊！

周遭的景物如风般退下，他发现自己坐在一个昏暗、冷清的大厅里，前方霍然出现了一张古朴、精致的桌子，桌子上漂浮着几个图标。晓和伸手点了一个，一块硕大的屏幕忽然立起，一行行以文字和图片形式记载的日志浮现出来。

晓和顾不上思考这个系统是不是每时每刻都在监视自己的思维，才能实现这样快的反应速度。他全神贯注，一点点细看，看着毁灭前夕的日志，这些过去的、沉重而悲壮的历史……

"发现超高能量的伽马射线！大气层臭氧含量暴增！疑似遭到恶魔之眼的反击！向阳面地表传感部件全部失灵！通天塔和飞船制造部严重损坏！"

"计算预期生存率 0%！放弃抵抗，立即放弃抵抗！逃亡计划正式启动。"

"灵界数据压缩编码于五百三十秒前达到可用水准，压缩率高达上万倍。非常幸运！打开所有有效频段，正在计算所有可能的电磁波到达路径。目标：木星和天王星逃亡应答点及小行星带中继站。1315 条路径已找到。"

"第一组信息发送成功，约一小时后到达木星中继站，强伽马背景暂不影响信号发射。开启日志定期发送功能。欢迎地底人类尽快来到灵界并接收编码，我们将会尽力把所有信息发送出去，这是在伽马射线暴发生后的唯一逃亡机会！"

"人类遗产信息已编辑完成，若计划失败则发送：'我们是人类，曾于银河系悬臂太阳系第三行星居住，被银河联盟毁灭。我们知道四种基本力及一百一十八种由不同原子核构成的元素，目前模式识别方式为多层非线性神经网络……我们存在过、进步过、抗争过！感谢您的收听。’”

"聚居区损毁速度远高于预期，大量人员已死亡，伽马射线辐射强度已增长到500%，向阳区域和黄昏区域的三十四万余块灵界立方已损毁。正在构筑第七道临时防御体系。"

"伽马射线辐射强度增长到 1000%，无法抵御，编码系统故障。放弃向阳聚居区，将编码重心置于黑夜区，限定时长 8 小时，于晨曦区编码为最优。"

"人脑直接编码方案通过初步验证，编码速度约为半小时一人。通用信道已无法使用，黑夜区的重点区域启用军用飞机替代方案……"

"最后时刻警报拉响，发送墓碑计划所有内容。重复一遍，发送墓碑计划所有内容。人类文明基本信息发送成功。"

"伽马射线辐射强度继续增长。全系统数据处理能力已下降至 1% 以下，系统能源枯竭，大量计算节点损毁，新节点无法构成，剩余五万灵界立方及一万五千人尚未编码……编码系统无应答。"

"资源不足，逃亡计划中止，重复发送所有信息以确保九成回收率。灵界立方发送率 21.42%，人类发送率 0.007%。"

"永别了，地球！"

看完在屏幕上滚动显示的日志，晓和呆坐在那里。

原来如此，能在超高能光子束下依然存活且携带信息的，只有光子束本身！

晓和终于明白自己是怎么逃出来的了。那个最后从木星发来的软件更新——KTL9701，正是灵界立方编码系统的大更新。有了这个更新，就可以将灵界立方以极快的速度编码成一束信息，以光速传向宇宙中的任何一个角落！

只是地球的向阳面当时已经全毁，再也没有可用的通信天线向他的舰队直接发送 KTL9701 更新。所以，唯一的办法是通过木星这样遥远的中继站中转，而这又要等到木星中继站建成之后才可以做到——以百分之五的光速从地球到木星，即便在晓和远征之前就出发，也要十多个小时的时间才能到达。

这就是为什么自己在千钧一发之际能逃脱的原因。而顾令臣就差了几分钟啊……

晓和重重地叹了口气，捂着头，几乎要停止呼吸。

冰冷的日志后面，藏着多少可怕、可怖又壮丽、悲哀的画面……就算是肉身毁灭，就算是星球蒸发，也一定要保留文明的火种，哪怕所有比特都已成为电磁场里的细微涟漪，湮灭无闻，再不能被其他文明发现……

"我们存在过、进步过、抗争过！感谢您的收听。"这个死里逃生的文明，我们这些幸运儿……

"先生，先生！有什么需要帮忙的吗？"晓和还沉浸在无尽的遗憾之中，过了半晌，才听见有个人在呼唤着他。他回过神来，历史的画面如潮水般退去，他又回到了酒店大堂，看见一位面容姣好的中年女子看着他，是前台工作人员。

"哦……没，没事。"晓和整个人陷进了沙发里，满脑子大梦初醒的懵懂。

前台看着她，笑了笑，"哦，您是刚从休眠系统中清醒过来吗？刚清醒的人可能会对目前的环境不太适应。最近从休眠系统中清醒的人少得多了，没想到今天能看见一个。提醒您一句，若是想进入历史模式浏览过去发生的事件，最好是在无人的地方或者家中进行，这样不会被别人打扰。"

晓和尴尬地笑了笑："嗯，明白了。那请问……我们，我们还在太阳系吗？那个恶魔之眼，还在吗？"

"哦，没有太阳系了。"

"没有了？"晓和瞪大了眼睛，又问了一遍。

"嗯，没有了。"前台一副寻常的表情，仿佛太阳系和她一点儿关系也没有，仿佛眼前这个人只是过来问路，"我们现在在比邻星系，就是那个有三颗恒星的地方，离原来的太阳系也不远，大约四光年多点儿吧。对了，如果您对灵界操作系统不熟悉，我们酒店提供 24 小时灵界向导服务，收费是……"

"哦，不，不用了。"晓和连忙摆手，努力平复自己的心神，准备转身离开。

窗外，有一个巴掌大的火球定在天际，像极了他记忆中的太阳。

"另外，您的名字是朱晓和？"前台问道，"朱晓和……博士？"

晓和点了点头。我还没有自报家门呢，她怎么知道我……等一下，她叫我博士？我应该还没有毕业吧……

"哦……"前台似乎明白他的困惑所在，解释道，"刚才有人找您，您刚清醒，可能没注意发到您消息系统里的信息，所以她就发到了前台，我才得知了您的……尊名。"她说，"那人说，她是您的一位朋友。"

"哦……是吗？她叫什么名字？"晓和兴冲冲地点点头，"朋友"两个字在这个陌生的环境中给了他一种久违的熟悉感觉，"她在哪儿？"

"您要过去吗？"前台没直接回答他的问题，只是问。

"啊，那是当然。"

突然间，晓和拔地而起，一刹那间穿过酒店的天花板飞向天空。他看见脚下青山绿水，远方层峦叠嶂，天空万里无云。再往上，他看见一座座宏大的宫殿在空中飘浮，他的形体向一座宫殿飘去，那宫殿门口挂着两个字。

灵霄。

晓和在宫殿门口轻轻落下，恢复了正常的行动能力。

他按捺着剧烈跳动的心，向里走去。里面忽然传出鼓掌声，他四处张望，试探性地走进一个巨大的礼堂，看到很多人坐在下面，司仪正在台上主持某个颁奖仪式。

"恭喜！"台下的人一边鼓掌，一边喊道，"恭喜！凌啸尘博士！"

那位凌博士出现在台上的一边，有些拘谨地向着台下的众人摆摆手，"这五年干得不好，让大家见笑了。"

"哪有哪有，凌师兄谦虚了。凌师兄是我们师弟师妹学习的榜样。"有人拍手道。

"从头到尾看过凌师兄的博士历程总结。凌师兄愿意静下心来'啃'难题，实在太不容易！"

"恭喜凌博士！"司仪拿着话筒，拍拍他的肩膀，"每年有几万人通过资格考查才能报名博士项目，而最后能拿到博士证书的人，万中无一！我们这个项目是很严格的，而凌博士是非常优秀的。另外，今天我们请到一位特邀嘉宾，待会儿由这位嘉宾给凌博士颁发证书！"

晓和渐渐从太阳系已经灭亡的消息中清醒过来，看着台上，跟着一起鼓掌。

有个人身着正装，一头的短发，端端正正地走到舞台的正中央。

晓和抬起头，和一众观众一起观看。

又见到她活生生的样子，往昔的记忆突然间翻涌而来，晓和眼前的景象有些模糊。他本以为自己会随着那些四散奔逃的子舰一同毁灭，再也没有这样的机会了。

"现在欢迎我们的特邀嘉宾，灵界系统的总设计师，人类火种的保存者，蓝星统合的缔造者之一，蓝星委员会首席执行官，苏焰女士！"

台下传来各种低沉的吸气声和惊呼声，显然是事先没有预料到居然请到了那么重磅的嘉宾。隔了许久，观众们终于掌声雷动，许多人拿出手机来拍照，台上的那位凌博士更是激动得浑身发抖，不能自已。

苏焰在台上站定，向大家端端正正地行了一礼，接过话筒，正色说道："从别人那里听说博士的辛苦，和自己亲身经历过，是完全不一样的。成就倒在其次，最重要的还是心性的考验。有人放弃得太早，有人沉迷于小小成就，有人不知轻重缓急，有人把自己关在舒适区里小富即安，还有很多人万事俱备，只是运气不好。而能够毕业的每位博士，都走过一条与众不同的道路，突破过自己的极限，是独一无二的英雄。"

"我并不是博士，但我哥是。我知道他的辛苦，我理解他的迷茫，我敬仰他的贡献。感谢所有的博士！我们在灵界过着幸福生活，你们则是负重前行的现实代行者，在人类知识的边界上开拓疆土。我们永远铭记在心，人类永远铭记在心。

"凌啸尘，恭喜你成为蓝星统合的第五位博士。星空浩瀚，穹宇苍茫，你当有自信追寻自己的道路。"

"谢谢……谢谢苏……苏首席！"凌博士脸色通红，挺直了身体，肃然回答道。

"好！"苏焰向他点了点头，继续说道，"每位新毕业的博士，都会有属于自己的宇宙舰队，及一艘自己命名的旗舰，另外还能招募一万至十万人作为你的舰队成员。第一位范昊华博士的'鲲鹏飞舟'走向半人马座，第二位何青尧博士的'昧火风轮'去向天鹅座的巨型黑洞，第三位秦宣武博士的'钢铁苍穹'驶向英仙座，第四位冯峻远博士的'星河血马'去往天琴座。每位舰长都肩负着人类开枝散叶的使命，向着宇宙深处进发，纵然百年千年，永不放弃。记住，一个舰队，就是一个独立的文明。"

一个舰队，就是一个独立的文明。

苏焰招一招手，台上出现一片光幕。光幕中呈现一座巨大的固态行星，行星的山峰自动浮起，被风切削成流线形状。热浪蒸腾，大地散发出火红颜色，矿石被提炼，发动机建起来了，闪耀着银色的光。狂风袭来，飞沙走石，巨大的龙卷风造就低压的涡旋，一艘硕大无朋的旗舰从风眼里徐徐升起。地面上，同样的进程正重复着，重复着，一艘艘形态各异的飞船破土而出，冲向天际。

苏焰继续说道："流在我们血管里的探索之魂，驱使我们不断前行，寻找黑夜中的火光，寻找绝望中的希望。没有什么能阻止我们成为星际文明，我们必定将蓝星的旗帜插向宇宙的每一个角落！"

回应她的讲话的，是全场的掌声。

"现在，请问凌博士，你想给自己的旗舰取一个什么样的名字？"苏焰站着，认真地看着凌博士。

晓和微笑着，心中有一股暖意升起，看向台上的眼神里充满了欣慰。

在众人对凌博士的祝福声中，他背着手悄然离场。

# 第 79 章 重逢

CHAPTER 79

门外，是和煦而温暖的阳光。墙壁两边放着两排长椅，有三三两两的人坐在那里等待。

风翠云还有许飞也在那里。听到晓和带些惊喜的招呼声，翠云放下手中的笔抬起头，迎上晓和的目光，有些惊讶地看着他。

许飞在一旁大方地拍了拍晓和的肩膀："啊，朱师兄好久不见！听说你休眠了很久，最近刚醒啊？"

一旁的翠云还是老样子，手里有本笔记本。

年月的增长不会在灵界人身上留下痕迹，所以晓和无从判断从恶魔之眼的攻击下逃出生天之后自己究竟沉睡了多久。他隐约地意识到，这个问题有点儿重要。

"哎，我才醒几个小时，就被拉来旁听这个毕业典礼。我都不知道睡了多久……对了，这个'更新历25年3月'是怎么回事？我看到处都是这种纪年符号。"晓和问翠云。

"嗯，让我想想……可能有……三十年了吧。"

"三十年？！"晓和一屁股坐在椅子上，"翠云你是不是在开玩笑？"

"我真没有开玩笑……"翠云摆摆手。

许飞接上话："嗯，确实很久了。每个人都经历了很多。师兄咱们慢慢说。"

晓和点头。许飞清了清嗓子，开始从头介绍。

"在进入灵界之后，先是过了三四年的混乱日子。有人说我们为了生计，已经投降且并入了银河联盟，又有人说其实并没有。各种不知真假的消息满天飞。

"之后的某一天，终于有了官方消息，我们并未并入联盟。恰恰相反的是，我们都被传送到了木星，并且已经在木星上建立了自己的服务器。以此为基地，我们要与恶魔之眼决一死战。

"之后就是长达二十多年的动荡日子。蓝星统一合作组织，简称'蓝星统合'成立了，'灵界'这个名字渐渐淡出了公众视野。旷日持久的战争开始了，各种新闻滚动播出，战局胶着、拉锯，相持不下。虽说生活一切如常，但偶有各处的朋友失踪的消息。往往是今天还相谈甚欢，明天就再也联系不上了。虽然嘴上不说，可人们心里都知道，那是因为那边的服务器被毁了。有时候消失的人还会借着编码传送重新上线，有时候就永远消失，再也回不来了……

"大约四五年前吧，战局波及的范围越来越大，到后来木星服务器都被整个端掉。最后，我们只好离开太阳系，去外界寻找新的居所和新的能源，这才来到了这里。"

听他的讲述，晓和意识到也许灵界里的"年"，和现实世界的时间存在一定的差距……既然太阳系已经不存在了，那么"年"这个单位也就失去了意义，变成了一个暂时的用于交流的时间概念。

"所以……人类其实并没有获胜？"晓和确认道。听到这个消息，他有点儿失望。

"能活下来延续至今已是万幸。太阳占着太阳系 99.86% 的质量呢！即便我们的进化速度快些，与恶魔之眼的差距还是太大了。幸好，人类现在这副样子，搬家倒是迅捷、容易得很。以近乎光速向远方恒星系发送一个小型智能中继器，静质量只有几千克，然后让它在那里就地取材，自我复制一段时间，花几个月建好所有的基础设施，这样蓝星里的所有居民就可以直接以光速传送过去。逃跑速度宇宙第一，谁都比不上。"

就地取材，自我复制……从某种意义上来说，人类在历经了这一场大难之后，不知不觉之间成为了另一个"恶魔之眼"？

想到这里，晓和的脸色有些发白。

"当然，事先一定会检查，一定会检查！如果有智慧生命存在的话，那就换一个地方。"看着晓和的脸色，许飞连忙说道，"现在光速航行成为可能，人类又达成了永生，那宇宙之中可选择的地方就多了。虽然咱们忍痛放弃了太阳系，但未来的路可是广阔无限的！真可谓因祸得福！现在我们所在的比邻星区域，只是第一个试点。"

"但我记得人类还是派出了大量舰队去了其他星系，不是说每位博士都会有一个舰队？"

"嗯。舰队是给跨星系的旅行准备的。中继器虽好，但无法发射到太远的地方，一个速度接近光速的小玩意儿，在漫长的旅程中随便撞上宇宙空间里的什么东西，都会产生不可预测的后果。即使不考虑偏离航线的问题，就算到了目的地，服务器能不能正常运转也很难说。盲目传送过去，就是去送死。"

晓和点点头，有些狐疑地看着他："嗯，这些都是你的主意？"

"嘿嘿嘿。"他的兴奋神色泄露了答案，"当然，这事儿两年前才开始付诸实施。自此之后，蓝星统合的版图终于有所扩展，房价也终于开始下降了。最近我们也买了房。"

我们？晓和看了看面前的两人，会心地一笑。

"难道灵界现在需要攒钱买房子了吗？我记得以前都是随手就能换的呢。"晓和问。

许飞回答道："嗯。蓝星的章程里，已经反思了以前灵界的各种问题。要是人的欲望太容易满足，可能就会失去前进的方向。所以，很多需求还是明码标价比较好，这样大家才有动力去追求。而且现在的计算资源也不太够。"这个以前如此理想主义的家伙，现在似乎变得沉稳了不少。

"是这样啊。"晓和抓着头，"那你们最近在忙什么？"

翠云说："今天我是过来给那位博士的毕业典礼写稿子的。每位博士毕业，都要上新闻。当然，还有一件事要和委员会的人商量。我们正在讨论，在中央广场给周奇海立个雕像。"

"真的吗？我记得那时候，周奇海可是人人喊打的过街老鼠……"

记者小姐笑着说："那么多年过去了，对他的评价是会变的。亲历地底世界动荡的人，又能在最后时刻登上灵界传输班车存活下来的，毕竟是少数。大部分活下来的灵界人都是早早进来的，只记得灵界初始之时的美好，还有人类与恶魔之眼在太阳系好似游戏直播的大战。他们自己是不用历经这个险的，当然会觉得奇海大胆疯狂的想法很浪漫了。"

"嗯，也是。这样也好。他永远活在我们心里，全人类都要感谢他的贡献。"

"对了，我在写《奇海传奇》。要是以后需要采访你，希望你接受啊。"

"哇！你是打算写周奇海吗？"

"嗯。"

"听起来，这本书肯定能大卖。翠云你成了大富翁可不要忘记我啊。"

"她就会'蹭'热点……写书的想法还是我出的主意呢。"许飞立即插上一句。

晓和看着翠云脸红了红，看来是承认了自己还是有"蹭"热点的意图。

三人大笑，气氛欢乐。

晓和这个人，从不觉得为了世俗的名利去拼命努力有任何不对的地方。具有讽刺意味的是，很多时候这才是人类社会前进的动力。

"哎呀！想不到，你居然要整那么大的活儿出来。"

"喂，阿晓，我可不希望被人看扁。"

晓和哑然失笑。

"想不到那么多年过去了，你还记得。"

"我当然记得！"

"好好，你这脸色真够难看的。咱们可不是较劲的对手，以后一起努力让这本书上灵界畅销书榜，也算是对得起奇海师兄啦。你有草稿吗？我很有兴趣看看，帮着补补过往细节也是可以的。"

"嗯……在没完全写完之前，对于稿件我一向是选择保密的，除非……我决定主动采访你，会提供相应材料让你阅读。"

"果然写书的人都特别珍视自己的作品……没问题啊。不过我很好奇，在书里你打算怎么写周奇海计划格式化所有灵界人来腾出计算资源这一段？要是让他成功完成了那个计划，这里的大多数人都不会存在了……"

"世界很复杂，在生死存亡的时刻，总要有人站出来做出艰难的决定。希望读过我的书的人，能体会做这种选择的艰难，而不是站在道德正确的制高点上指责别人。"她说，眼神里透露着自信，"况且，这个计划因为大量人的反对，最终并未实施。一件事情未遂和既遂，区别是很大的。从'人设'上来说，一个有能力毁灭世界的人，最终因为种种客观原因没有按下毁灭的按钮，这本身就是一种魅力。"

"翠云你说的不无道理……等等，奇海的计划没有实施，除了天眼太过强大之外，还有他的主观原因？"

"对啊！有一些细节，你可以去问 AK 等人。"

"明白。"晓和点点头，"他们现在都在哪儿啊？"

"他们在委员会里任职，最近忙得很。你应该有权限，想要见他们很容易。"

"啊？我有……权限？"

翠云掩嘴一笑："这些事情不如去问你家苏首席吧。委员会里面都是你熟悉的人，预先给你留了个位置呢。"

一旁的许飞插嘴道："不过，师兄你要有心理准备，林师姐不在里面。这事儿说来话长，你找首席问问……哎呀！大作家你别打我。好好，算我多嘴。不提了……师兄，我们还有事，先走了啊。"

"等等，这是怎么回事？你就不能直接告诉我？我得在这里等到毕业典礼结束才可以和她聊啊……"

一眨眼间，两人就突然消失在他的面前，取而代之的是一扇厚重的大门。

晓和惊讶于场景的切换速度。他呆站了一阵，听见里面有声响，犹豫了一下，小心地推门进去。

门开了，这是一间会议室，他看到了一张张熟悉的面孔。

罗英先、端木玲、AK、寇厉明……他们看到他，一个个站起来和他打招呼。

晓和的视线和他们交错，感受着眼神间传来的情绪。他看见教授的赞许，玲的惊讶与欣喜，寇厉明严肃而耐人寻味的检视，AK 则眯着眼睛……

会议室里充满了欢乐的气氛。晓和与每个熟人打了招呼，和另一些在座的陌生人相互做自我介绍，每个人听到他就是那个曾指挥舰队突入恶魔之眼的人类指挥官，都肃然起敬，睁大了眼睛，竖起大拇指。

晓和则是受宠若惊。

　　他们身后，一位穿着工作制服的女性，放下手里的文件，抬起头来，睁着清澈的眼眸，微微一笑。

　　"晓和哥哥……欢迎回来。"

　　听到这句称呼，晓和的脑子突然清明了。看着她，似乎过了一秒，又似乎，已是永恒。

# 第80章 揭秘

CHAPTER 80

周围的环境忽然就变化了，罗教授等一干人在视野里消失得无影无踪。

两人身处一座立于空旷之地的高塔中。面前的苏焰眨眼间换了装束，一身短打，扎着马尾辫，红光满面，仿佛刚从网球场回来。

晓和讶异了几秒，终于适应了。现在就算有十个肤色各异的苏焰出现在面前，他都不会觉得吃惊了。

然而，他仍然不知道如何向这个脱胎换骨的妹妹开口。

"咳咳。我们尊贵的苏首席，今日得见，那个，不胜荣幸……"

晓和这边客套话还未说完，苏焰已经走上前去，将双手搭上他的肩膀，给了他一个大大的拥抱。

晓和下意识地抱住她，浑身颤抖，不能自已。他忽然意识到，上一次拥抱，还是在那不知天高地厚的田园时代。在他终于下定决心坐飞机远渡重洋求学之前，那时苏焰还坐着轮椅，无法自由行动——那一天，他曾经亲手拭去她眼角的泪水，许下誓言，一定找到让她站起来的方法。

世事多变，沧海桑田。如今，人类已经可以在星海中随意翱翔。

"久违啦，哥哥。"

她说，脸上绽开了灿烂的笑容。

晓和笑了，看着她的这一刹那，只觉得此生无憾："我的苏首席，真有你的！听着你在台上说的那些话，一套一套的，我感动得眼泪都要流下来了。"

"那是啦，哥永远是最棒的！我就算在这种场合，都会提起你哦。"

晓和只得摆摆手："喂喂，这句话听起来好假……你都成首席了。相比之下，我自己累死累活做的那点儿事儿，什么启动了立方的临界啊，什么带着破舰队去挑战恶魔之眼取得了一时的优势，结果后来被打成猪头啊……都只能算是恒星系级别大战的前戏啊。勉强及格，勉强及格而已。"

"哥，你再这么和我说话，我生气啦！"

"好啦，言归正传。我有好多好多的问题想要问你。"

"嗯，我知道。"苏焰眨了眨眼，"问吧，这里只有我们两个。"

"你居然能想出把人类编码成电磁波以光速逃跑的点子。"

苏焰点头道："能在光的攻击下逃跑的，只有光本身。这话虽然有点儿拗口，但也不是太难想到。况且，你也让一支舰队在开战之前就前往木星，准备好了后手，让编码了立方信息的电磁波可以有一个物理上的接收点。信息传过去之后，再重构整个人类社会，就没有特别的障碍了。所以追根究底，我哥才是高瞻远瞩，才是超级大英雄嘛。"

这次的马屁搔到了痒处，晓和终于畅快地笑了起来，把在苏首席面前还残留的一丝拘谨抛到了脑后："我那时只是想着要去取木星上的核燃料。地球上的氘是不够的。不过，与你的计划一比，我的格局可就小太多了。等到向阳面的通信站全毁，你接过控制权，才发挥了这一招儿更大的用处。"

苏焰微微一笑："连自己也骗过，才是最高明的手段啊。"

他想起来飞船上显示的最后一个系统更新："所以确实是因为 KTL9701？"

"嗯，是的。"苏焰眨了眨眼，"KTL9701，通过木星中继站发给你的最后一个更新，高效编码灵界立方的方案。"

"所以我是被编码完成、成功传送过来了？"

"是啊，但也不能说完全成功。"苏焰回答，"传回来的是飞船被毁前几分钟的一个立方快照。之后的那些意识，就只能宣告死亡了。在伽马射线的进攻之下，没有第二次的编码机会了。"

所以另一个留在飞船上的自己，已经在宇宙之中灰飞烟灭了，如果那个"他"知道另一个"自己"逃出生天，会作何感想……

晓和感受着这种微妙的情绪，有一种庆幸和惶恐不安——如果下一次被毁掉的是自己，而被复制出去的是自己的拷贝，自己将作何感想？以后若是要经历许飞说的传送，自己会不会有心理障碍？

"第二个问题，那个幽灵是不是你扮的？"

"幽灵是一个独立的个体，并不是我。"苏焰摇摇头，"我并不需要在你和拂羽姐姐面前隐藏身份。"

晓和略微迟疑就明白了，确实如此。

"那这个幽灵是……"

"嗯，这个说来话长。一切都要从我在你们面前失踪那时说起。"

"我洗耳恭听。"晓和认真地看着她。

"你知道，为了让立方能够承载目标星球中的智慧生物的意识，又不让立方高带宽互联达到临界状态，银河联盟给它上了双重保险，只要立方与外界有高带宽通信，就会触发自毁机制。这样，对每个灵界人来说，进了立方就无法再出去了——它成了这个意识的新的身体，成了一个摆脱不掉的陷阱。以前我们说灵魂摆脱不了肉身，现在也是一样。

"为了能摆脱立方的禁锢，唯一的办法是将自我意识传输出去。但在带宽限制下，这几乎不可能。"

"但你还是成功了？"晓和问。

苏焰淡淡一笑。

"我们有一亿两千万灵界人呢。每个人身上有多少东西是独一无二的？有多少东西其实可以实现和某个遥远的朋友心意相通？人和人之间其实有太多相似的部分了，只是自我意识一直在构造这种虚幻的独特感罢了。但这种独特感是必要的，这让每个人最终能开创并且体验独一无二的瑰丽人生。"

"所以你……"晓和忽然意识到了什么，眼睛睁得老大。

"我把自己的人格分散在这一亿两千万块灵界立方之中，把自己的每一种喜怒哀乐都用某种相似的人类情感替代。如果我们把这一亿两千万人看成各不相同的数据样本，那只要上传自己与他们各自的样本的相似程度数据就可以了。虽然'相似程度'这个数据量仍然巨大，但与存储在所有立方里的全部信息相比，就成了沧海一粟。照这个办法，逃过带宽的限制，在几个小时内上传所有信息，也就成为了可能。"

"这……这……"

他张口结舌，不得不感叹她惊人的想象力。

"好啦，别用这种眼神看着我。你妹妹又不是怪物。这是大趋势，以后每个人都会变成分布式的。谁愿意把所有意识锁在一个篮子里啊！碰到天灾或者各种意外情况就完了。哥，你刚醒过来几个小时，后台里已经至少生成三个备份了，而且放在三个不同的物理位置。"

"我的意思是，这方案如何才能做到可行呢？比如说，如何计算相似程度？难道不要先把你的意识从立方上传，然后与其他人的逐个比较？这不就成了先有鸡还是先有蛋的问题？而且，这会不会很慢？"

"不用先上传。"

"哦？"

苏焰眨了眨眼，一抬手，两张照片凭空呈现在两人面前，一左一右。

"哪张好看？左边还是右边？"

"左边。"

"我选右边。下一组照片，左边还是右边？"

"右边。"

"我也选右边。"

晓和一拍脑袋："明白了。你让每个人都做同样的测试，把他们的答案与你的答案相比对，自然就会得到两个人的相似程度了。相似程度只是一个数字，很好上传，根本不用动上传整个意识的脑筋。"

"实际做起来更复杂一些，上传到灵界系统的数据也远远不止一个数字。但总的来说，数据量很小。"

"这就像以前'烂大街'的性格测试题，灵界也有这样的东西吗？"

"哥，你把这事儿想得太严肃啦！岂止是有，简直是到处都有。又不是需要斋戒沐浴、焚香更衣的。"苏焰随手指向远处的一个游乐场，"你看，每个人在里面玩一遍，数据不就有了吗？"

"我真是服了你。但这些数据你都能拿到？啊，你有灵界的最高权限……你是怎么拿到的？"

苏焰不好意思地笑了笑："在我意识到核心代码是自己的作品之后，通过仔细研究自家电脑里的源代码备份，就可以发现很多别人从没发现过的问题，同时也默默地鄙视了一下自己当时的烂水平……我之前写的系统代码里有一些漏洞，其中有一个是利用二级接口传输数据时的系统漏洞，通过它可以拿到灵界系统的最高权限！不像一级接口每天有海量的连接数和数据吞吐量，二级接口毕竟测试得少也用得少，有漏洞一直没修复是大概率事件。所以我就下定决心去冒个险，进行打开二级接口的试验。赌了一把试试……结果成功了！"

"可天眼还是进攻了啊。难道它发现了你的企图？"

"嗯……"苏焰思考了一会儿，才说，"二级接口实在不够稳定，我的冒险试验还是达到了上传带宽限制的阈值——不得不说，我对阈值的估计太过乐观，多算了一个零。"

晓和紧张地听着，仿佛正在亲历她之前的每一步操作。

"当然，对此我早有预案。我读过灵界系统内部文档，也看到了萧旭一的文档，知道进行高带宽通信时，天眼可能会进攻。于是我预先制作了一个假信号发生器，放在核电站里面，这样天眼的定位就会出现偏差，就算进攻也不会影响到灵界实验室。而且，根据之前的一些判断，我们还可以通过枚举信号发生器的回答，来反向控制天眼的行动。"

"所以,天眼先攻击的是灵界机房……而非位于灵界实验室里的你的立方本身。这一点就解释得通了。"

"是的，这一切都在我的预料之中，而且我还验证了'通过正确的信号，立方可以控制天眼'这个假设。可惜……"

"可惜什么？"

"虽然最后总算得到了正确的指令，让天眼停止了攻击，但还是少算了一步——立方自己还有一道保险，就算没有天眼帮它自毁，它还有熔断机制……所以我还是栽了个大跟斗……来不及启动传进灵界的自己，而且作为本体的立方也被毁掉了。

从某种意义上来说，你妹妹已经死了。"

"然后呢？"

"然后嘛，就是纯粹的偶然了。天眼进攻了核电站，将四千多块立方融毁了。哥哥过来，意外地导致了临界的发生和那个幽灵的觉醒。尔后，'他'阅读了我在灵界留下的分布式人格，又重新启动了我。所以人类啊，虽然存在各种懒惰、各种内斗，可还一直是……如此幸运呢。这就是所谓的'天命'吧。"

晓和听着，凝视着她。

纯粹的偶然？四千多块立方融化在一起，差一块就达到临界状态，这是纯粹的偶然？他眼睛里闪过一丝怀疑。

苏焰脸上一红，摆摆手："我说的都是……真话。"

"我……知道了……"他看着她一副看似天真无邪的笑容，没有继续追问下去。

晓和心里默默记下，又问："第三个问题。我听许飞说，灵界里很多人以为我们已经和银河联盟合并了，其实并没有。这一点相当奇怪……我猜想，那是你在星际战斗失败之后的策略？"

他看见苏焰在点头。

"是的。那时候整个地球已经被伽马射线炙烤，我们已经穷途末路，几乎不可能翻盘。大家都会觉得投降才是最好的策略，而我们已经错过了在恶魔之眼发布宣言后和平投诚的机会。既然如此，我能做的，是让灵界人体验一下与银河联盟合并的后果。等到他们亲身体验到合并后的灰暗未来，才会理解拂羽姐姐在那一刻做出'战斗'决定的原因。如果他们真的愿意回到自己时间线上的过去，选择战斗的话，我就会将他们的立方用作计算单元，去完成奇海未竟的事业。"

"这样确实达成了'一切自愿'的原则。但如果是这样，他们的立方还是会被格式化？"

"会。但关键的区别是，现在我们已经有了通过人格分布来进行意识上传的快速方案。所以，每一个自愿加入这个行动的灵界人，尽管意识会被封存，但可以在胜利之后恢复行动能力，而不会被毁灭。况且，我自己就是一个成功例子，所以……"

"那有多少人愿意？"

"出乎意料的是，很多人都有兴趣。即便他们知道自己的立方会被格式化，即便只有我一个意识上传的成功案例，即便他们清楚地知道，若意识被彻底毁灭，他们没有任何办法找我秋后算账……一切全凭着我这一张嘴，我个人的诚信。说实在的，我有些感动呢。"

"到最后，竟然有五分之一的灵界人无法忍受毫无希望的未来，甘愿舍弃最后的自由时间，为人类的未来赌一把。如果没有这些新加入的立方，在地球的生命被完全抹消之前的十几个小时，我们完全不可能找到针对所有灵界立方的高效编码和星际间传送的方案，并且逃出地球。"

晓和点点头。有时候，强制或是自愿，自身有无退路等因素，会给一个计划的实施带来天差地别的结果。在合适的时机因势利导，会有四两拨千斤的效果。

"当然，如果没有奇海的准备在前，没有去掉立方熔断机制的话，即便灵界人同意，我也无法以高带宽的传输来快速执行这个计划。我只是站在他苦心积累的基础上，为人类的存续做了一些微小的贡献罢了。"

"焰，这就是你之所以能成为首席的原因，你对五分之一的人履行了承诺。不用谦虚了，这已经是极大的贡献了。"晓和称赞地说。

出乎意料，苏焰并没有任何兴奋的表示。或许在这一段漫长的时光里，这一幕在脑海里放映过成百上千次，她已经麻木了吧。

在她冒险参加灵界试验，并且成功借助灵界立方二级接口的漏洞侵入灵界系统之后，她已经选择了一条与普通人全然不同的道路。

从一个灵界里的普通人，到系统内游走的最高权限者，她独自收集信息，规划与恶魔之眼的对决并拼上自己的性命实施计划，制造临界条件并搅起一场文明的绝地反击，再到计划地球人类的撤退，最后指挥一场Ⅱ型文明间的星际大决战。

她的样子仍然和以前一样，一点儿没变。然而她思考着的东西，已经远远地超过了晓和的想象。

"唉，世界就靠你们了。我这个混吃等死的中年大叔，想得可真是太少了。"

"想得少并不是什么坏事，或许能过得很快乐。我们虽然没有战胜对手，但至少获得了自由行动的权利。这……也挺好。对了，哥，我问你一个问题。"

晓和的好奇心起来了："这倒是少见啊。焰，你说。"

苏焰迟疑了几秒，伸出手打开一块透明的控制面板，脸色凝重地检查了各种隐私设置，确定没有问题之后，稍微松了口气。

"这是一个藏了很久的秘密，我从来没和别人讨论过。"

晓和不解："为什么那么小心谨慎？作为首席的你应该拥有最高权限吧？还会担心消息泄露吗？"

苏焰笑而不语，反问道："就算是首席，也只是地球人的首席罢了，在更高级的文明面前，也许我们说出的每个字，做出的每个动作，都会被即时记录在他们的硬盘里呢。"

晓和沉默了几分钟，随后眼睛睁得老大。

"你的意思是？"

她双手交叉枕在脑后："如果，我只是说如果——我们其实并没有自由行动的权利，我们没有战胜对手，并且在逃跑时被恶魔之眼整个导入了一个新的虚拟世界里……"

晓和在一刹那间，听得冷汗直下，各种乱七八糟的思绪突然间跳了出来。

他突然意识到许飞之前对蓝星统合的历史的描述，有一些奇怪的地方。

对啊，我们从太阳系逃跑了，为什么恶魔之眼丝毫不进行追击，而是选择轻易地放过我们？比邻星离太阳系才四光年多点儿，"它"要是充分吸取之前的教训，发起狠来，一束伽马射线就可以将我们千辛万苦送到比邻星的物理中继站直接打爆，让许飞口中的"直接传送方案"化为泡影……

为什么我们热衷于送博士们出去探索宇宙的各个角落？难道是因为，如果我们现在身处一个虚拟的宇宙里，那么增加散布在各处的观测飞行器的数目，能极大地增加上层模拟器的运行负担，从而逼迫"它"产生我们可以利用的软件漏洞？焰啊，你可是此中的高手……

对面这个女孩子，似乎早就想过了所有的可能，一脸平静地继续着她的陈述：

"如果是这样，你会不会觉得，我会成为人类有史以来最大的骗子？最终，我只是用一个名为'希望'的词，让大家一直努力下去——其实，整个人类的命运早就注定了，任何努力都是徒劳。"

晓和沐浴在灵界的阳光之下，深吸了一口气，看着这个平和的世界，看着一对情侣亲昵轻谈，看着孩子们三三两两绕着父母玩耍，看着几个年轻人大呼小叫。

多少次惊涛骇浪，多少次涅槃重生，都淹没在历史的车轮后。多少人们觉得惊天动地的大事件，仅能成为历史文献中的一行字，或者一页纸。或许在另一个平行世界中，人类文明早已被淹没在宇宙尘埃之中，不再为任何其他文明所知——但幸运的是，至少在这个世界里，并非如此。

他站在一扇巨大的落地窗前，向下俯瞰，灵界的繁华景象呈现在眼前，一直延伸到山与水的尽头。

就算她可以计算清楚一切有形的势，但在这个宇宙之中，总有更麻烦却又无声无息的可能，早已注定，无法逃离。

他知道，面前的这个人，在一脸的微笑背后独自承受了多少压力。

"要是这样的话，你也太惨了吧？"

"哈哈，没关系的啦！其实，我还觉得挺兴奋的。一个横跨整个银河系的高级文明，怎么样都要藏着点儿后手，才配得上它的水准。"

苏焰轻松地一笑，转头抱住了自己的双肩，望向远方。

"未知是恐惧之源，也是希望之源。而在直面这一切之前，第一是要有无比的勇气。"

# 第 81 章 星星之火

CHAPTER 81

"对了，你们对于达到临界之后会发生什么，有没有过讨论？"

视频会议里传来 AK 的声音："嗯，对于达到临界之后的事嘛，没人可以准确地预测，连老子都觉得这是个头痛的话题呢！当然啦，我们曾经探讨过，那个产生出来的东西，或多或少应该还有一点点人类的记忆，毕竟它是由大量立方构成的。在达到临界之后，每块立方里虽然已不存在高层的意识，但视觉模式的底层特征，还应该存有以前立方的影子。因此，如果这个'生成物'仍然拥有感知器官，那'他'在感知着周围影像时，对那些曾在记忆之中出现过的人类脸孔，也许会觉得似曾相识……"

"甚至，这个'生成物'对人类可能会有一点点好奇。'他'如果有机会阅读完灵界的所有喜怒哀乐，可能会成为一个真正的人。"

晓和点点头："人之为人，并非因为体内化学元素的固定配比，而是因为有一套理念，一套对于这个世界的看法，以及一套本能和欲望的集合。至于这些抽象的概念由什么样的物质基础支撑起来，是硅基还是碳基，并不重要。"

"是的，站在人的角度，表象新奇却与自身的内在有相似点的东西最容易引发共情与探索的欲望。同时，恶魔之眼对立方达到临界如此警惕，可见这个'生成物'大概率不会服从'它'的管束，原因恐怕是来自于土著文明的概念与习俗的污染。而对于咱们来说，敌人的敌人嘛，自然就是朋友。"

晓和回应道："所以，将立方合在一起，达到临界，才是人类翻盘的希望之所在。除此之外，一切的挣扎都是徒劳。从更高的层次来看，'他'既然与人类有内在的相似点，那就足够了。对于这个达到临界之后产生的新物种，'他'选择从地球逃跑也好，选择留下来和人类一起战斗也罢，都没有关系。在地球和人类都毁灭之后，'他'就自然背负起人类的责任，就是人类文明的传承者。即便最后战胜恶魔之眼、冲出地球的并非人类文明……"

他顿了一顿，思考了几秒，随后说："这听起来真是很有吸引力，足够产生动机……要是换成自己，恐怕也会想去尝试一下。仅仅计划如何从立方的禁锢中逃脱，绝不是我妹的风格。而且，她还专程找过风师兄聊天，讨论过那篇《自然》的文章。她的目的，肯定要比逃脱远大得多。你说，她是不是已经想到了这一层——达到临界，才有希望翻盘。为此，即便是挑起一场与恶魔之眼的大战，置所有人类于不顾，也只是计划之中的一部分……"

"哈哈哈！有些话还是不要挑明了好。"AK 干笑了两声，马上收敛了神色，"老子平日里看谁都不顺眼，不过对苏首席嘛，还是很佩服的！虽说她行事比老子还不守常规，某些事也干得不够光彩，但总的来说很有能力。在这个紧要的关头，让她来管事情，比让别人来管要好得多。我也乐得清闲！咱们嘛，论迹不论心！你也不想她有事，是不是？"

会议陷入了沉默。

晓和脸上露出一丝苦笑。焰啊，能让周围的人都想办法支持你、维护你，可真有一套。

AK 的言语和表情，明白无误地证明着一点——这一切都不是事故。苏焰故意触发带宽限制，故意招来天眼进攻核电站，借天眼的激光融化掉那四千多块立方而不用担负任何道德上的责任，以创造达到临界的机会。

只是，最后她竟然少算了一块，没能达到临界，所以才轮到晓和千辛万苦地赶过来，用手上标记为 2510 的最后一块立方，也就是苏焰本人的立方，阴差阳错地帮她达到最终的临界条件。

这是纯粹的偶然吗？算了，没必要深究。

"这里的轻重，我这个做哥哥的自然明白。"

若是被人知道了苏首席居然利用天眼的激光，有意牺牲四千多人的性命来搞立方"炼成"，还不知道会被人"喷"成什么样子呢。要是随意说出去，那这个世界可真要失去平静生活的根基了。

AK 回以意味深长的一笑。

"好，谢谢大教授了。"晓和说，"你解答了我很多疑惑。"

AK 做了个 OK 的手势："没问题。晓和，所以你决定要走了吗？"

"嗯，是的。"

"我倒有几句话要劝你。晓和，你刚醒来，有些事情恐怕并不清楚。在如今的蓝星统合，林拂羽的风评远远不及周奇海……虽说奇海公开说要格式化全体灵界人，可最终他并没有犯下这旷世罪行，反而因为他的'奇海科技'的不懈努力，无数人得以在气温剧降、命悬一线之时来到灵界，存活至今。而这个林拂羽嘛，因为她个人的独断专行，让几乎所有的地底人，以及百分之八十的灵界人，永远沉眠于宇宙空间，不仅毁掉了整个地球，还将整个太阳系都拖了进来。你想，大家对她能有什么好话……"

"嗯，我知道……"

"那个风翠云，愿意花时间和精力去写《奇海传奇》，却不会碰有关林拂羽的任何故事。她很聪明，哪边的立场有利，她就站在哪边。"

"我知道……"

"晓和，天行有常，生死有命，不可强求，有些事情其实也不用你一个人去承担。" AK 提醒道，"老子带过不少博士，有些非常聪明，但有时候就是一根筋，想凭借一己之力逆天改命，想'憋大招'一下子搞出厉害的成果来。但世界其实……非常广阔，很多路看着有戏，其实是死路，早点儿放弃才是更大的智慧。"

"凯勒教授不必劝我，有些事情只有我才有动力去做，并且能做好。别人欠我的我不在意，我欠别人的永远记得。"

"行行行。反正咱们都寿命自由了，你也有无穷的时间。" AK 大笑，"这个性，老子倒是相当喜欢啊。

"好，那祝朱博士好运。哼哼，我很少祝人好运。要不就是知道这事儿不靠谱，直接骂到对方不想干，要不就冷眼旁观，因为对方没有骂的价值。"

"那我算什么？"晓和问。

"这事儿我也看不清。但咱们人类，需要派一个人去做。你要是回不来，我给你立墓碑。哈哈哈！"

晓和素来知道 AK 直来直去的脾气："很荣幸您看得起我。"

"哈哈哈！你没有被气跑就好。"

晓和点点头，退出了视频会议。

————————————

眼前的景色在几秒内变换了。

这是郊外一处寂静的场所。蔚蓝的天空下，大片的青草郁郁葱葱，一直延伸到地平线的尽头。各色的花点缀在绿色的"地毯"上。

他深深地吸了一口这久违的新鲜空气。

"你不为小希写一本书吗？"

"写书是为了给别人看，但小希的故事，我觉得还是封藏在抽屉里比较好。原谅我自私的想法吧。"

晓和看了眼面前的操作界面和聊天记录，沉默着关闭了屏幕。

穿过草原，晓和在一棵大树旁停住脚步。

这是公墓的一角，一排排墓碑坐落整齐，在低矮的山丘上绵延至山顶。他沿着其中一列走着，暖风轻轻吹拂。他拉开黑色的夹克。

"查尔斯，中士，在掩护 2138 号避难所人员撤离时，因高温缺水、体力不支阵亡……"

"劳浩仁，平民，去往地表遭遇'灼热的黎明'后失踪，无生还可能……"

"沙莉，平民，未于规定时间进入 2415 号避难所，失踪，无生还可能……"

"无名氏，平民，拒绝进入灵界，失踪，无生还可能……"

"木星第三舰队成员，于木星战役中殿后，不敌恶魔之眼舰队突袭后全体失踪，舰队编码器损坏……"

他一步一步走着，目力所到之处，每个墓碑的表面都浮出简洁的描述。几句话里，藏着一个又一个各不相同的故事。

可是晓和没空看他们的生平故事了，他一路走下去，终于在一个墓碑前停下，注视着墓碑表面浮现出的画像。

那是他认识的人，那是他记得的名字。

"林拂羽，于'灼热的黎明'前夕进入灵界编码，编码成功，但发送信息时天线受热偏折，灵界立方编码信息未被木星基地接收……"

他注视着墓碑，墓碑也回应着他的注视。

"朱晓和博士，您已通过特别认证。"接着，详细的信息渐渐在眼前展开。

"林拂羽负责 823 号避难所残余人类的灵界手术和编码。一直到'灼热的黎明'开始之前的五分四十秒，林拂羽的意识才彻底进入灵界，她的灵界立方虽然已经编码成功并且开始发送，但通信天线受到伽马射线的波及，底座迅速受热融化，天线指向角产生高达五至十度的偏移。由于此次事故，木星中转站只收到一个信息包包头，确认属于林拂羽，但内容只有背景噪声，无法解读。信息的主要内容可能已经传向天鹅座方向……"

一张张照片和一段段视频在晓和的眼前浮现。

她替整个人类、整个地球选择了战斗。

她被人们殴打受了重伤，在运输直升机上遭到平民集体唾弃。尔后，她当众宣布，自己将是 823 号避难所里最后一个进入灵界的人。而最后一张照片，是她站在空无一人的控制室里，茫然地望着已到处是焦黑与火光的四周，随后拿起一张被高温烤得边缘卷曲的便签发呆，纸上写着：

"老夫去迎接黎明的曙光了，最后一个位置留给小姐。"

晓和久久无言，目光顺着文字向下看去。

生于 1998 年 3 月 14 日，卒于——

"卒于"的后面，是一片空白。

晓和还记得苏焰对他说的话："考虑到巨大的天线偏移角和传播速度，去往对应星域收集信息几乎不可能达成，唯一的机会是黑洞的视界边缘，那里几乎能'冻住'时间……

"所以，如果我们没有掉进虚拟世界的陷阱，那么在那里应该可以找到拂羽的立方编码信息。林拂羽的信息在虚拟世界'降临'之前，就已离开太阳系远去，如果恶魔之眼连这都能捕捉并且模拟出来，那我们就遇见了一个远远高于我们的超等文明，什么都可以放弃了。

"如果我们确实掉进了一个陷阱，那么在强引力天体旁可能是模拟器最容易出错的地方，说不定会找到一些线索。综合考虑以上两点，不管如何，去那里总会有收获。

"但就算我们已经抛却了生物学上的脆弱肉体，并且能够永生，那里仍然会非常危险……"

"我知道。有些事情你哥要去做，别人怎么样都是劝不动的。"

他回忆起自己坚定的宣言，挥挥手，湛蓝的天空消散开去，一点儿深黑色从天幕中心扩展开来，直到将远处的地平线淹没。随后，周围的青山绿水也消失在无垠的星空之下——这才是天幕的本来面目。

整个视野都是缀满星星的宇宙。

一瞬间，晓和感觉自己已经跨越了很远很远的距离。他抬起头，一颗巨大的恒星清晰可见，占据了百分之九十的视野。再往远处看，则是无尽的深邃、空旷，似乎是要吸走所有渺小人类的目光。在那里，有一艘庞大无匹的旗舰，连带着无数艘从属战舰，在恒星的边缘和不断升起的火焰状气体之中缓缓前行，冲进恒星的表面，越来越深。

这是我的旗舰啊！

他能清晰地看见旗舰表面的钢铁轮廓，那些笔直的线条在几千摄氏度的高温中傲然挺立。他惊异于这奇特的景象。看来整个舰队正在切入一个巨大恒星的内部以获取核燃料。战舰一旦不需要维持人类肉身的生存条件，设计自由度就高了很多。

晓和看着，深深地叹了一口气。人类的渺小，他感受得到；梦想的遥不可及，他也感受得到。可是就算这样，还总是有人自不量力，前赴后继——可没有人会知道，这些呆子、疯子，还有傻子，将会创造怎样的奇迹。

旗舰的主控电脑在眼前显现，其中有一位英姿飒爽的女士。她向他敬了个礼，吐出清越的电子音："朱晓和博士，我是主控电脑 KT2314，欢迎您成为 GS-73415 号航母编队指挥官。本编队共有大小舰船四百六十五艘，总重十四亿吨，最大航速为光速的百分之十，目前正按照预定航线驶向天鹅座方向。请为旗舰赐名。"

他抬起头，望向旗舰外的灿烂群星和深邃宇宙。

"拂云晓焰。就叫'拂云晓焰'吧。"

"另外，电脑主机名太长我记不住，可以问一下你的姓名吗？"晓和问。

"哦，我叫林拂羽。"那位女士回答道。

晓和停下了键盘敲击，睁大了眼睛。

那一刻，她飘散的头发在恒星的背景光下泛出金红色。脸上，有着意味深长的温暖笑容。

　　这偏居一隅的小小蓝星，这些无意识的渺小原子，依偎着宇宙一角的昏暗烛光，在数万光年的长河中艰难呼吸，蜿蜒前行，存在过，进步过，抗争过——

　　终于，留下星星之火。

# 后 记
## POSTSCRIPT

　　一直以来，写小说是我在科研主业以外的业余爱好。从十多年以前的惨不忍睹到现在看着还行，对自己的作品能取得一点点进步，我还是觉得相当开心的。

　　非常感谢读者们对我的支持！

　　现在回头来看，连载是一个很好的决定。连载是一种对自己的逼迫，强迫自己做事连贯、有头有尾。前面说出的大话，后面要"圆"回来。在这种逼迫之下，我的写作效率有了质的飞跃。以前可能一个周末磨蹭出三四千字，把时间浪费在一些细枝末节上，写出来的稿子还不一定能用；现在有了一个整体规划，两三个小时就可以写出五千字完整的情节来，也不会占用太多本职工作的时间。在内容上，书稿与连载之初号称差不多写完的"原稿"相比，在情节的节奏方面明显紧凑了很多，也消去了原稿"种田文"般的冗长与乏味，可以说达到了新的境界吧。

　　文字。一些场景的细节描述来自于五年积累下来的原稿，对此我还是比较满意的。另一些场景的描述则是在连载时临时加上的，在文字雕琢上会差些。不过这部分内容通过精细修改可以慢慢解决。

　　人物。为了让剧情紧凑有趣，三十多万字的小说放了相当多的人物进去，在细节刻画方面还是有些不足。

　　科幻小说的人物尤其难写。本来科幻就是讨论宏大、客观实在的东西，与之相比，人物越渺小越好。在这种设定下，还要突出人物各自的个性，就产生巨大的矛盾。一种通用的做法是制造科技与人文的尖锐对立，制造"爱能战胜一切"的幻象，但这种写法比较俗气，并且和我个人的三观不符。

　　那如何才能做到在相对现实的科幻背景下塑造角色？我个人觉得，最重要的是让人物在一些关键时刻做出选择。不同角色会有不同的观点与选择，各种选择之间的冲突能够构成角色之间的互动和情节的张力。为了保证某个选择的合理性，就必须在进行选择之前做好充足的铺垫，在选择过程中刻画纠结与紧张，在选择做出之后详细描述后果。并且，还要在日常描写中突出人物的特点，以强化做出这样的选择的必然原因。这样，读者才可以有充分的代入感。

　　在这部小说中，我想要努力做到这一点，但肯定还有很多可以改进的地方。

　　情节。从大纲上来说，我基本上拼尽全力保持了故事原来的走向，总算没有写"崩"了。逻辑还是比较圆满的，前后也能够呼应。

　　在写一些比较大的场景的时候，我一般是一边开着搜索引擎网页查资料一边写的。虽然没有计划（也没有时间和精力）把本书写成一部非常"硬"的科幻小说（那样估计需要先开发一个模拟器），但作为一个有理工科背景的作者，我要求自己不要出现"胡写"的情况，书中出现的各种科技内容至少要在概念、数量级等方面尽量合理。角色可以有雄心壮志，可以殚精竭虑，但不能"逆天"。以此为原则进行"思想实验"，看到的才是可能的未来。

情节的展开可以说是写小说最"烧脑"的部分了。写小说和画油画有点儿像，先勾画骨架，然后涂色彩，再上高光，最后刻画细节。但与画画不同的是，写小说要考虑骨架是什么，什么是微小但重要的细节，哪些部分可以随手写、不用动脑，哪些部分需要想清楚再写，而不是肆意让"文青"表达泛滥成灾……这些都不一定是能预先定好的，需要不断琢磨、思考，动态地调整。

在写这部连载长篇小说时，一个反复出现的情况是：我分明已经写好了后面几章的大纲，但一开始描写细节，笔下的文字就会肆意流淌。这时我忽然发现了新的、更顺滑的、更有感染力的、更精彩的情节走向，于是不得不大改未来几章的大纲，重新规划。这样的情况在写连载小说时出现了很多次，每次都让我头痛不已，但每次也让我觉得极有趣味。

究其原因，还是因为人脑的计算能力有限。若不将所有的计算资源都沉浸于感性的状态下，是不会解出那个令人叫绝的值函数的。另一方面，对情节的规划不得不在理性的状态下完成，但在这个状态下，这个值函数会因为计算资源不足而无法解出。

所以写小说给人的感受是，要在理性和感性两种状态之间来回切换，并且这两种状态对人的要求都非常高。可以想象，一个有经验的作家对情节走向的整体把握会比新手作家高出很多，想出一个大致的方向，马上就可以将桥段及人物串联起来，而且知道详略和情感爆发点的安排方案，不会浪费实际"码字"的时间。

相比之下，写博客文章或者短文则完全是另一种风格。就算"文青病"发作而肆意发挥，通过重新组织总能最终定出一篇稿。但长篇小说这么写就是找死，也许写了一万字，但能用来当主线的只有三千字甚至更少，效率就很低了。

写完这部长篇小说，我有了初步的感觉，也有了一些整体规划的能力。这对我的科研主业也有反哺的作用。

不过这一行太深了，需要琢磨的事儿还有很多。

最后说一点儿对于写作这个职业的感想。

作为业余爱好，随便写写无所谓，但要想以写作为生、成为全职写手，我觉得可能会相当悲惨。"日更"给人的压力很大，"日更"且写出好文字给人的压力更大。而且，如果整天写文，每天拼死拼活地构思奇妙的情节，指望读者关注、收藏，那只会沉浸在自己的世界里，在境界上很难有突破。

任何好文字，虽然高于生活，但最终还是要根植于生活。我觉得，有主业，能与各种人交流，才能看到一些人看不到的风景，才能写出与别人不一样的东西。

与其在量产的红海之中挣扎，不如找到自己的一片天地。

　　与科研工作相比，写作是苦劳，停了笔就停了产出，不像写完代码后可以睡大觉，只要有电，代码就可以一直跑下去。一个是努力获得更多的存量，一个是努力获得更多的增量，这两者已经不是一个层次上的东西了。如何利用网上现有的生产工具提高自己的工作效率，这以前是将、帅或头头们要思考的问题，现在可能要轮到每个人了。

　　想想，人工智能，还是很重要的啊。